全国高职高专石油化工类专业“十二五”规划教材

# 无机与分析化学

王英健　尹兆明　主编

化学工业出版社

·北京·

本书打破了传统的教学体系，把无机化学与分析化学有机地融合在一起，构建了新的课程体系。全书共10章，内容包括物质结构、非金属元素及其化合物、金属元素及其化合物、化学反应速率和化学平衡、分析化学基础知识、酸碱反应与酸碱滴定法、沉淀反应与沉淀滴定法、氧化还原反应与氧化还原滴定法、配位反应与配位滴定法、分光光度法和气相色谱法。通过本课程的学习使学生了解常见化合物和化工产品的性质及对其分析检测，培养学生具备良好的职业道德、科学素养，教材突出知识的实际和实用，“教、学、做”一体化。

本书可作为高职高专院校、成人教育石油化工、应用化工、工业分析等化工类及相关专业教材，也可供从事化工技术的工作人员参考。

**图书在版编目（CIP）数据**

无机与分析化学/王英健，尹兆明主编．—北京：化学工业出版社，2011.8
全国高职高专石油化工类专业“十二五”规划教材
ISBN 978-7-122-11927-8

Ⅰ.无… Ⅱ.①王…②尹… Ⅲ.①无机化学-高等职业教育-教材②分析化学-高等职业教育-教材 Ⅳ.O6

中国版本图书馆CIP数据核字（2011）第144823号

责任编辑：张双进 窦 臻 提 岩　　文字编辑：向 东
责任校对：陈 静　　装帧设计：王晓宇

出版发行：化学工业出版社（北京市东城区青年湖南街13号 邮政编码100011）
印 装：大厂聚鑫印刷有限责任公司
787mm×1092mm 1/16 印张15 字数369千字 2011年8月北京第1版第1次印刷

购书咨询：010-64518888（传真：010-64519686） 售后服务：010-64518899
网 址：http://www.cip.com.cn
凡购买本书，如有缺损质量问题，本社销售中心负责调换。

定 价：29.00元

# 前　言

无机与分析化学是高职、高专化工类专业必修的理实合一的技术应用型入门基础课程。通过本课程的学习使学生具有物质结构、化学平衡的基本理论和基本知识，熟悉金属、非金属元素及其化合物的性质，掌握酸碱滴定法、沉淀滴定法、氧化还原滴定法、配位滴定法、称量分析法、分光光度法和气相色谱法等常用分析方法，具有熟悉常见化合物及化工产品的性质及对其分析检测能力，培养学生具备良好的职业道德、科学素养和职业素质，为后续课程以及从事分析和化工产品小试奠定基础。

全书共10章，主要包括物质结构、非金属元素及其化合物、金属元素及其化合物、化学反应速率和化学平衡、分析化学基础知识、酸碱反应与酸碱滴定法、沉淀反应与沉淀滴定法、氧化还原反应与氧化还原滴定法、配位反应与配位滴定法、分光光度法和气相色谱法等。本书具有以下特点：

(1) 无机与分析化学教材内容注意了与中学化学知识之间的衔接，避免重复。

(2) 建立符合职业岗位能力要求的知识体系，突出应用性；以能力培养为核心，能做什么，会干什么；培养学生自学认知能力，实践动手能力，创新思维能力；培养实践、勤于动手、自主学习能力，提高综合素质和创新能力。

(3) 教材体现高职特色，知识必需、够用、管用，实现双证融通。编写内容体现科学性、先进性，重点突出，深浅适度，与现有技术水平相吻合。

(4) 力求创新，以学生主动研究式学习为切入点，教材符合教师的教学需要，符合学生的学习需要。

(5) 以能力目标为主线，按由低到高、由浅入深将数个模块排列组合，构成无机化学、分析化学相互融合的知识体系。

(6) 教材采用中华人民共和国国家标准 GB 3102—93 所指定的符号和单位。

本书有配套 PPT 课件，欢迎广大师生登陆 www. cipedu. com. cn 下载。授课教师可联系 ciphge@163. com 索取其他辅助教学资料。

本教材由辽宁石化职业技术学院王英健、新疆工业高等专科学校尹兆明担任主编，咸阳职业技术学院张娟、山东胜利职业学院郭学信担任副主编，陕西国防工业职业技术学院马喜锋、山东科技职业学院王崇妍、新疆工业高等专科学校李培、天津石油职业技术学院李英波、辽宁石化职业技术学院于旭霞参编。张娟编写第1章，尹兆明编写第2章，马喜锋编写第3章，李培编写第4章，王英健编写第5章和第10章，于旭霞编写第6章，王崇妍编写第7章，李英波编写第8章，郭学信编写第9章。全书由王英健统稿。

本书由辽宁工业大学张广安教授主审，并邀请高职院校的专家对书稿进行审阅，提出许多宝贵建议，在此一并表示感谢。

由于编者水平所限，可能出现疏漏和不足，敬请批评指正。

**编者**

**2011 年 5 月**

# 目 录

# 第1章　物质结构

**【学习指南】**

通过本章的学习了解原子核外电子的运动状态；掌握核外电子排布原则及方法；掌握离子键与共价键的特征及它们的区别；掌握极性共价键、非极性共价键以及配位共价键的特点；了解杂化轨道和分子几何构型的关系；了解晶体类型与物质性质的关系。

## 1.1　原子核外电子的运动状态

**【能力目标】** 能够完全掌握四个量子数表示意义及其取值规律。

**【知识目标】** 掌握原子核外电子运动的特性；掌握四个量子数的符号和表示的意义及其取值规律。

### 1.1.1　核外电子运动的量子化

1913年，丹麦青年物理学家玻尔（N. Bohhr）在氢原子光谱和普朗克（M. Planck）量子理论的基础上提出了如下假设。

① 原子中的电子只能沿着某些特定的、以原子核为中心、半径和能量都确定的轨道上运动，这些轨道的能量状态不随时间而改变，称为稳定轨道（或定态轨道）。

② 在一定轨道中运动的电子具有一定的能量，处在稳定轨道中运动的电子，既不吸收能量，也不发射能量。电子只有从一个轨道跃迁到另一轨道时，才有能量的吸收和放出。在离核越近的轨道中，电子被原子核束缚越牢，其能量越低；在离核越远的轨道上，其能量越高。轨道的这些不同的能量状态，称为能级。轨道不同，能级也不同。在正常状态下，电子尽可能处于离核较近、能量较低的轨道上运动，这时原子所处的状态称为基态，其余的称为激发态。

③ 电子从一个定态轨道跳到另一个定态轨道，在这过程中放出或吸收能量，其频率与两个定态轨道之间的能量差有关。

### 1.1.2　电子的波粒二象性

光的干涉、衍射等现象说明光具有波动性；而光电效应、光的发射、光的吸收又说明光具有粒子性。因此光具有波动和粒子两重性，称为光的波粒二象性。

光的波粒二象性启发了法国物理学家德布罗依（de Broglie），1924年，他提出了一个大胆的假设：认为微观粒子都具有波粒二象性；也就是说，微观微粒除具有粒子性外，还具有波的性质，这种波称为德布罗依波或物质波。1927年，德布罗依的假设经电子衍射实验得到了完全证实。美国物理学家戴维逊（C. J. Davisson）和革末（L. H. Germer）进行了电子衍射实验，当将一束高速电子流通过镍晶体（作为光栅）而射到荧光屏上时，结果得到了和光衍射现象相似的一系列明暗交替的衍射环纹，这种现象称为电子衍射。衍射是一切波动的共同特征，由此充分证明了高速运动的电子流，也具有波粒二象性。除光子、电子外，其他微观粒子如质子、中子等也具有波粒二象性。

这种具有波粒二象性的微观粒子，其运动状态和宏观物体的运动状态不同。例如，导弹、人造卫星等的运动，在任何瞬间，人们都能根据经典力学理论，准确地同时测定它的位置和动量；也能精确地预测出它的运行轨道。但是像电子这类微观粒子的运动，由于兼具有波动性，人们在任何瞬间都不能准确地同时测定电子的位置和动量；它也没有确定的运动轨道。所以在研究原子核外电子的运动状态时，必须完全摒弃经典力学理论，而代之以描述微观粒子运动的量子力学理论。

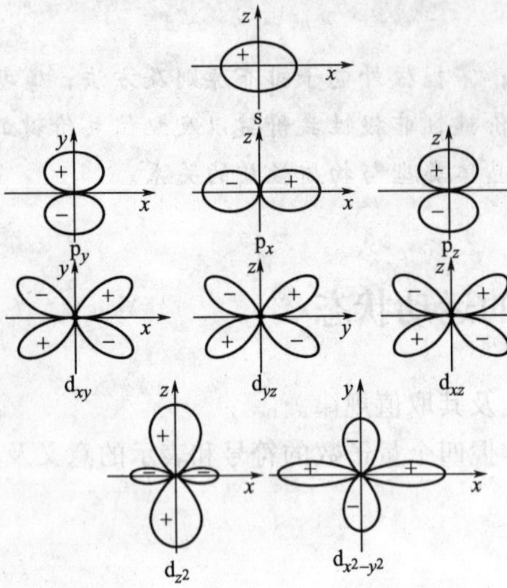

图 1-1　s，p，d 原子轨道角度分布图（平面图）

### 1.1.3　波函数与原子轨道

1926 年奥地利物理学家薛定谔（E. Schrödinger）把电子运动和光的波动性理论联系起来，提出了描述核外电子运动状态的数学方程，称为薛定谔方程。薛定谔方程把作为粒子物质特征的电子质量（$m$）、位能（$V$）和系统的总能量（$E$）与其运动状态的波函数（$\Psi$）列在一个数学方程式中，即体现了波动性和粒子性的结合。解薛定谔方程的目的就是求出波函数以及与其相对应的能量 $E$，这样就可了解电子运动的状态和能量的高低。求得（$x$，$y$，$z$）的具体函数形式，即为方程的解。它是一个包含三个常数项 $n$、$l$、$m$ 和三个变量 $x$、$y$、$z$ 的函数式。为了得到描述电子运动状态的合理解，必须对三个参数 $n$、$l$、$m$ 按一定的规律取值。这三个函数，分别称为主量子数、角量子数和磁量子数。

求解方程得出的不是一个具体数值，而是用空间坐标（$x$，$y$，$z$）来描述波函数的数学函数式，一个波函数就表示原子核外电子的一种运动状态并对应一定的能量值，所以波函数也称原子轨道。但这里所说的原子轨道和宏观物体固定轨道的含义不同，它只是反映了核外电子运动状态表现出的波动性和统计性规律。某些原子轨道的角度分布图如图 1-1 所示，图中的"+"、"−"号表示波函数的正、负值。

### 1.1.4　电子云

按照量子力学的观点，原子核外的电子并不是在一定的轨道上运动，只能用统计的方法，给出概率的描述。即不知道每一个电子运动的具体途径，但从统计的结果却可以知道某种运动状态的电子在哪一个空间出现的概率最大。电子在核外空间各处出现的概率大小，称为概率密度。为了形象地表示电子在原子中的概率密度分布情况，常用密度不同的小黑点来表示，这种图像称为电子云。黑点较密的地方，表示电子出现的概

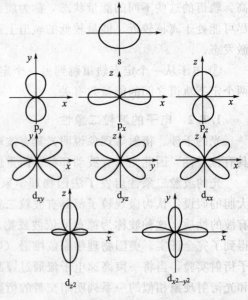

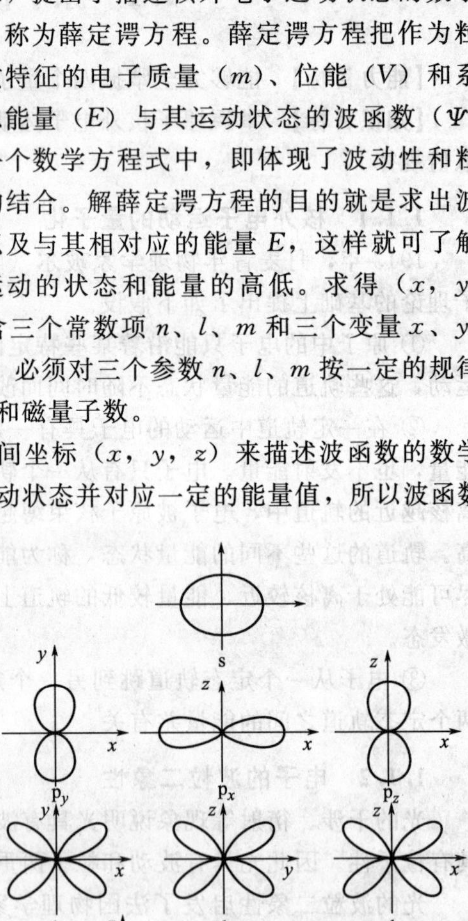

图 1-2　s，p，d 电子云角度分布图（平面图）

率密度较大；黑点较稀疏处，表示电子出现的概率密度较小。

电子在核外空间出现的概率密度和波函数 $\Psi$ 的平方成正比，也即表示为电子在原子核外空间某点附近微体积出现的概率。

类似于作原子轨道分布图，也可以作出电子云的角度分布图，如图 1-2 所示。两种图形基本相似，但有两点区别：原子轨道的角度分布图带有正、负号，而电子云的角度分布图均为正值，通常不标出；电子云角度分布图形比较“瘦”些。

### 1.1.5 量子数

量子数用来描述原子内核外电子运动的状态（或分布情况）。

#### 1.1.5.1 主量子数 $n$

主量子数是描述核外电子离核的远近，电子离核由近到远分别用数值 $n=1, 2, 3, \cdots$ 有限的整数来表示，迄今已知的最大值为 7，主量子数决定了原子轨道能级的高低，$n$ 越大，电子的能级越大，能量越高。$n$ 是决定电子能量的主要量子数。$n$ 相同，原子轨道能级相同。一个 $n$ 值表示一个电子层，与各 $n$ 值相对应的电子层符号见表 1-1。

**表 1-1 电子层及其符号**

| $n$ | 1 | 2 | 3 | 4 | 5 | 6 | 7 |
|---|---|---|---|---|---|---|---|
| 电子层名称 | 第一层 | 第二层 | 第三层 | 第四层 | 第五层 | 第六层 | 第七层 |
| 电子层符号 | K | L | M | N | O | P | Q |

#### 1.1.5.2 角量子数 $l$

在同一电子层内，电子的能量也有所差别，运动状态也有所不同，即一个电子层还可分为若干个能量稍有差别、原子轨道形状不同的亚层。角量子数 $l$ 就是用来描述原子轨道或电子云的形态的。$l$ 的数值不同，原子轨道或电子云的形状就不同，$l$ 的取值受 $n$ 的限制，可以取从 0 到 $n-1$ 的正整数（见表 1-2）。

**表 1-2 $l$ 的取值**

| $n$ | 1 | 2 | 3 | 4 |
|---|---|---|---|---|
| $l$ | 0 | 0,1 | 0,1,2 | 0,1,2,3 |

$l$ 的每个值代表一个亚层。第一电子层只有一个亚层，第二电子层有两个亚层，以此类推。亚层用光谱符号 s，p，d，f 等表示。角量子数、亚层符号及原子轨道形状的对应关系见表 1-3。

**表 1-3 角量子数、亚层符号及原子轨道形状的对应关系**

| $l$ | 0 | 1 | 2 | 3 |
|---|---|---|---|---|
| 亚层符号 | s | p | d | f |
| 原子轨道或电子云形状 | 圆球形 | 哑铃形 | 花瓣形 | 花瓣形 |

同一电子层中，随着 $l$ 的增大，原子轨道能量也依次升高，即 $E_{ns}<E_{np}<E_{nd}<E_{nf}$，即在多电子原子中，角量子数 $l$ 与主量子数 $n$ 一起决定电子的能级。每一个 $l$ 值表示一种形状的电子云。与主量子数决定的电子层间的能量差别相比，角量子数决定的亚层间的能量差要小得多。

#### 1.1.5.3 磁量子数 $m$

原子轨道不仅有一定的形状，并且还具有不同的空间伸展方向。磁量子数 $m$ 就是用来描述原子轨道在空间的伸展方向的。磁量子数的取值受角量子数的制约，它可取从 $+l$ 到 $-l$，包括 0 在内的整数值，$l$ 确定后，$m$ 可有 $(2l+1)$ 个值。当 $l=0$ 时，$m=0$，即 s 轨道只有 1 种空间取向；当 $l=1$ 时，$m=+1$、0、$-1$，即 p 轨道有 3 种空间取向；当 $l=2$ 时，$m=+2$、$+1$、0、$-1$、$-2$，即 d 轨道有 5 种空间取向。

通常把 $n$、$l$、$m$ 都确定的电子运动状态称原子轨道，因此 s 亚层只有一个原子轨道，p 亚层有 3 个原子轨道，d 亚层有 5 个原子轨道，f 亚层有 7 个原子轨道。磁量子数不影响原子轨道的能量，$n$、$l$ 都相同的几个原子轨道能量是相同的，这样的轨道称等价轨道或简并轨道。例如 $l$ 相同的 3 个 p 轨道、5 个 d 轨道、7 个 f 轨道都是简并轨道。$n$、$l$ 和 $m$ 的关系见表 1-4。

**表 1-4　$n$、$l$ 和 $m$ 的关系**

| 主量子数($n$) | 1 | 2 | | 3 | | | 4 | | | |
|---|---|---|---|---|---|---|---|---|---|---|
| 电子层符号 | K | L | | M | | | N | | | |
| 角量子数($l$) | 0 | 0 | 1 | 0 | 1 | 2 | 0 | 1 | 2 | 3 |
| 电子亚层符号 | 1s | 2s | 2p | 3s | 3p | 3d | 4s | 4p | 4d | 4f |
| 磁量子数($m$) | 0 | 0 | 0<br>±1 | 0 | 0<br>±1 | 0<br>±1<br>±2 | 0 | 0<br>±1 | 0<br>±1<br>±2 | 0<br>±1<br>±2<br>±3 |
| 亚层轨道数($2l+1$) | 1 | 1 | 3 | 1 | 3 | 5 | 1 | 3 | 5 | 7 |
| 电子层轨道数($n^2$) | 1 | 4 | | 9 | | | 16 | | | |

综上所述，用 $n$、$l$、$m$ 三个量子数即可决定一个特定原子轨道的大小、形状和伸展方向。

1.1.5.4　自旋量子数 $m_s$

电子除了绕核运动外，还存在自旋运动，描述电子自旋运动的量子数称为自旋量子数 $m_s$，由于电子有两个相反的自旋运动，因此自旋量子数取值为 $+\frac{1}{2}$ 和 $-\frac{1}{2}$，用符号"↑"和"↓"表示。

以上讨论了四个量子数的意义和它们之间相互联系又相互制约的关系。在四个量子数中，$n$、$l$、$m$ 三个量子数可确定电子的原子轨道；$n$、$l$ 两个量子数可确定电子的能级；$n$ 这一个量子数只能确定电子的电子层。

## 1.2　原子核外电子的排布原则及排布

**【能力目标】** 能够写出某元素核外电子排布式。

**【知识目标】** 掌握核外电子排布原则及方法；掌握常见元素的原子排布式和价电子构型。

### 1.2.1　基态原子核外电子排布的原则

1.2.1.1　泡利不相容原理

1929 年，奥地利科学家泡利（W. Pauli）提出：在同一原子中不可能有四个量子数完全相同的 2 个电子，即每个轨道最多只能容纳 2 个自旋方向相反的电子。应用泡利不相容原理，可以推算出每一电子层上电子的最大容量为 $2n^2$，见表 1-4。

### 1.2.1.2　能量最低原理

对于氢原子来说，在通常情况下，其核外的一个电子通常是位于基态的 1s 轨道上。但对于多电子原子来说，其核外电子是按能级顺序分层排布的。

(1) 能级图　在多电子原子中，由于电子间的相互排斥作用，原子轨道能级关系较为复杂。1939 年鲍林（L. Pauling）根据光谱实验结果总结出多电子原子中各原子轨道能级的相对高低的情况，并用图近似地表示出来，称为鲍林近似能级图，如图 1-3 所示。

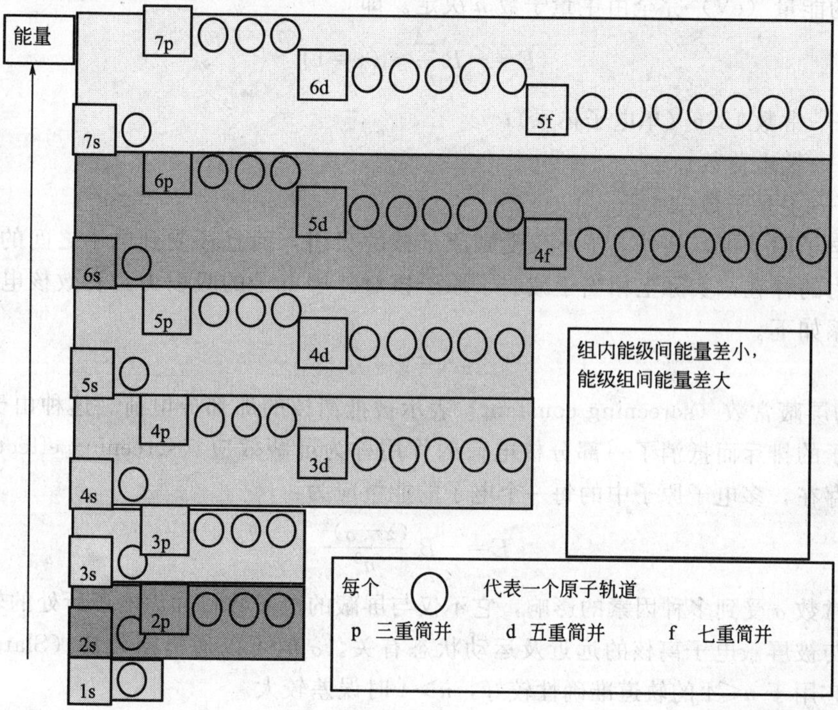


图 1-3　鲍林近似能级图

图中圆圈表示原子轨道，其位置的高低表示各轨道能级的相对高低，图中每一个方框中的几个轨道的能量是相近的，称为一个能级组。相邻能级组之间能量相差比较大。每个能级组（除第一能级组外）都是从 s 能级开始，于 p 能级终止。能级组数等于核外电子层数。能级组的划分与周期表中周期的划分是一致的。从图 1-3 可以看出：

① 同一原子中的同一电子层内，各亚层之间的能量次序为 $n$s＜$n$p＜$n$d＜$n$f；

② 同一原子中的不同电子层内，相同类型亚层之间的能量次序为

$$1s<2s<3s<\cdots;\ 2p<3p<4p<\cdots$$

③ 同一原子中第三层以上的电子层中，不同类型的亚层之间，在能级组中常出现能级交错现象，如

$$4s<3d<4p;\ 5s<4d<5p;\ 6s<4f<5d<6p$$

对于鲍林近似能级图，需要注意以下几点。

① 它只有近似的意义，不可能完全反映出每个原子轨道能级的相对高低。

② 它只能反映同一原子内各原子轨道能级的相对高低，不能用鲍林近似能级图来比较不同元素原子轨道能级的相对高低。

③ 该图实际上只能反映出同一原子外电子层中原子轨道能级的相对高低，而不一定能完全反映内电子层中原子轨道能级的相对高低。

④ 电子在某一轨道上的能量，实际上与原子序数（核电荷数）有关。核电荷数越大，对电子的吸引力越大，电子离核越近，轨道能量就降得越低。轨道能级之间的相对高低情况，与鲍林近似能级图会有所不同。

(2) 屏蔽效应　氢原子核电荷为 $z=1$，核外只有一个电子，只存在核与电子之间的引力，电子的能量（eV）完全由主量子数 $n$ 决定。即

$$E=-B\frac{z^2}{n^2}\quad (z=1)$$

式中　$B$——常数 13.6（单电子体系）；

$z$——核电荷数；

$n$——主量子数。

在多电子原子中，核外电子不仅受到原子核的吸引，而且还受到电子之间的相互排斥。这种排斥力的存在，实际上相当于减弱了原子核对外层电子的吸引力。有效核电荷 $z^*$ 与核电荷 $z$ 关系如下。

$$z^*=z-\sigma$$

$\sigma$ 称为屏蔽常数（screening constant）表示被抵消掉的那部分电荷。这种由于其他电子对某一电子的排斥而抵消了一部分核电荷的作用称为屏蔽效应（screening effect）。由于屏蔽效应的存在，多电子原子中的每一个电子的能量应为：

$$E=-B\frac{(z-\sigma)^2}{n^2}$$

屏蔽常数 $\sigma$ 受到多种因素的影响，它不仅与屏蔽的电子数目和该电子所处的轨道形状有关，而且与被屏蔽电子离核的远近及运动状态有关。$\sigma$ 值可以通过斯莱特（Slater）规则近似计算。它用于 $n\leqslant 4$ 的轨道准确性较好，$n>4$ 时误差较大。

Slater 规则是根据光谱实验数据总结出来的近似规则，其要点如下。

① 将原子中的电子分成如下几组

(1s)、(2s，2p)、(3s，3p)、(3d)、(4s，4p)、(4d)、(4f)、(5s，5p)、…

② 位于被屏蔽电子右边的各组电子，对被屏蔽电子 $\sigma=0$。

③ 1s 轨道电子之间的 $\sigma=0.30$，其余各组组内电子之间 $\sigma=0.35$。

④ 被屏蔽电子为 $n$s 或 $n$p 时，主量子数为（$n-1$）的各电子对它的 $\sigma=0.85$，为（$n-2$）及更少的各电子的 $\sigma=1.00$。

⑤ 被屏蔽电子为 $n$d 或 $n$f 时，位于它左边各组电子对它的 $\sigma=1.00$。

**【例 1-1】*** 计算钪原子中处于 3p 和 3d 轨道上电子的有效核电荷和一个 3s 电子的能量。

**解**　Sc($z=21$) 核外电子排布为 $1s^2 2s^2 2p^6 3s^2 3p^6 3d^1 4s^2$

3p 电子 $z^*=21-0.35\times7-0.85\times8-1.00\times2=9.75$

3d 电子 $z^*=21-18\times1.00=3$

3s 电子 $\sigma=2\times1+8\times0.85+7\times0.35=11.25$

$$E_{3s}=-B\frac{(z-\sigma)^2}{n^2}=-13.6\times\frac{(21-11.25)^2}{3^2}=-143.7\text{eV}$$

上例说明，屏蔽常数 $\sigma$ 对各分层的能量有较大影响，一般情况是，$n$ 相同 $l$ 不同的原子轨道，随着 $l$ 的增大其他电子对它的屏蔽常数 $\sigma$ 也增大，从而使得它的能量升高，即有

$E_{ns}<E_{np}<E_{nd}<E_{nf}$。

(3) 钻穿效应　在多电子原子中，角量子数 $l$ 较小的轨道上的电子，钻到靠核附近的空间的概率较大，具有较强的渗透能力。这种电子可以避免其他电子的屏蔽，又能增强核对它的吸引力，使其能量降低。这种外层电子向内层穿透的现象称为钻穿效应（penetrating effect）。

钻穿与屏蔽两种作用是相互联系的，总效果都反映在 $z^*$ 值上。轨道的钻穿能力通常按 $n$s、$n$p、$n$d、$n$f 的顺序减小，导致主量子数相同的轨道能级按 $E_{ns}<E_{np}<E_{nd}<E_{nf}$ 的顺序分裂。这与光谱实验结果完全一致。

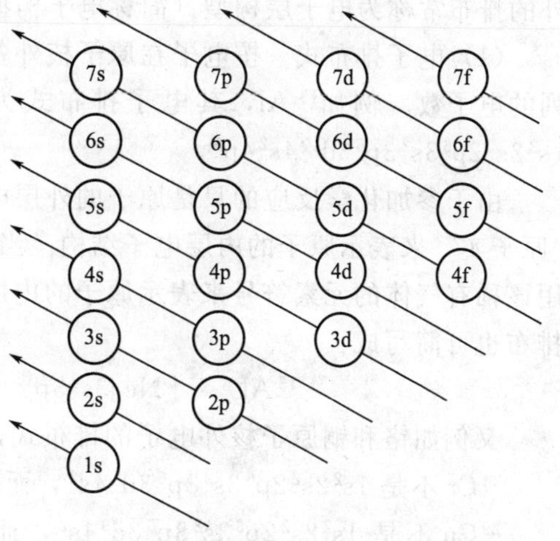

图 1-4　基态原子外层电子填充顺序

(4) 能量最低原理　自然界中任何体系总是能量越低，所处的状态越稳定，这个规律称为能量最低原理。原子核外电子的排布也遵循这个原理。所以，随着原子序数的递增，电子总是优先进入能量最低的能级，可依鲍林近似能级图逐级填入。

基态原子外层电子填充顺序为 $n$s→($n$−2)f→($n$−1)d→$n$p，如图 1-4 所示。但要注意的是基态原子失去外层电子的顺序为 $n$p→$n$s→($n$−1)d→($n$−2)f，和填充时的并不对应。

1.2.1.3　洪德规则

(1) 洪德规则　德国科学家洪德（F. Hund）根据大量光谱实验数据提出：在同一亚层的等价轨道上，电子将尽可能占据不同的轨道，且自旋方向相同。此外洪德根据光谱实验，又总结出另一条规则：等价轨道在全充满、半充满或全空的状态下是比较稳定的。即

$p^6$ 或 $d^{10}$ 或 $f^{14}$　　全充满

$p^3$ 或 $d^5$ 或 $f^7$　　半充满

$p^0$ 或 $d^0$ 或 $f^0$　　全空

以碳原子 $1s^22s^22p^2$ 为例，如 2 个 p 电子在同一轨道上排斥力大，而在不同轨道且自旋平行时排斥力小，电子按洪德规则分布可使体系能量最低、最稳定。洪德规则虽然是一条经验规则，但是后来得到量子力学计算的证明，根据洪德规律推断，当等价原子轨道处于全充满（$p^6$，$d^{10}$，$f^{14}$），半充满（$p^3$，$d^5$，$f^7$）和全空（$p^0$，$d^0$，$f^0$）时为稳定状态。

根据上述电子排布的基本原则，可以将周期表中每个元素基态原子的核外电子按主量子数由小到大的顺序排布出来，所得电子排布方式称元素基态电子构型。

(2) 洪德规则特例　原子序数小于 20 的元素，其原子的电子层构型与电子的填充次序完全一致，而原子序数大于 20 的元素，情况不完全相同。如 Sc（$z$=21）的电子层构型为 $1s^22s^22p^23s^23p^63d^14s^2$；而电子填充顺序则为：$1s^22s^22p^63s^23p^64s^23d^1$。其原因可用钻穿效应来解释。又如 Cr 的排布方式是 $4s^13d^5$ 而不是 $4s^23d^4$；Cu 的排布方式是 $4s^13d^{10}$ 而不是 $4s^23d^9$，这可用洪德规则特例来解释。属于这类情况的还有 Mo（4d 半满），Ag（4d 全满），Au（5d 全满）等原子。

## 1.2.2　原子核外电子排布

根据上述原理、规则，就可以确定大多数元素的基态原子中电子的排布情况。电子在核

外的排布常称为电子层构型（简称电子构型），通常有三种表示方法。

（1）电子排布式　按电子在原子核外各亚层中分布的情况，在亚层符号的右上角注明排列的电子数。例如$^{13}Al$，其电子排布式为$1s^2 2s^2 2p^6 3s^2 3p^1$；又如$^{35}Br$，其电子排布式为$1s^2 2s^2 2p^6 3s^2 3p^6 3d^{10} 4s^2 4p^5$。

由于参加化学反应的只是原子的外层电子，内层电子结构一般是不变的，因此，可以用“原子实”来表示原子的内层电子结构。当内层电子构型与稀有气体的电子构型相同时，就用该稀有气体的元素符号来表示原子的内层电子构型，并称之为原子实。如以上两例的电子排布也可简写成：

$$^{13}Al \quad [Ne]3s^2 3p^1 \qquad ^{35}Br \quad [Ar]3d^{10} 4s^2 4p^5$$

又例如铬和铜原子核外电子的排布式，根据洪德规则的特例。

$^{24}Cr$不是$1s^2 2s^2 2p^6 3s^2 3p^6 3d^4 4s^2$，而是$1s^2 2s^2 2p^6 3s^2 3p^6 3d^5 4s^1$。$3d^5 4s^1$都为半充满。

$^{29}Cu$不是$1s^2 2s^2 2p^6 3s^2 3p^6 3d^9 4s^2$，而是$1s^2 2s^2 2p^6 3s^2 3p^6 3d^{10} 4s^1$。$3d^{10}$为全充满，$4s^1$为半充满。

（2）轨道表示式　按电子在核外原子轨道中的分布情况，用一个圆圈或一个方格表示一个原子轨道（简并轨道的圆圈或方格连在一起），用向上或向下箭头表示电子的自旋状态。

（3）用量子数表示　即按所处的状态用整套量子数表示。原子核外电子的运动状态是由四个量子数确定的，为此可表示为：$^{15}P([Ne]\ 3s^2 3p^3)$，则$3s^2$这2个电子用整套量子数表示为3，0，0，$+\frac{1}{2}$；3，0，0，$-\frac{1}{2}$；$3p^3$这3个电子用整套量子数表示为3，1，$-1$，$+\frac{1}{2}$；3，1，0，$+\frac{1}{2}$；3，1，1，$+\frac{1}{2}$。

## 1.3　元素周期律与元素性质的周期性

**【能力目标】**　能够利用元素周期律分析元素的性质。

**【知识目标】**　理解核外电子排布和元素周期性之间的关系。

### 1.3.1　元素周期律

列出原子序数1～109号元素基态原子的电子排布可以发现，元素的电子排布呈周期性变化，这种周期性变化导致元素的性质也呈现周期性变化。这一规律称为元素周期律，元素周期律的图表形式称为元素周期表。

#### 1.3.1.1　周期

周期表中有7个横行，每个横行表示1个周期，一共有7个周期。第1周期只有2种元素，为特短周期；第2、3周期各有8种元素，为短周期；第4、5周期各有18种元素，为长周期；第6周期有32种元素，为特长周期；第7周期预测有32种元素，现只有26种元素，故称为不完全周期。

第7周期中，锕以后的元素都是人工合成元素（104～112）。根据电子层结构稳定性和元素性质递变的规律，我国科学家预言，元素周期表可能存在的上限在第8周期（119～168号），大约在138号终止。

将元素周期表与原子的电子结构、原子轨道近似能级图进行对照分析，可以得出以下结论。

① 各周期的元素数目与其相对应的能级组中的电子数目相一致，而与各层的电子数目并不相同（第1周期和第2周期除外）。

② 每一周期开始都出现一个新的电子层，元素原子的电子层数就等于该元素在周期表所处的周期数。也就是说，原子的最外层的主量子数与该元素所在的周期数相等。

③ 每一周期中的元素随着原子序数的递增，总是从活泼的碱金属开始（第1周期除外），逐渐过渡到稀有气体为止。对应于其电子结构的能级组则从 $ns^1$ 开始至 $np^6$ 结束，如此周期性地重复出现。在长周期或特长周期中，其电子层结构还夹着 $(n-1)d$ 或 $(n-2)f$、$(n-1)d$ 亚层。

由此充分证明，元素性质的周期性变化，是元素的原子核外电子排布周期性变化的结果。

1.3.1.2 族

价电子是指原子参加化学反应时，能用于成键的电子。价电子所在的亚层统称为价电子层，简称价层。原子的价电子构型是指价层电子的排布式，它能反映出该元素原子在电子层结构上的特征。

周期表中的纵行，称为族，一共有18个纵行，分为8个主（A）族和8个副（B）族。同族元素虽然电子层数不同，但价电子构型基本相同（少数除外），所以原子价电子构型相同是元素分族的实质。

（1）主族元素 周期表中共有8个主族，表示为ⅠA～ⅧA。凡原子核外最后一个电子填入 $ns$ 或 $np$ 亚层上的元素，都是主族元素。其价电子构型 $ns^{1\sim2}$ 或 $ns^2np^{1\sim6}$，价电子总数等于其族数。由于同一族中各元素原子核外电子层数从上到下递增，因此同族元素的化学性质具有递变性。

ⅧA族为稀有气体。这些元素原子的最外层（$nsnp$）上电子都已填满，价电子构型为 $ns^2np^6$，因此它们的化学性质很不活泼，过去曾称为零族或惰性气体。

（2）副族元素 周期表中共有8个副族，即ⅢB～ⅧB、ⅠB、ⅡB。凡原子核外最后一个电子填入 $(n-1)d$ 或 $(n-2)f$ 亚层上的元素，都是副族元素，也称过渡元素。其价电子构型为 $(n-1)d^{1\sim10}ns^{0\sim2}$。ⅢB～ⅦB族元素原子的价电子总数等于其族数。ⅧB族有三个纵行，它们的价电子数为8～10，与其族数不完全相同。ⅠB、ⅡB族元素由于其 $(n-1)d$ 亚层已经填满，所以最外层（即 $ns$）上的电子数等于其族数。

同一副族元素的化学性质也具有一定的相似性，但其化学性质递变性不如主族元素明显。镧系和锕系元素的最外层和次外层的电子排布近乎相同，只是倒数第三层的电子排布不同，使得镧系15种元素、锕系15种元素的化学性质最为相似，在周期表中只占据同一位置，因此将镧系、锕系元素单独拉出来，置于周期表下方各列一行来表示。

可见，价电子构型是周期表中元素分类的基础。周期表中“族”的实质是根据价电子构型的不同对元素进行分类。

IUPAC于1988年建议将18列定为18个族，不分主、副族，并仍以元素的价电子构型作为族的特征列出。

1.3.1.3 区

周期表中的元素除按周期和族的划分外，还可以根据元素原子的核外电子排布的特征，分为五个区，如图1-5所示。

（1）s区元素 包括ⅠA和ⅡA族，最外电子层的构型为 $ns^{1\sim2}$。

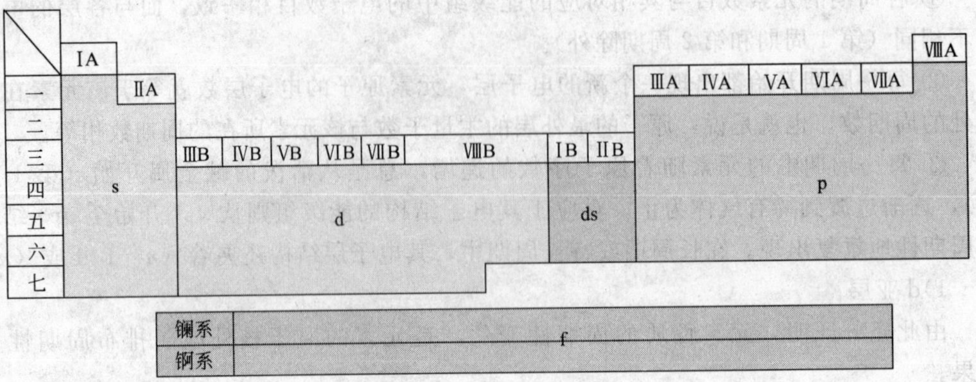


图 1-5 周期表中元素分区示意图

(2) p 区元素　包括ⅢA～ⅧA 族，最外电子层的构型为 $ns^2np^{1\sim6}$。

(3) d 区元素　包括ⅢB～ⅧB 族的元素，外电子层的构型为 $(n-1)d^{1\sim9}ns^{1\sim2}$［Pd 为 $(n-1)d^{10}ns^0$］。

(4) ds 区元素　包括ⅠB 和ⅡB 族的元素，外电子层的构型为 $(n-1)d^{10}ns^{1\sim2}$。

(5) f 区元素　包括镧系和锕系元素。电子层结构在 f 亚层上增加电子，外电子层的构型为 $(n-2)f^{1\sim14}(n-1)d^{0\sim2}ns^2$。

### 1.3.2 元素性质的周期性

元素性质决定于其原子的内部结构，在此结合原子核外电子层结构周期性的变化，阐述元素的一些主要性质的周期性变化规律。

1.3.2.1 原子半径（$r$）

假设原子呈球形，在固体中原子间相互接触，以球面相切，这样只要测出单质在固态下相邻两原子间距离的一半就是原子半径。

由于电子在原子核外的运动是概率分布的，没有明显的界限，所以原子的大小无法直接测定。通常所说的原子半径，是通过实验测得的相邻两个原子的原子核之间的距离（核间距），核间距被形象地认为是该两原子的半径之和。通常根据原子之间成键的类型不同，将原子半径分为以下三种。

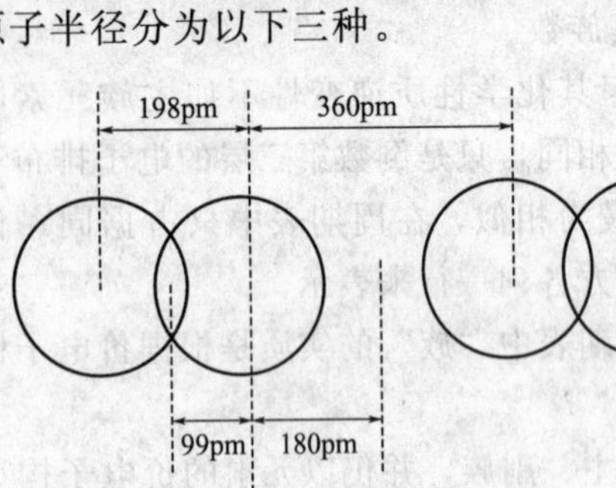


图 1-6 原子半径

(1) 金属半径　金属半径是指金属晶体中相邻的两个原子核间距的一半。

(2) 共价半径　共价半径是指某一元素的两个原子以共价键结合时，两核间距的一半。

(3) 范德华半径　范德华半径是指分子晶体中紧邻的两个非键合原子间距的一半。

由于作用力性质不同，三种原子半径相互间没有可比性。同一元素原子的范德华半径大于共价半径。

如图 1-6 所示，两原子的共价半径为 99pm，而范德华半径为 180pm。

原子半径的变化规律是主族元素：从左到右 $r$ 减小；从上到下 $r$ 增大。过渡元素：从左到右 $r$ 缓慢减小；从上到下 $r$ 略有增大。

1.3.2.2　电离能

基态的气态原子或气态离子失去一个电子所需要的最小能量称为元素的电离能。常用符号 $I$ 表示。处于基态的气态原子失去一个电子生成+1价的气态阳离子所需要的能量称为第一电离能（$I_1$）。由+1价气态阳离子再失去一个电子形成+2价气态阳离子时所需能量称为元素的第二电离能（$I_2$）。第三、四电离能依此类推，且一般 $I_1<I_2<I_3\cdots$。由于原子失去电子必须消耗能量克服核对外层电子的引力，所以电离能总为正值。通常不特别说明，指的都是第一电离能。

**表1-5　主族元素的第一电离能 $I_1$**　　单位：eV

| | | | | | | | |
|---|---|---|---|---|---|---|---|
| H<br>13.598 | | | | | | | He<br>24.587 |
| Li<br>5.392 | Be<br>9.322 | B<br>8.298 | C<br>11.260 | N<br>14.534 | O<br>13.618 | F<br>17.422 | Ne<br>21.564 |
| Na<br>5.139 | Mg<br>7.646 | Al<br>5.986 | Si<br>8.151 | P<br>10.486 | S<br>10.360 | Cl<br>12.967 | Ar<br>15.759 |
| K<br>4.341 | Ca<br>6.113 | Ga<br>5.999 | Ge<br>7.899 | As<br>9.81 | Se<br>9.752 | Br<br>11.814 | Kr<br>13.999 |
| Rb<br>4.177 | Sr<br>5.695 | In<br>5.786 | Sn<br>7.344 | Sb<br>8.641 | Te<br>9.009 | I<br>10.451 | Xe<br>12.130 |
| Cs<br>3.894 | Ba<br>5.212 | Tl<br>6.108 | Pb<br>7.416 | Bi<br>7.289 | Po<br>8.42 | At | Rn<br>10.748 |

在同一主族元素中，由上而下随着原子半径增大，电离能减小，元素的金属性依次增强，见表1-5。第ⅠA族最下方的铯（Cs）第一电离能最小，它是最活泼的金属，而稀有气体氦（He）的第一电离能最大。副族元素的电离能变化幅度较小，而且不规则，这是由于它们新增电子填入 $(n-1)$d 轨道，以及 $n$s 与 $(n-1)$d 轨道能量相近的缘故。副族元素除ⅢB族外，其他副族元素从上到下金属性有逐渐减小的趋向。第六周期由于增加镧系14个核电荷而使第三过渡系元素的电离能比相应同副族增大。

同一周期元素由左向右电离能一般是增大的，增大的幅度随周期数的增大而减小。第二、三周期元素从左到右电离能变化有两个转折。B和Al最后一个电子是填在钻穿能力较小的p轨道上，轨道能量升高，所以它们的电离能低于Be和Mg；O和S最后一个电子是加在已有一个p电子的p轨道上，由于p轨道成对电子间的排斥作用使它们的电离能减小。一般来说，具有 $p^3$，$d^5$，$f^7$ 等半满电子构型的元素电离能较大，即比前、后元素的电离能都要大。这可用洪德规则加以解释。稀有气体原子外层电子构型 $ns^2np^6$ 和碱金属外层电子构型 $ns^2$ 以及ⅡB族外层电子构型 $(n-1)d^{10}ns^2$，都属于轨道全充满构型，它们的电离能较大。同一周期过渡元素，由左向右电离能增大的幅度不大，且变化没有规律。

过渡元素电子填充顺序为 $n$s→$(n-1)$d，似乎应先电离 $(n-1)$d 后电离 $n$s，但实际情况正好相反。例如Fe的外层电子是 $4s^2 3d^6$，电离后 $Fe^{2+}$ 外电子层不是 $4s^2 3d^4$ 而是 $3d^6 4s^0$。

原因是 $Fe^{2+}$ 中电子数目比Fe减小2个，有效核电荷比Fe大，穿透效应影响相对减弱，而主量子数 $n$ 对能量的影响变为主要的，使得 $Fe^{2+}$ 中的3d轨道能量低于4s。所以 $Fe^{2+}$ 的电子排布为 $3d^6 4s^0$。过渡元素一般先电离 $n$s 电子，后电离 $(n-1)$d 电子。

电离能可以用于定量比较气态原子失去电子的难易，电离能越大，原子越难失去电子，其金属性越弱；反之金属性越强。所以它可以比较元素的金属性强弱。

1.3.2.3　电子亲和能

一个基态的气态原子得到一个电子形成气态负离子所放出的能量叫元素的电子亲和能。

常以符号 $E_{ea}$ 表示，电子亲和能等于电子亲和反应焓变的负值（$-\Delta H^{\ominus}$）。例如，

$$Cl(g)+e \rightleftharpoons Cl^-(g) \qquad \Delta H=-349kJ/mol, E_{ea}=\Delta H=-349kJ/mol$$

**表 1-6 主族元素的第一电子亲和能 $E_{ea}$** 单位：eV

| | | | | | | | |
|---|---|---|---|---|---|---|---|
| H<br>0.754 | | | | | | | He<br>−0.5 |
| Li<br>0.618 | Be<br>−0.5 | B<br>0.277 | C<br>1.263 | N<br>−0.07 | O<br>1.461 | F<br>3.399 | Ne<br>−1.2 |
| Na<br>0.548 | Mg<br>−0.4 | Al<br>0.441 | Si<br>1.385 | P<br>0.747 | S<br>2.077 | Cl<br>3.617 | Ar<br>−1.0 |
| K<br>0.502 | Ca<br>−0.3 | Ga<br>0.30 | Ge<br>1.2 | As<br>0.81 | Se<br>2.021 | Br<br>3.365 | Kr<br>−1.0 |
| Rb<br>0.486 | Sr<br>−0.3 | In<br>0.3 | Sn<br>1.2 | Sb<br>1.07 | Te<br>1.971 | I<br>3.059 | Xe<br>−0.8 |

像电离能一样，电子亲和能也有第一、第二之分。表 1-6 给出主族元素的第一电子亲和能，正值表示放出能量，负值表示吸收能量。

周期表中，非金属原子的电子亲和能越大，则表示该原子生成负离子的倾向越大。从表 1-6 中可见电子亲和能的周期变化规律与电离能的规律基本相同。如果元素具有高电离能，则它也倾向于具有高电子亲和势能。第二周期从 B 到 F 的电子亲和能均低于第三周期的同族元素。原因是第二周期元素原子半径小，电子间排斥力大，正是这种排斥力使外来一个电子进入原子变得困难些。

表 1-6 表明第二族元素的电子亲和能明显低于同周期第一族元素。对第一族元素而言，接受一个电子，可进入 $n$s 轨道，若第二族的元素接受一个电子，只能进入 $n$p 轨道。核对 p 轨道电子引力较小或者说第二族原子的核电荷被两个 s 电子屏蔽效果显著，以致得电子的过程成为吸热过程。

#### 1.3.2.4 元素的电负性

当两个不相同原子相互作用形成分子时，它们对共用电子对的吸引力是不同的。电负性是分子中原子对成键电子吸引能力相对大小的量度。电负性概念和第一个电负性标度是由鲍林提出的，表 1-7 给出的鲍林电负性数值是后人修改的数据。

**表 1-7 鲍林电负性数值**

| | | | | | | | |
|---|---|---|---|---|---|---|---|
| H<br>2.20 | | | | | | | He |
| Li<br>0.98 | Be<br>1.57 | B<br>2.04 | C<br>2.55 | N<br>3.04 | O<br>3.44 | F<br>3.98 | Ne |
| Na<br>0.93 | Mg<br>1.31 | Al<br>1.61 | Si<br>1.90 | P<br>2.19 | S<br>2.58 | Cl<br>3.16 | Ar |
| K<br>0.82 | Ca<br>1.00 | Ga<br>1.81 | Ge<br>2.01 | As<br>2.18 | Se<br>2.55 | Br<br>2.96 | Kr<br>3.0 |
| Rb<br>0.82 | Sr<br>0.95 | In<br>1.78 | Sn<br>1.96 | Sb<br>2.05 | Te<br>2.10 | I<br>2.66 | Xe<br>2.6 |
| Cs<br>0.79 | Ba<br>0.89 | Tl<br>2.04 | Pb<br>2.33 | Bi<br>2.02 | | | |

在同一族中由上到下元素的电负性减小，金属性增大；同一周期中由左到右元素的电负性增大，非金属性增强。因为电负性是原子在分子中吸引电子能力大小的相对值，所以它可以用来衡量金属和非金属性的强弱。从表 1-7 数据可见，非金属的电负性大致在 2.0 以上，电负性最大的氟（F）是非金属性最强的元素。金属的电负性一般较低，在 2.0 以下，周期表中左下方铯（Cs）的电负性最低，是金属性最强的元素。周期表中有一些元素与其右下

角紧邻的元素有相近的原子半径，例如，Li 和 Mg，Be 和 Al 以及 Si 和 As 等，其原子半径大小都很接近，因此它们的电离能、电负性以及一些化学性质十分相似，这就是所谓的对角线规则。

## 1.4 化 学 键

**【能力目标】** 能够理解并掌握各种化学键的特点。

**【知识目标】** 理解离子键与共价键的特征及它们的区别；理解 σ 键和 π 键的特征；理解极性共价键、非极性共价键以及配位共价键的特点。

### 1.4.1 离子键

1.4.1.1 离子键的形成

电负性小的金属离子和电负性较大的非金属离子相遇时，电子从电负性小的原子转移到电负性大的原子，从而形成了阳离子和阴离子，都具有类似稀有气体原子的稳定结构。这种由原子间发生电子的转移，形成阴、阳离子，并通过静电引力而形成的化学键叫离子键。由离子键形成的化合物叫做离子型化合物。阴、阳离子分别是键的两极，故离子键呈强极性。

在离子键形成的过程中，并不是所有的离子都必须形成稀有气体原子的电子构型，如过渡元素以及锡、铅等类的金属。

1.4.1.2 离子键的特点

(1) 离子键的本质　离子键的本质是阴、阳离子间的静电引力。

(2) 离子键没有方向性和饱和性　离子的电场分布是球形对称的，可以从任何方向吸引带相反电荷的离子，故离子键无方向性。此外，只要离子周围空间允许，它将尽可能多地吸引带相反电荷的离子，即离子键无饱和性。

(3) 离子键的部分共价性　现代实验证明，即使电负性相差最大的元素所形成的化合物，如氟化铯（CsF），其键都不是纯粹的离子键，键的离子性只占 92%。一般认为，当单键的离子性成分超过 50%时，此种键即为离子键，此时成键元素的电负性相差为 1.7。

在离子键和共价键之间应存在着一系列的逐渐变化，即在典型的离子键和典型的共价键之间尚有一大部分化学键，其特征以离子键为主，但表现部分共价键特征；或以共价键为主，但表现部分离子键特征。

1.4.1.3 离子键的结构特征

(1) 离子的电荷　离子是带电的原子或原子团。离子所带电荷的符号和数目决定于原子成键时得失电子的数目。例如，钙与氯起反应时生成 $CaCl_2$，每个 Ca 失去 2 个电子（e）形成 $Ca^{2+}$，每个 Cl 得到 1 个 e 形成 $Cl^-$。

(2) 离子的电子层结构　主族元素所形成的离子的电子层一般是饱和的。$Li^+$、$Be^{2+}$ 等离子最外层是 2 个 e。$Na^+$、$K^+$、$Ca^{2+}$、$Mg^{2+}$、$Al^{3+}$、$S^{2-}$、$Cl^-$、$F^-$ 等离子最外层是 8 个电子。

副族元素所形成的离子，电子层是不饱和的。例如，$Cu^{2+}$ 最外层有 17 个电子，$Fe^{2+}$ 最外层有 14 个电子。

(3) 离子的半径

① 阳离子的离子半径比相应的原子半径小（由于阳离子是由原子失去外层电子形成

的)。

② 阴离子的半径比相应原子半径大。

③ 电子层结构相同的离子，例如 $F^- > Na^+ > Mg^{2+} > Al^{3+}$ 随核电荷数的逐渐增加，离子半径逐渐减小。

④ 离子的性质与原子性质不同，例如 $Na^+$ 和 Na，$Cl_2$ 和 NaCl。

### 1.4.2 共价键

#### 1.4.2.1 共价键的形成

当两个独立的、距离很远的氢原子相互靠近欲形成氢分子时，有两种情况。

(1) 两个氢原子中电子的自旋方向相反　当这两个氢原子相互靠近时，随着核间距（$R$）的减小，两个 1s 原子轨道发生重叠，在核间形成一个电子密度较大的区域，增强了核对电子的吸引，同时部分抵消了两核间的排斥，从而形成稳定的化学键。

(2) 两个氢原子的自旋方向相同　当它们相互靠近时，两个 1s 原子轨道只能发生不同相位叠加（异号重叠），致使电子密度在两原子核间减小，增大了两核间的排斥力，随着两原子的逐渐接近，系统能量不断升高，处于不稳定状态，不能形成化学键。

因此，氢分子中共价键的形成是由于自旋方向相反的电子相互配对、原子轨道重叠，从而使系统能量降低，系统趋向稳定的结果。

#### 1.4.2.2 共价键的特点

(1) 共价键的饱和性　由于在形成共价键时，成键原子之间需共用未成对电子，一个原子有几个未成对电子，就只能和几个自旋反向的电子配对成键，也就是说，原子所能形成共价键的数目受未成对电子数所限制。这就是共价键的饱和性。例如，Cl 原子的电子排布为 $[Ne]3s^2 3p^5$，3p 轨道上的⇅⇅↑电子排布是轨道中只有一个未成对电子。因此，它只能和另一个 Cl 原子或 H 原子中自旋方向相反的未成对电子配对，形成一个共价键，即形成 $Cl_2$ 或 HCl 分子。一个 Cl 原子绝不能同时和两个 Cl 原子或两个 H 原子配对。

(2) 共价键的方向性　原子轨道中，除 s 轨道是球形对称，没有方向性外，p，d，f 轨道都具有一定的空间伸展方向。在形成共价键时，只有当成键原子轨道沿合适的方向相互靠近，才能达到最大程度的重叠，形成稳定的共价键。这就是共价键的方向性。例如，HCl 分子中共价键的形成，是由 H 原子的 1s 轨道和 Cl 原子的 3p 轨道（如 $3p_x$ 轨道）重叠成键的，只有 s 轨道沿 $p_x$ 轨道的对称轴（$x$ 轴）方向进行才能发生最大的重叠，如图 1-7(a) 所示。

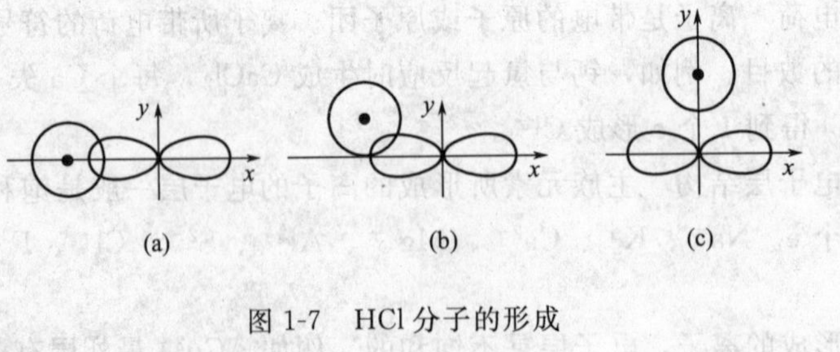


图 1-7　HCl 分子的形成

#### 1.4.2.3 共价键的类型

(1) σ 键　当成键原子轨道沿键轴（两原子核间的连线）方向靠近，以“头碰头”方式进行重叠，重叠部分集中于两核之间，通过并对称于键轴，这种键称为 σ 键。形成 σ 键的电子称为σ电子。可形成σ键的原子轨道有s-s轨道重叠，s-$p_x$轨道重叠、$p_x$-$p_x$轨道重叠。如图1-8所示的H—H键、H—Cl键、Cl—Cl键均为σ键。

（2）π键 当两成键原子轨道沿键轴方向靠近，原子轨道以“肩并肩”方式进行重叠，重叠部分在键轴的两侧并对称于与键轴垂直的平面，这样形成的键称为π键，如图1-9所示。形成π键的电子称为π电子。可发生这种重叠的原子轨道有$p_z$-$p_z$，此外还有$p_y$-$p_y$，p-d等。

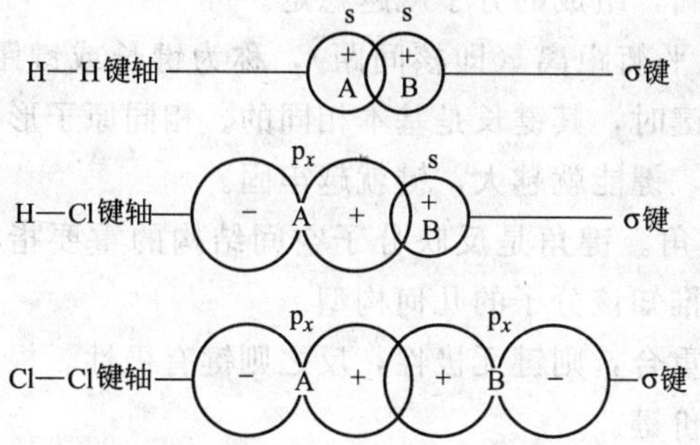


图1-8 σ键

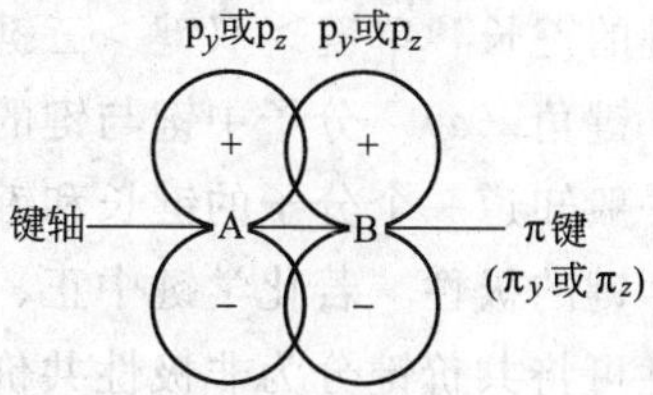


图1-9 π键

通常π键形成时原子轨道的重叠程度小于σ键，故π键没有σ键稳定，π电子容易参与化学反应。

有关σ键和π键的特征见表1-8。

**表1-8 σ键和π键的特征**

| 键的类型 | σ键 | π键 |
|---|---|---|
| 原子轨道重叠方式 | 沿键轴方向相对重叠 | 沿键轴方向平行重叠 |
| 原子轨道重叠部分 | 两原子核之间，在键轴处 | 键轴上方和下方，键轴处为零 |
| 原子轨道重叠程度 | 大 | 小 |
| 键的强度 | 较牢固 | 较差 |
| 化学活泼型 | 不活泼 | 活泼 |

1.4.2.4 配位键

还有一类特殊的共价键，其共用电子对是由成键原子中的某个原子单方提供，另一个原子只提供空轨道，为成键原子双方所共用，这种键称配位共价键，简称配位键或配价键，用“→”表示，箭头从提供共用电子对的原子指向接受共用电子对的原子。例如，在CO分子中，C的价层电子为$2s^2 2p^2$，O的价层电子为$2s^2 2p^4$，C和O的2p轨道上各有2个未成对电子，可以形成一个σ键和一个π键。C原子的2p轨道上还有一个空轨道，O原子的2p轨道上又有一对孤对电子，正好提供给C原子的空轨道而形成配位键。

形成配位键应具备两个条件：成键原子的一方至少要含有一对孤对电子；成键原子中接受孤对电子的一方要有空轨道。所形成的配位键也分σ配位键和π配位键。

配位键的形成方式和共价键有所不同，但成键后两者是没有本质的区别的。此类共价键在无机化合物中是大量存在的。如$NH_4^+$，$SO_4^{2-}$，$PO_4^{3-}$，$ClO_4^-$等都含有配位共价键。

1.4.2.5 键参数

键参数是用于表征化学键性质的物理量，常见的键参数有键长、键能和键角等，利用键参数可以判断分子的几何构型、分子的极性及热稳定性等。

(1) 键能 ($E$) 键能是衡量化学键强弱的物理量，它表示拆开一个键或形成一个键的难易程度。由于形成共价键必须放出能量，那么拆开共价键时，就需要供给能量。键能的定义是在298.15K和100kPa条件下，断裂气态分子的单位物质的量的化学键（即$6.022\times10^{23}$个化学键），使它变成气态原子或基团时所需的能量，称为键能，用符号$E$表示，其SI单位为kJ/mol。

一般来说，键能越大，相应的共价键就越牢固，组成的分子就越稳定。

(2) 键长 ($l$) 分子中两成键原子核之间的平衡距离（即核间距），称为键长或键距。在不同的分子中，两原子间形成相同类型的化学键时，其键长是基本相同的。相同原子形成的共价键的键长，单键＞双键＞三键。键长越短，键能就越大，键就越牢固。

(3) 键角 ($a$) 分子中键与键的夹角称为键角。键角是反映分子空间结构的重要指标之一。一般知道一个分子的键长和键角，就可以推知该分子的几何构型。

(4) 键的极性 若化学键中正、负电荷中心重合，则键无极性，反之则键有极性。根据键的极性可将共价键分为非极性共价键和极性共价键。

由同种原子形成的共价键，如单质分子$H_2$、$O_2$、$N_2$等分子中的共价键，电子云在两核中间均匀分布（并无偏向），这类共价键称为非极性共价键。

另一些化合物如HCl、CO、$H_2O$、$NH_3$等分子中的共价键是由不同元素的原子形成的。由于元素的电负性不同，对电子对的吸引能力也不同，所以共用电子对会偏向电负性较大的元素的原子，使其带负电荷，而电负性较小的原子带正电荷，键的两端出现了正、负极，正、负电荷中心不重合。这样的共价键称为极性共价键。

键的极性大小取决于成键两原子的电负性差。电负性差越大，键的极性就越强。如果两个成键原子的电负性差足够大，致使共用电子对完全转移到另一原子上而形成阴、阳离子，这样的极性键就是离子键。从极性大小的角度，可将非极性共价键和离子键看成是极性共价键的两个极端，或者说极性共价键是非极性共价键和离子键之间的某种过渡状态。

## 1.5 分子空间结构

**【能力目标】** 能够利用杂化轨道理论分析杂化轨道和分子几何构型的关系。

**【知识目标】** 理解杂化轨道的概念；理解杂化轨道和分子几何构型的关系。

### 1.5.1 杂化与杂化轨道

#### 1.5.1.1 杂化

在成键的过程中，由于原子间的相互影响，同一原子中几个能量相近的不同类型的原子轨道（即波函数），可以进行线性组合，重新分配能量和确定空间方向，组成数目相等的新原子轨道，这种轨道重新组合的方式称为杂化。

#### 1.5.1.2 杂化轨道

杂化后形成的新轨道称为杂化轨道。轨道经杂化后，其角度分布及形状均发生了变化，如s轨道和p轨道杂化形成的杂化轨道，其电子云的形状既不同于s轨道（球形对称），也不同于p轨道（哑铃形），而是变成了电子云比较集中在一头的不对称形状，形成的杂化轨道一头大、一头小，成键时大的一头重叠，这样重叠程度最大，所以杂化轨道的成键能力比未杂化前更强，如图 1-10 所示，形成的分子也更加稳定。

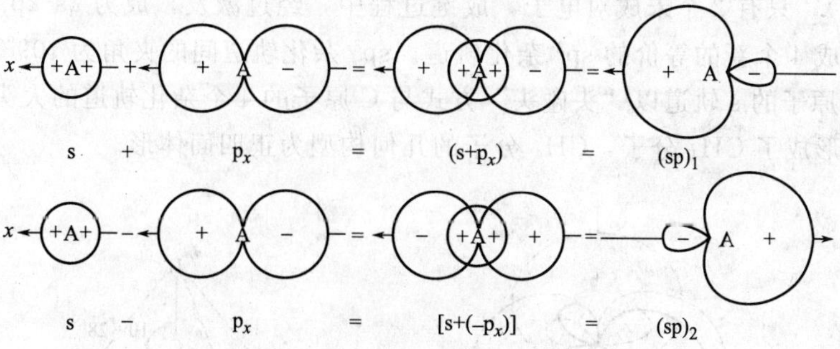


图 1-10　两个 sp 杂化轨道的形成和方向

### 1.5.2　杂化轨道的类型

1.5.2.1　sp 杂化

同一原子的 1 个 s 轨道和 1 个 p 轨道之间进行杂化，形成 2 个等价的 sp 杂化轨道的过程称为 sp 杂化。每个杂化轨道中含 1/2s 轨道和 1/2p 轨道的成分。sp 杂化轨道间的夹角为 180°。两个 sp 杂化轨道的对称轴在同一条直线上，只是方向相反。因此，当两个 sp 杂化轨道与其他原子的原子轨道重叠成键时，形成直线形分子。例如 $HgCl_2$ 分子的形成如图 1-11 所示。Hg 原子的价层电子为 $5d^{10}6s^2$，成键时 1 个 6s 轨道上的电子激发到空的 6p 轨道上（成为激发态 $6s^16p^1$），同时发生杂化，组成 2 个新的等价的 sp 杂化轨道，sp 杂化轨道间的夹角为 180°，呈直线形。Hg 原子就是通过这样 2 个 sp 杂化轨道和 2 个氯原子的 p 轨道重叠形成 2 个 σ 键，从而形成了 $HgCl_2$ 分子，$HgCl_2$ 分子具有直线形的几何构型。

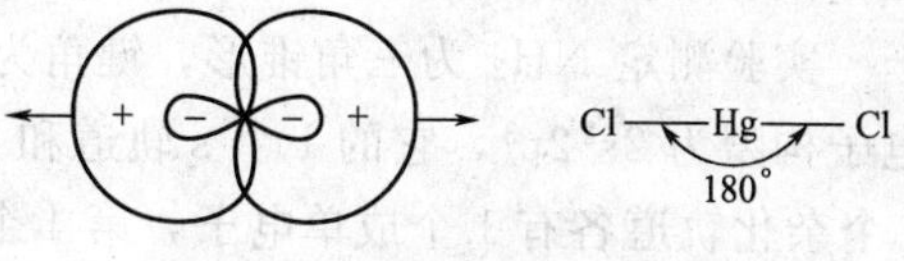


图 1-11　sp 杂化轨道的分布与分子的几何构型

$BeCl_2$ 以及ⅡB 族元素的其他 $AB_2$ 型直线分子的形成过程与上述过程相似。

1.5.2.2　$sp^2$ 杂化

同一原子的 1 个 s 轨道和 2 个 p 轨道进行杂化，形成 3 个等价的 $sp^2$ 杂化轨道，每个杂化轨道中含 1/3s 轨道和 2/3p 轨道的成分。$sp^2$ 杂化轨道间的夹角为 120°，3 个杂化轨道呈平面正三角形分布。例如 $BF_3$ 分子的形成如图 1-12 所示。B 原子的价层电子为 $2s^22p^1$，只有 1 个未成对电子，成键过程中 2s 的 1 个电子激发到 2p 空轨道上（成为激发态 $2s^12p_x^12p_y^1$），同时发生杂化，组成 3 个新的等价的 $sp^2$ 杂化轨道，$sp^2$ 杂化轨道间的夹角为 120°，呈平面正三角形。3 个 F 原子的 2p 轨道以“头碰头”方式与 B 原子的 3 个杂化轨道的大头重叠，形成 3 个 σ 键，从而形成了 $BF_3$ 分子，$FB_3$ 分子的几何构型为平面三角形。

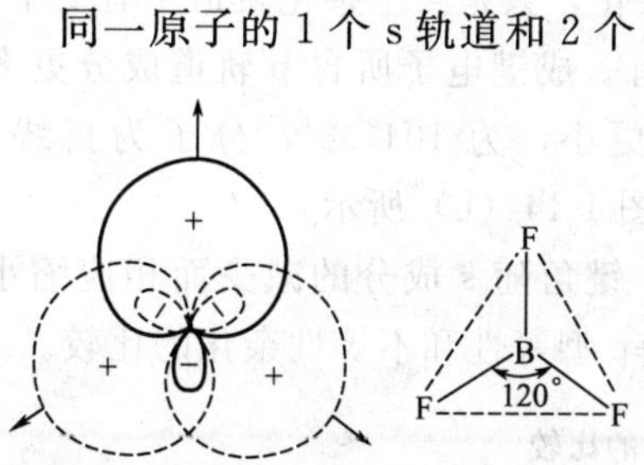


图 1-12　$sp^2$ 杂化轨道的分布与分子的几何构型

1.5.2.3　$sp^3$ 杂化

同一原子的 1 个 s 轨道和 3 个 p 轨道间的杂化，形成 4 个等价的 $sp^3$ 杂化轨道，每个杂化轨道含 1/4s 轨道和 3/4p 轨道的成分。4 个杂化轨道分别指向正四面体的 4 个顶点，轨道间的夹角均为109°28′。例如$CH_4$分子的形成如图1-13所示。C原子的价层电子为$2s^22p^2$（即$2s^22p_x^12p_y^1$），只有2个未成对电子，成键过程中，经过激发，成为$2s^12p_x^12p_y^12p_z^1$，同时发生杂化，组成4个新的等价的$sp^3$杂化轨道。$sp^3$杂化轨道间的夹角为109°28′，呈正四面体形。4个H原子的s轨道以“头碰头”方式与C原子的4个杂化轨道的大头重叠，形成4个σ键，从而形成了$CH_4$分子，$CH_4$分子的几何构型为正四面体形。

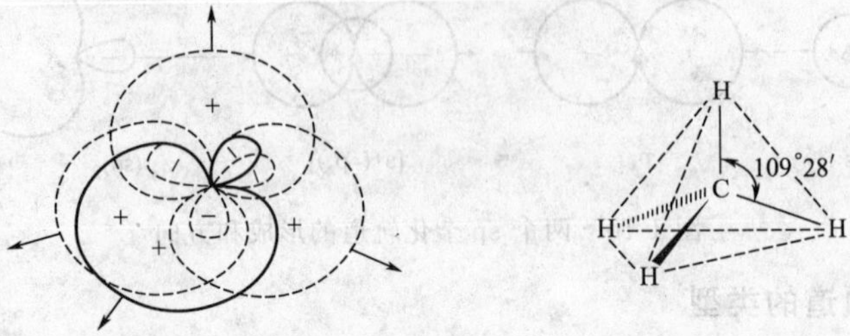


图1-13　$sp^3$杂化轨道的分布与分子的几何构型

1.5.2.4　$sp^3$不等性杂化

如果在杂化轨道中有不参加成键的孤对电子存在，使所形成的各杂化轨道的成分和能量不完全相等，这类杂化称为不等性杂化。例如$NH_3$和$H_2O$分子中的N，O原子就是以不等性$sp^3$杂化轨道进行成键的。

实验测定$NH_3$为三角锥形，键角为107°18′，略小于正四面体时的键角。N原子的价层电子构型为$2s^22p^3$，它的1个s轨道和3个p轨道进行杂化。形成4个$sp^3$杂化轨道。其中3个杂化轨道各有1个成单电子，第4个杂化轨道则被成对电子所占有。3个具有成单电子的杂化轨道分别与H原子的1s轨道重叠成键，而成对电子占据的杂化轨道不参与成键。在不等性杂化中，由于成对电子没有参与成键，则离核较近，故其占据的杂化轨道所含s轨道成分较多、p轨道成分较少，其他成键的杂化轨道则相反。因此，受成对电子的影响，键的夹角小于正四面体中键的夹角，如图1-14(a)所示。

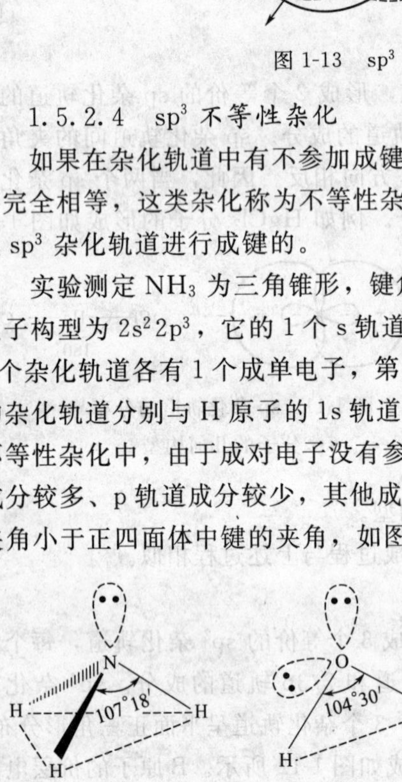


图1-14　$NH_3$ (a) 和$H_2O$ (b) 的几何构型

$H_2O$分子的形成与此类似，其中O原子也采取不等性$sp^3$杂化，只是4个杂化轨道中有2个被成对电子所占有。成键电子所含p轨道成分更多，其键的夹角也更小，为104°30′，分子为折线形（或V形），如图1-14（b）所示。

由此可见，键角随s成分的减少而相应缩小。表1-9归纳出s-p型等性和不等性杂化的比较。

**表1-9　s-p型等性和不等性杂化的比较**

| 杂化轨道类型 | | | 轨道键角 | 轨道几何形状 | 分子几何形状 | 实　例 |
|---|---|---|---|---|---|---|
| $sp^3$ | 等性杂化 | | 109°28′ | 正四面体 | 正四面体 | $CH_4$，$NH_4^+$，$SiF_4$ |
| | 不等性杂化 | 1对成对电子 | <109°28′ | 四面体 | 三角锥 | $NH_3$，$H_3O^+$，$PCl_3$ |
| | | 2对成对电子 | ≪109°28′ | 四面体 | 折线形 | $H_2O$，$OF_2$ |
| $sp^2$ | 等性杂化 | | 120° | 平面三角形 | 平面三角形 | $BF_3$，$SO_3$，$C_2H_4$ |
| | 不等性杂化（含1对成对电子） | | <120° | 平面三角形 | 折线形 | $SO_2$，$NO_2$ |
| sp | 等性杂化 | | 180° | 直线形 | 直线形 | $BeCl_2$，$CO_2$，$HgCl_2$ |

## 1.6　分子的极性与分子间力

【能力目标】 能够明确分子间作用力与物质性质的关系。
【知识目标】 理解分子间作用力的特征与性质；理解氢键的形成及对物质性质的影响。

### 1.6.1　分子的极性

分子中除有化学键外，在分子与分子之间还存在着比化学键弱得多的相互作用力，称为分子间力。气态物质能凝聚成液态，液态物质能凝固成固态，正是分子间作用的结果。分子间力是 1873 年由荷兰物理学家范德华首先发现并提出的，故又称范德华力。它是决定物质熔点、沸点、溶解度等物理化学性质的一个重要因素。

（1）分子的极性　想象在分子中正、负电荷分别集中于一点，称正、负电荷中心，即“+”极和“−”极。如果两个电荷中心之间存在一定距离，即形成偶极，这样的分子就有极性，称为极性分子。如果两个电荷中心重合，分子就无极性，称为非极性分子。

对于由共价键结合的双原子分子，键的极性和分子的极性是一致的。例如 $O_2$，$N_2$，$H_2$，$Cl_2$ 等分子都是由非极性共价键结合的，它们是非极性分子；HI，HBr，HCl，HF 等分子都是由极性共价键结合的，它们是极性分子。

对于由共价键结合的多原子分子，除考虑键的极性外，还要考虑分子构型是否对称。例如 $CH_4$，$SiH_4$，$CCl_4$，$SiCl_4$ 等分子呈正四面体中心对称结构，$CO_2$ 分子呈直线形中心对称结构，故这些分子都属于非极性分子。而在 $H_2O$，$NH_3$，$SiCl_3H$ 等分子中，键都是极性的，而 $H_2O$ 分子是折线形的，$NH_3$ 分子是三角锥形的，$SiCl_3H$ 分子是变形四面体结构，其分子结构无中心对称成分，所以这些分子是极性的。

分子极性的大小通常用偶极矩（$\mu$）来衡量，偶极矩的定义为分子中正电荷中心或负电荷中心上的电荷量（$q$）与正、负电荷中心间距离（$d$）的乘积：$\mu = q \times d$。

偶极矩又称偶极长度。其 SI 单位是 C·m（库仑·米），它是一个矢量，规定方向是从正极到负极。双原子分子的偶极矩示意如图 1-15 所示。分子偶极矩的大小可通过实验测定，但无法单独测定 $q$ 和 $d$。

$\mu = 0$ 的分子为非极性分子，$\mu \neq 0$ 的分子为极性分子。$\mu$ 值越大，分子的极性就越强。分子的极性既与化学键的极性有关，又与分子的几何构型有关，所以测定分子的偶极矩，有助于比较物质极性的强弱和推断分子的几何构型。

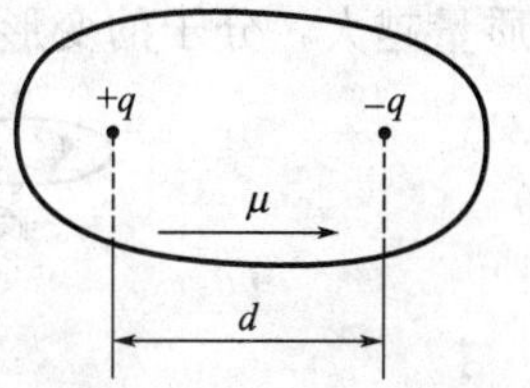

图 1-15　分子的偶极矩

（2）分子的极化　在外加电场的作用下，分子中的正负电荷产生偏离（正电荷受到与电场同方向的力，负电荷受到反方向的力），这种效应叫做分子极化。

非极性分子也可以在电场中产生分子极化。

### 1.6.2　分子间力

分子间力与化学键相比，是比较弱的力。气体的液化、凝固主要靠分子间力。分子间力包括取向力、诱导力和色散力。

#### 1.6.2.1　取向力

当两个极性分子充分靠近时，由于极性分子中存在永久偶极。就会发生同极相斥、异极相吸，从而使极性分子按一定的取向排列，同时变形，这种永久偶极间产生的作用力称为取向力，如图 1-16 所示。取向力的本质是静电引力，因此分子间的偶极矩越大，取向力就越强。

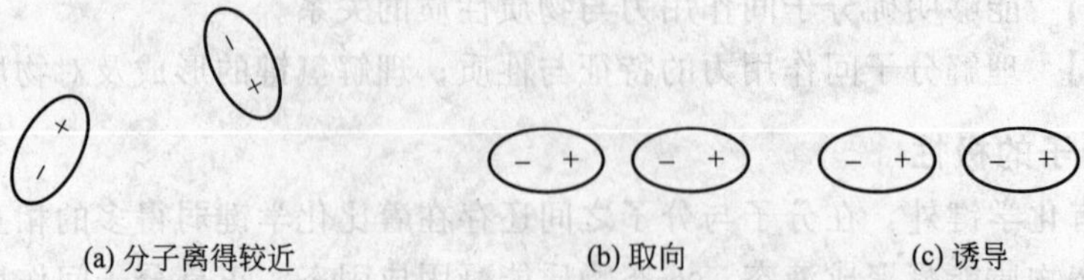
(a) 分子离得较近
(b) 取向
(c) 诱导

图 1-16 极性分子间的相互作用

1.6.2.2 诱导力

当极性分子与非极性分子相互靠近时，非极性分子在极性分子永久偶极的影响下，正、负电荷中心分离产生诱导偶极，诱导偶极与极性分子的永久偶极之间的相互作用力称为诱导力，如图 1-17 所示。诱导力不仅存在于非极性分子与极性分子之间，也存在于极性分子与极性分子之间。诱导力随着分子的极性增大而增大，也随分子的变形性增大而增大。

(a) 分子离得较远
(b) 分子靠近时

图 1-17 极性分子和非极性分子间的作用

1.6.2.3 色散力

非极性分子中的电子和原子核处在不断的运动之中，使分子的正、负电荷中心不断地发生瞬间的相对位移，使分子产生瞬时偶极。当两个或多个非极性分子在一定条件下充分靠近时，就会由于瞬时偶极而发生异极相吸作用。这种作用力虽然是短暂的，但原子核和电子时刻在运动，瞬时偶极不断出现，异极相邻的状态也时刻出现，所以分子间始终维持这种作用力。这种由于瞬时偶极而产生的相互作用力，称为色散力，如图 1-18 所示。

色散力不仅是非极性分子间的作用力，它也存在于极性分子间以及极性分子与非极性分子之间。通常色散力的大小随分子的变形性增大而增大，组成、结构相似的分子，相对分子质量越大，分子的变形性就越大，色散力也就越大。

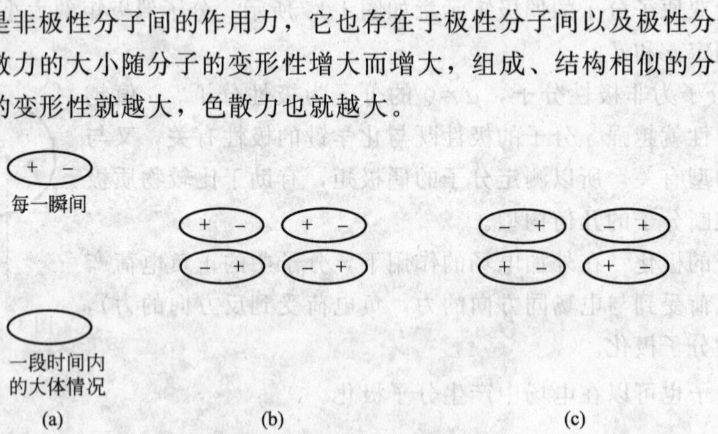


图 1-18 非极性分子间的相互作用

综上所述，在非极性分子之间只有色散力，在极性分子与非极性分子之间有色散力和诱导力，在极性分子之间存在色散力、取向力和诱导力。在三种作用力中，色散力存在于一切分子之间，对于大多数分子来说色散力是主要的，取向力次之，诱导力最小。

1.6.2.4　分子间力对物质性质的影响

分子间作用力直接影响物质的许多物理性质，如熔点、沸点、溶解度、黏度、表面张力、硬度等。分子间力的大小可以解释一些物理性质的递变规律。例如一些组成相似的非极性或极性分子物质，其熔点、沸点随相对化学式量的增加而升高。卤素单质 $F_2$，$Cl_2$，$Br_2$，$I_2$ 中，在常温下，$F_2$ 和 $Cl_2$ 是气体，$Br_2$ 是液体，$I_2$ 是固体，这是因为从 $F_2$ 到 $I_2$ 随相对化学式量的增加，色散力随之增大，故熔点、沸点依次升高。又如极性分子易溶于极性分子，非极性分子易溶于非极性分子，这称为"极性相似相溶"。"相似"的实质是指溶质内部分子间力和溶剂内部分子间力相似，当具有相似分子间力的溶质、溶剂分子混合时，两者易互溶。例如 $NH_3$ 易溶于 $H_2O$，$I_2$ 易溶于苯或 $CCl_4$，而不易溶于水。再如极性小的聚乙烯、聚异丁烯等物质，分子间力较小，因而硬度不大；含有极性基团的有机玻璃等物质，分子间力较大，具有一定硬度。

### 1.6.3　氢键

1.6.3.1　氢键的形成

大家已经知道，对于结构相似的同系列物质的熔点、沸点一般随相对化学式量的增大而升高。但在氢化物中，$NH_3$，$H_2O$，HF 的熔点、沸点比相应同族的氢化物都高得多，如图 1-19 所示。此外，氢氟酸的酸性也比其他氢卤酸显著地减小。这说明这些分子间除了普遍存在的分子间力外，还存在着另一种作用力，致使这些简单的分子成为缔合分子，分子缔合的重要原因是由于分子间形成了氢键。氢键是一种特殊的分子间力。在 HF 分子中，由于 F 原子电负性大、半径小，共用电子对强烈偏向 F 原子一边，而使 H 原子几乎成为裸露的质子。这样 H 原子就可以和相邻 HF 分子中的 F 原子的孤对电子相吸引，这种静电引力称为氢键。

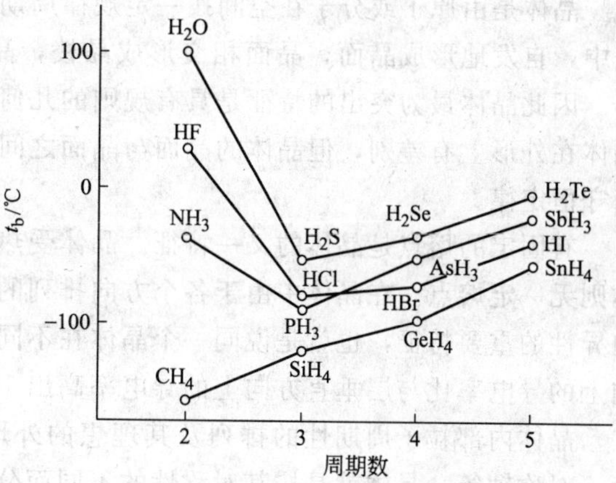


图 1-19　ⅣA～ⅦA 族各元素的氢化物的沸点递变情况

1.6.3.2　氢键的表示方式

氢键可用 X—H⋯Y 表示，其中 X，Y 代表电负性大、半径小且有孤对电子的原子，一般是 F，N，O 等原子。X，Y 可以是同种原子，也可以是不同种原子。氢键既可在同种分子或不同种分子间形成，也可在分子内形成（例如在 $HNO_3$ 或 $H_3PO_4$ 中）。

1.6.3.3　氢键的特点

与共价键相似，氢键也有方向性和饱和性：每个 X—H 只能与一个 Y 原子相互吸引形成氢键；Y 与 H 形成氢键时，尽可能采取 X—H 键键轴的方向，使 X—H⋯Y 在一条直线上。

1.6.3.4　氢键对化合物性质的影响

氢键的强度超过一般分子间力，但远不及正常化学键。基本上属于静电吸引作用，键能在 41.84kJ/mol 以下，如 HF 的氢键键能为 28kJ/mol。氢键的形成会对某些物质的物理性质产生一定的影响，如对于 $NH_3$，$H_2O$ 和 HF，欲使固体熔化或液体汽化，除要克服纯粹的分子间力外，还必须额外地提供一份能量来破坏分子间的氢键。因此其熔点、沸点比同族内的其他氢化物要高。分子内氢键常使物质的熔点、沸点降低。如果溶质分子与溶剂分子间能形成氢键，将有利于溶质的溶解。$NH_3$ 在水中有较大的溶解度就与此有关。液体分子间若有氢键存在，其黏度一般较大。例如，甘油、磷酸、浓硫酸都是因为分子间有多个氢键存在，通常为黏稠状的液体。

## 1.7 晶 体

**【能力目标】** 能够依据各种晶体类型分析其与物质性质的关系。

**【知识目标】** 掌握晶体类型与物质性质的关系。

固体物质可以按照其中原子排列的有序度分为晶体和无定形物质，晶体又分为单晶体和多晶体。晶体的特性是晶体内部结构的反映。

### 1.7.1 晶体的特征

晶体是由原子或分子在空间按一定规律周期重复地排列构成的固体物质。晶体在生长过程中，自发地形成晶面，晶面相交形成晶棱，晶棱会聚成顶点，从而出现具有多面体的外形。因此晶体最为突出的特征是具有规则的几何外形。同一种晶体由于生成条件不同，所得晶体在外形上有差别，但晶体的晶面与晶面之间的夹角总是恒定的，这一普遍规律称为晶面角守恒定律。

有固定的熔点是晶体的又一特征。晶体受热到熔点温度，晶体完全转化为液态。而非晶体则无一定熔点。在晶体中由于各个方向排列的质点间的距离和取向不同。因此晶体具有各向异性的重要特征，也就是说同一个晶体在不同方向上有不同的性质。如石墨，与层平行方向上的导电率比与层垂直方向上的导电率高出 1 万倍。非晶体则各向同性。

晶体内部粒子周期性的排列及其理想的外形都具有特定的对称性。如对称中心、对称面、对称轴等。晶体就是按其对称性的不同而分类的。

### 1.7.2 晶体的类型

如果按晶格中的结构粒子种类和键的性质来划分，晶体可分为离子晶体、分子晶体、原子晶体和金属晶体四种基本类型。

#### 1.7.2.1 离子晶体

(1) 离子晶体的特征　在离子晶体中，组成晶体的正、负离子在空间呈有规则的排列，而且隔一定距离重复出现，有明显的周期性，这种排列情况在结晶学上称为结晶格子，简称为晶格。晶体中最小的重复单位叫晶胞。

在离子晶体中，质点间的作用力是静电吸引力，即正、负离子是通过离子键结合在一起的，由于正、负离子间的静电作用力较强，所以离子晶体一般具有较高的熔点、沸点和硬度。

离子的电荷越高，半径越小，静电作用力越强，熔点也就越高。

离子晶体的硬度较大，但比较脆，延展性较差。离子晶体不论在熔融状态或在水溶液中都具有优良的导电性，但在固体状态，由于离子被限制在晶格的一定位置上振动，因此几乎不导电。

在离子晶体中，每个离子都被若干个异电荷离子所包围着，因此在离子晶体中不存在单个分子，可以认为整个晶体就是一个巨型分子。

（2）离子晶体的晶格能 当相互远离的气态正离子和气态负离子结合成离子晶体时所释放的能量称为晶格能，以符号 $u$ 表示。如 NaCl 的晶格能 $u=786\text{kJ/mol}$，MgO 的晶格能 $u=3916\text{kJ/mol}$。

根据能量守恒定律，晶格能可由下式求出，

$$u=-\Delta_f H^{\ominus}+S+\frac{1}{2}D+I-E$$

式中 $S$——升华能；

$D$——离解能；

$I$——电离能；

$E$——电子亲和能；

$\Delta_f H^{\ominus}$——物质的生成热。

根据晶格能的大小可以解释和预言离子型化合物的某些物理化学性质。对于相同类型的离子晶体来说，离子电荷越多，正、负离子的核间距越短，晶格能的绝对值就越大。这也表明离子键越牢固，因此反映在晶体的物理性质上有较高的熔点、沸点和硬度。

（3）离子极化 离子极化是离子在外电场影响下发生变形而产生诱导偶极的现象。在外电场作用下，原子核被吸（或推）向另一方，正负电荷重心不重合了，即产生了诱导偶极矩。

离子使其他离子（或分子）极化（变形）的能力叫做离子的极化力。一般说来，正离子的电荷数越多，离子半径越小，其极化力越强，变形性就越小；而负离子的电荷数越多，半径越大，其极化力就越小，变形性越大。

1.7.2.2 分子晶体

在分子晶体中，组成晶胞的质点是分子（包括极性分子和非极性分子），分子间的作用力是范德华力和氢键。例如 $Cl_2$、$Br_2$、$I_2$、$CO_2$、$NH_3$、HCl 等，它们在常温下是气体、液体或易升华的固体，但是在降温凝聚后的固体都是分子晶体。

在分子晶体的化合物中，存在着单个分子。由于分子间的作用力较弱。所以分子晶体的熔点低，沸点也低，在固体或熔化状态通常不导电。若干极性强的分子晶体（如 HCl）溶解在极性溶剂（如水）中，因发生电离而导电。

由于分子间作用力没有方向性和饱和性，所以对于那些球形和近似球形的分子，通常也采用配位数高达 12 的最紧密堆积方式组成分子晶体，这样可以使能量降低。

1.7.2.3 原子晶体

在原子晶体中，组成晶胞的质点是原子，原子与原子间以共价键相结合，组成一个由“无限”数目的原子构成的大分子，整个晶体就是一个巨大的分子。由于共用电子对所组成的共价结合力极强，所以这类晶体的特点是熔点高、硬度很大，例如金刚石熔点高达 3750℃，硬度也最大。在金刚石晶体中，每一个 C 原子通过 4 个 $sp^3$ 杂化轨道与其他 4 个碳原子以形成共价键的形式相连接。每个碳原子处于与它直接相连的 4 个碳原子所组成的正四面体中心，连接成一个大分子。

原子晶体的主要特点是原子间不再以紧密的堆积为特征，它们之间是通过具有方向性和饱和性的共价键相连接，特别是通过成键能力很强的杂化轨道重叠成键，使它的键能接近

400kJ/mol。所以原子晶体的构型和性质都与共价键性质密切相关，原子晶体中配位数比离子晶体少，硬度和熔点都比离子晶体高，一般不导电，在常见溶剂中不溶解，延展性差。

1.7.2.4 金属晶体

(1) 金属键 金属键也称改性共价键，属多电子、多中心的化学键，这是改性共价理论对金属键的描述。现代金属键理论——能带理论，却是把金属晶体看成一个大分子，分子内所有原子的原子轨道线性组合成一系列相应的分子轨道。电子填充在能量低的能带。在外电场存在时，价电子可跃迁到相邻的空轨道而导电。

(2) 金属晶体 由于金属键无方向性，无饱和性，所以金属原子总是尽可能地利用空间在其周围排列更多的原子，形成高配位数的晶体结构。

(3) 金属晶体的性质 金属晶体具有金属光泽，有较好的延展性，较高的熔点、沸点和良好的导电性能。

## 练 习 题

1. 关于原子轨道的下述观点，正确的是（ ）。

A. 原子轨道是电子运动的轨道

B. 某一原子轨道是电子的一种空间运动状态，即波函数 $\psi$

C. 原子轨道表示电子在空间各点出现的概率

D. 原子轨道表示电子在空间各点出现的概率密度

2. 元素性质的周期性决定于（ ）。

A. 原子中核电荷数的变化　　B. 原子中价电子数目的变化

C. 元素性质变化的周期性　　D. 原子中电子分布的周期性

3. 在电子云示意图中的小黑点（ ）。

A. 表示电子　　B. 表示电子在该处出现

C. 其疏密表示电子出现的概率大小　　D. 其疏密表示电子出现的概率密度大小

4. 决定核外电子运动状态的量子数为（ ）。

A. $n$，$l$　　B. $n$，$m$　　C. $n$，$l$，$m$　　D. $n$，$l$，$m$，$m_s$

5. 量子数 $n$，$l$ 和 $m$ 不能决定（ ）。

A. 原子轨道的能量　　B. 原子轨道的形成

C. 原子轨道的数目　　D. 电子的数目

6. 用量子数描述的下列亚层中，可以容纳电子数最多的是（ ）。

A. $n=2$，$l=1$　　B. $n=3$，$l=2$　　C. $n=4$，$l=3$　　D. $n=5$，$l=0$

7. 铜原子的价层电子排布式为（ ）。

A. $3d^9 4s^2$　　B. $3d^{10} 4s^1$　　C. $3d^6 4s^2$　　D. $3s^1 3d^{10}$

8. 某基态原子的第六电子层只有 2 个电子时，其第五电子层上的电子数为（ ）。

A. 8　　B. 18　　C. 8～18　　D. 8～32

9. 在下列各种含 H 的化合物中含有氢键的是（ ）。

A. $HCl$　　B. $H_3BO_3$　　C. $CH_3F$　　D. $PH_3$

10. 下列分子属于非极性分子的是（ ）。

A. $HCl$　　B. $NH_3$　　C. $SO_2$　　D. $CO_2$

11. 下列分子中偶极矩最大的是（ ）。

A. $HCl$　　B. $H_2$　　C. $CH_4$　　D. $CO_2$

12. 下列化合物中，具有强极性共价键和配位键的离子化合物为（ ）。

A. $NaOH$　　B. $H_2O$　　C. $NH_4Cl$　　D. $MgCl_2$

13. 下列分子中，属于极性分子的是（　　）。

A. $O_2$　　B. $CO_2$　　C. $BBr_3$　　D. $CHCl_3$

14. 共价键最可能存在于（　　）。

A. 金属原子之间　　B. 金属原子和非金属原子之间

C. 非金属原子之间　　D. 电负性相差很大的元素的原子之间

15. 下列说法正确的是（　　）。

A. $BCl_3$ 分子中 B—Cl 键是非极性的

B. $BCl_3$ 分子中 B—Cl 键距为 0

C. $BCl_3$ 分子是极性分子，而 B—Cl 键是非极性的

D. $BCl_3$ 分子是非极性分子，而 B—Cl 键是极性的

16. 下列物质熔沸点高低顺序是（　　）。

A. He>Ne>Ar　　B. HF>HCl>HBr

C. $CH_4$<$SiH_4$<$GeH_4$　　D. W>Cs>Ba

17. A，B 两元素，A 原子的 M 层和 N 层的电子数分别比 B 原子的 M 层和 N 层的电子数少 7 个和 4 个。写出 A，B 两原子的名称和电子排布式，指出推理过程。

18. 第四周期某元素原子中的未成对电子数为 1，但通常可形成＋1 和＋2 价态的化合物，试确定该元素在周期表中的位置，并写出＋1 价离子的电子排布式和＋2 价离子的外层电子排布式。

19. 从原子结构解释为什么铬和硫都属于第Ⅵ族元素，但它们的金属性和非金属性不相同，而最高化合价却又相同？

20. “四氯化碳和四氯化硅都容易水解”，这句话对吗？

21. 写出原子序数为 42，52，79 的各元素的原子核外电子排布式及其价电子构型。

22. 某元素的原子序数为 35，试回答：

(1) 其原子中的电子数是多少？有几个未成对电子？

(2) 其原子中填有电子的电子层、能级组、能级、轨道各有多少？价电子数有几个？

(3) 该元素属于第几周期、第几族？是金属还是非金属？最高氧化值是多少？

23. 为什么碳原子的价电子构型是 $2s^2 2p^2$，而不是 $2s^1 2p^3$？为什么碳原子的两个 2p 电子是成单而不是成对的？

24. 下列物质中，哪些是离子化合物？哪些是共价化合物？哪些是极性分子？哪些是非极性分子？

KBr　$CHCl_3$　CO　CsCl　NO　$BF_3$　$SiF_4$　$SO_2$　$SO_3$　$SCl_2$　$COCl_2$　HI

25. $BF_3$ 分子是平面三角形的几何构型，但 $NF_3$ 分子却是三角锥形的几何构型，试用杂化轨道理论加以说明。

26. 试用杂化轨道理论说明下列分子的中心原子可能采取的杂化类型，并预测其分子的几何构型：

$BBr_3$　$CO_2$　$CF_4$　$PH_3$　$SO_2$

27. 试判断下列分子的极性，并加以说明：

He　CO　$CS_2$（直线形）　NO　$PCl_3$（三角形）

$SiF_4$（正四面体形）　$BCl_3$（平面三角形）　$H_2S$（折线形或 V 形）

28. 试判断下列各组的两种分子间存在哪些分子间力：

(1) $Cl_2$ 和 $CCl_4$　(2) $CO_2$ 和 $H_2O$　(3) $H_2S$ 和 $H_2O$

(4) $NH_3$ 和 $H_2O$　(5) HBr 液体　(6) 苯和 $CCl_4$

29. 判断下列化合物中有无氢键存在，如果存在氢键，是分子间氢键还是分子内氢键？

(1) $C_6H_6$　(2) $C_2H_6$　(3) $NH_3$　(4) $H_3BO_3$　(5) $HNO_3$

# 第2章　非金属元素及其化合物

【学习指南】

通过本章的学习，掌握元素周期表中非金属元素性质递变的规律；熟悉各族常见非金属元素的特性；掌握非金属元素及其化合物的应用。

非金属元素除氢外，都位于元素周期表中的p区，其原子结构特征是$ns^2np^{1\sim6}$（氢和氦除外）。非金属的电离能很高，许多晶体不导电、不反射光、也不容易变形。B、Si、Ge、As、Sb、Se、Te、Po等为准金属。

## 2.1　卤素及其化合物

**【能力目标】** 能判断卤素及其化合物性质的递变规律；会应用所学知识对卤素性质做出初步判断。

**【知识目标】** 了解卤族元素的通性；熟悉氯的性质；掌握氯及其化合物的用途。

卤素是周期系中第ⅦA族元素，用X表示，包括氟F、氯Cl、溴Br、碘I、砹At五种元素。卤素（halogen）希腊原文为成盐元素的意思，它们都与典型的金属——碱金属化合生成典型的盐而得名。其中At是放射性元素。

### 2.1.1　卤素的通性

卤原子的价电子层中只有一个成单电子，氧化数为－1，形成双原子分子单质。在卤素（氟除外）显正氧化态（＋1，＋3，＋5，＋7）的化合物中，键是极性共价键。

卤素单质氧化能力$F_2>Cl_2>Br_2>I_2$，卤离子还原能力$F^-<Cl^-<Br^-<I^-$。

### 2.1.2　卤素单质

#### 2.1.2.1　卤素的存在

卤素单质由于具有很高的化学活性，在自然界中不可能以游离态存在，而是以稳定的卤化物形式存在（碘还以碘酸盐形式出现）。卤素在地壳中的含量为氟0.066%、氯0.017%、溴$2.1\times10^{-4}\%$、碘$4.0\times10^{-5}\%$，卤素的主要存在形式有萤石（$CaF_2$）、冰晶石（$Na_3AlF_6$）、NaCl、$MgCl_2$、KBr、$MgBr_2$、智利硝石（$NaIO_3$）、人体的甲状腺等。

#### 2.1.2.2　卤素的物理性质

卤素单质的熔点沸点不高。固体密度、熔点、沸点都是从氟到碘顺序增大，这是由于它们的化学式量和分子间色散力都依次升高的缘故。常温下，氟是淡黄色气体，氯是黄绿色气体，溴是暗褐色液体，碘是紫褐色晶体，略带金属光泽。固态碘受热可以升华而表现为紫色蒸气。卤素均具有刺激气味，强烈刺激眼、鼻、气管等黏膜，吸入多的蒸气会发生严重中毒，甚至造成死亡。氯气中毒时，吸入酒精和乙醚混合蒸气、氨水蒸气作为解毒剂。氟遇水能取代其中的氧，溴和氯的溶解度都不大，碘则更难溶解，卤素易溶于非极性溶剂。

#### 2.1.2.3　卤素的化学性质

卤素的化学反应类型基本相同，从氟到碘其活性逐渐减弱。

(1) 与金属作用　氟能强烈地与所有金属作用。在室温或不太高的温度下，因在金属表面形成了一层保护性的金属氟化物薄膜，可将氟盛装在铜、铁、镁、镍（或其他的合金）制成的容器中。

氯也与各种金属作用，但有些反应需加热，反应也比较剧烈。潮湿的氯在加热情况下，还能与很不活泼的金属如铂、金作用。但干燥的氯气不与铁作用，故可将氯气贮存在钢瓶中。

在常温或不太高的温度下，溴和碘能与比较活泼的金属 Al（粉）、Zn（粉）反应。

(2) 与非金属作用　在低温下，氟能与硫、磷、砷、碳、硅等非金属元素化合，产生火焰和炽热，生成挥发性氟化物，氟与非金属的作用是非常剧烈的。

氯能与大多数非金属元素直接化合，反应的剧烈程度不及氟。

$$2S+Cl_2 = S_2Cl_2 \qquad S+Cl_2 = SCl_2$$

$$2P+3Cl_2 = 2PCl_3 \qquad 2P+5Cl_2(\text{过量}) = 2PCl_5$$

溴和碘也有类似的作用，但反应的剧烈程度又较氯差。

$$2P+3Br_2 = 2PBr_3(\text{干燥条件下,易水解})$$

$$2P+3I_2 = 2PI_3(\text{干燥条件下})$$

(3) 与氢作用　在很低的温度下（20K），固态氟与液态氢在黑暗中就能剧烈化合。氯和氢的混合气体在黑暗中反应进行很慢。当强光照射或加热时，氯和氢立即反应并发生爆炸。

$$H_2+Cl_2 = 2HCl$$

溴和碘与氢的化合则需要在加热和催化下才有明显的速率，其中碘与氢的反应由于存在逆反应而不能进行到底。

(4) 卤素间置换反应　卤素单质能把电负性比它小的卤素从其卤化物中置换出来。例如氟能把氯、溴、碘从它们相应的固态卤化物中置换出来，氯能把溴和碘从它们的卤化物溶液中置换出来，而溴又能从碘化物溶液中把碘置换出来。

$$F_2+2NaCl = Cl_2+2NaF$$

$$Cl_2+2NaBr = Br_2+2NaCl$$

$$Br_2+2NaI = I_2+2NaBr$$

(5) 与水的反应　卤素（X）与水发生两种重要的反应：

$$2X_2+2H_2O = 4H^+ +4X^- +O_2(\text{放出氧反应})$$

$$X_2+H_2O = H^+ +X^- +HXO(\text{水解反应})$$

氟与水反应放出氧气，氯只有在光照射下与水反应，缓慢放出氧，溴与水作用放氧的反应极慢，碘与水不反应，但逆反应可以进行。

对水解反应来说，由于氟剧烈分解水，故不能水解。卤素的水解实质是氧化还原反应。

(6) 与碱的反应

$$X_2+2OH^- = X^- +XO^- +H_2O(\text{冷的条件下})$$

$$X_2+6KOH = 5KX+KXO_3+3H_2O(\text{加热条件下},X=Cl、Br、I)$$

$$2F_2+2OH^-(2\%) = 2F^- +OF_2\uparrow +H_2O$$

### 2.1.3　卤素化合物

#### 2.1.3.1　卤化氢

(1) 卤化氢的物理性质　卤化氢皆为无色有刺激性气味的气体，在空气中会“冒烟”，这是由于卤化氢与空气中的水蒸气结合形成了酸雾。卤化氢的性质依 HCl、HBr、HI 的次序有规律地变化，其沸点随着化学式量的增大而升高，氟化氢分子间存在氢键，使它的熔点、沸点、汽化热特别高，电离度特别低。

(2) 卤化氢的化学性质

① 热稳定性　一般规律是卤化氢的热稳定性随卤素原子序数的增大而降低。将卤化氢加热到足够高的温度，它们都会分解成卤素单质和氢气。碘化氢在 300℃即明显分解，而氯化氢和氟化氢加热到 1000℃才稍有分解。

② 酸性　氢卤酸的酸性从 HF、HCl、HBr、HI 依次增强。除氢氟酸外，其余都是强酸。市售浓盐酸约含 36.5%的氯化氢，密度为 1.19g/cm³。纯盐酸无色，工业用盐酸由于含有三氯化铁等杂质而带黄色。氢氟酸最特殊的性质是对玻璃的作用。不管是二氧化硅还是硅酸钙（玻璃主要成分）都能与氢氟酸发生反应。

$$SiO_2(固) + 4HF \xlongequal{} SiF_4\uparrow + 2H_2O$$

$$CaSiO_3 + 6HF \xlongequal{} CaF_2 + SiF_4\uparrow + 3H_2O$$

2.1.3.2　卤素含氧酸及其盐

(1) 次卤酸及其盐　次卤酸不稳定，不能制得纯酸但可得到它们的水溶液。次卤酸都是极弱酸，酸的强度随卤素原子序数的增大而减小。

次卤酸根很容易水解，因此碱金属的次卤酸盐溶液呈碱性。

$$XO^- + H_2O \rightleftharpoons HXO + OH^-$$

卤素单质与水作用可以生成少量的次卤酸。

$$X_2 + H_2O \rightleftharpoons H^+ + X^- + HXO$$

卤素单质与水反应的剧烈程度是按照氯、溴、碘的顺序递减的。

氯气与碱溶液作用在室温和低于室温时得到的是次氯酸盐，在 75℃左右或高于 75℃时得到的是氯酸盐。$BrO^-$ 在室温下歧化速率已相当快，所以只有在 0℃左右的低温下才可得到次溴酸盐 $BrO^-$，而在 50～80℃得到的产物全部是溴酸盐 $BrO_3^-$，总反应为

$$3Br_2 + 6OH^- \xlongequal{} 5Br^- + BrO_3^- + 3H_2O$$

$IO^-$ 在所有温度下歧化速率都很快，溶液中不存在次碘酸盐 $IO^-$。因此碘与碱反应可定量地得到碘酸盐。

$$3I_2 + 6OH^- \xlongequal{} 5I^- + IO_3^- + 3H_2O$$

氯碱工业中生产烧碱的反应为

$$2Cl^- + 2H_2O \xlongequal{} 2OH^- + Cl_2 + H_2\uparrow$$

(2) 亚卤酸及其盐　亚氯酸 $HClO_2$ 并无真正的酸酐。$ClO_2$ 与碱作用发生歧化反应

$$2ClO_2 + 2OH^- \xlongequal{} ClO_2^- + ClO_3^- + H_2O$$

故 $ClO_2$ 是亚氯酸和氯酸的混合酸酐。

用硫酸与亚氯酸钡作用可得到亚氯酸的水溶液。

$$Ba(ClO_2)_2 + 2H^+ + SO_4^{2-} \xlongequal{} BaSO_4\downarrow + 2HClO_2$$

亚氯酸的热稳定性差，易分解成 $ClO_2$、$HClO_3$ 和 HCl。

(3) 卤酸及其盐　卤酸均是强酸和强氧化剂。氯酸 $HClO_3$ 和溴酸 $HBrO_3$ 在分离时会发生分解，可以制得纯的碘酸 $HIO_3$。碘酸 $HIO_3$ 是无色晶体，在 110℃熔化时分解。用硫酸与钡盐作用可制得氯酸和溴酸的水溶液。

$$Ba(XO_3)_2 + H_2SO_4 \xlongequal{} BaSO_4\downarrow + 2HXO_3$$

用浓硝酸氧化单质碘可以制得碘酸

$$I_2 + 10HNO_3(浓) = 2H^+ + 2IO_3^- + 10NO_2\uparrow + 4H_2O$$

卤酸盐在水中的溶解度随卤素原子量的增大而减小。绝大多数卤酸盐易溶于水，而碘酸盐有许多是不溶于水的。所有卤酸盐加热时都分解。氯酸钾在 668K 时分解成氯化钾和高氯酸钾，用 $MnO_2$ 作催化剂在 200℃左右可按另一种方式分解。

$$4KClO_3 \xlongequal{668K} KCl + 3KClO_4$$

$$2KClO_3 \xlongequal{MnO_2} 2KCl + 3O_2\uparrow$$

溴酸盐和碘酸盐的热分解随条件不同可以得到不同的分解产物，有时甚至是金属氧化物和卤素单质。

卤酸盐在溶液中不显示明显的氧化性。固体卤酸盐，是一种强氧化剂，如氯酸钾（$KClO_3$），它与易燃的物质如碳、磷、硫等相混合，一受撞击即猛烈爆炸。氯酸钾常用来制造火柴、炸药、信号弹等。

(4) 高卤酸及其盐　用高氯酸钾与硫酸反应可以得到高氯酸。

$$KClO_4 + H_2SO_4(浓) = KHSO_4 + HClO_4$$

采用减压蒸馏可以分离出高氯酸，温度超过 92℃就会爆炸。高氯酸的热浓溶液是强氧化剂，与易燃物相遇易发生爆炸，但冷的稀酸无明显氧化性。高氯酸是常用分析试剂，既是最强酸又是一种强氧化剂。高氯酸盐多是易溶的（铯、铷、钾盐和铵盐溶解度很小）。

工业上用电解盐酸使之氧化的方法来生产高氯酸，铂作阳极，银或铜作阴极，在阳极区可得到 20%的高氯酸 $4H_2O + Cl^- = ClO_4^- + 8H^+ + 8e$，将 20%高氯酸减压蒸馏可得到市售 60%的 $HClO_4$。

用单质氟在碱性溶液中氧化溴酸盐可制得高溴酸和高溴酸盐。

$$BrO_3^- + F_2 + 2OH^- = BrO_4^- + 2F^- + H_2O$$

用此法已制成了纯高溴酸，55%高溴酸溶液能长期稳定，甚至 100℃也不分解。

已知有一系列的高碘酸和高碘酸盐，其中最重要的是正高碘酸（$H_5IO_6$）和偏高碘酸（$HIO_4$）及其盐。高碘酸可看成是 $I_2O_7$ 的水合物。

## 2.2　氧族元素及其化合物

**【能力目标】** 能判断氧族元素及其化合物性质的递变规律；会应用所学知识对氧族元素性质做出初步判断。

**【知识目标】** 了解氧族元素的通性；熟悉氧、硫的性质；掌握氧、硫及其化合物的用途。

周期表中的ⅥA 族元素包括氧 O、硫 S、硒 Se、碲 Te、钋 Po 五种元素，通称为氧族元素，除氧以外的本族元素称为硫族元素，其价电子层结构为 $ns^2np^2$。氧是地壳中分布最广的元素，其丰度为 47%，Po 是稀有放射性元素。

### 2.2.1　氧族元素的通性

氧族元素的原子半径、离子半径、电离能和电负性的变化趋势和卤素相似，氧和硫是典型的非金属，硒和碲是准金属，而钋是典型的金属。从电子亲和能的数据来看，氧族元素的活泼性比卤素差。

氧的电负性仅次于氟，它可以和大多数金属元素形成二元的离子型化合物，如 $Li_2O$、$MgO$、$Al_2O_3$ 等；硫、硒、碲只能与电负性较小的金属元素形成离子型化合物，如 $Na_2S$、$BaS$、$K_2Se$ 等。与大多数金属化合时，主要形成共价化合物，如 $CuS$、$HgS$ 等。氧族元素与非金属元素化合时形成的均是共价化合物，如 $H_2O$、$H_2S$ 等。

氧在一般化合物中氧化数皆为－2（$H_2O_2$ 中为－1、$OF_2$ 中为＋2），而其他元素在化合物中常以正氧化态出现，从硫到碲正氧化态的化合物稳定性逐渐增强。

### 2.2.2 氧族元素的单质

#### 2.2.2.1 氧

游离态的氧，约占大气的 21%（体积分数，质量分数为 23%），它与动物呼吸，生物腐烂、燃烧和钢铁氧化等现象都有密切关系。氧和硅两种元素占全部地壳的 3/4，化合态的氧以水、氧化物和含氧酸盐的形式广泛存在于地壳中，因此是自然界分布最广的元素。

工业上氧气是从液态空气分馏而得，装在蓝色钢瓶中。在实验室中可用含氧酸盐的热分解来制备，最常用的是以二氧化锰作催化剂加热使氯酸钾分解，分解温度 200℃左右，产生的氧气中含少量氯。

氧是化学性质活泼的元素，除稀有气体、卤素及一些贵金属外，氧能同许多金属和非金属直接作用生成氧化物。

氧有广泛用途，富氧空气或纯氧常用于医疗和高空飞行，大量的纯氧在钢铁生产中用以从铁中除碳，用氢氧焰和氧炔焰来切割和焊接金属。液氧常用作空间技术的火箭发动机的氧化剂。

#### 2.2.2.2 硫

硫在地壳中以游离态和化合态存在于自然界中，化合态主要有硫化物和硫酸盐，单质硫是从它的天然矿床或硫化物中制得，把含有天然硫的矿石隔绝空气加热，使硫熔化而和砂石等杂质分开。若要得到更纯净的硫，可进行蒸馏，硫蒸气冷却后形成细微结晶的粉状硫，叫硫华。从黄铁矿提取硫，是将矿石和焦炭的混合物放在炼硫炉中，在有限空气中燃烧。

$$3FeS_2+12C+8O_2 \longrightarrow Fe_3O_4+12CO\uparrow+6S$$

生成的硫熔化后铸成块状成品。

单质硫有几种同素异形体，常见的是相对密度为 2.06、熔点为 112.8℃的菱形硫和相对密度为 1.99、熔点为 119℃的单斜硫。将单质硫加热到 96.5℃，菱形硫不经熔化就转变成单斜硫，它冷却后即从单斜硫直接转变成菱形硫。

$$S(\text{菱形}) \rightleftharpoons S(\text{单斜})$$

单质硫的分子式为 $S_8$。给单质硫加热到高于 160℃时，$S_8$ 环开始破裂成开链状的线形分子，并聚合成更长的链。进一步加热到 290℃以上时，长链就会断裂成较小的分子 $S_6$、$S_4$、$S_2$ 等，到 444.6℃时，硫达到沸点，蒸气含有 $S_2$ 的气态分子。

把加热到 230℃的熔态硫迅速地倾入冷水中，纠缠在一起的长链硫被固定下来，成为可以拉伸的弹性硫。经放置后，弹性硫会逐渐转变成晶状硫。弹性硫与晶状硫不同，晶状硫能溶解在有机溶剂如二硫化碳中，而弹性硫只能部分溶解。

### 2.2.3 氧族元素的化合物

#### 2.2.3.1 氧的化合物

（1）过氧化氢　过氧化氢 $H_2O_2$ 俗称双氧水，在自然界中仅以微量存在于雨雪中和某些植物的汁液中，是自然界中还原性物质和大气氧化合的产物。

纯 $H_2O_2$ 是一种无色液体，熔点 −0.89℃，沸点 151.4℃。固体密度（−4℃）为 1.634g/cm。在0℃时液体的密度是 1.4649g/cm$^3$。

纯 $H_2O_2$ 若受热到153℃或更高些的温度时，便会发生猛烈的爆炸性分解。在较低温度下分解作用平稳进行。

$$2H_2O_2 \longrightarrow 2H_2O + O_2 + 196.40\text{kJ}$$

在碱性介质中过氧化氢的分解速率远比在酸性介质中快。影响过氧化氢分解速率的最重要因素是杂质。很多重金属离子如 $Fe^{2+}$、$Mn^{2+}$、$Cu^{2+}$、$Cr^{3+}$ 等都能加速过氧化氢的分解。波长为 3200～3800Å（1Å=0.1nm）的光也能使过氧化氢的分解速率加快。

在实验室中常把过氧化氢装在棕色瓶子内放置在阴凉处。有时为了防止分解，常常加入一些稳定剂如微量的锡酸钠 $Na_2SnO_3$、焦磷酸钠 $Na_4P_2O_7$ 或 8-羟基喹啉等来抑制杂质的分解作用而使过氧化氢稳定。由于过氧化氢的许多性质和水类似（在0℃时水的介电常数为 84.4，$H_2O_2$ 的介电常数为 93.7），$H_2O_2$ 也是一些盐类的电离溶剂。

过氧化氢是一种弱酸，它的第一级电离常数为

$$H_2O_2 \rightleftharpoons HO_2^- + H^+$$

$$K_1 = \frac{[H^+][HO_2^-]}{[H_2O_2]} = 1.55 \times 10^{-12}\ (20℃)$$

第二级电离常数 $K_2$ 要小得多（约为 $10^{-25}$）。不过和水相比，过氧化氢仍然是有酸性的，所以它能同氨或胺生成加合物，如 $NH_3 \cdot H_2O_2$ 或 $RNH_2 \cdot 2H_2O_2$。

过氧化氢有两类反应：第一类反应是过氧化氢同其他化合物反应转移过氧链，生成过氧化物或过氧酸。能够生成复杂过氧酸的元素有：B、C、Ti、Zr、Sn、N、P、V、Nb、Ta、S、Cr、Mo、W 和 U 等。第二类反应是过氧化氢的氧化还原反应，$H_2O_2$ 分子中氧的氧化数是 −1，在 $O_2$（氧化数0）和 $O^{-2}$（氧化数 −2）之间处于中间态，所以 $H_2O_2$ 既可以在一定条件下作为氧化剂，也可以在另一条件下作为还原剂。

$H_2O_2$ 在酸性溶液中是一种强氧化剂，在碱性溶液中是一种适中的还原剂。$H_2O_2$ 最常用作氧化剂，$H_2O_2$ 能从碘化物溶液中将单质碘氧化出来（溶于过量碘化物溶液中生成多碘化合物 $KI_3$）。

$$H_2O_2 + 3I^- + 2H^+ \longrightarrow I_3^- + 2H_2O$$

该反应常用来定性检出和定量测定过氧化氢和过氧化物。

$H_2O_2$ 的典型反应是它同 $KMnO_4$ 的反应。在酸性介质中 $KMnO_4$ 被 $H_2O_2$ 还原成 $Mn^{2+}$ 盐，而在中性或微碱性介质中 $KMnO_4$ 被 $H_2O_2$ 还原成 $MnO_2$。

$$2MnO_4^- + 6H^+ + 5H_2O_2 \longrightarrow 2Mn^{2+} + 5O_2\uparrow + 8H_2O$$

$$2MnO_4^- + H_2O_2 \longrightarrow 2OH^- + 2MnO_2\downarrow + 2O_2\uparrow$$

（2）过氧化物　过氧化钡 $BaO_2$（氧化钡 BaO 在氧气中加热到 500～600℃的产物）和稀硫酸或碳酸反应制备 $H_2O_2$。

$$BaO_2 + H_2SO_4 \longrightarrow BaSO_4\downarrow + H_2O_2$$

$$BaO_2 + CO_2 + H_2O \longrightarrow BaCO_3\downarrow + H_2O_2$$

过氧化钠 $Na_2O_2$（在氧气中燃烧金属钠的产物）和 20%冷的（0℃）硫酸反应制备 $H_2O_2$。

$$Na_2O_2 + H_2SO_4 + 10H_2O \xlongequal{冰} Na_2SO_4 \cdot 10H_2O + H_2O_2$$

过氧化氢的主要用途是以它的氧化性为基础的。在医药上用稀 $H_2O_2$（3%或以下）作为消毒杀菌剂（含漱剂或伤口消毒）。在工业上用于漂白象牙、毛、丝、羽毛等。在近代高能技术中纯 $H_2O_2$ 曾被用为火箭燃料高能氧化剂。在实验室中它是一种方便纯净的氧化剂和化学试剂。可用 $H_2O_2$ 与亚硝酸异戊酯制备过亚硝酸（HOONO），用于研究过亚硝酸对生物分子的损伤。在制备过亚硝酸完成后，需用二氧化锰 $MnO_2$ 为催化剂促使过氧化氢分解，以除去未反应的过氧化氢。

由于过氧化氢的弱酸性，它能和金属氢氧化物作用生成金属过氧化物。

$$Ba(OH)_2 + H_2O_2 \xlongequal{} BaO_2 + 2H_2O$$

这个反应可以看成是一种中和反应，过氧化钡 $BaO_2$ 可以看成是过氧化氢的盐。

2.2.3.2 硫的化合物

（1）硫化氢 自然界中的硫化氢常含于火山喷射气及矿泉水中，动植物以及各种有机垃圾腐烂时都经常产生硫化氢，在井喷和精炼石油时，也有大量的硫化氢溢出，造成大气污染。

$H_2S$ 是无色有毒气体、恶臭，空气中如含 0.1%的 $H_2S$ 就会迅速引起头疼眩晕等症状，吸入大量 $H_2S$ 会造成昏迷或死亡。在－60℃时成液体，在－86℃时凝固。通常情况下一体积水中能溶解 4.7 体积的 $H_2S$ 气体，浓度约为 0.1mol/dm³。该溶液叫氢硫酸。$H_2S$ 在水中的电离如下：

$$H_2S \rightleftharpoons H^+ + HS^- \qquad K_1 = 5.7 \times 10^{-8}$$

$$HS^- \rightleftharpoons H^+ + S^{2-} \qquad K_2 = 1.2 \times 10^{-15}$$

硫化氢中的硫处于最低氧化态－2，所以硫化氢具有还原性，能被氧化成单质硫或更高氧化态。

$$H_2S + I_2 \xlongequal{} 2HI + S\downarrow$$

$$2H_2S + O_2 \xlongequal{} 2H_2O + 2S\downarrow$$

$$H_2S + 4Br_2 + 4H_2O \xlongequal{} H_2SO_4 + 8HBr$$

许多金属离子在溶液中和硫化氢或硫离子作用，生成溶解度很小的硫化物。在控制的酸度下，可以用 $H_2S$ 把溶液中的不同金属离子分组分离。硫蒸气能和氢气直接化合生成硫化氢。在实验室中 $H_2S$ 是由金属硫化物和酸作用来制备。

$$FeS(s) + H_2SO_4(aq) \xlongequal{} H_2S(g) + FeSO_4(aq)$$

$$Na_2S(aq) + H_2SO_4(aq) \xlongequal{} H_2S(g) + Na_2SO_4(aq)$$

分析化学中也用硫代乙酰胺的水解来制备 $H_2S$ 气体。

$$CH_3CSNH_2 + 2H_2O \xlongequal{} CH_3COO^- + NH_4^+ + H_2S\uparrow$$

（2）硫化物 酸式金属硫化物皆溶于水。金属硫化物除碱金属硫化物和 $(NH_4)_2S$ 易溶于水外，其余多难溶于水，且有特征颜色，如 $Na_2S$，ZnS 为白色；FeS，PbS，HgS，CuS，$Ag_2S$ 为黑色；CdS 为黄色等。

难溶金属硫化物根据其在酸中溶解情况可分为四类。

① 溶于稀盐酸 如 FeS，MnS，ZnS 等。

$$FeS + 2H^+ \longrightarrow Fe^{2+} + H_2S\uparrow$$

② 难溶于稀盐酸，易溶于浓盐酸 如 CdS，PbS，$SnS_2$ 等。

$$PbS+2H^{+}+4Cl^{-}\longrightarrow [PbCl_4]^{2-}+H_2S\uparrow$$

③ 不溶于盐酸，溶于硝酸　如 CuS，$Ag_2S$ 等。

$$3CuS+8HNO_3\longrightarrow 3Cu(NO_3)_2+3S\downarrow+2NO\uparrow+4H_2O$$

④ 只溶于“王水”如 HgS。

$$3HgS+2HNO_3+12HCl\longrightarrow 3[HgCl_4]^{2-}+6H^{+}+3S\downarrow+2NO\uparrow+4H_2O$$

可溶性金属硫化物如 $Na_2S$，$(NH_4)_2S$ 的水溶液在空气中会被氧化而析出硫，S 与 $S^{2-}$ 结合成多硫离子 $S^{2-x}$，溶液颜色变深。

$$2Na_2S+2H_2O+O_2\longrightarrow 2S\downarrow+4NaOH$$

所有金属硫化物无论易溶或微溶都有一定程度的水解性。$Na_2S$ 溶于水几乎全部水解，其溶液作为强碱使用，工业上称 $Na_2S$ 为硫化碱。$Cr_2S_3$、$Al_2S_3$ 遇水完全水解。所以这类化合物只能用“干法”合成。

$$Al_2S_3+6H_2O\longrightarrow 2Al(OH)_3\downarrow+3H_2S\uparrow$$

根据硫化物溶解性的不同，可以用于定性分析、提纯及分离金属离子。

硫化物的水解性：

$$Na_2S+H_2O\rightleftharpoons 2Na^{+}+HS^{-}+OH^{-}$$

$$Al_2S_3+6H_2O\rightleftharpoons 2Al(OH)_3\downarrow+3H_2S\uparrow$$

$$PbS+H_2O\rightleftharpoons Pb^{2+}+HS^{-}+OH^{-}\text{（微弱水解）}$$

$Na_2S$ 是工业上有较多用途的一种水溶性硫化物，它是一种白色晶状固体，熔点 1180℃，在空气中易潮解。常见的商品是它的水合晶体 $Na_2S\cdot 9H_2O$。在工业上用于涂料、食品、漂染、制革、荧光材料等。它是通过天然产品芒硝的还原来大规模工业生产的，工艺原理如下列方程式所示。

$$Na_2SO_4+4C\xlongequal[1100℃]{\text{高温转炉}}Na_2S+4CO\text{（高温转炉中）}$$

$$Na_2SO_4+4H_2\xlongequal[1000℃]{\text{沸腾炉}}Na_2S+4H_2O\text{（沸腾炉中）}$$

$(NH_4)_2S$ 是一种常用的水溶性硫化物试剂，它是将 $H_2S$ 通入氨水中而制备的。硫化铵仅存在于水溶液中。

$$2NH_3\cdot H_2O+H_2S=\!=\!=(NH_4)_2S+2H_2O$$

硫化钠或硫化铵溶液能够溶解单质硫，就好像碘化钾溶液可以溶解单质碘一样，在溶液中生成了多硫化物。

$$Na_2S+(x-1)S=\!=\!=Na_2S_x$$

$$(NH_4)_2S+(x-1)S=\!=\!=(NH_4)_2S_x$$

碱金属和碱土金属多硫化物可以制得晶状盐，仅 $M_2S_4$ 和 $M_2S_5$（M 为碱金属元素或铵）可以形成稳定的水溶液。多硫化物溶液一般显黄色，随溶解硫的增多而颜色加深。多硫化物是一种硫化试剂，在反应中向其他反应物供给活性硫，例如

$$SnS+(NH_4)_2S_2=\!=\!=(NH_4)_2SnS_3$$

在上述反应中 Sn(Ⅱ) 的硫化物能同多硫化铵［用 $(NH_4)_2S_2$ 代表］反应，生成 Sn(Ⅳ)的含硫酸盐而溶解。这里 Sn(Ⅱ) 转化成 Sn(Ⅳ) 的氧化作用就是通过多硫化铵中的活性硫的作用而实现的｛多硫化铵中的活性硫 $(NH_4)_2S_2=\!=\!=(NH_4)_2S+[S]$ 是氧化剂｝。当多硫化物 $M_2S_x$ 中的 $x=2$ 时，$Na_2S_2$ 或 $(NH_4)_2S_2$ 可以叫做过硫化物，它们实际上是过

氧化物的同类化合物。向过硫化钠溶液中加酸，可以得到不稳定的化合物过硫化氢 $H_2S_2$，过硫化物 $Na_2S_2$ 是过硫化氢 $H_2S_2$ 的盐。

(3) 二氧化硫、亚硫酸、亚硫酸盐 $SO_2$ 是一种无色有刺激性气味的气体，它是一种大气污染物。二氧化硫的职业性慢性中毒会引起丧失食欲，大便不通和器官炎症。

硫或黄铁矿在空气中燃烧生成 $SO_2$。

$$S+O_2 = SO_2$$

$$3FeS_2+8O_2 = Fe_3O_4+6SO_2$$

在工业上空气中 $SO_2$ 允许浓度不得超过 $0.02mg/dm^3$，$SO_2$ 在常压下，$-10℃$就能液化，易溶于水，在常况下 $1dm^3$ 水能溶解 $40dm^3$ 的 $SO_2$，相当于10%溶液。在溶液中 $SO_2$ 同水反应生成亚硫酸。

$$SO_2+H_2O = H_2SO_3$$

$$H_2SO_3 \rightleftharpoons H^+ + HSO_3^- \quad 1.54\times10^{-2} \quad (18℃)$$

$$HSO_3^- \rightleftharpoons H^+ + SO_3^{2-} \quad 1.02\times10^{-7} \quad (18℃)$$

在溶液中生成的亚硫酸是中等强度的二元酸。加热可驱出 $SO_2$ 气体，使上述平衡向左移动。加入碱时，平衡向右移动，生成酸式盐或正盐。

亚硫酸，亚硫酸盐比 $SO_2$ 具有更强的还原性。例如二氧化硫在有催化剂存在的条件下才容易被空气氧化，而 $H_2SO_3$ 和 $Na_2SO_3$ 在空气中能直接被空气中的氧氧化。

$$2SO_2+O_2 = 2SO_3 \text{（有催化剂）}$$

$$2H_2SO_3+O_2 = 2H_2SO_4 \text{（很慢）}$$

$$2Na_2SO_3+O_2 = 2Na_2SO_4 \text{（快）}$$

可以看出，它们的还原性依 $SO_2 \rightarrow H_2SO_3 \rightarrow M_2SO_3$ 的顺序增强，因此在保存亚硫酸及其盐时，应防止空气进入。最后一个反应在工业上常被用来除去溶解的氧，防止输水管腐蚀。

亚硫酸和亚硫酸盐只有遇到更强的还原剂时才表现出氧化性。例如，

$$SO_3^{2-}+2H_2S+2H^+ = 3S\downarrow+3H_2O$$

碱金属的亚硫酸盐易溶于水，由于水解，溶液呈碱性，其他金属的正盐都只微溶于水，而所有的酸式亚硫酸盐都易溶于水。亚硫酸盐受热容易分解。

$$2Na_2SO_3 \overset{\triangle}{=} Na_2SO_4+Na_2S+O_2$$

亚硫酸盐或酸式亚硫酸盐遇强酸即分解，放出 $SO_2$。

$$SO_3^{2-}+2H^+ = H_2O+SO_2\uparrow$$

$$HSO_3^-+H^+ = H_2O+SO_2\uparrow$$

这是实验室制取少量 $SO_2$ 的一种方法。

亚硫酸盐有很多实际用途，例如亚硫酸氢钙 $Ca(HSO_3)_2$ 大量用于造纸工业，即用它溶解木质制造纸浆。亚硫酸钠和亚硫酸氢钠大量用于染料工业。它们也用作漂白织物时的去氯剂，反应如下：

$$H_2O+SO_3^{2-}+Cl_2 = SO_4^{2-}+2Cl^-+2H^+$$

(4) 三氧化硫、硫酸、硫酸盐 纯三氧化硫是一种无色的易挥发固体，在$-10℃$的密度为 $2.29g/cm^3$，而在20℃的液体密度为 $1.920g/cm^3$，熔点16.8℃，沸点44.8℃。固态 $SO_3$ 主要以两种形态存在，一种是纤维状的 $(SO_3)_n$；另一种固态 $SO_3$ 是所谓的冰状结构的三聚

体 $(SO_3)_3$。

三氧化硫 $SO_3$ 是通过二氧化硫的催化氧化来制备的，最好的催化剂是铂，但工业上采用比较价廉的五氧化二钒（$V_2O_5$）。

$$2SO_2+O_2 \xrightarrow[450℃]{V_2O_5} 2SO_3$$

三氧化硫是一种强氧化剂，因其中 S 原子处于最高氧化态（+6）。它可以使单质磷燃烧，将碘化物氧化成单质碘等。

$$5SO_3+2P = P_2O_5+5SO_2$$

$$2KI+SO_3 = K_2SO_3+I_2$$

$SO_3$ 同水化合即生成硫酸。但由于反应中放出大量热，反应生成物形成难以收集的酸雾，所以在硫酸工业中用较浓的硫酸（98.3%）来吸收 $SO_3$，得到含过量 20%$SO_3$ 的发烟硫酸。再用 92.5%硫酸来稀释发烟硫酸，得到商品 98.3%浓硫酸。

$$SO_3+H_2O = H_2SO_4+79.50kJ$$

纯硫酸是一种无色油状液体，凝固点 10.36℃，沸点 338℃（98.3%硫酸），密度 $1.84g/cm^3$，相当于 $18mol/dm^3$，浓硫酸溶在水中会发生大量热，若不小心将水倾入很浓硫酸中，将会因发生剧热而引致爆炸。

浓硫酸由于其强氧化性，对于动植物组织有破坏作用而有很强的腐蚀性。因浓硫酸有强的吸水性，工业上和实验室中常用它作为干燥剂，以干燥氯气、氢气和二氧化碳等气体。浓硫酸不但可吸水，而且还能从一些有机化合物（即碳水化合如蔗糖、布、纸等）中，夺取与水分水组成相当的氢和氧，使这些有机物碳化。

$$C_{12}H_{22}O_{11}\text{（蔗糖）} \xrightarrow{\text{浓硫酸}} 12C+11H_2O$$

硫酸是强二元酸，在稀硫酸溶液中，其第一步电离是完全的。

$$H_2SO_4 = H^++HSO_4^-$$

第二步电离程度较低。

$$HSO_4^- \rightleftharpoons H^++SO_4^- \qquad K_2=1.2\times10^{-2}$$

稀硫酸与电位序在 H 以前的金属如 Mg、Zn、Fe 等作用而放出氢气：

$$Fe+H_2SO_4 = FeSO_4+H_2\uparrow$$

当硫酸浓度增高时，就显示出氧化性，热的浓硫酸具有强氧化性，可氧化许多金属和非金属。

$$C+2H_2SO_4 = CO_2\uparrow+2SO_2\uparrow+2H_2O$$

$$Cu+2H_2SO_4 = CuSO_4+SO_2\uparrow+2H_2O$$

冷浓硫酸不与铁、铝等金属作用，这是因为在冷浓硫酸中铁、铝表面生成一层致密的保护膜，保护了金属使之不与酸继续反应，称为钝化现象。所以可用铁、铝制的器皿盛放浓硫酸。

硫酸能生成两类盐：正盐和酸式盐（硫酸氢盐）。大多数硫酸盐是无色的（当金属离子无色时），一般是晶状固体。硫酸盐一般较易溶于水。在普通硫酸盐中以 $CaSO_4$、$BaSO_4$ 和 $PbSO_4$ 的溶解度较小，后两个常用于检定硫酸根：

$$Ba^{2+}+SO_4^{2-} = BaSO_4\downarrow \qquad K_{sp}=1.1\times10^{-10}$$

$$Pb^{2+}+SO_4^{2-} = PbSO_4\downarrow \qquad K_{sp}=2.2\times10^{-8}$$

经结构研究表明 $SO_4^{2-}$ 是正四面体结构，这个离子中的键长（S—O 为 0.144nm）表明

S—O 键有很大程度的双键的性质。在固体盐中，这个离子往往携带“阴离子结晶水”，例如 $CuSO_4 \cdot 5H_2O$ 和 $FeSO_4 \cdot 7H_2O$，它们的组成可以分别写成为 $[Cu(H_2O)_4][SO_4(H_2O)]$ 和 $[Fe(H_2O)_6][SO_4(H_2O)]$。这些含结晶水的硫酸盐也常叫做矾类，例如，$CuSO_4 \cdot 5H_2O$ 叫做胆矾，$FeSO_4 \cdot 7H_2O$ 叫皂矾（黑矾、绿矾），$ZnSO_4 \cdot 7H_2O$ 叫做皓矾等。

还有一类硫酸的复盐，也叫做矾。常见的复盐有两类，一种的组成为 $M_2^{I}SO_4 \cdot M^{II}SO_4 \cdot 6H_2O$，另一种的组成是 $M_2^{I}SO_4 \cdot M_2^{III}(SO_4)_3 \cdot 24H_2O$ [即 $M^{I}M^{III}(SO_4)_2 \cdot 12H_2O$]。

在酸式硫酸盐中，仅最活泼的一价金属元素（Na，K）能形成稳定的固态酸式硫酸盐，并且都易溶于水。

硫酸盐依阳离子的不同而有不同的热解方式。活泼金属硫酸盐在高温之下也是稳定的，例如 $Na_2SO_4$、$K_2SO_4$、$BaSO_4$ 等在 1000℃的高温下也是稳定的。这是由于上述盐的阳离子是低电荷 8 电子外壳结构，在高温下它们对结构上稳定的 $SO_4^{2-}$ 不发生很强的极化作用。但一些较不活泼金属元素的硫酸盐如 $CuSO_4$、$Ag_2SO_4$、$Al_2(SO_4)_3$、$Fe_2SO_4$、$Fe_2(SO_4)_3$、$PbSO_4$ 等则不同，它们的阳离子是高电荷的、18 电子外壳的或不规则电子外壳的，在高温下晶格中离子的热振动加强，强化了离子之间的相互极化，阳离子起着向阴离子争夺氧离子的作用。因而在高温下这些金属盐一般先分解成金属氧化物和 $SO_3$。

$$CuSO_4 \xlongequal{\triangle} CuO + SO_3 \uparrow$$

如果金属离子有进一步加强的极化与变形，也可能由氧化物再分解成金属单质。

$$Ag_2SO_4 \xlongequal{\triangle} Ag_2O + SO_3 \uparrow$$

$$Ag_2O \xlongequal{\triangle} 2Ag + \frac{1}{2}O_2 \uparrow$$

硫酸盐和水的作用，也因阳离子的结构特征不同而有不同的表现。现把周期系中各元素硫酸盐的性质和它们对水的作用归纳如下。

① 只有低氧化态的金属元素能形成硫酸盐，金属元素的氧化数一般不超过 +4 [如 $Ti(SO_4)_2$、$Zr(SO_4)_2$、$Th(SO_4)_2$]。非金属元素不生成硫酸盐。

② 在 8 电子外壳阳离子的硫酸盐中，ⅠA 族和 $Be^{2+}$、$Mg^{2+}$ 的盐是易溶于水的并不易水解。其他 +2 和 +3 阳离子的硫酸盐是难溶的或易水解的，这主要是由于离子电荷增高而增大了晶格能，电荷增高也有利于阳离子的水解。

③ 18 电子外壳和不规则电子外壳的小半径、低电荷阳离子的硫酸盐（如 $CuSO_4$、$ZnSO_4$、$CdSO_4$ 等）是易溶于水的，主要因为这些阳离子是容易水合的，并有一定的水解作用，因为它们都是阳离子酸。

④ 较大半径的 18 和（18+2）电子外壳阳离子的硫酸盐如 $Ag_2SO_4$、$PbSO_4$、$HgSO_4$，是难溶于水的，这是由于阳离子和硫酸根离子之间有加强的相互极化作用。

⑤ 所有的硫酸盐都基本上是离子型化合物，除了碱金属和碱土金属元素以及 $Ag^+$、$Tl^+$ 的硫酸盐外，其他硫酸盐都有不同程度水解作用。

许多硫酸盐有很重要的工业用途，例如 $Al_2(SO_4)_3$ 是净水剂、造纸充填剂和媒染剂，$CuSO_4 \cdot 5H_2O$ 是消毒杀菌剂和农药，$FeSO_4 \cdot 7H_2O$ 是治疗贫血的药剂以及制造农药和蓝黑墨水的原料，芒硝（$Na_2SO_4 \cdot 10H_2O$）是重要化工原料等。

(5) 过硫酸及其盐　过硫酸可以看成是过氧化氢中氢原子被 $HSO_3^-$ 取代的产物。$HO \cdot OH$ 中一个 H 被 $HSO_3^-$ 取代后得 $HO \cdot OSO_3H$ 即过一硫酸；另一个 H 也被 $HSO_3^-$ 取代后，得 $HSO_3O \cdot OSO_3H$，即过二硫酸。

制备过二硫酸或过二硫酸盐的方法是电解硫酸和硫酸铵的混合液，得到过二硫酸盐，后者水解生成过氧化氢。用铂做阳极，石墨或铅做阴极。在阳极上硫酸根失去电子产生过二硫酸根 $S_2O_8^{2-}$，而在阴极上产生氢气 $H_2$。

$$2SO_4^{2-} \xlongequal{} S_2O_8^{2-} + 2e$$

$$2H^+ + 2e \xlongequal{} H_2 \uparrow$$

总的反应　$$(2NH_4^+) + 2HSO_4^- \xrightarrow{\text{电解}} (2NH_4^+) + S_2O_8^{2-} + H_2 \uparrow$$

因此，电解后的产物是过二硫酸铵。加硫酸氢钾，使过二硫酸钾从溶液中沉淀出来，然后加硫酸使 $K_2S_2O_8$ 在酸性溶液中水解而产生过氧化氢，再进行减压蒸馏。（这也是制取 $H_2O_2$ 的方法）

$$(NH_4)_2S_2O_8 + 2KHSO_4 \xlongequal{} K_2S_2O_8 \downarrow + 2NH_4HSO_4$$

$$K_2S_2O_8 + 2H_2O \xlongequal{H_2SO_4} 2KHSO_4 + H_2O_2$$

过二硫酸是无色晶体，在 338K 时熔化并分解，具有极强的氧化性，它可以使纸碳化，还能烧焦石蜡。

所有的过硫酸盐都是强氧化剂，例如过硫酸钾和铜的反应

$$Cu + K_2S_2O_8 \xlongequal{} CuSO_4 + K_2SO_4$$

过硫酸盐在 $Ag^+$ 作用下能将 $Mn^{2+}$ 氧化成 $MnO_4^-$。

$$2Mn^{2+} + 5S_2O_8^{2-} + 8H_2O \xrightarrow{Ag^+} 2MnO_4^- + 10SO_4^{2-} + 16H^+$$

在钢铁分析中常用过硫酸铵（或过硫酸钾）氧化法测定钢铁中锰的含量。

过硫酸及其盐都是不稳定的，在加热时容易分解，例如 $K_2S_2O_8$ 受热会放出 $SO_3$ 和 $O_2$。

$$2K_2S_2O_8 \xlongequal{\triangle} 2K_2SO_4 + 2SO_3 \uparrow + O_2 \uparrow$$

（6）硫代硫酸钠　$Na_2S_2O_3 \cdot 5H_2O$ 俗名大苏打或海波，亚硫酸钠溶液在沸腾温度下能和硫粉化合生成硫代硫酸钠。

$$Na_2SO_3 + S \xlongequal{} Na_2S_2O_3$$

制备硫代硫酸钠的另一方法是将 $Na_2S$ 和 $Na_2CO_3$ 以 2∶1 的摩尔比配成溶液，然后通入 $SO_2$。反应大致可分三步进行。

① $Na_2CO_3$ 和 $SO_2$ 中和生成 $Na_2SO_3$

$$Na_2CO_3 + SO_2 \xlongequal{} Na_2SO_3 + CO_2$$

② $Na_2S$ 与 $SO_2$ 作用生成 $Na_2SO_3$ 和 $H_2S$

$$Na_2S + SO_2 + H_2O \xlongequal{} Na_2SO_3 + H_2S$$

$H_2S$ 是一个强还原剂，遇 $SO_2$ 时析出硫

$$2H_2S + SO_2 \xlongequal{} 3S \downarrow + 2H_2O$$

③ $Na_2SO_3$ 与 S 作用生成 $Na_2S_2O_3$

$$Na_2SO_3 + S \xlongequal{} Na_2S_2O_3$$

将上面三个反应合并，得到总反应

$$2Na_2S + Na_2CO_3 + 4SO_2 \xlongequal{} 3Na_2S_2O_3 + CO_2$$

溶液蒸浓后，冷却至 20～30℃时即析出 $Na_2S_2O_3 \cdot 5H_2O$ 晶体。利用上述方法制得的硫代硫酸钠常含一些硫酸钠和亚硫酸钠杂质。

硫代硫酸钠在碱性溶液中稳定，但在酸性溶液中迅速分解。

$$Na_2S_2O_3 + 2HCl \longrightarrow 2NaCl + S\downarrow + SO_2\uparrow + H_2O$$

因此在硫代硫酸钠的生产中，溶液必须控制在碱性范围，否则硫代硫酸钠将分解而析出硫，使产品变黄。

硫代硫酸钠的一个重要性质是还原性，它是一个中等强度的还原剂：

$$S_2O_6^{2-} + 2e \longrightarrow 2S_2O_3^{2-} \qquad \varphi^{\ominus} = 0.09V$$

碘可将硫代硫酸钠氧化成连四硫酸钠。

$$2Na_2S_2O_3 + I_2 \longrightarrow Na_2S_4O_6 + 2NaI$$

在 $S_2O_3^{2-}$ 中，中心硫原子同 $SO_4^{2-}$ 中的中心硫原子是等同的，氧化数为+6；而配位的硫原子所处的位置和配位氧原子一样，氧化数是−2。所以在 $S_2O_3^{2-}$ 中硫原子的平均氧化数是+2。在 $S_4O_6^{2-}$ 中，中心硫原子氧化数是+6，过硫链每个硫原子氧化数是−1（像过氧链中的氧原子），所以硫的平均氧化数是 $\frac{4}{10}=\frac{2}{5}$。由两个 $S_2O_3^{2-}$ 变成一个 $S_4O_6^{2-}$ 共失去两个电子，由一个碘 $I_2$ 变成 $2I^-$ 共得到两个电子，这就是 $Na_2S_2O_3$ 和 $I_2$ 反应的实质。

上述反应在分析化学中用来测定碘，较强的氧化剂如氯、溴等可将硫代硫酸钠氧化为硫酸钠。

$$Na_2S_2O_3 + 4Cl_2 + 5H_2O \longrightarrow Na_2SO_4 + H_2SO_4 + 8HCl$$

因此在纺织和造纸工业上用硫代硫酸钠作脱氯剂。

硫代硫酸钠的另一个重要性质是配位性，它可与一些金属离子形成稳定的配离子，最重要的是硫代硫酸银配离子。例如不溶于水的 AgBr 可以溶解在 $Na_2S_2O_3$ 溶液中，就是基于此种性质。

$$AgBr + 2Na_2S_2O_3 \longrightarrow Na_3[Ag(S_2O_3)_2] + NaBr$$

硫代硫酸钠用作定影液，就是利用这个反应以溶去胶片上未起作用的溴化银。

## 2.3 氮族非金属元素及其化合物

**【能力目标】** 能判断氮族非金属元素及其化合物性质的递变规律；会应用所学知识对氮族非金属性质做出初步判断。

**【知识目标】** 了解氮族非金属元素的通性；熟悉氮、磷的性质；掌握氮、磷及其化合物的用途。

周期系第ⅤA族，包括氮 N、磷 P、砷 As、锑 Sb、铋 Bi 五种元素，通称为氮族元素。其中半径较小的 N 和 P 是非金属元素，而随着原子半径的增大，Sb 和 Bi 过渡为金属元素。本族元素性质的递变表现出从典型的非金属到金属的一个完整过渡。

### 2.3.1 氮族元素的通性

氮族元素原子的价电子层结构为 $ns^2np^3$，与ⅦA、ⅥA 两族元素比较，本族元素要获得 3 个电子形成氧化数为−3 的离子是比较困难的。仅仅电负性大的 N 和 P 可以形成极少数氧化数为−3 的离子型固态化合物 $Li_3N$、$Mg_3N_2$、$Na_3P$、$Ca_3P_2$ 等。不过由于 $N^{3-}$、$P^{3-}$ 有较大的半径，容易变形，遇水强烈水解生成 $NH_3$ 和 $PH_3$，溶液中不存在 $N^{3-}$ 和 $P^{3-}$ 的简单水合离子。

本族元素与电负性较小的元素化合时，形成氧化数为−3 的共价化合物。与电负性较大的元素化合时主要形成氧化数为+3、+5 的化合物，如 $NF_3$、$PBr_5$、$AsF_5$ 和 $SbCl_5$ 等。形成共价化合物是本族元素的特征。

本族自上而下，除了 N(Ⅴ) 是较强的氧化剂外，从磷到铋+5 氧化态的氧化性（从+5 还原到+3）依次增强。+5 氧化态的磷几乎不具有氧化性，它的+5 氧化态最稳定，而+5 氧化态的铋是最强的氧化剂，它的+3 氧化态最稳定，几乎不显还原性。

### 2.3.2　氮族元素的单质

#### 2.3.2.1　氮

氮主要以单质状态存在于空气中。除了土壤中含有一些铵盐、硝酸盐外，氮以无机化合物形式存在于自然界是很少的。而氮普遍存在于有机体中，它是组成动植物体的蛋白质的重要元素。

氮是无色无臭的气体，难于液化，在水中溶解度很小。N≡N 的键能很大（946kJ/mol），是单键 N—N（155kJ/mol）强度的 6 倍左右。加热到 3273K 时，只有 0.1%离解。它在高温时不但能和某些金属或非金属（如锂、镁、钙、铝、硼等）化合生成氮化物，也能与氧、氢直接化合。

把空气中的 $N_2$ 转化为可利用的含氮化合物叫做固氮。如合成氨、氰氨法都是常用的人工固氮方法。雷雨闪电时生成 NO 以及某些细菌特别是根瘤菌把游离态氮转变为化合态的氮都是自然界中的固氮。

工业上大量的氮是从分馏液态空气得到的，常以 15.2MPa（150atm）压力下装入钢瓶中备用。

实验室里可加热氯化铵饱和溶液和固体亚硝酸钠的混合物来制备氮：

$$NH_4Cl + NaNO_2 = NH_4NO_2 + NaCl$$

$$NH_4NO_2 \xlongequal{\triangle} N_2\uparrow + 2H_2O$$

得到的 $N_2$ 中仍含有一定量的 $NH_3$、NO、$O_2$ 和 $H_2O$ 等杂质。

将氨通过红热的氧化铜，可以得到较纯的氮气 $N_2$。

$$2NH_3 + 3CuO = 3Cu + N_2\uparrow + 3H_2O$$

氮主要用于合成氨，由此制造化肥、硝酸和炸药等。由于氮的化学惰性，常用作保护气体，以防某些物体暴露于空气时被氧所氧化。此外，用 $N_2$ 充填粮仓可达到安全地长期保存粮食的目的。液态氮可作深度冷冻剂。

#### 2.3.2.2　磷

磷在自然界中总是以磷酸盐的形式出现的，磷是生物体中不可缺少的元素之一。在植物体中磷主要含于种子的蛋白质中，在动物体中则含于脑、血液和神经组织的蛋白质中，骨骼中也含有磷。

磷有多种同素异形体，如白磷、红（或紫）磷和黑磷。纯白磷是无色而透明的晶体，遇光即逐渐变为黄色，所以又叫黄磷。黄磷剧毒，误食 0.1g 就能致死。皮肤若经常接触到单质磷也会引起吸收中毒。白磷不溶于水易溶于 $CS_2$ 中，磷的化学式量都相当于分子式 $P_4$，磷蒸气热至 1073K，$P_4$ 开始分解为 $P_2$，磷的双原子分子结构与氮相同，是 P≡P。白磷晶体是由 $P_4$ 分子组成的分子晶体。$P_4$ 分子具有张力，使每一个 P—P 键的键能减弱，易于断裂，使黄磷在常温下有很高的化学活性。

黄磷和潮湿空气接触时发生缓慢氧化作用，部分反应能量以光能的形式放出，故在暗处可以看到黄磷发光。当黄磷在空气中缓慢氧化到表面上积聚的热量达到它的燃点，便发生自燃，因此通常黄磷要贮于水中以隔绝空气。

黄磷与卤素单质反应剧烈，它在氯气中能自燃，遇液氯或溴会发生爆炸，与冷浓硝酸反应激烈生成磷酸，与热的浓碱溶液反应生成磷化氢和次磷酸盐。

$$P_4+3KOH+3H_2O \xlongequal{\triangle} PH_3\uparrow+3KH_2PO_2$$

黄磷能将金、铜、银等从它们的盐中还原出来。黄磷与热的铜盐反应生成磷化亚铜，在冷溶液中则析出铜。

$$11P+15CuSO_4+24H_2O \xlongequal{\triangle} 5Cu_3P+6H_3PO_4+15H_2SO_4$$

$$2P+5CuSO_4+8H_2O = 5Cu+2H_3PO_4+5H_2SO_4$$

如不慎黄磷沾到皮肤上，可用 $CuSO_4$ 溶液冲洗，利用磷的还原性来解毒。

将黄磷隔绝空气加热到 533K，它就转变为红磷。红磷是紫磷的无定形体，是一种暗红色的粉末，它不溶于水、碱和 $CS_2$，没有毒性，加热到 673K 以上才着火。在氯气中加热红磷生成氯化物，不像黄磷那样遇到氯气即着火，但它易被硝酸氧化为磷酸，与 $KClO_3$ 摩擦即着火，甚至爆炸。红磷与空气长期接触也会极其缓慢地氧化，形成易吸水的氧化物，所以红磷保存在未密闭的容器中会逐渐潮解，使用前应小心用水洗涤、过滤和烘干。

黑磷是磷的一种最稳定的变体，但因形成它所需的活化能很高，在一般条件下，其他变体不能转变为黑磷。

$$P（黄磷）\longrightarrow P（黑磷）\qquad \Delta H^{\ominus}_{298}=-39kJ/mol$$

只有在 1215.9MPa（12000atm）压力下，将黄磷加热到 473K 方能转化为类似石墨的片状结构的黑磷。它能导电，故黑磷有“金属磷”之称。

制备单质磷是将磷酸钙矿混以石英砂（$SiO_2$）和炭粉放在 1773K 左右的电炉中加热。

$$2Ca_3(PO_4)_2+6SiO_2+10C = 6CaSiO_3+P_4+10CO\uparrow$$

把生成的磷蒸气和 CO 通过冷水，磷便凝结成白色固体。工业上用黄磷来制备高纯度的磷酸，生产有机磷杀虫剂、烟幕弹。在青铜中含有少量磷叫磷青铜，它富有弹性、耐磨、抗腐蚀，用于制轴承、阀门等。大量红磷用于火柴生产上，火柴盒侧面所涂的物质就是红磷与三硫化二锑等的混合物。

### 2.3.3 氮族元素的化合物

#### 2.3.3.1 氮的化合物

（1）氨　氨是一种有刺激性气味的无色气体，它在常温下很容易被加压液化。氨有较大的蒸发热（在沸点时为 23.6kJ/mol），常用它来作冷冻机的循环制冷剂。氨分子间存在着较强的氢键，故在液氨中存在缔合分子。液氨的介电常数（在 239K 时约为 22）比水（在 298K 时为 81）低得多，是有机化合物的较好溶剂，对于离子型的无机物则是不良溶剂。氨的自电离如下：

$$2NH_3 \rightleftharpoons NH_4^++NH_2^- \qquad K=1.9\times10^{-30}\ (223K)$$

① 还原性　氨能还原多种氧化剂。常温下氨在水溶液中能被许多强氧化剂（$Cl_2$、$H_2O_2$、$KMnO_4$ 等）所氧化。

$$3Cl_2+2NH_3 = N_2+6HCl$$

$$3Cl_2(过量)+NH_3 = NCl_3+3HCl$$

② 取代反应　取代反应的一种形式是氨分子中的氢被其他原子或基团所取代，生成一

系列氨的衍生物。如氨基（$—NH_2$）的衍生物，亚氨基衍生物或氮化物。

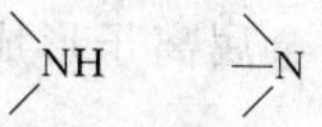

亚氨基　　氮化物

取代反应的另一种形式是氨以它的氨基或亚氨基取代其他化合物中的原子或基团。

$$HgCl_2 + 2NH_3 = Hg(NH_2)Cl\downarrow + NH_4Cl$$

$$COCl_2(\text{光气}) + 4NH_3 = CO(NH_2)_2(\text{尿素}) + 2NH_4Cl$$

这种反应与水解反应相类似，实际上是氨参与的复分解反应，称为氨解反应。

③ 易形成配合物　氨中氮原子上的孤电子对能与其他离子或分子形成共价配键。如 $Ag(NH_3)_2^+$ 和 $BF_3\cdot NH_3$ 都是以 $NH_3$ 为配体的配合物。

④ 弱碱性　氨与水反应实质上就是氨作为路易斯碱和水所提供的质子以配位键相结合。

$$:NH_3 + H_2O \rightleftharpoons NH_4^+ + OH^- \qquad K = 1.8\times10^{-5}$$

不过氨溶解于水中主要形成水合分子，只有一小部分（$1mol/dm^3$ 氨分子中只有 $0.004mol/dm^3$）发生如上式的电离作用，所以氨的水溶液显弱碱性。

在工业上氨的制备是用氮气和氢气在高温高压和催化剂存在下合成的。在实验室中通常用铵盐和碱的反应来制备少量氨气。

(2) 铵盐　氨与酸反应可得相应的铵盐。铵盐一般是无色的晶体，易溶于水。铵盐的性质类似于碱金属的盐类，与钾盐、铷盐同晶，并有相似的溶解度。

由于氨的弱碱性，铵盐都有一定程度的水解，由强酸组成的铵盐其水溶液显酸性。

$$NH_4^+ + H_2O \rightleftharpoons NH_3\cdot H_2O + H^+$$

在任何铵盐溶液中，加入强碱并加热，就会释放出氨（检验铵盐的反应）。

$$NH_4^+ + OH^- \xlongequal{\triangle} NH_3\uparrow + H_2O$$

固态铵盐加热时极易分解，一般分解为氨和相应的酸。

$$NH_4HCO_3 \xlongequal{\text{常温}} NH_3\uparrow + CO_2\uparrow + H_2O$$

$$NH_4Cl \xlongequal{\triangle} NH_3 + HCl$$

如果酸是不挥发性的，则只有氨挥发逸出，而酸或酸式盐则残留在容器中。

$$(NH_4)_2SO_4 \xlongequal{\triangle} NH_3\uparrow + NH_4HSO_4$$

$$(NH_4)_3PO_4 \xlongequal{\triangle} 3NH_3\uparrow + H_3PO_4$$

如果相应的酸有氧化性，则分解出来的 $NH_3$ 会立即被氧化，例如 $NH_4NO_3$，由于硝酸有氧化性，受热分解时，氨被氧化为一氧化二氮。

$$NH_4NO_3 \xlongequal{\triangle} N_2O + 2H_2O$$

如果加热温度高于 573K，则一氧化二氮又分解为 $N_2$ 和 $O_2$。

$$2NH_4NO_3 = 4H_2O + 2N_2\uparrow + O_2\uparrow$$

卤化铵的热稳定性是按 $NH_4I\rightarrow NH_4Br\rightarrow NH_4Cl\rightarrow NH_4F$ 的顺序而递减。铵盐中的碳酸氢铵、硫酸铵、氯化铵和硝酸铵都是优良的肥料。氯化铵用于染料工业，原电池以及焊接时用来除去待焊金属物体表面的氧化物，使焊料能更好地与焊件结合。

(3) 一氧化氮、二氧化氮　NO 微溶于水但不与水反应，不助燃，在常温下极易与氧反应，又能与 $F_2$、$Cl_2$、$Br_2$ 等反应而生成卤化亚硝酰。

$$2NO + Cl_2 \longrightarrow 2NOCl$$

由于分子中存在孤电子对，可以同金属离子形成配合物，例如与 $FeSO_4$ 溶液形成棕色可溶性的硫酸亚硝酰合铁（Ⅱ）。

$$FeSO_4 + NO \longrightarrow [Fe(NO)]SO_4$$

在化学上具有奇数价电子的分子称奇分子。通常奇分子都有颜色而 NO 或 $N_2O_2$ 在液态和固态时都是无色，只是当混有 $N_2O_3$ 时才显蓝色，由于 NO 很容易与吸附在容器壁上的氧反应生成 $NO_2$，$NO_2$ 又与 NO 结合生成 $N_2O_3$。

$$NO + NO_2 \rightleftharpoons N_2O_3$$

实验室中通常以铜与稀硝酸反应来制备 NO。

二氧化氮为红棕色气体，易压缩成无色液体。在低温时，聚合成 $N_2O_4$，它是无色气体，在 262K 时凝结为无色晶体。在 413K 以上全部变为 $NO_2$，超过 423K，$NO_2$ 发生分解。

$$N_2O_4 \xrightleftharpoons{273\sim413K} 2NO_2 \qquad \Delta H^{\ominus} = 57kJ/mol$$

$$2NO_2 \xrightleftharpoons{234K} 2NO + O_2$$

$NO_2$ 易溶于水或碱中生成 $HNO_3$ 和 $HNO_2$ 或 $NO_3^-$ 和 $NO_2^-$ 混合物。

$$2NO_2 + H_2O \longrightarrow HNO_3 + HNO_2$$

$$2NO_2 + 2NaOH \longrightarrow NaNO_3 + NaNO_2 + H_2O$$

$NO_2$ 的氧化性比 $HNO_3$ 强。碳、硫、磷等在 $NO_2$ 中容易起火，它和许多有机物的蒸气在一起就成为爆炸性的混合物。$NO_2$ 也可以被更强的氧化剂所氧化，但它是较弱的还原剂。

$$2NO_3^- + 4H^+ + 2e \rightleftharpoons N_2O_4 + 2H_2O \qquad \varphi^{\ominus} = +0.81V$$

铜与浓硝酸反应或将一氧化氮氧化均可制得 $NO_2$。

（4）亚硝酸及其盐　当将等物质的量的 NO 和 $NO_2$ 混合物溶解在冰冻的水中或向亚硝酸盐的冷溶液中加酸，在溶液中就生成亚硝酸。

$$NO + NO_2 + H_2O \xlongequal{冷冻} 2HNO_2$$

$$NaNO_2 + H_2SO_4 \xlongequal{冷冻} HNO_2 + NaHSO_4$$

亚硝酸很不稳定，仅存在于冷的稀溶液中，微热甚至冷时便分解为 NO、$NO_2$ 和 $H_2O$。

亚硝酸是一种弱酸，但比醋酸酸性略强。

$$HNO_2 \rightleftharpoons H^+ + NO_2^- \qquad K_a = 5\times10^{-4}\ (291K)$$

亚硝酸盐，特别是碱金属和碱土金属的亚硝酸盐，都有很高的热稳定性。用粉末状金属铅在高温下还原固态硝酸盐，可得到亚硝酸盐。

$$Pb + KNO_3 \longrightarrow KNO_2 + PbO$$

$KNO_2$ 和 $NaNO_2$ 大量用于染料工业和有机合成工业中。除了浅黄色的不溶盐 $AgNO_2$ 外，一般亚硝酸盐易溶于水。亚硝酸盐均有毒，是致癌物质。

在亚硝酸和亚硝酸盐中，氮原子的氧化数是处于中间氧化态，因此它既具有还原性，又有氧化性。例如，$NO_2^-$ 在酸性溶液中能将 $I^-$ 氧化为单质碘。

$$2NO_2^- + 2I^- + 4H^+ \longrightarrow 2NO + I_2 + 2H_2O$$

这个反应可以定量地进行，能用于测定亚硝酸盐含量。用不同的还原剂，$NO_2^-$ 可被还原成 NO、$N_2O$、$NH_4OH$、$N_2$ 或 $NH_3$。当遇到更强氧化剂如 $KMnO_4$、$Cl_2$ 等，亚硝酸盐则是还原剂，被氧化为硝酸盐，

$$2MnO_4^- + 5NO_2^- + 6H^+ = 2Mn^{2+} + 5NO_3^- + 3H_2O$$

$$Cl_2 + NO_2^- + H_2O = 2H^+ + 2Cl^- + NO_3^-$$

从氮的电势图中（各个氧化还原电对的电极电势）可看出，亚硝酸盐在酸性溶液中是强氧化剂，氧化性是主要的，在碱性溶液中亚硝酸盐的还原性是主要的，空气中的氧就能使 $NO_2^-$ 氧化为 $NO_3^-$。

$NO_2^-$ 是一个很好的配体，在氧原子和氮原子上都有孤电子对，它们能分别与金属离子形成配位键（如 $M \leftarrow NO_2$ 和 $M \leftarrow ONO$），例如 $NO_2^-$ 可以与钴盐生成钴亚硝酸根配离子 $[Co(NO_2)_6]^{3-}$，它与 $K^+$ 生成 $K_3[Co(NO_2)_6]$ 沉淀，此方法可用于检出 $K^+$。

(5) 硝酸及其盐　纯硝酸是无色液体，沸点 356K，在 231K 下凝成无色晶体。硝酸和水可以按任何比例混合。恒沸点溶液的浓度为 69.2%，沸点为 394.8K，密度为 1.42g/cm³，约 16mol/dm³，即一般市售的浓硝酸。

浓硝酸受热或见光逐渐分解，使溶液呈黄色。

$$4HNO_3 \xlongequal{h\nu} 4NO_2\uparrow + O_2\uparrow + 2H_2O \qquad \Delta H^{\ominus} = 259.4\text{kJ/mol}$$

溶过量 $NO_2$ 于硝酸中，可得红棕色的“发烟硝酸”，由于 $NO_2$ 的氧化性比硝酸强，发烟硝酸比纯硝酸具有更强的氧化性。

硝酸是一种强氧化剂，非金属元素如碳、硫、磷、碘等都能被硝酸氧化成氧化物或含氧酸。

$$C + 4HNO_3(浓) = CO_2\uparrow + 4NO_2\uparrow + 2H_2O$$

$$S + 6HNO_3(浓) = H_2SO_4 + 6NO_2\uparrow + 2H_2O$$

$$P + 5HNO_3(浓) = H_3PO_4 + 5NO_2\uparrow + H_2O$$

$$3I_2 + 10HNO_3(稀) = 6HIO_3 + 10NO\uparrow + 2H_2O$$

除金、铂、铱、锗、铑、钌、钛、铌、钽等金属外，硝酸几乎可氧化所有金属。某些金属如 Fe、Al、Cr 等能溶于稀硝酸，而不溶于冷浓硝酸，这是因为这类金属表面被浓硝酸氧化形成一层十分致密的氧化膜，阻止了内部金属与硝酸进一步作用，这种现象为“钝态”。经浓硝酸处理后的“钝态”金属，就不易再与稀酸作用。

Sn、Sb、As、Mo、W 和 U 等偏酸性的金属与 $HNO_3$ 反应后生成氧化物，其余金属与硝酸反应则生成硝酸盐。

Mg、Mn 和 Zn 与冷的稀硝酸（6～0.2mol/dm³）反应后会放出 $H_2$。硝酸作为氧化剂，可能被还原为以下一系列较低氧化态的氮的化合物。

$$\overset{+V}{HNO_3}—\overset{+IV}{NO_2}—\overset{+III}{HNO_2}—\overset{+II}{NO}—\overset{+I}{N_2O}—\overset{0}{N_2}—\overset{-I}{NH_2OH}—\overset{-II}{N_2H_4}—\overset{-III}{NH_3}$$

硝酸与金属反应，其还原产物中氮的氧化数降低多少，主要取决于硝酸的浓度、金属的活泼性和反应的温度。

对同一种金属来说，酸愈稀则其还原产物氮的氧化数降低得愈多。一般来说，不活泼的金属如 Cu、Ag、Hg 和 Bi 等与浓硝酸反应主要生成 $NO_2$，与稀硝酸（6mol/dm³）反应主要生成 NO，活泼金属如 Fe、Zn、Mg 等与稀硝酸反应则生成 $N_2O$ 或铵盐。

浓硝酸与浓盐酸的混合液（体积比为 1∶3）称为王水，可溶解不能与硝酸作用的金属。

$$Au + HNO_3 + 4HCl = HAuCl_4 + NO\uparrow + 2H_2O$$

$$3Pt + 4HNO_3 + 18HCl = 3H_2[PtCl_6] + 4NO\uparrow + 8H_2O$$

金和铂能溶于王水，主要是由于王水中不仅含有 $HNO_3$、$Cl_2$、NOCl 等强氧化剂，同时还有高浓度的氯离子。

$$HNO_3 + 3HCl \xlongequal{} NOCl + Cl_2 + 2H_2O$$

它与金属离子形成稳定的配离子如 $[AuCl_4]^-$ 或 $[PtCl_6]^{2-}$，从而降低了溶液中金属离子的浓度，有利于反应向金属溶解的方向进行。电对 $[AuCl_4]^-/Au$ 的标准电极电势显然比电对 $Au^{3+}/Au$ 低得多。

$$Au^{3+} + 3e \rightleftharpoons Au \qquad \varphi^{\ominus} = 1.42V$$

$$[AuCl_4]^- + 3e \rightleftharpoons Au + 4Cl^- \qquad \varphi^{\ominus} = -0.994V$$

硝酸以硝基（$-NO_2$）取代有机化合物分子中的一个或几个氢原子，称为硝化作用。在硝化过程中有水生成，因此浓 $H_2SO_4$ 可以促进硝化作用的进行。利用硝酸的硝化作用可以制造许多含氮染料、塑料、药物；制造硝化甘油、三硝基甲苯（TNT）、三硝基苯酚（苦味酸）等，它们都是烈性的含氮炸药。

硝酸除了具有氧化性和硝化性外，它也是一个强酸，具有酸的一切特性，不过在稀硝酸中更显出酸性的特征。

工业上制硝酸的最重要方法是氨的催化氧化法。将氨和过量空气的混合物通过装有铂铑合金的丝网，氨在高温下被氧化为 NO。

$$4NH_3 + 5O_2 \xlongequal[1273K]{Pt\text{-}Rh\ 催化剂} 4NO + 6H_2O \qquad \Delta H^{\ominus} = -904kJ/mol$$

生成的 NO 同氧作用，被氧化成 $NO_2$，再被水吸收就成为硝酸。

$$2NO + O_2 \xlongequal{} 2NO_2 \qquad \Delta H^{\ominus} = -113kJ/mol$$

$$3NO_2 + H_2O \xlongequal{} 2HNO_3 + NO$$

在实验室中，用硝酸盐与浓硫酸反应来制备少量硝酸。

$$NaNO_3 + H_2SO_4 \xlongequal{} NaHSO_4 + HNO_3$$

$$NaHSO_4 + NaNO_3 \xlongequal{} Na_2SO_4 + HNO_3$$

硝酸盐大多是无色易溶于水的晶体，它的水溶液没有氧化性。硝酸盐在常温下较稳定，但在高温时固体硝酸盐会分解放出 $O_2$，而显氧化性。硝酸盐热分解的产物决定于盐的阳离子。

碱金属和碱土金属的硝酸盐热分解放出 $O_2$ 并生成相应的亚硝酸盐。电极电位值在 Mg 和 Cu 之间的金属所形成的硝酸盐热分解时生成相应的氧化物。电极电位值在铜以后的金属硝酸盐则分解为金属，例如，

$$2NaNO_3 \xlongequal{\triangle} 2NaNO_2 + O_2\uparrow$$

$$2Pb(NO_3)_2 \xlongequal{\triangle} 2PbO + 4NO_2\uparrow + O_2\uparrow$$

$$2AgNO_3 \xlongequal{\triangle} 2Ag + 2NO_2\uparrow + O_2\uparrow$$

2.3.3.2 磷的化合物

（1）氧化物 磷的燃烧产物是五氧化二磷，如果氧不足则生成三氧化二磷。五氧化二磷是磷酸的酸酐，三氧化二磷是亚磷酸的酸酐。根据蒸气密度的测定，三氧化二磷的化学式是 $P_4O_6$，五氧化二磷的化学式是 $P_4O_{10}$。

$P_4O_6$ 的熔点为 297K，沸点为 447K。在空气中加热，即转化为 $P_4O_{10}$（$P_4O_6$ 在室温下也会缓慢地氧化）。与冷水反应较慢，形成亚磷酸。

$$P_4O_6 + 6H_2O(冷) \xlongequal{} 4H_3PO_3$$

在热水中即起强烈的歧化反应

$$P_4O_6+6H_2O(热)=3H_3PO_4+PH_3$$

$P_4O_{10}$为白色雪花状固体，632K 升华，在加压下加热到较高温度，晶体就转变为无定形玻璃状体，在 839K 熔化。$P_4O_{10}$与水反应，根据用水量的多少而生成不同组分的酸，当用水量递增时，优势生成组分的顺序是 $(HPO_3)_n \rightarrow H_5P_3O_{10} \rightarrow H_4P_2O_7 \rightarrow H_3PO_4$。当 $P_4O_{10}$ 与水的摩尔比超过 1∶6，特别是有硝酸作催化剂时，可完全转化为正磷酸。

由于 $P_4O_{10}$对水有很强的亲和力，吸湿性强，它常用作气体和液体的干燥剂。它甚至可以从许多化合物中夺取化合态水，如使硫酸、硝酸脱水。

$$P_4O_{10}+6H_2SO_4=6SO_3+4H_3PO_4$$

$$P_4O_{10}+12HNO_3=6N_2O_5+4H_3PO_4$$

为了比较各种干燥剂的干燥效率，可先把被水蒸气饱和的空气（在 298K）通过相应的干燥剂，然后测定在 $1m^3$ 被干燥的空气中剩余的水蒸气含量（g）。水蒸气含量愈少则该干燥剂的干燥效率愈高。

（2）磷的含氧酸及其盐　磷有以下几种较重要的含氧酸，见表 2-1。

**表 2-1　磷的重要含氧酸**

| 名　称 | 正磷酸 | 焦磷酸 | 三磷酸 | 偏磷酸 | 亚磷酸 | 次磷酸 |
|---|---|---|---|---|---|---|
| 化学式 | $H_3PO_4$ | $H_4P_2O_7$ | $H_5P_3O_{10}$ | $(HPO_3)_n$ | $H_3PO_3$ | $H_3PO_2$ |
| 磷的氧化数 | +5(Ⅴ) | +5(Ⅴ) | +5(Ⅴ) | +5(Ⅴ) | +3(Ⅲ) | +1(Ⅰ) |

① 正磷酸及其盐　正磷酸简称为磷酸，它是由一个单一的磷氧四面体构成的。工业上主要用 76%左右的硫酸分解磷酸钙以制取磷酸。

$$Ca_3(PO_4)_2+3H_2SO_4=2H_3PO_4+3CaSO_4$$

这样制得的磷酸很不纯，但可用于制造肥料。纯的磷酸可用黄磷燃烧生成 $P_4O_{10}$，再用水吸收而制得。纯净的磷酸为无色晶体，熔点 315K，加热磷酸时逐渐脱水生成焦磷酸、偏磷酸，因此磷酸没有自身的沸点。磷酸能与水以任意比相混溶。市售磷酸是黏稠的浓溶液（含量约 85%）。磷酸是一种无氧化性的不挥发的三元弱酸。在 298K 时，$K_1=7.5\times10^{-3}$，$K_2=6.2\times10^{-8}$，$K_3=2.2\times10^{-13}$。

磷酸具有强的配位能力，能与许多金属离子形成可溶性配合物；浓磷酸能溶解惰性金属如钨、锆以及硅、硅化铁等，与它们生成配合物。

正磷酸是一个三元酸，能生成三个系列的盐：$M_3PO_4$，$M_2HPO_4$ 和 $MH_2PO_4$。在这些化合物中磷酸根是以单个的 $PO_4^{3-}$ 四面体的形式存在的。所有的磷酸二氢盐都易溶于水，而磷酸一氢盐和正盐除了 $K^+$、$Na^+$ 和 $NH_4^+$ 的盐外，一般不溶于水。这些盐在水中都能发生不同程度的水解，$Na_3PO_4$ 的水溶液呈较强碱性，可用作洗涤剂。$Na_2HPO_4$ 水溶液呈弱碱性，而 $NaH_2PO_4$ 的水溶液呈弱酸性。磷酸二氢钙是重要的磷肥，用适量的硫酸处理磷酸钙所生成的混合物叫做过磷酸钙，可直接用作肥料，其中有效成分磷酸二氢钙溶于水，易被植物吸收。

$$Ca_3(PO_4)_2+2H_2SO_4=2CaSO_4+Ca(H_2PO_4)_2$$

② 焦磷酸及其盐　焦磷酸是无色玻璃状固体，易溶于水，在冷水中会慢慢地转变为正磷酸。焦磷酸水溶液的酸性强于正磷酸，它是一个四元酸（291K，$K_1>1.4\times10^{-1}$、$K_2=3.2\times10^{-2}$、$K_3=1.7\times10^{-6}$、$K_4=6.0\times10^{-9}$），能生成三种盐：二代、三代和四代盐。

常见的焦磷酸盐有 $M_2H_2P_2O_7$ 和 $M_4P_2O_7$ 两种类型。将磷酸氢二钠加热可得到 $Na_4P_2O_7$。

$$2Na_2HPO_4 \xlongequal{\triangle} Na_4P_2O_7 + H_2O$$

在分别往 $Cu^{2+}$、$Ag^{+}$、$Zn^{2+}$、$Hg^{2+}$ 等离子溶液中，加入 $Na_4P_2O_7$ 溶液均有沉淀生成，但由于这些金属离子能与过量的 $P_2O_7^{4-}$ 形成配离子如 $[Cu(P_2O_7)]^{2-}$、$[Mn_2(P_2O_7)_2]^{4-}$，当 $Na_4P_2O_7$ 溶液过量时，沉淀便溶解。

③ 偏磷酸及其盐　常见的偏磷酸有三偏磷酸和四偏磷酸。偏磷酸是硬而透明的玻璃状物质，易溶于水，在溶液中逐渐转变为正磷酸。将磷酸二氢钠加热，在 673～773K 间可得到三聚偏磷酸盐。

$$3H_2PO_4^- \xlongequal{673\sim773K} (PO_3)_3^{3-} + 3H_2O$$

把磷酸二氢钠加热到 973K，然后骤然冷却则得到直链多磷酸盐的玻璃体即所谓的格氏盐。

$$x NaH_2PO_4 \xlongequal{973K} (NaPO_3)_x + x H_2O$$

它易溶于水，能与钙、镁等离子发生配位反应，常用作软水剂和锅炉、管道的去垢剂。过去曾把格氏盐看成是具有 $(NaPO_3)_6$ 的组成，因而被称为六偏磷酸钠；实际上格氏盐并不存在 $(PO_3)_6^{6-}$ 这样一个独立单位，而是一个长链的聚合物。

正磷酸、焦磷酸和偏磷酸可以用硝酸银加以鉴别。正磷酸与硝酸银产生黄色沉淀，焦磷酸和偏磷酸都产生白色沉淀，但偏磷酸能使蛋白沉淀。

④ 亚磷酸及其盐　$P_4O_6$ 与水反应或 $PCl_3$、$PBr_3$、$PI_3$ 等的水解都能生成亚磷酸。纯的亚磷酸是无色固体，熔点 346K，易溶于水。亚磷酸是一个二元酸，分子中有一个与 P 原子直接共用电子的氢原子，不能被取代，亚磷酸的电离常数，$K_1 = 1.0\times10^{-2}$，$K_2 = 2.6\times10^{-7}$。纯亚磷酸或它的溶液被加热时，发生歧化反应。

$$4H_3PO_3 \xlongequal{\triangle} 3H_3PO_4 + PH_3$$

亚磷酸和亚磷酸盐在水溶液中都是强还原剂。

⑤ 次磷酸及其盐　在次磷酸钡溶液中加硫酸使钡离子沉淀，便可得游离状态的次磷酸。

$$Ba(H_2PO_2)_2 + H_2SO_4 \xlongequal{} BaSO_4\downarrow + 2H_3PO_2$$

次磷酸是一个中强一元酸，它的分子中有两个与 P 原子直接键合的氢原子。在 298K 时的 $K_a = 1.0\times10^{-2}$。次磷酸及其盐都是强还原剂。

(3) 磷的卤化物　磷的卤化物有两种类型 $PX_3$ 和 $PX_5$，但 $PI_5$ 不易生成。除了 $PF_3$ 外，最好的制备 $PX_3$ 方法是在磷过量的条件下与卤素单质直接化合，而制备 $PX_5$ 则以适当过量的卤素与磷化合。卤化磷中以 $PCl_5$ 和 $PCl_3$ 较重要，用于合成各种有机物质。

① 三氯化磷　三氯化磷是无色液体，$PCl_3$ 可以向金属离子配位而形成配合物，能与卤素加合生成五卤化磷。在较高温度或有催化剂存在时，可以与氧或硫反应生成三氯氧磷 $POCl_3$ 或三氯硫磷 $PSCl_3$。

$PCl_3$ 易水解生成亚磷酸和氯化氢。

$$PCl_3 + H_2O \xlongequal{} P(OH)_3 + 3HCl$$

② 五氯化磷　过量氯与三氯化磷反应生成五氯化磷，$PCl_5$ 是白色固体，加热时升华 (433K) 并可逆地分解为 $PCl_3$ 和 $Cl_2$，在 573K 以上分解完全。

$$PCl_3 + Cl_2 \rightleftharpoons PCl_5$$

$PCl_5$ 与 $PCl_3$ 相同，易于水解，但水量不足时，则部分水解生成三氯氧磷和氯化氢。

$$PCl_5 + H_2O = POCl_3 + 2HCl$$

$$POCl_3 + 3H_2O = H_3PO_4 + 3HCl$$

## 2.4　碳族非金属元素及其化合物

【能力目标】 能判断碳族非金属及其化合物性质的递变规律；会应用所学知识对碳族非金属性质做出初步判断。

【知识目标】 了解碳族非金属元素的通性；熟悉碳、硅的性质；掌握碳、硅及其化合物的用途。

周期系ⅣA 族包括碳 C、硅 Si、锗 Ge、锡 Sn、铅 Pb 五种元素，称为碳族元素，其中碳和硅是非金属元素，其余三种是金属元素。

### 2.4.1　碳族元素的通性

本族元素原子的价电子层结构是 $ns^2np^2$。在化合物中碳、硅的主要氧化态是 +4，在锗、锡、铅中随着原子序数的增大稳定氧化态逐渐由 +4 变到 +2。本族元素由上至下从非金属递变到金属的规律体现得十分明显。

### 2.4.2　碳族元素的单质

#### 2.4.2.1　碳

碳在地壳中的含量是 0.027%，碳在自然界中分布很广，在煤、石油、天然气、植物、动物、石灰石、白云石、水和空气中碳都以化合物的形式存在，在自然界中存在的单质碳则有金刚石和石墨。在水和空气中碳主要以碳酸、碳酸盐和二氧化碳气体的形式存在。

碳有金刚石、石墨和无定形碳三种同素异形体。金刚石是物质中硬度最大的（莫氏硬度为 10），相对密度平均为 3.5，室温下对所有化学试剂都显惰性，在空气和氧气中加热到 800℃左右能燃烧生二氧化碳，它的熔点（3570℃，也有 3550℃之说）是所有元素中最高的。金刚石不仅硬度大、熔点高，并且不导电。石墨很软，颜色灰黑，相对密度 2.2，熔点 3527℃，对化学试剂也显惰性，能导电。

在隔绝空气的条件下将金刚石加热到 1000℃可转变成石墨。

$$C(\text{金刚石}) \xrightarrow{1000℃} C(\text{石墨}) + 1895.3\text{kJ}$$

这个转变是一个放热反应，说明石墨晶体的能量比金刚石低，所以石墨是更稳定的晶形。由于石墨能抗高温（蒸发温度高）、抗化学药品，又能导电导热，所以大量用来制作电极、坩埚、电刷等，此外由于质软和具有片层结构，也用来制造铅笔、颜料和润滑剂。

用椰子壳、核桃壳、锯末粉等为原料干馏制得的粗炭再用适量的氯化锌、氯化铵等盐类掺和或浸泡，并在一定温度下密闭加热，得到的炭黑是多孔性的，它的表面（包括外表面和孔的内表面）对某些气体或溶液中的溶质分子有较大的吸引能力，能把它们浓集在自己的表面上，这样的炭称为活性炭。这种使气体或溶液中溶质分子浓集在固体表面的作用称为吸附作用，具有这种性质的固体叫吸附剂，被吸附的物质叫吸附质。

除活性炭外，硅胶、活性氧化铝、硅藻土等都是常用的吸附剂。电解质溶液中生成的许多沉淀如氢氧化铁、氢氧化铝、氯化银等也能吸附溶液中的许多离子，也起着吸附剂的作用。

吸附能力的大小通常用吸附量来衡量。吸附量是指 1g 吸附剂所吸附的物质的量，这个量可用 mmol 或 mg 来表示。吸附剂和吸附质的性质是影响吸附量的内因，温度、浓度（或压力）是影响吸附量的外因。对于给定的吸附剂和吸附质而言，一般规律是浓度或压力一定时，温度越高吸附量越小，所以低温对吸附有利，升高温度吸附量会减小；温度一定时，吸附质的浓度或压力越大，吸附量越大，但是当浓度或压力增大到一定范围时，吸附量增大得很慢。

2.4.2.2 硅

硅元素主要靠 Si—O—Si 键化合物形成了整个的矿物界，Si 原子与 O 原子键合形成各种链状、层状和体型结构，成为各种岩石和它们的风化产物土壤和泥砂。无机建筑材料如花岗石、砖瓦、水泥、灰泥、陶瓷、玻璃等都包含着硅的化合物。

硅的氧化物是二氧化硅 $SiO_2$，石英、紫石英、燧石以及平常见到的砂和砂石都是不同纯度的 $SiO_2$。二氧化硅是酸性氧化物，它在高温能与碱性的金属氧化物作用生成硅酸盐。自然界中存在各种重要硅酸盐矿物，见表 2-2。

**表 2-2 某些重要的硅酸盐矿物**

| | | | |
|---|---|---|---|
| 石棉 | $CaMg_3(SiO_3)_4$ | 高岭土 | $Al_2Si_2O_5(OH)_4$ |
| 沸石 | $Na_2(Al_2Si_3O_{10})\cdot 2H_2O$ | 石榴石 | $Ca_3Al_2(SiO_4)_3$ |
| 云母 | $K_2Al_2(AlSi_3O_{10})(OH)_2$ | 长石 | $KAlSi_3O_8$ |
| 滑石 | $Mg_3(Si_4O_{10})(OH)_2$ | | |

单质硅是在高温下用碳或镁将二氧化硅还原而成的。

$$SiO_2 + 2C \xlongequal{3273K} Si + 2CO\uparrow$$

在电炉的高温下（约 3000℃），用碳可将氧化铁和二氧化硅同时还原生成重要的硅铁合金作为炼钢的原料。

硅的晶体结构类似于金刚石，能刻划玻璃，熔点 1410℃，性脆、灰黑色，有金属的外貌。在低温下单质硅不活泼，与水、空气和酸均无作用；但可与强氧化剂和强碱作用。在空气中燃烧生成二氧化硅，与碱作用生成硅酸盐和氢，在高温与卤素作用生成四卤化硅。

$$Si + O_2 \xlongequal{\quad} SiO_2$$

$$Si + 2OH^- + H_2O \xlongequal{\quad} SiO_3^{2-} + 2H_2\uparrow$$

$$Si + 2X_2 \xlongequal{\quad} SiX_4$$

高纯硅（杂质少于百万分之一）可用作半导体材料，多晶硅也可用于制造太阳能电池板。国内部分厂家采用“改良西门子法”制造多晶硅取得较好效果。其主要过程是将粗硅与氯化氢反应制得三氯氢硅，精馏提纯的三氯氢硅与纯氢气在还原炉中生成多晶硅。生产过程需要制备纯度较高的氢气，还要合成氯化氢。

### 2.4.3 碳族元素的化合物

2.4.3.1 碳的化合物

（1）氧化物 碳有许多氧化物，如 $CO$、$CO_2$、$C_3O_2$、$C_4O_3$、$C_5O_2$ 和 $C_{12}O_9$。

① 一氧化碳 一氧化碳是无色无臭的气体，有很高的毒性，易在不知不觉中中毒，它与血液中的血红素结合形成一种很稳定的化合物，从而破坏血液的输氧能力。空气中只要有

1/800 体积的 CO，就能使人在半小时内死亡，因为它能麻痹呼吸器官。汽车发动机排出废气（含有较大量的 CO、NO、$SO_2$ 等）造成的城市空气污染是值得重视的。对于火炉通风不良和煤气管道漏气更应加以注意。

一氧化碳是金属冶炼的重要还原剂。

$$CuO + CO = Cu + CO_2$$

$$FeO + CO = Fe + CO_2$$

在常温下一氧化碳可使溶液中的二氯化钯还原成金属钯使溶液变黑，可用这个反应来检验一氧化碳。

$$CO + PdCl_2 + H_2O = CO_2 + 2HCl + Pd\downarrow$$

一氧化碳能与许多金属加合生成金属羰基络合物，例如 $Fe(CO)_5$、$Co_2(CO)_8$、$Ni(CO)_4$、$Cr(CO)_6$ 等。

在实验室中将蚁酸（即甲酸）滴加到热浓硫酸中或将草酸晶体与浓硫酸一起加热均可得到一氧化碳气体。

$$HCOOH \xrightarrow{\text{浓 } H_2SO_4} CO\uparrow + H_2O$$

$$H_2C_2O_4 \xrightarrow{\text{浓 } H_2SO_4} H_2O + CO_2\uparrow + CO\uparrow$$

在后一反应中，使混合气体通过固体氢氧化钠吸收掉 $CO_2$ 即可得到纯 CO。

在工业上使限量的空气通过赤热炭层可得到体积比为 1(CO)∶2($N_2$) 的混合气体（还含有少量的 $O_2$、$H_2$、$CH_4$、$CO_2$ 等），称为发生炉煤气，它是一种便宜的气体燃料。

$$C + O_2 = CO_2 + 393.3\text{kJ}\ (\text{放热})$$

$$CO_2 + C = 2CO - 173.2\text{kJ}\ (\text{吸热})$$

使水蒸气通入红热炭层可得到 CO 和 $H_2$ 的混合气体，称为水煤气。

$$C + H_2O = CO + H_2 + 569\text{kJ}\ (\text{放热})$$

② 二氧化碳　二氧化碳是一种无色、无臭、不助燃的气体，比空气重。二氧化碳在空气中的平均体积分数为 0.03%。大气中二氧化碳含量增加，对世界气候有所影响。二氧化碳的临界温度是 31.1℃，加压容易液化。液态二氧化碳自由蒸发时，一部分冷凝成雪花状固体。$CO_2$ 固体直接升华气化而不熔化，在 −78.5℃时的蒸气压为 101.325kPa，因此常用固体 $CO_2$ 作制冷剂，叫做干冰。干冰同乙醚、氯仿或丙酮等有机溶剂所组成的冻膏，其温度可以低到 −77℃，在实验室用于低温冷浴。

二氧化碳分子是直线形的，因分子呈直线对称，故不显极性。C═O 键很强，分子有很高的热稳定性，2000℃时也只有 1.8%分解。

$$2CO_2 \rightleftharpoons 2CO + O_2$$

在高温，C 可将 $CO_2$ 还原成 CO，Mg 可将 $CO_2$ 还原成 C：

$$CO_2 + C = 2CO$$

$$CO_2 + 2Mg = 2MgO + C$$

任何形式的单质碳或含碳的可燃物质在空气中燃烧都可以生成二氧化碳，许多碳酸盐热分解也可以产生大量的在工业上可利用的二氧化碳（例如煅烧石灰石生产石灰的副产物）。酿造工业也能副产大量的二氧化碳。在实验室中常用酸和碳酸盐作用制备二氧化碳。

$$CaCO_3 + 2HCl = CaCl_2 + H_2O + CO_2\uparrow$$

工业上如纯碱 $Na_2CO_3$、小苏打 $NaHCO_3$、碳酸氢铵 $NH_4HCO_3$、铅白颜料 $Pb(OH)_2\cdot$

$2PbCO_3$、啤酒、饮料、干冰等的生产都需要大量的二氧化碳。

二氧化碳灭火剂仍是目前大量使用的灭火剂，空气中含二氧化碳量小到 2.5%火焰就会熄灭。二氧化碳虽无毒，但空气中含量过高会刺激呼吸中心引起呼吸加快而产生窒息（即缺氧）。

（2）碳酸及其盐　$CO_2$ 溶于水生成碳酸 $H_2CO_3$，碳酸是一种弱酸。200℃时 1L 水中能溶解 0.9L 二氧化碳。与空气接触的蒸馏水，因含有碳酸，水中的氢离子浓度约比中性水大 20 倍，此种蒸馏水的 pH≈5.7。把饱和的二氧化碳水溶液冷冻可以析出 $CO_2 \cdot 6H_2O$ 晶体。

碳酸是一个二元弱酸，分步电离如下。

$$H_2CO_3 \rightleftharpoons H^+ + HCO_3^- \qquad K_1 = 4.2\times10^{-7}$$

$$HCO_3^- \rightleftharpoons H^+ + CO_3^{2-} \qquad K_2 = 4.8\times10^{-11}$$

向 NaOH 溶液中通入 $CO_2$，首先生成的是碳酸氢钠

$$OH^- + CO_2 \longrightarrow HCO_3^-$$

碳酸氢钠俗名重碱，由于水解，它的水溶液呈弱碱性。

$$HCO_3^- + H_2O \rightleftharpoons H_2CO_3 + OH^-$$

把等物质的量 NaOH 加到 $NaHCO_3$ 溶液中，中和生成 $Na_2CO_3$。

$$HCO_3^- + OH^- \rightleftharpoons CO_3^{2-} + H_2O$$

碳酸钠俗名纯碱，由于它在水中高度水解，溶液呈强碱性。

$$CO_3^{2-} + H_2O \rightleftharpoons HCO_3^- + OH^-$$

因为 $HCO_3^-$ 有强的水解性，所以碳酸钠溶液和水解性强的金属离子作用时，由于水解互相促进，最后得到的一般是碱或碳酸盐，或氢氧化物的沉淀。

$$2Cu^{2+} + 2CO_3^{2-} + H_2O = Cu_2(OH)_2CO_3\downarrow + CO_2$$

$$2Al^{3+} + 3CO_3^{2-} + 3H_2O = 2Al(OH)_3\downarrow + 3CO_2$$

碳酸盐另一个主要性质是热不稳定性，高温下，依下式分解。

$$MCO_3 \xlongequal{\triangle} MO + CO_2\uparrow$$

一般说来，碳酸的热稳定性比碳酸氢盐小，而碳酸氢盐的热稳定性又比相应的碳酸盐小。例如，碳酸水溶液稍加热就会分解成碳酸钠、二氧化碳和水，而碳酸钠在 850℃以上灼热才分解生成氧化物和二氧化碳。

$$H_2CO_3 \xlongequal{\triangle} H_2O + CO_2\uparrow$$

$$2NaHCO_3 \xlongequal{1500℃} Na_2CO_3 + H_2O + CO_2\uparrow$$

$$Na_2CO_3 \xlongequal{灼烧} Na_2O + CO_2\uparrow$$

$MCO_3$ 的热稳定性根据 $M^{n+}$ 的电荷、半径和电子结构判断。碱金属碳酸盐 $Na_2CO_3$ 和 $K_2CO_3$ 都有很高的热稳定性，加热到 1000℃也不分解。碱土金属碳酸盐，随 $M^{2+}$ 半径的增大而热稳定性升高。非惰气型（不规则、18、18+2 型）离子的碳酸盐一般较容易热分解，因为这些离子有较强的极化性。

碳酸氢盐最容易热分解（$NaHCO_3$ 在水溶液中 50℃分解，干态 270℃分解），因为强极化性的 $H^+$ 参加了热分解过程。

在碳酸盐中，铵和碱金属的碳酸盐（除碳酸锂外）是易溶于水的，其他金属离子的碳酸盐均难溶于水。酸式碳酸盐比相应难溶碳酸盐有较大溶解度。$Na_2CO_3$ 或 $(NH_4)_2CO_3$ 与

$Ca^{2+}$ 作用，则生成碳酸钙沉淀，沉淀和 $CO_2$ 作用，又生成可溶性的酸式碳酸钙。

$$Ca^{2+} + CO_3^{2-} \longrightarrow CaCO_3 \downarrow$$

$$CaCO_3 + H_2O + CO_2 \longrightarrow Ca(HCO_3)_2$$

但是对易溶的碳酸盐如碳酸钠、碳酸钾或碳酸铵来说，它们相应的酸式碳酸盐如 $NaHCO_3$、$KHCO_3$ 或 $NH_4HCO_3$ 却有较低的水溶解度，因为 $HCO_3^-$ 通过氢键形成了双聚离子，这种聚合离子的形成，降低了相应碳酸氢盐的水溶解度。工业上利用碳酸氢钠（铵、钾）的低溶解度，使纯碱、碳酸铵的工业合成获得成功。

2.4.3.2　硅的化合物

(1) 二氧化硅　在自然界中石英是常见的二氧化硅晶体，它是一种坚硬、脆性、难熔的无色固体。从物理性质看，二氧化硅和二氧化碳性质相差很远，固态二氧化碳（干冰）晶体的结构单元是 $CO_2$ 分子，维持晶格的是较弱的分子间力，所以晶体是易熔、易挥发的。石英中的硅原子处在正四面体的中心，分别以共价单键同处于正四面体顶角的四个氧原子键合形成 $SiO_4$ 四面体，Si—O 键在空间不断重复，形成体型“大分子”即石英晶体。这种结构中的 Si 和 O 原子数之比是 1∶2，组成最简式是 $SiO_2$，但它与代表一个单分子的 $CO_2$ 意义是不一样的。

石英在 1600℃熔化成黏稠液体，内部结构变成无规则状态，冷却时因为黏度大不易再结晶，变成过冷液体，称为石英玻璃，其中 $SiO_4$ 四面体是杂乱排列的，故其结构无定形。石英玻璃具有许多特殊性质，如能让可见光和紫外线通过，可用它制造紫外灯（汞灯）和光学仪器，它的膨胀系数很小，能经受温度的剧变，不溶于水，除氢氟酸外有好的抗酸性。

$$SiO_2 + 4HF \longrightarrow SiF_4 \uparrow + 2H_2O$$

所以石英玻璃用于制造高级化学器皿。

热的强碱溶液和熔融碳酸钠可把二氧化硅转变成可溶性的硅酸盐。

$$SiO_2 + 4OH^- \longrightarrow SiO_4^{4-} + 2H_2O$$

$$SiO_2 + Na_2CO_3 \longrightarrow Na_2SiO_3 + CO_2 \uparrow$$

(2) 硅酸及其盐

① 硅酸　硅酸不能用 $SiO_2$ 与水直接作用制得，而只能用相应的可溶性的硅酸盐与酸作用生成。

$$SiO_4^{4-} + 4H_3O^+ \longrightarrow H_4SiO_4 \downarrow + 4H_2O$$

$H_4SiO_4$ 是一种几乎不溶于水的二元酸，其电离常数 $K_1 = 10^{-10}$，$K_2 = 10^{-12}$。

$SiO_2$ 可以构成多种硅酸，它的组成随形成的条件而变，常以通式 $xSiO_2 \cdot yH_2O$ 表示。现已确证具有一定的稳定性并能独立存在的有偏硅酸 $H_2SiO_3$（$x=1$，$y=1$）、二偏硅酸 $H_2Si_2O_5$（$x=2$，$y=1$）、正硅酸 $H_4SiO_4$（$x=1$，$y=2$）和焦硅酸 $H_6Si_2O_7$（$x=2$，$y=3$）。在水溶液中主要是以 $H_4SiO_4$ 存在，并由它聚合而形成其他不同的多硅酸，在各种硅酸中以偏硅酸的组成最简单，常以 $H_2SiO_3$ 代表硅酸。

单分子硅酸可溶于水，当单分子硅酸逐渐聚合成多硅酸时，则形成胶体溶液，即硅酸溶胶。在稀的硅酸溶胶内加入电解质，或者适当浓度的硅酸盐溶液加酸，则生成硅酸凝胶。硅酸凝胶含水量较大，软而透明，有弹性。

根据硅酸能形成凝胶的性质，可制得一种吸附剂——硅胶。硅胶是一种极性吸附剂，对 $H_2O$、$BCl_3$、$PCl_5$ 等极性物质都有较强的吸附能力，加之硅胶的吸附作用主要是物理吸附，可以再生反复使用，在实际工作中，常作为干燥剂和吸附剂使用。其制备过程大致是将适量

的 $Na_2SiO_3$ 溶液与酸混合，调节用量使生成的凝胶中含 8%～10% $SiO_2$。将凝胶静置 24h，使其老化，然后用热水洗去反应生成的盐，将洗净的凝胶在 60～70℃烘干，并徐徐升温至 300℃活化，即得到硅胶。通常使用的还有一种变色硅酸，它是将硅酸凝胶用 $CoCl_2$ 溶液润泡、干燥活化后制得。因为无水 $CoCl_2$ 为蓝色，水合 $CoCl_2 \cdot 6H_2O$ 显红色，所以根据变色硅胶的颜色变化，可以判断硅胶吸水的程度。

用高纯的四氯化硅和正硅酸乙酯 $(C_2H_5O)_4Si$ 水解可以制得纯的硅胶。

② 硅酸盐 硅酸盐可分为可溶于水和不溶于水两大类物质。可溶于水的硅酸盐具有一般组成 $aM_2O \cdot bSiO_2 \cdot cH_2O$，M 代表碱金属。将 $SiO_2$ 和 $Na_2CO_3$ 在 1300℃左右熔烧，根据 $SiO_2$ 与 $Na_2CO_3$ 的比例不同可制得不同的硅酸盐。在这类化合物中，除了水合偏硅酸钠 $Na_2SiO_3 \cdot nH_2O$（$n$＝5、6、7、8、9）以外，还有 $Na_2SiO_3$、$Na_2Si_2O_5$、$Na_4SiO_4$ 和 $Na_6Si_2O_7$ 等。

可溶性的硅酸盐中，最常见的是 $Na_2SiO_3$，其水溶液叫水玻璃（工业上叫泡花碱）。水玻璃是无色的，但由于其中含有杂质 Fe 而显紫色。水玻璃有很大的实用价值，如建筑工业上用作黏合剂，木材、织物浸过水玻璃就可以防腐、不易着火，水玻璃还可作洗涤剂等。

除了碱金属硅酸盐是可溶的以外，许多硅酸盐都是难溶的，而且结构也比较复杂。在硅酸盐中，硅原子在正四面体中心，被氧原子包围着。

在不溶性硅酸盐中，有一类是人工合成的高效硅铝吸附剂，即分子筛。它具有由 $SiO_4$ 和 $AlO_4$ 四面体结构单元组成的体型结构，特点是比表面大（指 1g 物质具有的表面面积）、孔径均匀、有好的机械强度和热稳定性。它的组成通式是

$$Me_{x/n}[(AlO_2)_x(SiO_2)_y] \cdot mH_2O$$

式中，$m$ 代表结晶水的个数；Me 代表金属阳离子；$n$ 代表金属阳离子的电荷数；$x/n$ 表示金属阳离子的个数。分子筛一般加工成条形和小球形，比表面一般是 500～1000$m^2/g$。

分子筛按比表面和组成的不同可以分为若干类型，常见的有 A 型：$Me_{12/n}[(AlO_2)_{12}(SiO_2)_{12}] \cdot 27H_2O$；X 型：$Me_{86/n}[(AlO_2)_{86}(SiO_2)_{106}] \cdot 264H_2O$；Y 型：$Me_{56/n}[(AlO_2)_{56}(SiO_2)_{136}] \cdot 250H_2O$。分子筛每种类型又分为若干种，如 A 型又分 3A、4A、5A，X 型又分 10X、13X 等。分子筛广泛用作吸附剂、干燥剂、催化剂和催化剂载体。

## 2.5 硼族非金属元素及其化合物

**【能力目标】** 能判断硼族非金属及其化合物性质的递变规律；会应用所学知识对硼族非金属性质做出初步判断。

**【知识目标】** 了解硼族非金属元素的通性；熟悉硼及其化合物的性质和用途。

硼族是周期系第ⅢA 族，包括硼 B、铝 Al、镓 Ga、铟 In 和铊 Tl 五种元素。在地壳中，铝的含量仅次于氧和硅，丰度很大。硼、镓、铟和铊则含量较少。硼和铝都有富集矿藏，而镓、铟、铊都是分散的，作为与其他矿共生的组分而存在，所以叫做分散元素。

### 2.5.1 硼族元素的通性

本族除硼是非金属元素外，其他元素的单质都是金属，而且金属性随着原子序数的增加而增强。硼族元素原子的价电子层结构为 $ns^2np^1$，它们一般的氧化态应为＋3。但随着原子序数的增加，$ns^2$ 电子对趋于稳定，结果生成低氧化态化合物的倾向也随之增加，因此镓、

铟、铊在一定条件下能显示＋1 氧化态，而且铊的常见氧化态是＋1，并有较强的离子键特征。

本族元素的共同特点为：一是＋3 氧化态元素仍然具有相当强的形成共价键的倾向。硼的原子半径（0.82Å）较小，电负性（2.01）较大，在周期系中的位置同碳相邻，这些就决定了硼的共价性；铝以下虽然都是金属，然而＋3 较高氧化态，在 $Ga^{3+}$ 又出现了 18 电子壳层，这也容易使原子间成键时表现为极性共价键。二是它们的价电子层有 4 个原子轨道 $n\mathrm{s}$、$n\mathrm{p}_x$、$n\mathrm{p}_y$、$n\mathrm{p}_z$，但只有三个电子，在形成共价键时，原子的外电子层为 $ns^2$、$n\mathrm{p}_x^2$、$n\mathrm{p}_y^2$、$n\mathrm{p}_z^0$。即取得了 6 电子（3 对）结构，比稀有气体型结构缺少一对电子，有一个空轨道 $n\mathrm{p}_z$。因此，本族元素的＋3 氧化态化合物叫做“缺电子化合物”，它们有很强的接受电子的能力。这种能力表现在化学性质上是它们的化合物容易形成聚合型的分子，容易同电子对给予体形成稳定的配位化合物。

硼除了以形成共价化合物为主要特征之外，还能同活泼金属生成少数具有一定程度离子键的化合物如 $Na_3B$，在这类似化合物中 B 的氧化数为－3，不过这类化合物（固态）的结构颇为复杂。

### 2.5.2　硼的单质

硼在自然界中以含氧化合物的形式存在，如硼酸 $H_3BO_3$ 及各种硼酸盐。在自然界存在的硼酸盐种类繁多，最为人们熟悉的是硼砂 $Na_2B_4O_7\cdot 10H_2O$，其次是硼酸的钙和镁盐，如方硼石 $2Mg_3B_8O_{15}\cdot MgCl_2$，白硼钙石 $Ca_2B_6O_{11}\cdot 3H_2O$ 等。

用镁或铝在高温下还原 $B_2O_3$。

$$B_2O_3 + 3Mg \xlongequal{\quad} 2B + 3MgO + 426.77\text{kJ}$$

得到的粗硼含有氧化镁和未反应的氧化硼以及硼化物。把粗硼分别用盐酸、氢氧化钠和氢氟酸处理，便得到纯度为 95%～98%的棕色无定形单质硼。

将氢和三溴化硼的混合气体通过热至 1200～1400℃的金属钨丝或钽丝，三溴化硼便被氢还原而游离出硼：

$$2BBr_3(g) + 3H_2(g) \xlongequal{1200\sim1400℃} 2B(s) + 6HBr(g)$$

它成为结晶状态积聚在钨丝或钽丝上。这样得到的结晶硼是较纯的。在 800～1000℃加热分解 $BI_3$：

$$2BI_3 \xlongequal{\quad} 2B + 3I_2$$

使产物结晶在钽丝上，纯度可高于 99.95%。

单质硼有复杂的晶体结构，这是由于硼原子的缺电子特点所决定的。单质硼在常温下不活泼，但在高温下无定形硼容易同电负性高的非金属元素如氧（3.50）、卤素（4.10～2.21）、硫（2.44）、氮（3.07）等反应。金属也能同硼在高温下反应生成硼化物。

在赤热下无定形硼可以同水蒸气作用生成硼酸和氢。

$$2B + 6H_2O(g) \xlongequal{\quad} 2B(OH)_3 + 3H_2\uparrow$$

无定形硼只能被热的浓硝酸慢慢氧化而放出 $NO_2$。

$$B + 3HNO_3 \xlongequal{\quad} B(OH)_3 + 3NO_2\uparrow$$

在有氧化剂存在下，硼和强碱共熔可以得到偏硼酸盐。

$$2B + 2NaOH + 3KNO_3 \xlongequal{\quad} 2NaBO_2 + H_2O + 3KNO_2$$

硼的以上几个反应都表明硼原子对氧原子有很强的亲和力。

### 2.5.3　硼的化合物

#### 2.5.3.1　硼的氧化物

硼形成化合物的最显著特征之一是易生成含氧化合物，B—O 键的键能为 $560.66\sim690.36\text{kJ/mol}$，有很高的稳定性，因而硼也是一个亲氧元素。

单质硼热至 $700℃$ 即发生燃烧，生成三氧化二硼。

$$4B+3O_2 \!=\!=\!= 2B_2O_3+2886.96\text{kJ}$$

三氧化二硼的高生成热是硼能从许多氧化物中置换相应元素的基本原因。$B_2O_3$ 的一般制备方法是加热 $H_3BO_3$，使其脱水。

$$2H_3BO_3 \!=\!=\!= B_2O_3+3H_2O$$

在高温脱水得到的 $B_2O_3$ 是玻璃状物质，在较低温度下脱水得到的是结晶 $B_2O_3$。

$B_2O_3$ 在热的水蒸气中，形成挥发性的偏硼酸。

$$B_2O_3(s)+H_2O(g)\!=\!=\!= 2HBO_2(g)$$

$B_2O_3$ 溶于水形成硼酸。

$$B_2O_3 (s) +3H_2O (l) \!=\!=\!= 2H_3BO_3 (aq)$$

熔融状态的 $B_2O_3$ 可溶解许多金属氧化物得到有色的硼玻璃。在工业上硼酸一般是用硫酸分解硼镁矿来制备。

$$Mg_2B_2O_5 \cdot H_2O+2H_2SO_4 \!=\!=\!= 2MgSO_4+2B(OH)_3$$

#### 2.5.3.2　硼酸及其盐

根据硼的价电子层结构，硼原子可以激发成 $2s^1 2p^2$ 形成 $sp^2$ 杂化轨道。每个 B 原子同三个氢氧根中的氧原子以共价键结合起来，成为平面三角形结构。

硼酸晶体是片状的，有解离性，可作为润滑剂。这种缔合结构使硼酸在冷水中的溶解度很低。在加热时，硼酸中的部分氢键断裂，故在热水中溶解度增加。

当把 $H_3BO_3$ 加热至 $100℃$ 时，一个分子水脱出而成偏硼酸。

$$H_3BO_3 \!=\!=\!= HBO_2+H_2O$$

继续加热至 $140\sim160℃$，偏硼酸聚合而形成四硼酸。

$$4HBO_2 \!=\!=\!= H_2B_4O_7+H_2O$$

实验证明，四硼酸根离子的结构式为

$$\left[\begin{array}{c} \text{OH} \\ | \\ \text{O--B--O} \\ \text{HO--B} \quad \text{O} \quad \text{B--OH} \\ \text{O--B--O} \\ | \\ \text{OH} \end{array}\right]^{2-}$$

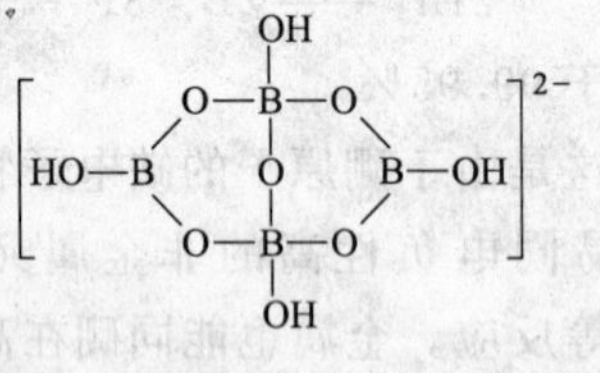

由上式可知，四硼酸根是由两个 $BO_3$ 三角和两个 $BO_4$ 四面体通过共用角顶氧原子而连接起来的结构。B 原子借 $sp^2$ 杂化轨道与氧原子结合而成平面三角形。另外，硼原子还可借 $sp^3$ 杂化轨道与氧原子结合而成 $[B(OH)_4]^-$。

将四硼酸继续加热，它立即脱水而成三氧化二硼。

$$H_2B_4O_7 \!=\!=\!= 2B_2O_3+H_2O$$

硼酸是一个一元弱酸，$K_a=5.8\times10^{-5}$。它在溶液中所显的弱酸性，是由于 $OH^-$ 中 O 的孤电子对填入 B 原子中的 p 空轨道中去，即加合氢氧离子，而不是给出质子。

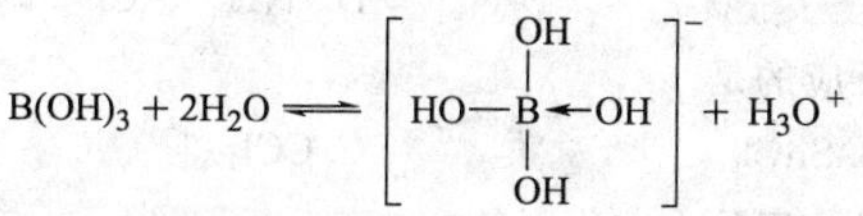

$$B(OH)_3 + 2H_2O \rightleftharpoons \left[\begin{array}{c} OH \\ | \\ HO-B\leftarrow OH \\ | \\ OH \end{array}\right]^- + H_3O^+$$

这种电离方式正是表现了硼化合物的缺电子的特点，所以硼酸是一个典型的路易斯酸。

硼酸的酸性因加入甘露醇 $CH_2OH(CHOH)_4CH_2OH$ 或甘油 $C_3H_5(OH)_3$ 而大大增强。

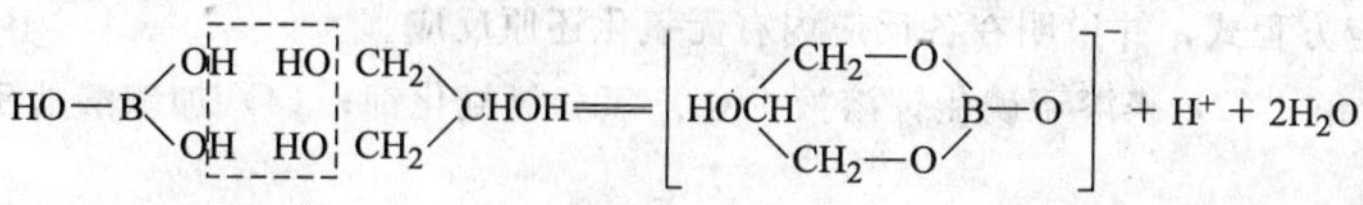

生成的配合物是一个较强的一元酸。

硼酸和甲醇形成挥发性的硼酸三甲酯 $(CH_3O)_3BO_3$。

$$3CH_3OH + H_3BO_3 = (CH_3O)_3BO_3 + 3H_2O$$

这个化合物在燃烧时发生绿色火焰，可用来检定硼化合物。

$H_3BO_3$ 与强碱 NaOH 中和，得到偏硼酸钠 $NaBO_2$；在碱性较弱的条件下则得到四硼酸盐，如硼砂 $Na_2B_4O_7 \cdot 10H_2O$，而得不到单个 $BO_3^{3-}$ 的盐。但反过来，在任何一种硼酸盐的溶液中加酸时，总是得到硼酸，因为硼酸的溶解度小，它容易从溶液中析出。

大量硼酸用于搪瓷工业和玻璃工业。它也可作食物的防腐剂，在医药上用作消毒剂。

最重要的含硼化合物是四硼酸的钠盐 $Na_2B_4O_5(OH)_4 \cdot 8H_2O$，俗称硼砂。习惯上把它的化学式写成 $Na_2B_4O_7 \cdot 10H_2O$。在工业上一般用浓碱溶液分解硼镁矿来制备硼砂。

$$Mg_2B_2O_5 \cdot 5H_2O + 2NaOH = 2NaBO_2 + 2Mg(OH)_2 \downarrow + 4H_2O$$

将 $NaBO_2$ 从强碱性溶液中结晶出来之后，再把它溶解在水中成较浓的溶液，通入 $CO_2$ 来调节碱度，浓缩后结晶分离便可得到硼砂。

$$4NaBO_2 + CO_2 + 10H_2O = Na_2B_4O_5(OH)_4 \cdot 8H_2O + Na_2CO_3$$

硼砂形成大块的无色晶体，在空气中容易失去水分子而风化。加热到 380～400℃时甚至失去组成水而成无水盐 $Na_2B_4O_7$。在 878℃时熔化成玻璃状物。熔化的硼砂能溶解各种金属氧化物，并因金属的不同而显出特征的颜色。

$$Na_2B_4O_7 + CoO = 2NaBO_2 \cdot Co(BO_2)_2 \text{（蓝宝石色）}$$

利用这种特征颜色在分析化学中可以检定金属离子，称为硼砂珠试验。由于它有熔解金属氧化物的能力，故在焊接金属时，可用它熔去金属表面的氧化物。在陶瓷工业中，硼砂用于制备低熔点釉和制造硬玻璃。硼砂是一个强碱弱酸盐，在水溶液中有较强的水解作用使溶液显强碱性，可作为肥皂和洗衣粉的填料。此外，在实验室中用它作基准物和配制缓冲溶液。

## 练习题

1. 关于卤素正确的叙述是（　　）。

A. 能被 $CCl_4$ 萃取　　B. 可使淀粉变蓝

C. 易发生还原反应　　D. 易发生氧化反应

2. 下列关于氧族元素的叙述正确的是（　　）。

A. 均可显－2、＋4、＋6 化合价　　B. 能和大多数金属直接化合

C. 固体单质都不导电　　D. 都能和氢气直接化合

3. 如果某试液加入 NaOH 并加热后，有 $NH_3$ 逸出，那么下列说法中完全正确的是（　　）。

A. 只有 $CN^-$ 存在　　B. 没有 $CN^-$ 存在

C. 只有 $NH_4^+$ 存在　　D. $NH_4^+$、$CN^-$ 均可能存在

4. 下列卤化物不发生水解反应的是（　　）。

A. $SnCl_2$　　B. $SnCl_4$　　C. $CCl_4$　　D. $BCl_3$

5. 制备单质氟为什么很困难？用什么方法制备？

6. 写出氯与金属、氢气、水和磷作用的反应式。

7. 今有一固体试剂，它可能是次氯酸盐、氯酸盐或高氯酸盐，用什么方法加以鉴别？

8. 写出下列反应方程式，并说明在各反应内有无氧化还原反应。

(1) 氯酸钾热分解；(2) 碘溶于碘化钾溶液；(3) 氯和氢氧化钾；(4) 加碘酸盐于碘化钾的浓盐酸溶液内。

9. 为什么不能用浓硫酸 $H_2SO_4$ 同卤化物作用来制备 HBr 和 HI？写出有关反应式。

10. 溴能从含碘离子的溶液中取代碘，碘又能从溴酸钾溶液中取代出溴，这两个反应有无矛盾？为什么？

11. 为什么 $I_2$ 在 $CCl_4$ 中是紫色而在苯中是红棕色？

12. 碘难溶于水，而易溶于 KI 溶液中，为什么？

13. 说明为什么能用 $MnO_2$ 氧化盐酸来制备氯气，有氯气生成时，盐酸的最低浓度应该是多少？

14. 工业溴中常有少量杂质 $Cl_2$，如何除去？提纯 KCl 又如何除去其中的杂质 KBr？

15. 写出金属铜和浓硫酸，金属铁和稀硫酸的反应方程式，这两个反应中硫酸分子的何种元素是氧化剂。

16. 在常温下，为什么能用铁、铝容器盛放浓硫酸，而不能盛放稀硫酸？

17. 写出硫化氢通入 $CuSO_4$ 溶液和 $FeCl_3$ 溶液中的化学反应方程式。为什么后一反应得不到 $Fe_2S_3$？

18. 用方程式表示 $HNO_3$ 和活泼金属（以 Zn 为例）、不活泼金属（以 Cu 为例）的反应。哪些金属在冷浓 $HNO_3$ 中呈钝态？写出王水和 Au 的反应式。

19. 写出 $HNO_3$ 和非金属（S，P）的反应方程式。（和非金属作用，$HNO_3$ 被还原成 NO）

20. 什么叫同素异形体？磷有哪些同素异形体？

21. 写出卤族中的 $Cl_2$、$Br_2$、$I_2$，氧族中的 S，氮族中的 P 和碱的自身氧化还原反应方程式。（这是许多非金属单质的一个通性）

22. 焊药中加 $NH_4Cl$ 起什么作用？

23. 计算氮在三种氮肥 $CO(NH_2)_2$、$(NH_4)_2SO_4$、$NH_4HCO_3$ 中的质量分数。

24. 市售浓硝酸的相对密度为 1.4，质量分数为 68%；氨水的相对密度为 0.9，质量分数为 28%；磷酸的相对密度为 1.6，质量分数为 85%。试计算硝酸、氨水、磷酸的物质的量浓度。

25. 试述工业上用 $NH_3$ 氧化法制备 $HNO_3$ 的过程。

26. 用什么方法分离掉空气中的 $O_2$？

27. 如何区别和分离 CO 和 $CO_2$？

28. 在 $CO_2$ 水溶液中有哪些分子和离子？$CO_2$ 的碱性溶液又有哪些离子？能否得到 0.5mol/dm³ 碳酸溶液？试分别加以说明。

29. 在硅酸钠溶液中加入氯化铵溶液，生成沉淀，写出反应方程式并说明。

30. 在 27℃ 和 770mmHg（1mmHg＝133.322Pa）压力下，将 10dm³ $CO_2$ 通入过量石灰水中，可以生成多少克 $CaCO_3$？

31. 举出 2 个反应例子说明硼具有非金属性。

32. 什么是缺电子原子？为什么硼族元素都是缺电子原子？

33. 用实验事实说明 $H_3BO_3$ 为弱酸。怎样证明 $H_3BO_3$ 在溶液中没有游离的 $BO_3^{3-}$？

34. 试用化学方程式表示如何以硼砂为原料制备：(1) 硼酸；(2) 三氟化硼。

# 第3章　金属元素及其化合物

【学习指南】

通过本章的学习，掌握元素周期表中金属元素性质递变的规律；熟悉各族常见金属元素的特性；掌握金属元素及其化合物的应用。

## 3.1　ⅠA族元素及其化合物

【能力目标】 能判断碱金属及其化合物性质的递变规律；会应用所学知识对碱金属性质做出初步判断。

【知识目标】 了解碱金属元素的通性；熟悉钠、钾的性质；掌握钠、钾及其化合物的用途。

元素周期表中ⅠA族的金属元素包括锂Li、钠Na、钾K、铷Rb、铯Cs和钫Fr六种元素。它们氧化物的水溶液显碱性，所以ⅠA族元素又称为碱金属。

### 3.1.1　ⅠA族元素的通性

ⅠA族元素原子的价电子构型为$ns^1$，在周期表中属于s区元素。它们的次外层是稀有气体的稳定结构，对核电荷的屏蔽作用较强，有效核电荷较小，所以最外层离核最远的电子电离能很低，很易失去，表现出强烈的金属性。它们与氧、硫、卤素及其他非金属元素均能剧烈反应，并能从许多金属化合物中置换出金属。

碱金属元素，同一族元素从上而下，性质的变化都呈现明显的规律性。如同一主族从上至下原子及离子半径逐渐增大、化学活泼性增强、还原能力增强，同时熔沸点降低，硬度减小，电离能及电负性降低。

碱金属元素的一个重要特点就是通常只有一种稳定的氧化态，常见氧化数为+1，与族数一致。

碱金属的价电子易受光激发而电离，因此碱金属是制造光电管的优质材料。在火焰中加热各具不同的颜色——锂（红色）、钠（黄色）、钾（紫色）、铷（红紫色）、铯（蓝色），称为焰色反应，可对它们做定性鉴别。

### 3.1.2　ⅠA族元素的单质

3.1.2.1　ⅠA族元素的存在

锂、钠、钾、铷、铯、钫中，前五种存在于自然界，钫只能由核反应产生。由于碱金属的单质反应活性高，在自然状态下只以盐类存在。钾、钠是海洋中的常量元素，在生物体中有重要作用，而且钾和钠在地壳中蕴藏丰富，它们的单质和化合物在实践中用途较为广泛，其余的则属于轻稀有金属元素，在地壳中的含量十分稀少，因此本节主要介绍钠、钾及它们的化合物。

3.1.2.2　ⅠA族元素的物理性质

碱金属元素呈银白色，柔软，易熔。它们具有良好的延展性，硬度低，可以用小刀切割，是热和电的良导体。

3.1.2.3　ⅠA族元素的化学性质

碱金属元素的化学性质非常活泼，有强还原性，人们通常利用其还原性，在冶金工业中以钠、钾作为还原剂从金属氯化物中制取相应的金属。

碱金属元素均可与水发生反应，钠和水剧烈反应生成 NaOH 和 $H_2$，易引起燃烧和爆炸，需储存在煤油或石蜡油中。钾比钠更活泼，在制备、储存和使用时应更加小心。

现以钠为例（钾比钠反应更剧烈），列出一些反应。

（1）与非金属单质反应

$$2Na+H_2 \xlongequal{\text{高温}} 2NaH$$

$$4Na+O_2 = 2Na_2O\ \text{（白色固体）}$$

$$2Na+O_2 \xlongequal{\text{点燃}} Na_2O_2\ \text{（淡黄色粉末）}$$

（2）与金属单质反应

$$4Na+9Pb \xlongequal{\text{加热}} Na_4Pb_9$$

$$Na+Tl \xlongequal{\text{加热}} NaTl$$

（3）与水反应

$$2Na+2H_2O = 2NaOH+H_2\uparrow$$

（4）与酸反应

$$2Na+2HCl = 2NaCl+H_2\uparrow$$

（5）与盐反应

$$4Na+TiCl_4 \xlongequal{\text{高温}} 4NaCl+Ti$$

$$Na+KCl \xlongequal{\text{高温}} K\uparrow+NaCl$$

$$2Na+2H_2O = 2NaOH+H_2\uparrow$$

$$2NaOH+CuSO_4 = Na_2SO_4+Cu(OH)_2\downarrow$$

（6）与氧化物反应

$$4Na+CO_2 \xlongequal{\text{点燃}} 2Na_2O+C$$

## 3.1.3　ⅠA族元素的化合物

3.1.3.1　氧化物

碱金属常见的氧化物有正常氧化物、过氧化物、超氧化物三类。锂在氧气中燃烧得到正常氧化物 $Li_2O$，钠生成过氧化物 $Na_2O_2$，而钾、铷、铯则生成超氧化物 $KO_2$、$RbO_2$、$CsO_2$。

在实验室里，碱金属正常氧化物（除 $Li_2O$）可利用金属还原相应的硝酸盐得到。

$$10M+2MNO_3 = 6M_2O+N_2(g) \qquad (M=Na、K、Rb、Cs)$$

碱金属与氧所形成的氧化物列入表 3-1 中。

**表 3-1　碱金属与氧所形成的氧化物**

| 氧化物类型 | 阴离子 | 直接生成 | 间接生成 |
|---|---|---|---|
| 正常氧化物 | $O^{2-}$ | Li | ⅠA族所有元素 |
| 过氧化物 | $O_2^{2-}$ | Na | ⅠA族所有元素 |
| 超氧化物 | $O_2^-$ | Na、K、Rb、Cs | ⅠA族所有元素 |

碱金属的氧化物在水中的溶解度表现在同族中从上到下逐渐增大，它们与水反应的剧烈程度从上到下逐渐增大。$Li_2O$ 与水反应缓慢；$Rb_2O$、$Cs_2O$ 与水剧烈反应，甚至爆炸。

过氧化物与水反应，生成过氧化氢和氢氧化钠

$$Na_2O_2 + 2H_2O = H_2O_2 + 2NaOH$$

$H_2O_2$ 分解可放出 $O_2$，所以 $Na_2O_2$ 可用作氧化剂、漂白剂和氧气发生剂。

$Na_2O_2$ 与 $CO_2$ 反应也能放出 $O_2$

$$2Na_2O_2 + 2CO_2 = 2Na_2CO_3 + O_2$$

因此，$Na_2O_2$ 常作为急救器、防毒面具、高空飞行和潜艇中 $CO_2$ 吸收剂和供氧剂。

超氧化物与水反应剧烈，生成过氧化氢、氧气和对应的碱，也能与 $CO_2$ 反应放出 $O_2$，因此也可作为强氧化剂和供氧剂。

$$2KO_2 + 2H_2O = 2KOH + H_2O_2 + O_2$$

$$4KO_2 + 2CO_2 = 2K_2CO_3 + 3O_2$$

3.1.3.2　氢氧化物

碱金属的氧化物与水反应都生成相应的氢氧化物，在水中都易溶，同一族元素氢氧化物的溶解度从上到下逐渐增大，溶液碱性越来越强。碱金属氢氧化物中以氢氧化钠和氢氧化钾最为重要，两者在性质、用途、制备方面都很相似，但 KOH 价格较贵，在用途上没有 NaOH 广泛。

氢氧化钠（NaOH）又称烧碱、火碱、苛性碱，是国民经济中重要的化工原料，广泛地应用于精炼石油、制皂、造纸、化学纤维、纺织、玻璃、搪瓷、无机和有机合成等工业中。NaOH 还是一种重要的化学试剂，广泛地应用于化学实验中。

NaOH 是一种强碱，不仅能与非金属及其氧化物作用，还能与一些两性金属及其氧化物作用，生成钠盐，如

$$3I_2 + 6NaOH = 5NaI + NaIO_3 + 3H_2O$$

$$SiO_2 + 2NaOH = Na_2SiO_3 + H_2O$$

$$2Al + 2NaOH + 2H_2O = 2NaAlO_2 + 3H_2\uparrow$$

$$ZnO + 2NaOH = Na_2ZnO_2 + H_2O$$

玻璃、陶瓷中含有 $SiO_2$，易受 NaOH 腐蚀。在制备浓碱或熔融烧碱时，常采用铸铁、镍或银制器皿。实验室中储存 NaOH 溶液的玻璃瓶需用橡皮塞，而不能使用玻璃塞，以防腐蚀。如为浓的烧碱溶液，则应储存在塑料瓶中。

工业上生产 NaOH 的方法有苛化法、隔膜电解法、水银电解法和新兴的离子膜法。除苛化法外，其余几种方法均以食盐为原料，除得到 NaOH 外，同时产生副产品氯气，故通称为氯碱工业。

3.1.3.3　盐类

碱金属常见的盐有卤化物、碳酸盐、硫酸盐、硝酸盐和硫化物。

(1) 盐类的一般性质

① 晶型　表 3-2 列出了碱金属氟化物和氯化物的熔点。

**表 3-2　碱金属氟化物和氯化物的熔点**　单位：℃

| 碱金属 | Li | Na | K | Rb | Cs |
|---|---|---|---|---|---|
| 氟化物 | 846 | 996 | 858 | 775 | 703 |
| 氯化物 | 606 | 801 | 776 | 715 | 645 |

卤化物的熔点都较高，它们的晶型多为离子晶体。碱金属氟化物或氯化物的熔点在同一族中从上到下逐渐降低（Li 除外）。原因是碱金属离子极化力小，它们的氟化物是典型的离子晶体。碱金属半径从上到下逐渐增加，晶格能逐渐降低，故熔点下降。

② 溶解性　碱金属的盐类大多都易溶于水，仅有少数碱金属的盐是难溶的。如 Li 的氟化物、碳酸盐、磷酸盐等难溶。另外，由 $K^+$、$Rb^+$、$Cs^+$ 和复杂阴离子形成的盐也是难溶的，如六羟基锑酸钠 $Na[Sb(OH)_6]$（白色）、醋酸铀酰锌钠 $NaAc \cdot Zn(Ac)_2 \cdot 3UO_2(Ac)_2 \cdot 9H_2O$（黄绿色）、高氯酸钾 $KClO_4$（白色）。在实验室里可利用生成这些难溶盐来鉴别 $Na^+$ 和 $K^+$。

③ 热稳定性　碱金属一般具有较高的热稳定性，只有硝酸盐的热稳定性较低，加热到一定温度可分解

$$4LiNO_3 \xlongequal{650℃} 2Li_2O + 4NO_2\uparrow + O_2\uparrow$$

$$2NaNO_3 \xlongequal{720℃} 2NaNO_2 + O_2\uparrow$$

（2）重要的盐类　碱金属所对应的盐类，如氯化物、碳酸盐、硫酸盐、硝酸盐、硫化物等都包含钠盐和钾盐，且钠盐和钾盐最为普遍，现介绍几种重要的钠盐和钾盐。

① 氯化钠（NaCl）　俗名食盐，是人类赖以生存的物质，也是化学工业的基础（用于生产烧碱、氯气、氢气和金属钠）。NaCl 广泛存在于海洋、盐湖和岩盐中。通常将海水或盐湖水晾晒，蒸发结晶出含有硫酸钙和硫酸镁等杂质的粗盐，把粗盐溶于水，依次加入 $BaCl_2$、$Na_2CO_3$ 和 NaOH，借沉淀反应将 $SO_4^{2-}$、$Ca^{2+}$、$Mg^{2+}$、$Fe^{3+}$ 等杂质离子除去，所得清液经过蒸发、浓缩，结晶析出物则为较为纯净的精盐。

② 碳酸钠（$Na_2CO_3$）　俗名苏打、纯碱、洗涤碱，是重要的化工原料之一，用于制化学品、清洗剂、洗涤剂，也用于照相术和制医药品。绝大部分用于工业，一小部分为民用。目前工业上常用氨碱法和联合制碱法制取 $Na_2CO_3$。联碱法将合成氨和制碱联合在一起，是用氨、二氧化碳和食盐水制碱，同时得到的副产品氯化铵还可作氮肥，该法是 20 世纪 40 年代由我国化工专家侯德榜研究成功的，也称为侯氏制碱法。

③ 碳酸氢钠（$NaHCO_3$）　俗名小苏打、苏打粉，白色细小晶体，在水中的溶解度小于碳酸钠。固体 50℃以上开始逐渐分解生成碳酸钠、二氧化碳和水，270℃时完全分解。碳酸氢钠是强碱与弱酸中和后生成的酸式盐，溶于水时呈现弱碱性。常利用此特性作为食品制作过程中的膨松剂。碳酸氢钠在作用后会残留碳酸钠，使用过多会使成品有碱味。

④ 碳酸钾（$K_2CO_3$）　又称钾碱，溶于水，吸湿性很强，主要用于制造钾玻璃、钾肥皂和其他无机化学品，以及用于脱除工业气体中的硫化氢和二氧化碳，也用于电焊条、油墨制造、印染工业等方面。

重要的碱金属盐还有 $Na_2SO_4$ 和 $K_2SO_4$。硫酸钠主要用于制水玻璃、玻璃、瓷釉、纸浆、制冷混合剂、洗涤剂、干燥剂、染料稀释剂、分析化学试剂、医药品等。硫酸钾用来作药物（如缓泻剂）、肥料（含钾约 50%，是一种速效钾肥，可作基肥、种肥和追肥）。也用来制明矾、玻璃和碳酸钾等。

## 3.2　ⅡA 族元素及其化合物

**【能力目标】**　能判断碱土金属及其化合物性质的递变规律；会应用所学知识对碱土金属

性质做出初步判断。

**【知识目标】** 了解碱土金属元素的通性；熟悉镁、钙的性质；掌握镁、钙及其化合物的用途。

元素周期表中ⅡA 族的金属元素包括铍 Be、镁 Mg、钙 Ca、锶 Sr、钡 Ba 和镭 La 六种元素。它们氧化物的水溶液既具有碱性，又具有“土”性（土壤中的氧化铝的性质），故又称为碱土金属。

### 3.2.1　ⅡA 族元素的通性

ⅡA 族元素原子的价电子构型为 $ns^2$，在周期表中也属于 s 区元素。它们的次外层也是稀有气体的稳定结构，最外层电子很易失去，表现出强烈的金属性。

ⅡA 族元素，同一族元素从上而下，性质的变化呈现明显的规律性。如同一主族从上至下原子及离子半径逐渐增大、化学活泼性增强、还原能力增强，同时熔沸点降低，硬度减小，电离能及电负性降低。

ⅡA 族元素通常也只有一种稳定的氧化态，氧化数为＋2，与族数一致。它们燃烧时，也会发出不同颜色的光。镁产生耀眼的白光，钙可发出砖红色光芒，锶则产生艳红色，钡盐为绿色。它们是五彩缤纷的节日烟火中不可缺少的组成成分。利用焰色反应的不同，可分别检验这些离子是否存在。

### 3.2.2　ⅡA 族元素的单质

#### 3.2.2.1　ⅡA 族元素的存在

在自然界中，碱土金属都以化合物的形式存在。由于它们的性质活泼，只能用电解方法制取。它们在自然界中的存在相当丰富，用途也相当广泛。铍主要存在于矿物绿柱石（$3BeO \cdot Al_2O_3 \cdot 6SiO_2$）中，镁存在于白云石（$MgCO_3 \cdot CaCO_3$）、菱镁矿（$MgCO_3$）、光卤石（$2KCl \cdot MgCl_2 \cdot 6H_2O$）和海水中。钙、锶、钡多以难溶的碳酸盐或硫酸盐存在，如方解石（$CaCO_3$）、天青石（$SrSO_4$）和重晶石（$BaSO_4$）等。

#### 3.2.2.2　ⅡA 族元素的物理性质

碱土金属的单质为银白色（铍为灰色）固体，容易同空气中的氧气和水蒸气作用，在表面形成氧化物和碳酸盐，失去光泽而变暗。它们的原子有两个价电子，形成的金属键较强，熔、沸点较相应的碱金属要高。单质的还原性随着核电荷数的递增而增强。

碱土金属的硬度略大于碱金属，除铍和镁外，其他均可用刀子切割，新切出的断面有银白色光泽，但在空气中迅速变暗。其熔点和密度也都大于碱金属，但仍属于轻金属。

碱土金属的导电性和导热性能较好。

#### 3.2.2.3　ⅡA 族元素的化学性质

碱土金属能与大多数的非金属反应，所生成的盐多半很稳定，遇热不易分解，在室温下也不发生水解反应。它们与其他元素化合时，一般生成离子型的化合物。但 $Be^{2+}$ 和 $Mg^{2+}$ 具有较小的离子半径，在一定程度上容易形成共价键的化合物。钙、锶、钡和镭及其化合物的化学性质，随着它们原子序数的递增而有规律地变化。

碱土金属与水作用时，放出氢气，生成氢氧化物，碱性比碱金属的氢氧化物弱，但钙、锶、钡、镭的氢氧化物仍属强碱。铍表面生成致密的氧化膜，在空气中不易被氧化，与水也不反应。镁则与热水发生反应，钙、锶和钡易与冷水反应。

钙、锶和钡也能与氢气反应。

在空气中，镁表面生成一薄层氧化膜，这层氧化物致密而坚硬，对内部的镁有保护作用，有抗腐蚀性能，故可以保存在干燥的空气里。钙、锶、钡等更易被氧化，生成的氧化物疏松，内部金属会继续被空气氧化，所以钙、锶、钡等金属需密封保存。

### 3.2.3　ⅡA族元素的化合物

#### 3.2.3.1　氧化物

碱土金属的氧化物熔点较高，溶于水显较强的碱性，其盐类中除铍外，皆为离子晶体，但溶解度较小。

碱土金属在常温或加热时与氧气化合，一般只生成普通氧化物 MO

$$2M+O_2 \longrightarrow 2MO$$

在实际生产中常由它们的碳酸盐、硝酸盐或氢氧化物等加热分解来制备。

$$MCO_3 \longrightarrow MO+CO_2\uparrow$$

碱土金属的氧化物均是难溶于水的白色粉末。由于阴、阳离子都是带有两个单位电荷，而且 M—O 核间距又较小，所以碱土金属氧化物具有较大的晶格能，因此它们的熔点都很高、硬度也较大。

BeO 和 MgO 常用来制造耐火材料和金属陶瓷。特别是 BeO，还具有反射放射性射线的能力，常用作原子反应堆外壁砖块材料。CaO 是重要的建筑材料，也可由它制得价格便宜的碱 [$Ca(OH)_2$]。

#### 3.2.3.2　氢氧化物

碱土金属的氧化物（BeO 和 MgO 除外）与水作用，即可得到相应的氢氧化物。碱土金属的氢氧化物均为白色固体，易潮解，在空气中吸收 $CO_2$ 生成碳酸盐。固体 $Ca(OH)_2$ 就常被用作干燥剂。

碱土金属氢氧化物的溶解度较低，其溶解度变化按 $Be(OH)_2 \rightarrow Mg(OH)_2 \rightarrow Ca(OH)_2 \rightarrow Sr(OH)_2 \rightarrow Ba(OH)_2$ 的顺序依次递增，$Be(OH)_2$ 和 $Mg(OH)_2$ 属难溶氢氧化物。碱土金属氢氧化物的溶解度列于表 3-3 中。

**表 3-3　碱土金属氢氧化物的某些性质**

| 物　质 | $Be(OH)_2$ | $Mg(OH)_2$ | $Ca(OH)_2$ | $Sr(OH)_2$ | $Ba(OH)_2$ |
|---|---|---|---|---|---|
| 水中溶解度(293K)/(mol/L) | $8\times10^{-6}$ | $5\times10^{-4}$ | $1.8\times10^{-2}$ | $6.7\times10^{-2}$ | $2\times10^{-1}$ |
| 酸碱性 | 两性 | 中强碱 | 强碱 | 强碱 | 强碱 |

溶解度依次增大的原因是随着金属离子半径的递增，正、负离子之间的作用力逐渐减小，易被水分子所解离的缘故。

在碱土金属的氢氧化物中，$Be(OH)_2$ 呈两性，$Mg(OH)_2$ 为中强碱，其余都是强碱。

#### 3.2.3.3　盐类

(1) 盐类的一般性质　常见碱土金属的盐类有卤化物、硝酸盐、硫酸盐、碳酸盐、磷酸盐等，这里着重介绍它们的共同特性。

① 晶体类型　绝大多数碱土金属盐类的晶体属于离子型晶体，它们具有较高的熔点和沸点。常温下是固体，熔化时能导电。碱土金属氯化物的熔点从 Be→Ba 依次增高，$BeCl_2$ 熔点最低，易于升华，能溶于有机溶剂中，是共价化合物，$MgCl_2$ 有一定程度的共价性。

碱土金属离子（$M^{2+}$）都是无色的，它们盐类的颜色一般取决于阴离子的颜色。无色阴离子

($X^-$、$NO^{3-}$、$SO^{4-}$、$CO_3^{2-}$、$ClO^-$ 等)，与之形成的盐一般是无色或白色的；有色阴离子($MnO_4^-$、$CrO_4^{2-}$、$Cr_2O_7^{2-}$ 等)，与之形成的盐则具有阴离子的颜色，例如黄色的 $BaCrO_4$ 等。

② 溶解性　碱土金属的盐比相应的碱金属盐溶解度小，有不少是难溶解的，这是区别碱金属的特点之一。

碱土金属的硝酸盐、氯酸盐、高氯酸盐和醋酸盐等易溶。

卤化物中除氟化物外，也是可溶的。

碳酸盐，磷酸盐和草酸盐等都难溶于水。

对于硫酸盐和铬酸盐来说，溶解度差别较大，例如 $BeSO_4$、$MgSO_4$、$BeCrO_4$ 和 $MgCrO_4$ 易溶，其余全难溶。尤其 $BaSO_4$ 和 $BaCrO_4$ 是溶解度最小的难溶盐之一。$CaC_2O_4$(白色)、$SrCrO_4$（白色）和 $BaCrO_4$（黄色）的溶解度也很小，反应又很灵敏，可用作 $Ca^{2+}$、$Sr^{2+}$ 或 $Ba^{2+}$ 的鉴定。铍盐有许多是易溶于水的，这与 $Be^{2+}$ 的半径小、电荷较多、水合能大有关。

在自然界中，碱土金属的矿石常以硫酸盐、碳酸盐的形式存在，例如白云石 $CaCO_3 \cdot MgCO_3$、方解石和大理石 $CaCO_3$、天青石 $SrSO_4$、重晶石 $BaSO_4$ 等。

③ 热稳定性特征　碱土金属盐的热稳定性较碱金属的差，但常温下也都是稳定的($BeCO_3$ 除外)。碱土金属的碳酸盐在强热的情况下，才能分解成相应的氧化物 MO 和 $CO_2$，碳酸盐的热稳定性依 Be→Ba 的顺序递增，因为按此顺序离子极化力减弱。

(2) 重要的盐类

① 氯化镁($MgCl_2 \cdot 6H_2O$)　用于生产碳酸镁、氢氧化镁、氧化镁等镁产品，可做食品添加剂、蛋白凝固剂、融雪剂、冷冻剂、防尘剂、耐火材料等。

② 无水氯化钙($CaCl_2$)　用于各种物质的干燥剂，此外还有马路防尘、土质改良剂，冷冻剂。用于化学试剂、医药原料、食品添加剂、饲料添加剂及制造金属钙的原料。

③ 碳酸钙($CaCO_3$)　生产重要的建筑材料氧化钙的原料，也可做饲料添加剂。

④ 硫酸钙($CaSO_4$)　可用作磨光粉、纸张填充物、气体干燥剂以及医疗上的石膏绷带，也用于冶金和农业等方面。水泥厂也用石膏调节水泥的凝固时间。

## 3.3　ⅢA族金属元素及其化合物

**【能力目标】** 能用反应式说明铝及其化合物的性质；会用铝的典型化学性质说明其主要用途。

**【知识目标】** 熟悉铝的典型化学性质；掌握铝及其化合物的用途。

ⅢA族的金属元素包括铝 Al、镓 Ga、铟 In 和铊 Tl 四种元素。它们的价电子构型为 $ns^2np^1$，氧化值一般为+3。现主要介绍常见的铝。

### 3.3.1　铝的性质

#### 3.3.1.1　铝的存在

铝元素在地壳中的含量仅次于氧和硅，居第三位，是地壳中含量最丰富的金属元素。在金属品种中，仅次于钢铁，为第二大类金属。

#### 3.3.1.2　铝的物理性质

铝是银白色的轻金属，质软。铝和铝的合金具有许多优良的物理性质，得到了非常广泛的应用。

铝对光的反射性能良好，反射紫外线比银还强，铝越纯，它的反射能力越好，常用真空镀铝膜的方法来制得高质量的反射镜。真空镀铝膜和多晶硅薄膜结合，就成为便宜轻巧的太阳能电池材料。铝粉能保持银白色的光泽，常用来制作涂料，俗称银粉。

纯铝的导电性很好，仅次于银、铜，在电力工业上它可以代替部分铜作导线和电缆。铝是热的良导体，在工业上可用铝制造各种热交换器、散热材料和民用炊具等。

铝有良好的延展性，能够抽成细丝，轧制成各种铝制品，还可制成薄于0.01mm的铝箔，广泛地用于包装香烟、糖果等。

铝合金具有某些比纯铝更优良的性能，从而大大拓宽了铝的应用范围。例如，纯铝较软，当铝中加入一定量的铜、镁、锰等金属，强度可以大大提高，几乎相当于钢材，且密度较小，不易锈蚀，广泛用于飞机、汽车、火车、船舶、人造卫星、火箭的制造。

3.3.1.3 铝的化学性质

铝的化学性质活泼，与空气接触很快形成致密氧化膜，使铝不会进一步氧化并能耐水；但铝的粉末与空气混合则极易燃烧；熔融的铝能与水剧烈反应；高温下能将许多金属氧化物还原为相应的金属。

在常温下，铝在浓硝酸和浓硫酸中会被钝化，不与它们反应，所以浓硝酸是用铝罐运输的。铝的抗腐蚀性（特别是氧化，因为其氧化物氧化铝反而增加了铝的抗腐抗热性）优异，外观质感佳，价格适中，现已成为世界上最为广泛应用的金属之一。

铝是典型的两性的金属，既能溶于强酸，也能溶于强碱。即

$$2Al+6H^+ \xlongequal{} 2Al^{3+}+3H_2\uparrow$$

$$2Al+2OH^-+6H_2O \xlongequal{} 2Al(OH)_4^-+3H_2\uparrow$$

铝的两性还表现在它的氧化物和氢氧化物上。

## 3.3.2 铝的化合物

3.3.2.1 氧化物

氧化铝为白色无定形粉末，是矾土的主要成分，具有不同晶型，常见的是 $\alpha$-$Al_2O_3$ 和 $\gamma$-$Al_2O_3$。自然界中的刚玉为 $\alpha$-$Al_2O_3$，六方紧密堆积晶体，$\alpha$-$Al_2O_3$ 的熔点高达2015℃±15℃，密度3.965g/cm$^3$，硬度8.8，不溶于水、酸或碱。可用作精密仪器的轴承、钟表的钻石、砂轮、抛光剂、耐火材料和电的绝缘体。色彩艳丽的可作装饰用宝石。人造红宝石单晶可制激光器的材料。除天然矿产外，可用氢氧焰熔化氢氧化铝制取。

煅烧氢氧化铝可制得 $\gamma$-$Al_2O_3$。$\gamma$-$Al_2O_3$ 具有强吸附力和催化活性，可作吸附剂和催化剂。

$\gamma$-$Al_2O_3$ 属立方紧密堆积晶体，不溶于水，但能溶于酸和碱，是典型的两性氧化物。

$$Al_2O_3+6H^+ \xlongequal{} 2Al^{3+}+3H_2O$$

$$Al_2O_3+2OH^- \xlongequal{} 2AlO_2^-+H_2O$$

透明的 $Al_2O_3$ 陶瓷（玻璃）不仅有优良的光学性能，而且耐高温（2000℃）、耐冲击、耐腐蚀，可用于高压钠灯、防弹汽车窗、坦克观察窗和轰炸机的瞄准器等。

3.3.2.2 氢氧化物

氢氧化铝是一种碱，由于又显一定的酸性，所以又可称之为铝酸，但实际与碱反应时生成的是偏铝酸盐，因此通常可把它视作一水合偏铝酸（$HAlO_2 \cdot H_2O$）。按用途分为工业级

和医药级两种。

工业上，氢氧化铝是用量最大和应用最广的无机阻燃添加剂。氢氧化铝作为阻燃剂不仅能阻燃，而且可以防止发烟、不产生滴下物、不产生有毒气体，因此，获得较广泛的应用，使用量也在逐年增加。

医药中，氢氧化铝用于肠胃类抑制胃酸用原料药，常用作复方制剂如维 U 颠茄铝胶囊、氢氧化铝片等主要成分，亦可用于药用辅料。

3.3.2.3 盐类

铝的重要盐有氯化铝和硫酸铝，它们均有无水物和水合结晶物两种存在形式。

(1) 氯化物 氯化铝是无色透明晶体或白色而微带浅黄色的结晶性粉末，易溶于水并强烈水解，水溶液呈酸性。溶于水，生成六水合物 $AlCl_3 \cdot 6H_2O$。可溶于乙醇和乙醚，同时放出大量的热。100℃时分解。无水氯化铝大量用作石油工业和有机合成反应中的催化剂。水合氯化铝（$AlCl_3 \cdot 6H_2O$）为无色结晶，主要用作精密铸造的硬化剂、净化水的絮凝剂、木材防腐及医药等方面。

(2) 硫酸盐 无水硫酸铝 $Al_2(SO_4)_3$ 是白色粉末，从饱和溶液中析出的白色针状结晶为 $Al_2(SO_4)_3 \cdot 18H_2O$。受热时会逐渐失去结晶水，至 250℃失去全部结晶水，约 600℃时即分解成 $Al_2O_3$。

$Al_2(SO_4)_3$ 易溶于水，发生水解而呈酸性。

$$Al^{3+} + H_2O \rightleftharpoons Al(OH)^{2+} + H^+$$

$$Al(OH)^{2+} + H_2O \rightleftharpoons Al(OH)_2^+ + H^+$$

$$Al(OH)_2^+ + H_2O \rightleftharpoons Al(OH)_3 + H^+$$

$Al(OH)_3$ 为胶体，它能以细密分散态沉积在棉纤维上，并可牢固地吸附染料，因此铝盐是优良的媒染剂，也常用作水净化的凝聚剂和造纸工业的胶料等。

$Al_2(SO_4)_3$ 与钾、钠、铵的硫酸盐形成的复盐，称为矾。铝钾矾是铝矾中最为常见的。

铝钾矾 $K_2SO_4 \cdot Al_2(SO_4)_3 \cdot 24H_2O$ 俗称明矾，易溶于水，水解生成 $Al(OH)_3$ 或碱式盐的胶体沉淀。明矾被广泛应用于水的净化、食品的膨化，造纸业的上浆剂、印染业的媒染剂，医药上的防腐、收敛和止血剂等。

## 3.4 ⅣA 族金属元素及其化合物

**【能力目标】** 能用反应方程式说明锡、铅及其化合物的性质。

**【知识目标】** 了解铅的毒性；掌握锡（Ⅳ）、铅（Ⅳ）的氧化性，锡（Ⅱ）的还原性。

ⅣA 族的金属元素包括锗 Ge、锡 Sn 和铅 Pb 三种元素。它们的价电子构型为 $ns^2np^2$，有+2、+4 氧化态的化合物。现主要介绍常见的锡和铅。

### 3.4.1 锡、铅的性质

3.4.1.1 锡、铅的存在

锡是一种略带蓝色具有白色光泽的低熔点金属，不会被空气氧化，主要以 $SnO_2$（锡石）和各种硫化物（例如硫锡石）的形式存在。它是大名鼎鼎的“五金”——金、银、铜、铁、锡之一。早在远古时代，人们便发现并使用锡了。

铅在地壳中含量不大，主要以方铅矿（PbS）存在。因矿藏集中，容易冶炼，在远古时期已为人们所利用了。

3.4.1.2 锡、铅的物理性质

金属锡是银白色的软金属，易弯曲，熔点低，只有 232℃。有三种同素异形体：白锡、灰锡、脆锡，它们在不同温度下可以相互转变。

锡无毒，人们常把它镀在铜锅内壁，以防铜遇水生成有毒的铜绿。牙膏壳也常用锡做(牙膏壳是两层锡中夹着一层铅做成的。近年来，我国已逐渐用铝代替锡制造牙膏壳)。

铅为带蓝色的银白色重金属，它有毒性，有延伸性，质地柔软。可用作耐硫酸腐蚀、防丙种射线、蓄电池等的材料。

铅表面在空气中能生成碱式碳酸铅薄膜，防止内部再被氧化。制造铅砖或铅衣以防护 X 射线及其他放射线。用于制造合金。等量的铅与锡组成的焊条可用于焊接金属。铅与锑的合金熔点低，用于制造保险丝。

3.4.1.3 锡、铅的化学性质

锡的化学性质很稳定，在常温下不易被氧气氧化，所以它经常保持银闪闪的光泽。

铅在空气中受到氧、水和二氧化碳作用，其表面会很快氧化生成保护薄膜；加热时，能很快与氧、硫、卤素化合；与强酸强碱在一定条件下可以反应。

### 3.4.2 锡、铅的化合物

3.4.2.1 氧化物和氢氧化物

锡、铅的氧化物及其氢氧化物都具有两性，其酸碱性、氧化还原性的递变规律见表 3-4。

**表 3-4 锡、铅酸碱性、氧化还原性的递变规律**

| | 酸性增强 → | | | | | |
|---|---|---|---|---|---|---|
| | SnO | $Sn(OH)_2$ | | $SnO_2$ | $Sn(OH)_4$ | |
| | (两性偏碱) | | | (两性偏酸) | | |
| 还原性增强 ↑ | | | | | | 氧化性增强 ↓ |
| | PbO | $Pb(OH)_2$ | | $PbO_2$ | $Pb(OH)_4$ | |
| | (两性偏碱) | | | (两性偏酸) | | |
| | ← 碱性增强 | | | | | |

锡和铅的氧化还原性可用它们相应的标准电极电势来说明。

$$Sn^{4+}+2e \rightleftharpoons Sn^{2+} \qquad \varphi_a^{\ominus}=+0.15V$$

$$SnO_3^{2-}+2H_2O+2e \rightleftharpoons HSnO_2^{-}+3OH^{-} \qquad \varphi_b^{\ominus}=-0.96V$$

$$PbO_2+4H^{+}+2e \rightleftharpoons Pb^{2+}+2H_2O \qquad \varphi_a^{\ominus}=+1.455V$$

$$PbO_2+H_2O+2e \rightleftharpoons PbO+2OH^{-} \qquad \varphi_b^{\ominus}=+0.248V$$

在酸性介质中，$PbO_2$ 是一种很强的氧化剂，它能将 $Mn^{2+}$ 氧化成紫色的 $MnO_4^{-}$。

$$2Mn^{2+}+5PbO_2+4H^{+} \longrightarrow 2MnO_4^{-}+5Pb^{2+}+2H_2O$$

而在碱性环境中，$Sn^{2+}$ 是典型的强还原剂，例如它能将 $Bi(OH)_3$ 还原为金属铋：

$$3SnO_2^{2-}+2Bi(OH)_3 \longrightarrow 3SnO_3^{2-}+2Bi+3H_2O$$

3.4.2.2 盐类

比较重要的盐是锡和铅的氯化物。

氯化亚锡（$SnCl_2 \cdot 2H_2O$）是无色晶体，熔点仅为37.7℃，是有机合成中重要的还原剂，也是常用的分析试剂。

四氯化锡和四氯化铅在水溶液中强烈水解，在潮湿空气中因水解并释放出HCl而产生白雾。无水四氯化锡在工业上用作媒染剂和有机合成的氯化催化剂。

## 3.5 ⅤA族金属元素及其化合物

**【能力目标】** 能判断砷、锑、铋性质的递变规律；会应用所学知识对砷、锑、铋性质做出初步判断。

**【知识目标】** 了解三氧化二砷的毒性；熟悉砷、锑、铋的氧化物、氢氧化物的酸碱性；掌握砷、锑、铋重要化合物的性质和用途。

ⅤA族的金属元素包括砷As、锑Sb和铋Bi三种元素。它们的价电子构型为$ns^2np^3$，有+3、+5氧化数的化合物。现主要介绍常见的砷、锑和铋。

### 3.5.1 砷、锑、铋的性质

#### 3.5.1.1 砷、锑、铋的存在

砷、锑、铋在自然界中主要以硫化矿存在。如雌黄（$As_2S_3$）、雄黄（$As_4S_4$）、砷硫铁矿（FeAsS）、辉锑矿（$Sb_2S_3$）和辉铋矿（$Bi_2S_3$）。我国锑的蕴藏量居世界首位，也是世界所需锑的主要供应者。

#### 3.5.1.2 砷、锑、铋的物理性质

常温下，砷、锑、铋在空气中都比较稳定。熔点顺序降低，铋的熔点为271.3℃。

#### 3.5.1.3 砷、锑、铋的化学性质

砷、锑、铋能与大多数金属形成合金和化合物。砷、锑、铋与ⅢA族元素形成的砷化镓（GaAs）、锑化镓（GaSb）、砷化铟（InAs）等都是优良的半导体材料，可以满足各种技术和工程对半导体的要求，广泛应用于激光和光能转换等方面。As、Sb、Bi和其他金属形成的合金也有较大的应用价值。

### 3.5.2 砷、锑、铋的化合物

砷、锑、铋次外层电子构型为18电子，与同族元素氮、磷外层8电子构型不同。因此，砷、锑、铋在性质上有更多的相似之处。

#### 3.5.2.1 砷、锑、铋的氢化物

砷、锑、铋的氢化物都是大蒜味、有毒气体。它们的稳定性依次降低。$BiH_3$在室温下几乎不能稳定存在。它们在空气中燃烧，生成三氧化物和水。这些氢化物中较重要的是砷化氢，又称为胂。

胂是一种很强的还原剂，除能与一般常见氧化剂反应外，还能与$Ag^+$反应析出银。

$$AsH_3 + 6AgNO_3 + 3H_2O \longrightarrow H_3AsO_3 + 6HNO_3 + 6Ag\downarrow$$

根据此反应可用$AgNO_3$溶液除去有毒的$AsH_3$气体。

#### 3.5.2.2 砷、锑、铋的氧化物及其水合物

砷、锑、铋可形成氧化态+3和+5的氧化物。它们的氧化物及其水合物的性质见表3-5。

$As_2O_3$俗称砒霜，为白色粉末状剧毒物质。它是砷的重要化合物，用于制造杀虫剂和含砷药物。$As_2O_3$微溶于冷水，生成亚砷酸。

表 3-5 砷、锑、铋的氧化物及其水合物的性质

| 氧化数 | 砷 | 锑 | 铋 |
| --- | --- | --- | --- |
| +3,有还原性 | $As_2O_3$ 白色<br>$H_3AsO_3$<br>两性偏酸性 | $Sb_2O_3$ 白色<br>$Sb(OH)_3$<br>两性 | $Bi_2O_3$ 黄色<br>$Bi(OH)_3$<br>弱酸性 |
| +5,有氧化性 | $As_2O_5$ 白色<br>$H_3AsO_4$<br>中强酸 | $Sb_2O_5$ 淡黄色<br>$H_3SbO_4$<br>两性偏酸性 | $Bi_2O_5$ 红棕色<br>$HBiO_3$<br>不能稳定存在 |
| 酸碱性递变规律 | 从砷至铋,化合物的碱性递增、酸性递减,同一元素,氧化数为+5 的酸性比氧化数为+3的酸性强 | | |

$$As_2O_3 + 3H_2O \longrightarrow 2H_3AsO_3$$

$As_2O_3$ 是两性偏酸性物质，能溶于酸，更能溶于碱。

$$As_2O_3 + 6HCl \longrightarrow 2AsCl_3 + 3H_2O$$

$$As_2O_3 + 6NaOH \longrightarrow 2Na_3AsO_3 + 3H_2O$$

3.5.2.3 砷、锑、铋的盐

砷、锑、铋的盐有氧化数+3 和+5 两类。氧化数+3 的盐有还原性，按 As(Ⅲ)→Sb(Ⅲ)→Bi(Ⅲ)还原性依次减弱；而氧化数+5 的盐有氧化性，按上述顺序依次增强。亚砷酸钠 $Na_3AsO_3$ 是常用还原剂，铋酸钠 $NaBiO_3$ 是强氧化剂。

## 3.6 过渡元素及其化合物

**【能力目标】** 能用化学方法对物质进行鉴别；会书写过渡元素和重要化合物的主要化学反应式。

**【知识目标】** 了解过渡元素及其化合物的通性；掌握过渡元素及其化合物的性质和用途。

### 3.6.1 过渡元素的通性

过渡元素是元素周期表中从ⅢB 族到ⅧB 族的化学元素。这些元素在原子结构上的共同特点是价电子依次填充在次外层的 d 轨道上，因此，有时人们也把镧系和锕系元素包括在过渡元素之中。另外，ⅠB 族元素（铜、银、金）在形成+2 和+3 价化合物时也使用了 d 电子；ⅡB 族元素（锌、镉、汞）在形成稳定配位化合物的能力上与传统的过渡元素相似，也常把ⅠB 和ⅡB 族元素列入过渡元素之中。

① 过渡元素都是金属，具有熔点高、沸点高、硬度高、密度大等特性，而且有金属光泽，有较好延展性、导电性和导热性，不同的过渡金属之间可形成多种合金。

② 过渡金属的原子或离子中可能有成单的 d 电子，电子的自旋决定了原子或分子的磁性。许多过渡金属有顺磁性，铁、钴、镍 3 种金属还可以观察到铁磁性，可用作磁性材料。

③ 过渡元素的 d 电子在发生化学反应时都参与化学键的形成，可以表现出多种的氧化态。最高氧化态从钪、钇、镧的+3 一直到钌、锇的+8。过渡元素在形成低氧化态的化合物时，一般形成离子键，而且容易生成水合物；在形成高氧化态的化合物时，形成的是共价键。

④ 过渡元素的水合离子在化合物或溶液中大多显一定的颜色，这是由于具有不饱和或不规则的电子层结构造成的。

⑤ 过渡元素具有能用于成键的空d轨道以及较高的电荷/半径比，都很容易与各种配位体形成稳定的配位化合物。过渡金属大多有其独特的生产方法，如电解法、金属热还原法、氢还原法和碘化物热分解法。

### 3.6.2 ⅠB族元素

#### 3.6.2.1 ⅠB族元素的通性

ⅠB族元素包括铜Cu、银Ag、金Au，也称为铜族元素，其价电子构型为 $(n-1)d^{10}ns^1$。

铜族元素原子最外层电子和碱金属元素原子一样，只有一个s电子，但它们的次外层电子不同。碱金属原子只有最外层s电子是价电子，原子半径较大。铜族元素原子最外层s电子和部分 $(n-1)$d电子都是价电子，$n$p、$n$d有空的价电子轨道，原子半径较小。由于原子结构的不同点，造成它们性质上有很大差别。如铜族元素不如碱金属活泼，铜族元素金属性依Cu、Ag、Au顺序减弱，而碱金属从Li到Cs金属性依次增强；碱金属没有变价，不易形成配合物，而铜族元素是变价元素，一般能形成稳定的配合物。

#### 3.6.2.2 ⅠB族元素的单质

铜是呈紫红色光泽的过渡金属，稍硬、极坚韧、耐磨损。有很好的延展性、导热性和导电性。铜和它的一些合金有较好的耐腐蚀能力，在干燥的空气里很稳定。但在潮湿的空气里在其表面可以生成一层绿色的碱式碳酸铜 $Cu_2(OH)_2CO_3$，这叫铜绿，可溶于硝酸和热浓硫酸，略溶于盐酸，容易被碱侵蚀。

铜是一种存在于地壳和海洋中的金属。铜在地壳中的含量约为0.01%，在个别铜矿床中，铜的含量可以达到3%～5%。自然界中的铜，多数以化合物即铜矿物存在。

银是一种过渡金属。银在地壳中的含量很少，仅占 $0.07\times10^{-6}$，在自然界中有单质的自然银存在，但主要是化合物状态。银有很好的柔韧性和延展性，延展性仅次于金，能压成薄片，拉成细丝。1g银可以拉成1800m长的细丝，可轧成厚度为1/100000mm的银箔，是导电性和导热性最好的金属。

#### 3.6.2.3 ⅠB族元素的化合物

(1) 铜的化合物

① 氢氧化铜和氧化铜　$Cu(OH)_2$ 呈淡蓝色，它受热脱水变成黑色的CuO。

$$Cu(OH)_2 \xlongequal{800℃} CuO + H_2O$$

$Cu(OH)_2$ 具有微弱的两性，不但可溶于酸，也可溶于碱：

$$Cu(OH)_2 + 2H^+ \longequal Cu^{2+} + 2H_2O$$

$$Cu(OH)_2 + 2OH^- \longequal [Cu(OH)_4]^{2-}$$

四羟基合铜离子可被葡萄糖还原为鲜红色的 $Cu_2O$。

$$2[Cu(OH)_4]^{2-} + C_6H_{12}O_6 \longequal Cu_2O\downarrow + 2H_2O + C_6H_{12}O_7 + 4OH^-$$

医院里常用此反应来检验尿糖含量。

氧化铜不溶于水，能溶于酸生成铜盐。对热较稳定，加热到1000℃时才开始分解生成红色氧化亚铜。

氧化亚铜在自然界中，以赤铜矿形式存在，难溶于水，溶于稀酸时，发生歧化反应产生 $Cu^{2+}$ 和Cu。

② 硫酸铜　硫酸铜俗名胆矾或蓝矾，其水溶液呈蓝色。

$$Cu+2H_2SO_4(浓)\xlongequal{加热}CuSO_4+SO_2\uparrow+2H_2O$$

$$2Cu+2H_2SO_4(稀)+O_2\xlongequal{加热}2CuSO_4+2H_2O$$

无水硫酸铜加热到 923K 时，分解成 CuO

$$CuSO_4\xlongequal{加热}CuO+SO_3\uparrow$$

$$2CuSO_4\xlongequal{加热}2CuO+2SO_2\uparrow+O_2\uparrow$$

广泛应用于无机工业、染料和颜料工业、电镀工业等行业。

③ 硫化铜　$Cu^{2+}$ 和 $H_2S$ 反应可生成 CuS：

$$Cu^{2+}+H_2S=CuS+2H^+$$

CuS 可溶于硝酸中：

$$3CuS+2NO_3^-+8H^+\xlongequal{加热}3Cu^{2+}+2NO+3S+4H_2O$$

铜可与配体形成配合物，如$[Cu(NH_3)_4]^{2+}$、$[Cu(OH)_4]^{2-}$、$[Cu(NH_3)_2]^+$。

（2）银的化合物　银形成化合物时氧化值通常为+1，除 $AgNO_3$、AgF、$AgClO_4$ 能溶于水，$Ag_2SO_4$ 微溶外，其他银盐大多难溶于水。这是银盐的一个重要特点。

① 氧化银（$Ag_2O$）　向可溶性银盐溶液中加入强碱，可生成暗褐色 $Ag_2O$ 沉淀。

$$2Ag^++2OH^-=Ag_2O+H_2O$$

这个反应实质是生成了极不稳定的 AgOH，常温下它立即脱水生成 $Ag_2O$。

$Ag_2O$ 受热不稳定，加热至 300℃即分解为 Ag 和 $O_2$。

$Ag_2O$ 可溶于硝酸，也可溶解于氰化钠或氨水溶液中。

$$Ag_2O+4CN^-+H_2O=2[Ag(CN)_2]^-+2OH^-$$

$$Ag_2O+4NH_3+H_2O=2[Ag(NH_3)_2]^++2OH^-$$

$[Ag(NH_3)_2]^+$的溶液在放置的过程中，会发生分解，生成黑色的易爆物 $AgN_3$，因此溶液不宜久置。储存溶液的器具也应该妥善处理。

② 硝酸银　硝酸银是最重要的可溶性银盐。可由 Ag 与 $HNO_3$ 反应制得：

$$3Ag+4HNO_3=3AgNO_3+NO\uparrow+2H_2O$$

$AgNO_3$ 受热或见光易发生分解：

$$2AgNO_3\xlongequal{加热或光}2Ag+2NO_2+O_2\uparrow$$

因此盛装 $AgNO_3$ 的试剂瓶应为棕色。

③ 卤化银　在硝酸银中加入卤化物可生成相应的 AgCl、AgBr、AgI。由于阴离子按 $Cl^-$、$Br^-$、$I^-$ 的顺序变形性增大，使 $Ag^+$ 与它们之间的极化作用依次增强的缘故，AgCl、AgBr、AgI 的颜色依次加深（白色→浅黄色→黄色），溶解度依次降低。AgF 则易溶于水。

$$2AgX\xlongequal{日光}2Ag+X_2$$

从 AgF 至 AgI 稳定性减弱，分解趋势加大。基于卤化银的感光性，将其用于照相行业。也可将感光变色的卤化银加进玻璃制造变色眼镜。

④ 配合物　$Ag^+$ 可与 $NH_3$、$S_2O_3^{2-}$、$CN^-$ 等形成配位数为 2 的配合物。许多难溶性的银盐也是借助生成银的配合物而溶解的。向银的配合物中加入适当的沉淀剂，可将其转化为银的沉淀而析出。利用 $Ag^+$ 难溶盐溶解度的不同和 $Ag^+$ 配合物定性的差异，沉淀与配合物之间可以在一定条件下相互转化。

银的配离子在实际生产、生活中有较广泛的应用。例如电镀、照相、制镜等方面。

### 3.6.3　ⅡB 族元素

ⅡB 族元素包括锌 Zn、镉 Cd、汞 Hg 三种元素，又称为锌族元素。

#### 3.6.3.1　ⅡB 族元素的通性

锌族元素是位于过渡系的最后一族元素。物理性质中单质的熔点、沸点都比同一过渡系其他金属单质低。其中汞是熔点最低的金属，在常温下为液体。

#### 3.6.3.2　ⅡB 族元素的单质

锌族元素在自然界中多以硫化物的形式存在。锌和汞的主要矿石是闪锌矿 ZnS、菱锌矿 $ZnCO_3$ 和辰砂（又名朱砂）HgS。

锌和镉的金属活泼性相近，而汞与它们差别较大。在干燥的空气中，锌、镉、汞单质均较稳定。在加热的条件下，锌和镉燃烧生成氧化物，汞则氧化很缓慢。

锌与铍、铝相似，是一种两性物质，能溶于强酸也能溶于强碱。

#### 3.6.3.3　ⅡB 族元素的化合物

(1) 锌的化合物　锌的化合物很多，主要形成氧化态为＋2 的化合物。

① 氯化物　氯化锌（$ZnCl_2 \cdot H_2O$）是较重要的锌盐，加热时不易脱水，而生成碱式盐。

$$ZnCl_2 \cdot H_2O \xlongequal{加热} Zn(OH)Cl + HCl$$

$ZnCl_2$ 能清除金属表面的氧化物，可用作“焊药”。

② 硫化物　在锌盐溶液中，通入 $H_2S$，会有硫化物析出

$$Zn^{2+} + H_2S \xlongequal{} 2H^+ + ZnS(白色)$$

ZnS 是制造荧光粉的主要材料，可用于制作荧光屏、夜光表等。

(2) 汞的化合物　汞有＋1 和＋2 两类化合物，前者称为亚汞化合物。绝大多数的亚汞化合物难溶于水，汞（Ⅱ）的化合物也大多都难溶于水。汞及其化合物均是有毒的。

① 氯化汞和氯化亚汞　氯化汞是白色针状结晶或颗粒粉末。有剧毒，致死量为 0.2～0.4g。少量使用，有消毒作用。

氯化汞遇到氨水，即析出白色的氯化氨基汞。

$$HgCl_2 + 2NH_3 \xlongequal{} Hg(NH_2)Cl\downarrow + NH_4Cl$$

在酸性溶液中，氯化汞是一种较强的氧化剂，与适量 $SnCl_2$ 反应生成白色的 $Hg_2Cl_2$：

$$2HgCl_2 + SnCl_2 + 2HCl \xlongequal{} Hg_2Cl_2\downarrow + H_2SnCl_6$$

与过量的 $SnCl_2$ 则生成黑色的金属汞：

$$Hg_2Cl_2 + SnCl_2 + 2HCl \xlongequal{} 2Hg\downarrow + H_2SnCl_6$$

氯化汞主要用作有机合成的催化剂，外科上用作消毒剂。

氯化亚汞为直线形分子，在化学上常用作甘汞电极，在医药上曾用作轻泻剂。它是一种不溶于水的白色粉末。

将 Hg 与 $HgCl_2$ 固体一起研磨，可制得白色的 $Hg_2Cl_2$：

$$HgCl_2 + Hg \xlongequal{} Hg_2Cl_2$$

$Hg_2Cl_2$ 在光照下又容易分解为 Hg 与 $HgCl_2$：

$$Hg_2Cl_2 \xlongequal{} HgCl_2 + Hg$$

故 $Hg_2Cl_2$ 应储存在棕色瓶中。

$Hg_2Cl_2$ 可与氨水反应，歧化生成氯化氨基汞和金属汞。

$$Hg_2Cl_2 + 2NH_3 \longequal Hg(NH_2)Cl\downarrow + Hg\downarrow + NH_4Cl$$

$Hg(NH_2)Cl$ 是白色的，与黑色的金属汞微粒混在一起，使溶液呈灰黑色。这个反应可用来检验 $Hg_2^{2+}$。

② 硝酸汞和硝酸亚汞　硝酸汞 $Hg(NO_3)_2$ 和硝酸亚汞 $Hg_2(NO_3)_2$ 都易溶于水，并水解生成碱式盐。

$$Hg(NO_3)_2 + H_2O = Hg(OH)NO_3 + HNO_3$$

$$Hg_2(NO_3)_2 + H_2O = Hg_2(OH)NO_3 + HNO_3$$

在 $Hg(NO_3)_2$ 及 $Hg_2(NO_3)_2$ 溶液中加入 KI 时发生如下反应：

$$Hg^{2+} + 2I^- = HgI_2\downarrow \text{(橘红色)}$$

$$HgI_2 + 2I^- = [HgI_4]^{2-} \text{(无色)}$$

$$Hg_2^{2+} + 2I^- = Hg_2I_2\downarrow \text{(绿色)}$$

$$Hg_2I_2 + 2I^- = [HgI_4]^{2-} + Hg\text{(黑色)}$$

$Hg(NO_3)_2$ 是常用的化学试剂，也是制备其他含汞化合物的主要原料。

### 3.6.4 其他过渡元素

#### 3.6.4.1 钛

(1) 钛单质　钛 Ti 属于稀有分散金属，就地壳中的丰度而言，在金属元素中仅次于 Al、Fe、Mg，居第四，但冶炼比较困难。

钛是银白色金属，质地非常轻盈，却又十分坚韧和耐腐蚀，是航空、宇航、兵器等部门不可缺少的材料，有“太空金属”之称。

钛在常温下不能与水或稀酸反应，但能溶于热的浓盐酸中：

$$2Ti + 6HCl \xlongequal{\text{加热}} 2TiCl_3 + 3H_2\uparrow$$

(2) 钛的化合物　钛的化合物中最常见的是 $TiO_2$——钛白，它不溶于水、稀酸或稀碱溶液中，但能溶于热的浓硫酸或氢氟酸中。

$$TiO_2 + H_2SO_4 = TiOSO_4 + H_2O$$

$$TiO_2 + 6HF = H_2[TiF_6] + 2H_2O$$

纯钛白颜色干得快，干后容易变黄，所以经常和锌白混合使用。锌钛白既减轻了锌白的易脆性，又改善了钛白单独使用的缺点。钛白和锌白一样具有无毒的优点，锌钛白是目前中国用量较大的白颜料。

#### 3.6.4.2 铬

(1) 铬单质　铬 Cr 是一种蓝白色多价金属元素，通常制得的铬，质硬且脆，抗腐蚀，只以化合状态存在。主要以铬铁矿形式存在，主要用于制作合金及电镀。

(2) 铬的化合物　铬原子的价电子是 $3d^54s^1$，并有 +2、+3、+4、+5、+6 多种氧化数，其中氧化数为 +3 和 +6 的化合物最为重要，其他氧化数的化合物都不稳定。

① 铬（Ⅲ）的化合物　三氧化二铬（$Cr_2O_3$）是绿色晶体，微溶于水，是两性物质。

$$Cr_2O_3 + 3H_2SO_4 = Cr_2(SO_4)_3 + 3H_2O$$

$$Cr_2O_3 + 2NaOH = 2NaCrO_2 + H_2O$$

$Cr_2O_3$ 是高级绿色颜料，用作搪瓷和陶瓷的釉药，人造革、建筑材料等的着色剂，有机合成的催化剂等。

在 $Cr^{3+}$ 的溶液中加入适量 NaOH，可得到 $Cr(OH)_3$ 的蓝灰色胶状沉淀。

$$Cr^{3+} + 3OH^- = Cr(OH)_3 \downarrow$$

氢氧化铬 $Cr(OH)_3$ 是一种两性物质，能溶于酸也能溶于碱：

$$2Cr(OH)_3 + 6HCl = 2CrCl_3 + 6H_2O$$

$$Cr(OH)_3 + NaOH = NaCrO_2 + 2H_2O$$

或

$$Cr(OH)_3 + NaOH = Na[Cr(OH)_4]$$

比较重要的铬（Ⅲ）盐有铬钾矾[$KCr(SO_4)_2 \cdot 12H_2O$]、硫酸铬[$Cr_2(SO_4)_3 \cdot 18H_2O$]和三氯化铬（$CrCl_3 \cdot 6H_2O$）。

铬钾矾为绿色或紫色晶体，常用于鞣革工业和纺织工业中。

铬（Ⅲ）在碱性条件下，比较容易被氧化为铬（Ⅵ）。实验证明，在碱性条件下，稀 $H_2O_2$ 溶液就可以将 $Cr^{3+}$ 氧化成 $CrO_4^{2-}$，常利用此反应来鉴定 $Cr^{3+}$ 的存在。

② 铬（Ⅵ）的化合物　浓 $H_2SO_4$ 和饱和的 $K_2Cr_2O_7$ 发生反应，可析出 $CrO_3$：

$$K_2Cr_2O_7 + H_2SO_4 = 2CrO_3 \downarrow + K_2SO_4 + H_2O$$

$CrO_3$ 为红色晶体，易潮解，易溶于水，有毒。它受热时分解出 $O_2$ 变为 $Cr_2O_3$。$CrO_3$ 的氧化性较强，一些有机物如酒精等与它接触时即着火，自身被还原成 $Cr_2O_3$。$CrO_3$ 在电镀工业中有着重要的应用。

$CrO_3$ 与水发生作用生成铬酸 $H_2CrO_4$ 和重铬酸 $H_2Cr_2O_7$，它们都是强酸，但 $H_2Cr_2O_7$ 比 $H_2CrO_4$ 的酸性强些。

(3) 铬盐　铬（Ⅵ）盐中钾和钠的铬酸盐和重铬酸盐最为重要。重铬酸钠和重铬酸钾的俗名分别为红矾钠和红矾钾，在鞣革、印染、玻璃、电镀等行业广泛应用。

$CrO_4^{2-}$ 和 $Cr_2O_7^{2-}$ 之间存在如下平衡：

$$2CrO_4^{2-} + 2H^+ \rightleftharpoons 2HCrO_4^- \rightleftharpoons Cr_2O_7^{2-} + H_2O$$

从以上平衡可知，在酸性介质中主要以 $Cr_2O_7^{2-}$ 存在，在碱性介质中主要以 $CrO_4^{2-}$ 存在。

实验室中的铬酸洗液就是饱和的 $K_2Cr_2O_7$ 溶液和浓 $H_2SO_4$ 的混合物，它具有强氧化性，可被用来洗涤玻璃器皿。$K_2Cr_2O_7$ 也常用作基准试剂，配制标准溶液。

3.6.4.3　锰

元素周期表中Ⅶ族包括锰、锝、铼三种元素，被称为锰族，其中以锰及其化合物具有的实用价值最大。

(1) 锰单质　锰 Mn 在地壳中的丰度为第 14 位，主要以氧化物的形式存在，如软锰矿($MnO_2 \cdot xH_2O$)。

锰是灰色似铁的活泼金属，在空气中容易生锈而变暗黑。它是制造合金的重要材料。高锰钢是轧制铁轨和架设桥梁的优良材料。

锰是人体必需的微量元素，在体内一部分作为金属酶的组成成分，一部分作为酶的激活剂起作用。

(2) 锰的化合物　锰常见的氧化数有+2、+4、+7。

① 锰（Ⅱ）　一氧化锰 MnO 是绿色粉末，不溶于水，溶于酸后形成相应的 Mn(Ⅱ)。

$Mn^{2+}$ 在碱性溶液中可生成 $Mn(OH)_2$ 沉淀：

$$Mn^{2+} + 2OH^- = Mn(OH)_2 \downarrow$$

从锰的电势图可知，$Mn(OH)_2$ 还原性较强，极易被氧化，在空气中不能稳定存在，即使是水中的少量氧也能将其溶解：

$$2Mn(OH)_2 + O_2 = 2MnO(OH)_2$$

该反应通常被用在水质分析中测定溶解氧。

常见的锰（Ⅱ）盐有 $MnCO_3$、$MnSO_4$ 等，$MnCO_3$ 是白色的粉末，可用作白色颜料，$MnSO_4$ 是常用的化工原料，可用于造纸、陶瓷、电解锰和二氧化锰的生产中。

② 锰（Ⅳ） 锰（Ⅳ）化合物中最重要的是二氧化锰（$MnO_2$），它是黑色无定形粉末，通常状况下它的性质稳定。

$MnO_2$ 在酸性介质中有较强的氧化能力，能被还原成 $Mn^{2+}$，与浓盐酸和浓硫酸均可发生反应。

$$MnO_2 + 4HCl \xrightarrow{\text{加热}} MnCl_2 + Cl_2\uparrow + 2H_2O$$

$$2MnO_2 + 2H_2SO_4 \xrightarrow{\text{加热}} 2MnSO_4 + O_2\uparrow + 2H_2O$$

$MnO_2$ 中锰处于中间氧化值，与碱作用则可以被氧化为锰（Ⅵ）

$$2MnO_2 + 4KOH + O_2 \xrightarrow{\text{熔融}} 2K_2MnO_4 + 2H_2O$$

$$3MnO_2 + 6KOH + KClO_3 \xrightarrow{\text{熔融}} 3K_2MnO_4 + KCl + 3H_2O$$

$MnO_2$ 的用途广泛，被大量应用于玻璃、陶瓷、火柴、油漆等工业，也是制造锰的其他化合物的主要原料，在化学上用作氧化剂、催化剂。

③ 锰（Ⅶ） 锰（Ⅶ）化合物中最重要的是高锰酸钾 $KMnO_4$（俗称灰锰氧），为紫黑色片状晶体，见光易分解：

$$2KMnO_4 \xrightarrow{\text{加热}} K_2MnO_4 + MnO_2 + O_2\uparrow$$

$KMnO_4$ 易溶于水，在水中不稳定，在酸性溶液中会缓慢分解，生成 $MnO_2$，在中性和弱碱性溶液中也会缓慢分解。

$KMnO_4$ 是强氧化剂，在不同的介质条件下其氧化能力和还原产物不同，在酸性介质、中性或弱碱性介质中，其还原产物依次是 $Mn^{2+}$、$MnO_2$ 和 $MnO_4^{2-}$。

在酸性介质中 $KMnO_4$ 氧化能力很强，在滴定分析中常用于测定还原性物质，而且在滴定中自身就是一种指示剂，不需再加入特殊的指示剂。

3.6.4.4 铁、钴、镍

铁 Fe、钴 Co、镍 Ni 处于周期表中第Ⅷ族，它们的性质很相似，所以又称为铁系元素。

(1) 铁系的通性 铁、钴、镍的价电子构型为 $3d^{6\sim8}4s^2$。除了铁、镍能形成+6 氧化数外，一般都表现为+2、+3 氧化数。铁以+3 氧化数较稳定，钴、镍则以+2 氧化数较稳定。

铁、钴、镍的电子层结构相似，原子半径相近，物理性质和化学性质也很相似。

(2) 铁、钴、镍单质 铁、钴、镍是有光泽的银白色金属，它们都有强磁性，形成的许多合金都是优良的磁性材料。

铁主要存在于磁铁矿（$Fe_3O_4$）、赤铁矿（$Fe_2O_3$）、褐铁矿（$Fe_2O_3 \cdot H_2O$）等。按照含碳量的不同，铁有熟铁和生铁之分，含碳量在 0.1%以下的铁称为熟铁，含碳量在 1.7%～4.5%的铁称为生铁，而钢的含碳量则介于两者之间。

铁、钴、镍属于中等活泼金属，在高温下能和氧、硫、氯等非金属作用。Fe 可溶于 HCl、稀 $H_2SO_4$ 和 $HNO_3$，但浓 $H_2SO_4$ 和浓 $HNO_3$ 会使其钝化。钴、镍在 HCl、稀 $H_2SO_4$ 中的溶解比 Fe 缓慢，遇到冷的硝酸则会发生钝化。

(3) 铁、钴、镍的化合物

① 氧化物和氢氧化物　$FeO$、$CoO$、$NiO$ 都能溶于酸，形成相对应的盐。$Fe_2O_3$、$Co_2O_3$、$Ni_2O_3$ 都有氧化性，氧化能力依次增强。$Co_2O_3$ 和 $Ni_2O_3$ 可氧化盐酸并放出 $Cl_2$。

$$M_2O_3+6HCl = 2MCl_2+Cl_2\uparrow+3H_2O \quad (M=Co、Ni)$$

此外，铁的氧化物还有四氧化三铁 $Fe_3O_4$，它是具有磁性的黑色固体，可看作是 $FeO$ 和 $Fe_2O_3$ 的混合物。

分别在 $Fe^{2+}$、$Co^{2+}$、$Ni^{2+}$ 溶液中加入碱，可得到相应的氢氧化物。白色的 $Fe(OH)_2$ 沉淀则被空气迅速氧化为红棕色的 $Fe(OH)_3$，粉红色的 $Co(OH)_2$ 也会很慢地被空气氧化为暗棕色的 $Co(OH)_3$。但绿色的 $Ni(OH)_2$ 不会被空气氧化，只有在强碱性溶液中用强氧化剂才能将其氧化为黑色的 $Ni(OH)_3$。

$Fe(OH)_3$、$Co(OH)_3$、$Ni(OH)_3$ 与酸以如下方式作用：

$$Fe(OH)_3+3HCl = FeCl_3+3H_2O$$

$$2M(OH)_3+6HCl = 2MCl_2+Cl_2\uparrow+6H_2O \quad (M=Co、Ni)$$

② 常见的盐　$FeSO_4 \cdot 7H_2O$ 是绿色晶体，在空气中会逐渐风化，容易氧化成黄褐色的碱式 $Fe(OH)SO_4$。$FeSO_4$ 是制造颜料和墨水的原料。

$CoCl_2 \cdot 6H_2O$ 在受热的过程逐渐脱去水，颜色会发生变化。$CoCl_2 \cdot 6H_2O$ 为粉红色，$CoCl_2$ 为蓝色。作干燥剂用的硅胶常浸有氯化钴的水溶液，利用氯化钴因吸水和脱水而发生的颜色变化，来显示硅胶吸潮情况。

③ 配合物　铁系元素形成配合物的能力很强，可与 $NH_3$、$CN^-$、$SCN^-$、$Cl^-$ 等配体形成配位数为 4 或 6 的多种配合物，现主要讨论在水溶液中较稳定的无机配合物。

$Fe^{2+}$、$Co^{2+}$、$Ni^{2+}$ 与氨形成配合物的稳定性依次增强，$Fe^{2+}$、$Co^{2+}$ 只能形成配位数为 6 的配合物：$[Fe(NH_3)_6]^{2+}$、$[Co(NH_3)_6]^{2+}$。而 $Ni^{2+}$ 除了能形成配位数为 6 的配合物 $[Ni(NH_3)_6]^{2+}$，还能形成配位数为 4 的配合物 $[Ni(NH_3)_4]^{2+}$。$[Fe(NH_3)_6]^{2+}$ 遇水即发生分解，$Co^{2+}$、$Ni^{2+}$ 所形成的配合物分解的倾向较小。$Fe^{3+}$ 在水溶液中即发生强烈的水解，所以在加入氨时，不是形成配合物，而是形成 $Fe(OH)_3$ 沉淀。

$Co^{3+}$ 形成的配合物为 $[Co(NH_3)_6]^{3+}$，在溶液中是稳定的。$Ni^{3+}$ 的配合物比较少见，且是不稳定的。

$CN^-$ 与 $Fe^{3+}$、$Fe^{2+}$、$Co^{2+}$、$Ni^{2+}$ 都能形成配位数为 6 和 4 的配合物，它们在溶液中都很稳定。$K_3[Fe(CN)_6]$ 是红褐色晶体，称为赤血盐。主要用于印刷制版、照相洗印及显影和金属热处理等。$K_4[Fe(CN)_6] \cdot 3H_2O$ 为黄色晶体，称为黄血盐。主要用于制造油漆、油墨、色素、制药等。$Co^{2+}$ 与过量 $CN^-$ 反应形成的 $[Co(CN)_5(H_2O)]^{3-}$，容易被空气氧化，变为黄色的 $[Co(CN)_6]^{3-}$。$Ni^{2+}$ 与过量 $CN^-$ 反应形成的 $[Ni(CN)_4]^{2-}$，比较稳定。

## 练　习　题

1. 下列物质加入 HCl，能产生黄绿色有刺激性气味的气体的是（　　）。

A. $Ni(OH)_3$　　B. $Fe(OH)_3$　　C. $Al(OH)_3$　　D. $Cr(OH)_3$

2. 将 $H_2S$ 通入下列离子的溶液中，无硫化物沉淀生成的是（　　）。

A. $Mn^{2+}$　　B. $Fe^{2+}$　　C. $Ni^{2+}$　　D. $[Ag(NH_3)_2]^+$

3. 下列元素属于稀土元素的是（　　）。

A. Tb　　B. Te　　C. Tc　　D. Tl

4. 下列碳酸盐与碳酸氢盐，热稳定性顺序中正确的是（　　）。

A. $NaHCO_3 < Na_2CO_3 < BaCO_3$　　B. $Na_2CO_3 < NaHCO_3 < BaCO_3$

C. $BaCO_3 < NaHCO_3 < Na_2CO_3$　　D. $NaHCO_3 < BaCO_3 < Na_2CO_3$

5. 下列各物质中，熔点最高的是（　　）。

A. $K_2O$　　B. MgO　　C. CaO　　D. $Na_2O$

6. 在酸性溶液中，当适量的 $KMnO_4$ 与 $Na_2SO_3$ 反应时出现的现象是（　　）。

A. 棕色沉淀　　B. 紫色褪去　　C. 绿色溶液　　D. 都不对

7. 下列元素随其原子序数递增而增大的是（　　）。

A. Al、Si、P、S　　B. Be、Mg、Ca、Sr

C. C、Si、Ge、Se　　D. F、Cl、Br、I

8. 下列金属离子的溶液在空气中放置时，易被氧化变质的是（　　）。

A. $Pb^{2+}$　　B. $Sn^{2+}$　　C. $Sb^{3+}$　　D. $Bi^{3+}$

9. 完成下列方程式

(1) $MnO_4^- + Fe^{2+} + H^+ =\!=\!=$

(2) $Cl_2 + NaOH =\!=\!=$

(3) $S_2O_3^{2-} + H^+ =\!=\!=$

(4) $Hg_2Cl_2 + NH_3 =\!=\!=$

(5) $Pb^{2+} + Cr_2O_7^{2-} + H_2O =\!=\!=$

10. 完成下列方程式

(1) $NO_2^- + I^- + H^+ =\!=\!=$

(2) $Cl_2 + NaOH =\!=\!=$

(3) $S_2O_3^{2-} + H^+ =\!=\!=$

(4) $Hg_2Cl_2 + NH_3 =\!=\!=$

(5) $Pb^{2+} + Cr_2O_7^{2-} + H_2O =\!=\!=$

11. 简要说明碱金属和碱土金属的性质有哪些相同和不同之处。

12. 现有五瓶无标签的白色固体粉末，它们是 $MgCO_3$，$BaCO_3$，无水 $Na_2CO_3$，无水 $CaCl_2$ 及无水 $Na_2SO_4$，试设法加以鉴别。

13. 如何区分下列物质

(1) $Na_2CO_3$　　$NaHCO_3$　　NaOH

(2) $CaSO_4$　　$CaCO_3$

(3) $Na_2SO_4$　　$MgSO_4$

(4) $Al(OH)_3$　　$Mg(OH)_2$　　$MgCO_3$

14. 金属钠着火时，能否用 $H_2O$、$CO_2$、石棉毡扑灭？为什么？

15. 碱金属单质及氢氧化物为什么不能在自然界中存在？

16. 铝的两性表现在哪些方面？

17. 比较 $Al(OH)_3$，$Cr(OH)_3$，$Fe(OH)_3$ 性质的异同，怎么把 $Al^{3+}$，$Cr^{3+}$，$Fe^{3+}$ 分离？

18. 固体 NaOH 中常含有杂质 $Na_2CO_3$，试用最简单的方法检验其存在，并设法去除。

19. $Fe^{2+}$ 是不少无机试剂中的杂质，要去除它，一般先将其氧化成 $Fe^{3+}$，再水解成 $Fe(OH)_3$。试计算要完全沉淀 $Fe^{3+}$，pH 应为多少？

20. 分析一种含铬配合物 A，已知其质量分数为：Cr19.5%，Cl40%，H4.5%，O36%；它的相对分子质量为 266.5。现进行下列实验：

(1) 取 0.533g A 溶于 100mL 0.2mol/L $HNO_3$，加入过量 $AgNO_3$，得到 AgCl 0.287g；

(2) 取 1.06g A 在干燥空气中加热到 100℃，失去 0.144g 水。

试推断 A 的化学式及配合物的结构式。

# 第4章 化学反应速率和化学平衡

【学习指南】

通过本章的学习了解化学反应速率理论；掌握化学反应速率的概念；能判断浓度、压力、温度及催化剂对反应速率的影响；理解化学平衡的概念和意义；能正确进行有关化学平衡的计算；能判断浓度、压力和温度对化学平衡的影响；掌握吕·查德里原理，并解决实际生产问题。

## 4.1 化学反应速率

**【能力目标】** 能计算化学反应速率；会判断浓度、压力、温度及催化剂对反应速率的影响。

**【知识目标】** 掌握化学反应速率的概念和化学反应速率的表示方式；了解碰撞理论和过渡状态理论；掌握质量作用定律及其应用；掌握浓度、压力、温度、催化剂等因素对化学反应速率的影响。

### 4.1.1 化学反应速率的定义

化学反应速率是指给定条件下反应物通过化学反应转化为产物的快慢，常用单位时间内反应物浓度的减少或者产物浓度的增加来表示。浓度常用 mol/L，时间常用 s、min、h、d、y，速率的单位常用 mol/(L·s)、mol/(L·min) 等。

### 4.1.2 化学反应速率的表示方式

化学反应速率又分为平均反应速率和瞬时反应速率两种表示方法。平均反应速率是指某一段时间内反应的平均速率，可以表示为

$$\bar{v}=-\frac{\Delta c(\text{反应物})}{\Delta t}=\frac{\Delta c(\text{生成物})}{\Delta t}$$

式中 $\bar{v}$——平均反应速率，mol/(L·s)；

$\Delta c$——反应物或生成物的浓度变化，mol/L；

$\Delta t$——反应时间，s。

**【例 4-1】** 在一定温度和体积下由 $N_2$ 和 $H_2$ 合成 $NH_3$

| | $N_2(g)+3H_2(g)$ ══ $2NH_3(g)$ | | |
|---|---|---|---|
| 起始浓度/(mol/L) | 1.0 | 3.0 | 0 |
| 2s 时浓度/(mol/L) | 0.8 | 2.4 | 0.4 |

求此合成氨的平均反应速率。

**解** 如果用单位时间内反应物氮气或氢气的浓度减少表示，分别为

$$\bar{v}(N_2)=-\frac{\Delta c(N_2)}{\Delta t}=-\frac{0.8-1.0}{2}=0.1\text{mol/(L·s)}$$

$$\bar{v}(H_2)=-\frac{\Delta c(H_2)}{\Delta t}=-\frac{2.4-3.0}{2}=0.3\text{mol/(L}\cdot\text{s)}$$

若用产物氨气的浓度增加表示反应速率，则为

$$\bar{v}(NH_3)=-\frac{\Delta c(NH_3)}{\Delta t}=\frac{0.4-0}{2}=0.2\text{mol/(L}\cdot\text{s)}$$

当用不同物质浓度的变化量来表示同一反应的反应速率时，其数值不一致。如【例 4-1】中用 $N_2$、$H_2$、$NH_3$ 表示时数值不同，它们的速率比即为反应式前面系数比，即 $\bar{\nu}N_2$ ∶ $\bar{\nu}H_2$ ∶ $\bar{\nu}NH_3$＝1∶3∶2。

如反应速率按反应进度定义则同一反应的反应速率是一定值。按反应进度定义：单位时间、单位体积内的反应进度即：

$$\xi=\frac{d\xi}{dt}=\frac{1}{\nu_B}\times\frac{dn_B}{dt}$$

反应速率
$$\bar{v}_B=\frac{\xi}{V}=\frac{1}{\nu_B}\times\frac{dn_B}{Vdt}=\frac{1}{\nu_B}\times\frac{dc_B}{dt}$$

式中 $V$——体积；

$\nu_B$——B 物质在反应式中的计量系数。

$$\bar{v}_{N_2}=\frac{1}{-1}\times\frac{0.8-1.0}{2}=0.1$$

$$\bar{v}_{H_2}=\frac{1}{-3}\times\frac{2.4-3.0}{2}=0.1$$

$$\bar{v}_{NH_3}=\frac{1}{2}\times\frac{0.4-0}{2}=0.1$$

此时用不同物质表示同一反应时，其反应速率是一定值。这种计算得来的反应速率为平均速率。

瞬时反应速率，某一时刻的化学反应速率称为瞬时反应速率。它可以用时间间隔 $\Delta t$ 趋于无限小时的平均速率的极限值或微分求得。

对于反应
$$aA+bB\longrightarrow gG+dD$$

瞬时反应速率可以表示为

$$v(A)=-\lim_{\Delta t\to 0}\frac{\Delta c(A)}{\Delta t}=-\frac{dc(A)}{dt}\qquad v(B)=-\lim_{\Delta t\to 0}\frac{\Delta c(B)}{\Delta t}=-\frac{dc(B)}{dt}$$

$$v(G)=-\lim_{\Delta t\to 0}\frac{\Delta c(G)}{\Delta t}=-\frac{dc(G)}{dt}\qquad v(D)=-\lim_{\Delta t\to 0}\frac{\Delta c(D)}{\Delta t}=-\frac{dc(D)}{dt}$$

### 4.1.3 化学反应速率理论

#### 4.1.3.1 碰撞理论

碰撞理论要点：要使化学反应发生，反应物分子必须发生碰撞。碰撞可以是反应物分子互相碰撞，也可以是与容器碰撞；只有具有足够高能量的分子发生的碰撞是有效的；碰撞的几何方位也要适当。例如，$2HI(g)\rightleftharpoons H_2(g)+I_2(g)$，根据理论计算在 $T$＝773K，$c$＝$10^{-3}$mol/L 时，如果每次碰撞均发生反应，则其 $v$ 可达 $3.8\times10^4$mol/(L·s)，但实际上 $v$＝$6\times10^{-9}$mol/(L·s)，两者相差 $10^{13}$ 倍。

分子间能够发生反应的碰撞，只有极少数具有较大动能的分子的碰撞，才是有效碰撞。能够发生有效碰撞的分子称活化分子。活化分子的多少决定了反应速率的大小。

气体分子的能量分布如图 4-1 所示。

① 具有较高能量和较低能量的分子都很少，大部分分子的能量在平均能量附近，曲线下面积为某一能量范围内分子占总分子的百分数。

② 活化分子的最低能量为 $E_1$，只有能量高于 $E_1$ 的分子才能发生有效碰撞。$E_1$ 右侧面积为活化分子所占比例。

③ $E_1$ 与 $E_{平均}$ 的差值为活化能。$E_a = E_1 - E_{平均}$。反应的活化能越高，则反应物分子中活化分子比例越小，（$E_2$ 右面积小于 $E_1$ 右面积）反应速率越慢。不同的反应 $E_a$ 不同，$E_a < 42$kJ/mol 反应速率很快，$E_a >$ 420kJ/mol 反应速率则很慢。$E_a$ 是决定反应速率的重要因素。

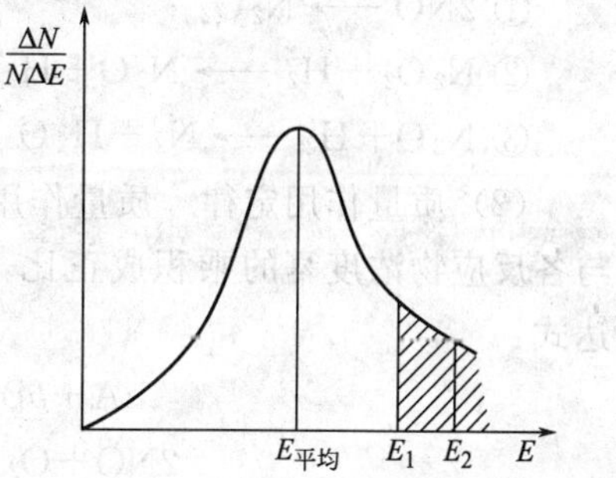

图 4-1　气体分子的能量分布图

反应速率还与碰撞时分子的取向有关。如 $NO_2(g) + CO(g) \rightleftharpoons NO(g) + CO_2$，只有当 CO 中的 C 原子与 $NO_2$ 中的 O 原子迎头相碰才会发生反应。

碰撞理论的优点是较直观地说明了分子的能量与反应速率的关系，缺点是不能说明反应过程中能量变化。

4.1.3.2　过渡状态理论

过渡状态理论认为：从反应物到生成物之间会形成一种势能较高的活化配合物（或活化中间体），活化配合物所处的状态称为过渡状态；活化配合物的势能 $E_c$ 较高、不稳定，会很快分解为产物或反应物；活化配合物的最低势能与反应物的平均势量之差为反应的活化能。即

$$E_a = E_c - E_{平均}$$

过渡态能量高不稳定，反应物需先克服相互靠近时电子云间强烈的斥力。所以只有能量较高的分子，才能足够靠近而形成过渡态，如图 4-2 所示。

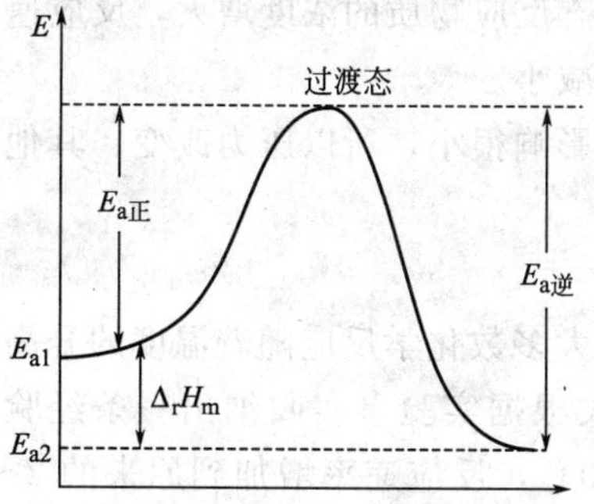

图 4-2　反应历程能量图

图 4-2 中，$E_{a正}$ 为正反应的活化能（过渡态能量与反应物能量之差）；$E_{a逆}$ 为逆反应的活化能（过渡态与生成物能量之差）。$E_{a2} - E_{a1}$ 为反应的热效应。$E_{a1} < E_{a2}$ 为吸热反应，$E_{a1} > E_{a2}$ 为放热反应。吸热方向的活化能总是大于放热方向的活化能（同一反应）。活化能可理解为反应进行所必须克服的势能垒。活化能越大，反应速率越慢。

### 4.1.4　影响化学反应速率的因素

4.1.4.1　浓度对化学反应速率的影响

（1）基元反应和非基元反应　化学反应方程式只说明反应物和最终的产物，以及它们之间的化学计量关系，并未说明反应是如何进行的，只有很少的反应是经过一步即完成的。

如 $2NO + O_2 \longrightarrow 2NO_2$，$NO_2 + CO \longrightarrow NO + CO_2$ 等，而大部分反应是经过多步才完成的。

能一步完成的化学反应称之为基元反应。由两个或两个以上基元反应组成的反应为非基元反应或复杂反应。如 $2NO + 2H_2 \longrightarrow N_2 + 2H_2O$ 是由三个基元反应组成的。

① $2NO \longrightarrow N_2O_2$ （快）

② $N_2O_2 + H_2 \longrightarrow N_2O + H_2O$ （慢）

③ $N_2O + H_2 \longrightarrow N_2 + H_2O$ （快）

(2) 质量作用定律　质量作用定律：在一定温度下，对于基元化学反应，化学反应速率与各反应物浓度幂的乘积成正比，浓度的幂改为反应方程式中相应的化学计量数，数学表达式：

$$aA + bB \longrightarrow C(\text{基元反应}) \quad v = kc^a_{(A)}c^b_{(B)}$$

$$2NO + O_2 \longrightarrow 2NO_2 \quad v = kc^2(NO)c(O_2)$$

质量作用定律中的 $(a+b)$ 称为反应级数，可为整数、分数或零。

速率常数 $k$ 的物理意义是 $k$ 为当反应物浓度均为单位浓度时的反应速率。$k$ 与浓度无关，是温度的函数，并与是否加入催化剂有关。$k$ 的单位是可变的，与反应级数有关。对于反应级数相同的反应，在 $T$，$c$ 相同时，$k$ 越大，$v$ 越大。

质量作用定律只适用于基元反应，不适用于非基元反应。

(3) 浓度对化学反应速率的影响　在一定温度下，反应物浓度越大，反应速率就越快，反之亦然。

4.1.4.2　压力对化学反应速率的影响

对于有气态物质参加的反应：

$$2NO(g) + O_2(g) \rightleftharpoons 2NO_2(g)$$

压力影响反应的速率。在一定温度时，增大压力，气态反应物质的浓度增大，反应速率增大；相反，降低压力，气态反应物浓度减少，反应速率减小。

对于没有气体参加的反应，由于压力对反应物的浓度影响很小，所以压力改变、其他条件不变时，对反应速率影响不大。

4.1.4.3　温度对化学反应速率的影响

温度对化学反应速率的影响特别显著，一般情况下，大多数化学反应随着温度的升高而加快，随着温度的降低而减慢。荷兰物理化学家范特霍夫根据实验事实归纳出一条经验规律：一般化学反应，在一定的温度范围内，温度每升高 10℃，反应速率增加到原来的 2～4 倍。如常温下 $H_2$ 和 $O_2$ 几乎看不到有反应发生，而在 $T>873K$ 时，则反应迅速进行，发生爆炸。

1889 年瑞典物理化学家阿伦尼乌斯总结了大量实验事实，提出了一个经验方程式，称为阿伦尼乌斯经验公式，其表达式为：

$$k = k_0 e^{-E_a/RT} \tag{4-1}$$

或

$$\ln k = -\frac{E_a}{RT} + \ln k_0 \tag{4-2}$$

式中　$k_0$——反应的特定常数，称为指前因子，其单位与 $k$ 相同；

$E_a$——活化能，kJ/mol。

4.1.4.4　催化剂对化学反应速率的影响

催化剂是一种能显著改变化学反应速率，而本身在反应前后的组成、质量和化学性质都保持不变的物质。用升高温度的方法提高反应速率，有一定的局限性。比如会增加能耗；需要高温高压设备；同时也会使副反应加速；使放热反应进行的程度降低等。而使用催化剂则无此弊端，而且增加反应速率的作用非常明显。比如用 Au 作催化剂催化 HI(g) 的分解，可使反应速率增加一亿多倍。

能加快反应速率的催化剂，叫正催化剂；能减慢反应速率的催化剂，叫负催化剂。通常人们所说的催化剂是指正催化剂。

催化剂的特点：催化剂可参与反应，改变反应历程和速率，但反应前后，其组成和质量不变；不改变反应方向，不改变反应的热效应；催化剂具有选择性，可有选择地加速某一反应，从而控制副反应的发生，减少副产品（主反应达平衡时，副反应还未达平衡）。

4.1.4.5　其他因素对化学反应速率的影响

化学反应速率除了受温度、催化剂、压力、浓度的影响外，还受其他一些因素的影响，如超声波、紫外光、X 射线和激光灯也可能影响化学反应速率。

## 4.2　化学平衡

**【能力目标】** 能根据化学平衡常数进行计算；会书写平衡常数表达式。

**【知识目标】** 了解可逆反应、化学平衡的概念；掌握化学平衡常数的意义、书写和应用。

### 4.2.1　可逆反应与化学平衡

4.2.1.1　可逆反应

在一定条件下既可以向正向进行，又能向逆向进行的反应称为可逆反应。例如，

$$2NO(g)+O_2(g)\rightleftharpoons 2NO_2(g)$$

几乎所有的化学反应都具有可逆性。即在密闭容器中，反应不能进行到底，反应物不能全部转化为产物。通常把从左到右进行的反应称为正反应，从右向左进行的反应称为逆反应。

4.2.1.2　化学平衡

在一定温度下把定量的 NO 和 $O_2$ 置于一密闭容器中，反应刚开始时，正反应速率较大，逆反应的速率几乎为零，随着反应的进行，反应物 NO 和 $O_2$ 浓度逐渐减小，正反应速率逐渐减小，生成物 $NO_2$ 浓度逐渐增大，逆反应速率逐渐增大。当正反应速率和逆反应速率相等时，体系中反应物和生成物的浓度不再随时间改变而改变，体系所处的状态称为化学平衡。

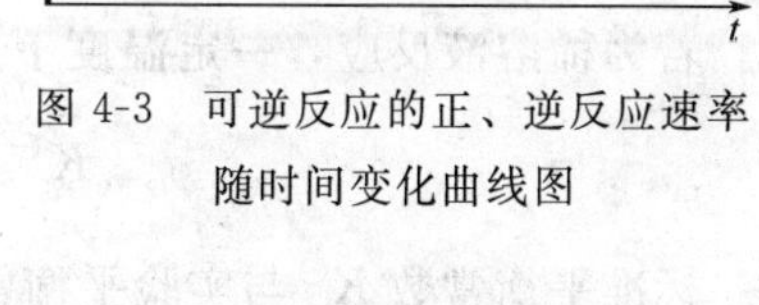

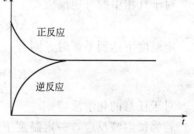

图 4-3　可逆反应的正、逆反应速率随时间变化曲线图

宏观上处于静止状态，产物不再增加，反应物不再减少，实际上，正、逆反应仍在进行，只不过它们的速率相等、方向相反。如图 4-3 所示。

化学平衡具有如下特点：

① 化学平衡是一动态平衡，此时 $v_{正}=v_{逆}\neq 0$。外界条件不变，体系中各物质的量不随时间变化；

② 平衡是有条件的，条件改变时，原平衡被破坏，在新的条件下，建立新的平衡；

③ 反应是可逆的，化学平衡既可以由反应物开始达到平衡，也可以由产物开始达到平衡。

### 4.2.2 平衡常数

#### 4.2.2.1 实验平衡常数

对于任意的化学反应 $aA+bB \rightleftharpoons dD+gG$

在一定温度下达到平衡时，实验平衡常数用各生成物平衡浓度幂的乘积与各反应物平衡浓度幂的乘积之比表示，即

$$K_c=\frac{[G]^g[D]^d}{[A]^a[B]^b} \tag{4-3}$$

$K_c$ 称为浓度平衡常数。

对于气相中的可逆反应：

$$aA(g)+bB(g) \rightleftharpoons dD(g)+gG(g)$$

在一定温度下达到平衡时，实验平衡常数用各生成物平衡分压幂的乘积与各反应物平衡分压幂的乘积之比表示，即

$$K_p=\frac{p^g(G)p^d(D)}{p^a(A)p^b(B)} \tag{4-4}$$

$K_p$ 称为压力平衡常数。

实验平衡常数有单位，其单位取决于生成物与反应物的化学计量数之差，即 $\Delta n=(g+d)-(a+b)$，通常 $K_p$、$K_c$ 只给出数值而不标出单位。由理想气体状态方程及式(4-3)、式(4-4) 可以看出 $K_c$ 与 $K_p$ 之间的关系：

$$K_p=K_c(RT)^{\Delta n} \tag{4-5}$$

#### 4.2.2.2 标准平衡常数

在实验平衡常数中，由于 $c$、$p_i$ 有单位，因此 $K_c$、$K_p$ 有单位。而且由于采用的单位不同(atm，Pa)，其 $K_p$ 的数值也不同，使用时很不方便。因此引入了标准平衡常数的概念$K^{\ominus}$。

在书写标准平衡常数表达式时，气体物质要用分压先除以 $p^{\ominus}$，溶液中物质的 $c$ 先除以 $c^{\ominus}$，再代入平衡常数表达式。$c^{\ominus}$ 为标准浓度，且 $c^{\ominus}=1\text{mol/L}$，$p^{\ominus}$ 为标准压力，且 $p^{\ominus}=1013250\text{Pa}$。

对于气相中的可逆反应：

$$aA(g)+bB(g) \rightleftharpoons dD(g)+gG(g)$$

在一定温度下达到平衡时，则有

$$K^{\ominus}=\frac{[p(D)/p^{\ominus}]^d[p(G)/p^{\ominus}]^g}{[p(A)/p^{\ominus}]^a[p(B)/p^{\ominus}]^b} \tag{4-6}$$

对于任意的化学反应 $aA+bB \rightleftharpoons dD+gG$

若为稀溶液反应，一定温度下达平衡时，则有

$$K^{\ominus}=\frac{[c(D)/c^{\ominus}]^d[c(G)/c^{\ominus}]^g}{[c(A)/c^{\ominus}]^a[c(B)/c^{\ominus}]^b} \tag{4-7}$$

标准平衡常数 $K^{\ominus}$与实验平衡常数 $K$（$K_p$ 或 $K_c$）不同，$K^{\ominus}$的量纲为 1。

#### 4.2.2.3 平衡常数的书写

(1) 对于有纯固体、纯液体和水参加反应的平衡体系　其中纯固体、纯液体和水无浓度可言，不要写入表达式中。例如

$$CaCO_3(s) \rightleftharpoons CaO(s)+CO_2(g)$$

$$K=p(CO_2)$$

(2) 平衡常数的表达式及数值　随化学反应方程式的写法不同而不同，但其实际含义相同。例如

$$N_2O_4(g) \rightleftharpoons 2NO_2(g) \qquad K_1=\frac{[NO_2]^2}{[N_2O_4]}$$

$$\frac{1}{2}N_2O_4(g) \rightleftharpoons NO_2(g) \qquad K_2=\frac{[NO_2]}{[N_2O_4]^{\frac{1}{2}}}$$

以上两种平衡常数表达式都描述同一平衡体系，但 $K_1 \neq K_2$。所以使用时，平衡表达式必须与反应方程式相对应。

(3) 多重平衡规则　如有两个反应相加（或相减）可得到第三个反应式，则其平衡常数为前两个化学反应的平衡常数之积（或商）。当反应式乘以系数时，则该系数作为平衡常数的指数。

例如，某温度下，已知反应

$$2NO(g)+O_2(g) \rightleftharpoons 2NO_2(g) \qquad K_1$$

$$2NO_2(g) \rightleftharpoons N_2O_4(g) \qquad K_2$$

若两个反应相加得　$2NO(g)+O_2(g) \rightleftharpoons N_2O_4(g)$

则　$K=K_1 \times K_2$

4.2.2.4　平衡常数的意义

平衡常数是可逆反应的特征常数，它的大小表明了在一定条件下反应进行的程度，对于同一类型反应，$K^{\ominus}$越大，表明正反应进行的程度越大；平衡常数与反应系统的浓度无关，它只是温度的函数。因此，使用时必须注明对应的温度。

4.2.2.5　平衡常数的应用

(1) 由平衡浓度计算平衡常数

**【例 4-2】**　合成氨反应 $N_2+3H_2 \rightleftharpoons 2NH_3$ 在某温度下达到平衡时，$N_2$、$H_2$、$NH_3$ 的浓度分别是 3mol/L、9mol/L、4mol/L，求该温度下的平衡常数。

**解**　已知平衡浓度，代入平衡常数表达式，得

$$K=\frac{[NH_3]^2}{[N_2][H_2]^3}=\frac{4^2}{3\times 9^3}=7.32\times 10^{-3}$$

(2) 已知平衡常数和起始浓度计算平衡组成和平衡转化率　平衡转化率简称为转化率，它指反应达到平衡时，某反应物转化为生成物的百分率，常用$\eta$来表示：

$$\eta=\frac{\text{某反应物已转化的物质的量}(n)}{\text{反应前该反应物的总物质的量}(n_{\text{总}})}\times 100\% \qquad (4\text{-}8)$$

若反应前后体积不变，反应物质的量可用浓度表示：

$$\eta=\frac{\text{某反应物转化了的浓度}(c)}{\text{该反应物的起始浓度}(c_{\text{总}})}\times 100\% \qquad (4\text{-}9)$$

**【例 4-3】**　某温度 $T$ 时，反应 $CO(g)+H_2O(g) \rightleftharpoons H_2(g)+CO_2(g)$ 的平衡常数 $K^{\ominus}=9$。若反应开始时 CO 和 $H_2O$ 的浓度均为 0.02mol/L，计算平衡时系统中各物质的浓度及 CO 的平衡转化率。

**解**　(1) 计算平衡时各物质的浓度

设反应达到平衡时系统中 $H_2$ 和 $CO_2$ 的浓度为 $x$mol/L。

| | $CO(g)$ | $+H_2O(g)$ | $\rightleftharpoons H_2(g)$ | $+CO_2(g)$ |
|---|---|---|---|---|
| 起始浓度/(mol/L) | 0.02 | 0.02 | 0 | 0 |
| 平衡浓度/(mol/L) | $0.02-x$ | $0.02-x$ | $x$ | $x$ |

$$K^{\ominus}=\frac{[H_2][CO_2]}{[H_2O][CO]}$$

$$K^{\ominus}=\frac{x^2}{(0.02-x)^2}=9$$

$$x=0.015$$

平衡时 $c(H_2)=c(CO_2)=0.015\text{mol/L}$

$$c(CO)=c(H_2O)=0.02-0.015=0.005\text{mol/L}$$

（2）计算 CO 的平衡转化率

$$\alpha(CO)=\frac{0.015}{0.02}\times 100\%=75\%$$

## 4.3 化学平衡的移动

【能力目标】 能根据浓度、压力和温度的变化判断化学平衡移动的方向。

【知识目标】 了解化学平衡移动的概念；掌握影响化学平衡移动的因素；理解吕·查德里原理，以及综合运用化学平衡知识解决化工生产实际问题。

### 4.3.1 化学平衡移动的概念

化学平衡是一种动态平衡，在外界条件改变时，会使反应的平衡条件遭到破坏，从而会向某一个方向进行，这种由于外界条件的改变，使反应从一种平衡状态向另一种平衡状态转变的过程叫做化学平衡的移动。

### 4.3.2 影响化学平衡移动的因素

4.3.2.1 浓度对化学平衡的影响

对于任意可逆反应 $aA+bB \rightleftharpoons dD+gG$

令
$$Q=\frac{c^d(D)c^g(G)}{c^a(A)c^b(B)} \tag{4-10}$$

式中 $c(A)$，$c(B)$，$c(D)$，$c(G)$——各反应物和生成物的任意浓度。

$Q$为可逆反应的生成物浓度幂的乘积与反应物浓度幂的乘积之比，称为浓度商。在反应达平衡之后，如果改变反应物或产物浓度，会使得平衡发生移动。在浓度发生变化时，$K^{\ominus}$是不变的，改变的是$Q$。当反应物浓度增大时由于$Q<K^{\ominus}$，平衡被破坏，反应向右进行，随着反应物浓度的减小和生成物浓度的增大，$Q$值变大，当$Q=K^{\ominus}$时，反应又达到一个新平衡。同理，当反应物浓度减小时或生成物浓度增大时，由于$Q>K^{\ominus}$，平衡向左移动，直到$Q=K^{\ominus}$时，建立新的平衡为止。

浓度对化学平衡的影响可以归纳为：其他条件不变时，增大反应物浓度或减小生成物浓度，平衡向右移动；增大生成物浓度或减小反应物浓度，平衡向左移动。

4.3.2.2 压力对化学平衡的影响

对液相和固相中发生的反应，改变压力，对平衡几乎没有什么影响。但对于有气体参加的反应，压力的影响必须考虑。

例如，$N_2(g)+3H_2(g) \rightleftharpoons 2NH_3(g)$，气体分子的变化量 $\Delta n=2-3-1=-2$

$$K^{\ominus}=\frac{(p_{NH_3}/p^{\ominus})^2}{(p_{N_2}/p^{\ominus})(p_{H_2}/p^{\ominus})^3}=\frac{p_{NH_3}^2}{p_{N_2}p_{H_2}^{3}p^{\ominus -2}}$$

当 $p_{总}$ 增大一倍时，各分压均增大一倍

$$Q=\frac{(2p_{NH_3}/p^{\ominus})^2}{(2p_{N_2}/p^{\ominus})(2p_{H_2}/p^{\ominus})^3}=\frac{4p_{NH_3}^2}{16p_{N_2}p_{NH_3}^3p^{\ominus 2}}$$

$$Q=\frac{4}{16}K^{\ominus}$$

$Q<K^{\ominus}$ 平衡正向移动（气体分子数减小的方向）

当 $p_{总}$ 减小 1/2 时：$Q=\frac{\left(\frac{1}{2}p_{NH_3}/p^{\ominus}\right)^2}{\left(\frac{1}{2}p_{N_2}/p^{\ominus}\right)\left(\frac{1}{2}p_{H_2}/p^{\ominus}\right)^3}=\frac{16p_{NH_3}^2}{4p_{N_2}p_{NH_3}^3p^{\ominus 2}}$

$$Q=\frac{16}{4}K^{\ominus}$$

$Q>K^{\ominus}$ 平衡向逆向移动（气体分子数增大的方向）。

压力对化学平衡的影响可以归纳为：其他条件不变时，增加总压，平衡向气体分子减小的方向移动；减小总压，平衡向气体分子数增大的方向移动；$\Delta n=0$ 时，改变总压平衡不移动。

4.3.2.3　温度对化学平衡的影响

温度对化学平衡的影响与浓度、压力的影响有本质的区别。温度变化时平衡常数会变，而压力、浓度变化时，平衡常数不变。实验测定表明，对于正向放热（$q<0$）反应，温度升高，平衡常数减小，此时，$Q>K^{\ominus}$，平衡向左移动，即向吸热方向移动。对于正向吸热的反应，温度升高，平衡常数增大，此时，$Q<K^{\ominus}$，平衡向右移动。

温度对平衡的影响可以归纳为：其他条件不变时，升高温度，化学平衡向吸热方向移动，降低温度，化学平衡向放热方向移动。

4.3.2.4　催化剂对化学平衡的影响

催化剂同等程度地增加正逆反应速率，加入催化剂后，体系的始态和终态并未改变，$K^{\ominus}$ 也不变，$Q$ 也不变，此平衡不移动。

### 4.3.3　化学平衡移动原理

综合上述影响化学平衡移动的各种因素，1884 年法国科学家吕·查德里概括出一条规律：如果改变平衡系统的条件之一（如浓度、压力、温度），平衡就向能减弱这个改变的方向移动。这个规律被称为吕·查德里原理，也叫化学平衡移动原理。

### 4.3.4　化学平衡移动的应用

例如，合成氨反应　$N_2(g)+3H_2(g)\rightleftharpoons 2NH_3(g)$　($q<0$)

当增加 $N_2$ 和 $H_2$ 的浓度时，平衡向生成 $NH_3$ 的方向移动，使 $N_2$ 和 $H_2$ 的浓度降低；当增大平衡系统中的压力（不包括惰性气体）时，平衡向生成 $NH_3$ 的方向移动，使系统中气体分子总数减小，压力相应降低。当降低平衡系统的温度时，平衡向生成 $NH_3$ 的方向移动，使反应系统的温度升高。

平衡移动原理是一条普遍的规律，适用于所有已达到的动态平衡，但必须指出，它只能用于已经建立平衡的体系，对于非平衡体系则不适用。

## 练　习　题

1. 对于一个给定条件下的反应，随着反应的进行（　　）。

A. 速率常数 $k$ 变小　　B. 平衡常数 $K$ 变大

C. 正反应速率降低　　D. 逆反应速率降低

2. 某反应物在一定条件下的平衡转化率为 35%，当加入催化剂时，若反应条件与前相同，此时它的平衡转化率是（　　）。

A. 大于 35%　　B. 等于 35%　　C. 小于 35%　　D. 无法知道

3. 500K 时，反应 $SO_2(g)+\frac{1}{2}O_2(g) \rightleftharpoons SO_3(g)$ 的 $K^{\ominus}=50$，在同温下，反应 $2SO_2(g)+O_2(g) \rightleftharpoons 2SO_3(g)$ 的 $K^{\ominus}$ 等于（　　）。

A. 100　　B. 0.002　　C. 2500　　D. 0.0004

4. 可使任何反应达到平衡时增加产率的措施是（　　）。

A. 升温　　B. 加压　　C. 增加反应物浓度　　D. 加催化剂

5. 在一定条件下，一个反应达到平衡的标志是（　　）。

A. 各反应物和生成物的浓度相等　　B. 各物质浓度不随时间改变而改变

C. 反应停止不再进行　　D. 正逆反应速率常数相等

6. 在 2.4L 溶液中发生了某化学反应，35s 时间内生成了 0.0013mol 的 A 物质，求该反应的平均速率。

7. 写出下列反应标准平衡常数表达式。

(1) $NO(g)+\frac{1}{2}O_2(g) \rightleftharpoons NO_2(g)$

(2) $2SO_2(g)+O_2(g) \rightleftharpoons 2SO_3(g)$

(3) $BaCO_3(s) \rightleftharpoons BaO(s)+CO_2(g)$

(4) $CH_4(g)+H_2O(g) \rightleftharpoons CO(g)+3H_2(g)$

(5) $C(s)+CO_2(g) \rightleftharpoons 2CO(g)$

8. 已知 773K 时，合成氨反应 $N_2(g)+3H_2(g) \rightleftharpoons 2NH_3(g)$，$K=7.8\times10^{-5}$，计算该温度下下列形式表示的合成氨反应的平衡常数。

(1) $\frac{1}{2}N_2(g)+\frac{3}{2}H_2(g) \rightleftharpoons NH_3(g)$　$K_1$

(2) $2NH_3(g) \rightleftharpoons N_2(g)+3H_2(g)$　$K_2$

9. 可逆反应 $2SO_2(g)+O_2(g) \rightleftharpoons 2SO_3(g)$，已知 $SO_2$ 和 $O_2$ 起始浓度分别为 0.4mol/L 和 1.0mol/L，某温度下反应达到平衡时，$SO_2$ 的平衡转化率为 80%。计算平衡时各物质的浓度和反应的平衡常数。

10. 已知下列反应的平衡常数：$HCN \rightleftharpoons H^+ + CN^-$　　$K_1^{\ominus}=4.9\times10^{-10}$

$NH_3+H_2O \rightleftharpoons NH_4^+ + OH^-$　　$K_2^{\ominus}=1.8\times10^{-5}$

$H_2O \rightleftharpoons H^+ + OH^-$　　$K_w^{\ominus}=1.0\times10^{-14}$

试计算下面反应的平衡常数：$NH_3+HCN \rightleftharpoons NH_4^+ + CN^-$

11. 可逆反应 $H_2O+CO \rightleftharpoons H_2+CO_2$ 在密闭容器中建立平衡，在 749K 时该反应的平衡常数 $K_c=2.6$。

(1) 求 $n(H_2O)/n(CO)$（摩尔比）为 1 时，CO 的平衡转化率；

(2) 求 $n(H_2O)/n(CO)$（摩尔比）为 3 时，CO 的平衡转化率；

(3) 从计算结果说明浓度对化学平衡移动的影响。

12. 对于下列化学平衡 $2HI(g) \rightleftharpoons H_2(g)+I_2(g)$ 在 698K 时，$K_c=1.82\times10^{-2}$，如果将 HI(g) 放入反应瓶中，问：

(1) 当 HI 的平衡浓度为 0.0100mol/L 时，$[H_2]$ 和 $[I_2]$ 各是多少？

(2) HI(g) 的初始浓度是多少？

(3) 在平衡时 HI 的转化率是多少？

13. 下列反应达到平衡时，升高温度或加大压力，各反应平衡将如何移动？

(1) $C(s)+CO_2(g) \rightleftharpoons 2CO(g)$　$(q<0)$

(2) $3CH_4(g)+Fe_2O_3(s) \rightleftharpoons 2Fe(s)+3CO(g)+6H_2(g)$　($q>0$)

(3) $2CO(g)+H_2(g) \rightleftharpoons 2CO_2(g)$　($q<0$)

**14. 采取哪些措施可以让下列平衡向正反应方向移动?**

(1) $2NO(g)+O_2(g) \rightleftharpoons 2NO_2(g)$　($q<0$)(放热反应)

(2) $2CO(g)+O_2(g) \rightleftharpoons 2CO_2(g)$　($q<0$)(放热反应)

(3) $N_2(g)+3H_2(g) \rightleftharpoons 2NH_3(g)$　($q<0$)(放热反应)

(4) $CO_2(g)+H_2(g) \rightleftharpoons CO(g)+H_2O(g)$　($q>0$)(吸热反应)

(5) $C(s)+CO_2(g) \rightleftharpoons 2CO(g)$　($q>0$)(吸热反应)

# 第 5 章　分析化学基本知识

**【学习指南】**

通过本章的学习了解分析的过程、分析方法及分析结果的表示方法；理解准确度、精密度的概念及两者间的关系；掌握误差的分类、来源及减免方法；掌握有效数字、修约规则和运算方法，正确记录实验数据和计算分析结果；掌握滴定分析的基本计算方法；理解分析化学基本概念；掌握提高分析结果准确度的基本措施。

## 5.1　分析化学概述

**【能力目标】** 能根据试样的性质确定滴定方法及滴定方式；能正确配制常见标准滴定溶液和选择相关仪器。

**【知识目标】** 学习分析化学的基本概念；掌握滴定分析对化学反应的要求；熟悉滴定方法分类和滴定方式；掌握常用的基准物质和使用条件；掌握直接法和标定法配制标准溶液；掌握确定物质基本单元的方法，能正确进行待测组分含量的计算。

分析化学的任务是对物质进行组成分析和结构鉴定，研究获取物质化学信息的理论和方法。物质组成的分析包括定性与定量两个部分，定性分析是确定物质由哪些组分（元素、离子、基团或化合物）组成；定量分析是确定物质中有关组分的含量。

根据测定原理分析方法分为化学分析法和仪器分析法。

(1) 化学分析法　化学分析法是以物质的化学反应为基础的分析方法。包括滴定分析法和称量分析法。

① 滴定分析法　滴定分析法是通过滴定操作，根据所需标准溶液的体积和浓度，以确定试样中待测组分含量的一种方法。滴定分析法分为酸碱滴定法、沉淀滴定法、配位滴定法和氧化还原滴定法。

② 称量分析法　称量分析法是通过称量操作测定试样中待测组分的质量，以确定其含量的一种分析方法。称量分析法分为沉淀称量法、电解称量法和气化法。

(2) 仪器分析法　仪器分析法是以物质的物理性质和物理化学性质为基础的分析方法，分析时需使用特殊的仪器设备。

① 光学分析法　它是根据物质的光学性质建立起来的一种分析方法。包括分子光谱（紫外-可见分光光度法、红外光谱法等）、原子光谱法（原子发射光谱法、原子吸收光谱法等）、激光拉曼光谱法、化学发光分析法等。

② 电化学分析法　它是根据被分析物质溶液的电化学性质建立起来的一种分析方法。包括电位分析法、电导分析法、电解分析法、极谱法和库仑分析法等。

③ 色谱分析法　色谱分析法是利用混合物中各组分在互不相溶的两相（固定相和流动相）中的吸附能力或溶解能力、分配系数或其他亲和作用的差异而建立的分离分析方法。包括气相色谱法、液相色谱法、离子色谱法等。

此外还有质谱、核磁共振波谱、X 射线、电子显微镜分析以及毛细管电泳等大型仪器分析法。仪器分析具有快速、灵敏、自动化程度高和分析结果信息量大等特点。

按被测组分的含量来分，分析方法可分为常量组分（含量>1%）分析、微量组分（含量为 0.01%～1%）、痕量组分（含量<0.01%）分析；按所取试样的量来分，分析方法可分为常量试样（固体试样的质量>0.1g，液体试样体积 10mL）分析、半微量试样（固体试样的质量为 0.01～0.1g，液体试样体积为 1～10mL）分析、微量试样（固体试样的质量<0.01g，液体试样体积<1mL）分析和超微量试样（固体试样的质量<0.1mg，液体试样体积<0.01mL）分析。

常量分析一般采用化学分析法，微量分析一般采用仪器分析法。

分析化学一般要经过以下几个步骤。

（1）取样　样品或试样是指在分析工作中被采取用来进行分析测定的物质，可以是固体、液体或气体。分析化学要求被分析试样在组成和含量上具有一定的代表性，能代表被分析物质的总体。采取有代表性的试样必须用特定的方法或程序，对不同的分析对象取样方式也不相同。有关的国家标准或行业标准对不同分析对象的取样步骤和细节都有严格的规定。

（2）试样的分解　除使用特殊的分析方法可以不需要破坏试样外，大多数分析方法需要将干燥好的试样分解后转入溶液中，然后进行测定。分解试样的方法很多，主要有溶解法和熔融法。

（3）消除干扰　复杂物质中常含有多种组分，在测定其中某一组分时，若共存的其他组分对待测组分的测定有干扰，则应设法消除。采用加入试剂（掩蔽剂）来消除干扰在操作上简便易行，还有沉淀分离、萃取分离、离子交换和色谱法分离等。

（4）测定　各种测定方法在灵敏度、选择性和适用范围等方面有较大的差别，因此应根据被测组分的性质、含量和对分析结果准确度要求，选择合适的分析方法进行测定。

（5）分析结果　根据化学反应计量关系及分析测量所得数据，计算试样中有关组分的含量，应用统计学方法对测定结果及其误差分布情况进行评价。

固体试样中待测组分的含量通常以质量分数（%）表示。若待测组分含量很低，可采用 μg/g（或 $10^{-6}$）、ng/g（或 $10^{-9}$）和 pg/g（或 $10^{-12}$）来表示。

液体试样中待测组分的含量通常用物质的量浓度表示，单位为 mol/L；质量浓度单位为 g/L、mg/L、μg/L 或 μg/mL、ng/mL、pg/mL 等。

气体试样中的常量或微量组分的含量常以体积分数表示。

### 5.1.1　基本概念

#### 5.1.1.1　滴定分析

滴定分析又称容量分析，它是通过滴定操作，将已知准确浓度的标准溶液滴加到被测物质的溶液中，直至所加溶液物质的量按化学计量关系恰好反应完全，再根据所加标准溶液的浓度和所消耗的体积，计算出试样中待测组分含量的分析方法。

#### 5.1.1.2　标准溶液

在滴定分析过程中，确定了准确浓度的用于滴定分析的溶液，称为标准溶液（或滴定剂）。

#### 5.1.1.3　滴定

用滴定管将标准溶液逐滴加入到盛有一定量被测物质溶液中的操作过程称为滴定。

5.1.1.4　化学计量点

当加入的标准溶液的量与被测物的量恰好符合化学反应式所表示的化学计量关系时，称反应到达化学计量点（以 sp 表示）。

5.1.1.5　指示剂

在化学计量点时，反应往往没有易被人察觉的外部特征，通常加入某种辅助试剂，利用该试剂的颜色突变来判断。这种能改变颜色的试剂称为指示剂。

5.1.1.6　滴定终点

滴定时指示剂突然改变颜色的那一点称为滴定终点，简称终点（以 ep 表示）。

5.1.1.7　终点误差

滴定终点往往与理论上的化学计量点不一致，它们之间存在有很小的差别。由滴定终点和化学计量点不一致所引起的误差称为终点误差，是滴定分析误差的主要来源之一，其大小决定于化学反应的完全程度和指示剂的选择。化学计量点是理论上确定的，滴定终点是通过指示剂突然改变颜色而确定的，在实际分析中，两者很难达到完全一致。如果按分析允许误差为 0.1%，只要能在化学计量点前后 0.1%之间借助指示剂颜色突变停止滴定，即可达到要求。

滴定分析适用于常量组分（被测组分含量在 1%以上）的测定，滴定分析方法准确度高，分析的相对误差可在 0.1%左右。主要仪器为滴定管、移液管、容量瓶和锥形瓶等，比较简单，操作简便、快速。

## 5.1.2　滴定分析对化学反应的要求

凡能满足下述要求的反应都可采用直接滴定法，滴定分析对化学反应的要求是：

① 反应要按一定的化学反应式进行，即反应要具有确定的化学计量关系，不发生副反应；

② 反应必须定量进行，通常要求反应完全程度≥99.9%；

③ 反应速率要快，速率较慢的反应可以通过加热、增加反应物浓度、加入催化剂等措施来加快反应速率；

④ 有适当的指示剂或其他物理化学方法来确定滴定终点。

## 5.1.3　滴定方法分类

5.1.3.1　酸碱滴定法

酸碱滴定法是以酸、碱之间质子传递反应为基础的一种滴定分析法。可用于测定酸、碱和两性物质。其基本反应为

$$H^+ + OH^- \longrightarrow H_2O$$

5.1.3.2　配位滴定法

配位滴定法是以配位反应为基础的一种滴定分析法。可用于对金属离子进行测定。若采用 EDTA 作配位剂，其反应为

$$M^{n+} + Y^{4-} \longrightarrow MY^{(n-4)-}$$

式中　$M^{n+}$——金属离子；

$Y^{4-}$——EDTA 的阴离子。

5.1.3.3　氧化还原滴定法

氧化还原滴定法是以氧化还原反应为基础的一种滴定分析法。可用于对具有氧化还原性

质的物质或某些不具有氧化还原性质的物质进行测定，如重铬酸钾法测定铁，其反应为

$$Cr_2O_7^{2-}+6Fe^{2+}+14H^+ \longrightarrow 2Cr^{3+}+6Fe^{3+}+7H_2O$$

5.1.3.4　沉淀滴定法

沉淀滴定法是以沉淀生成反应为基础的一种滴定分析法。可用于对 $Ag^+$、$CN^-$、$SCN^-$ 及卤素类等离子进行测定，如银量法，其反应为

$$Ag^+ + Cl^- \longrightarrow AgCl\downarrow$$

### 5.1.4　滴定方式

5.1.4.1　直接滴定法

凡能满足滴定分析对化学反应要求的反应都可用标准溶液直接滴定被测物质。例如用 NaOH 标准溶液可直接滴定 HAc、HCl、$H_2SO_4$ 等试样。直接滴定法是最常用和最基本的滴定方式，简便、快速，引入的误差较小。如果反应不能完全符合上述要求时，则可选择采用下述方式进行滴定。

5.1.4.2　返滴定法

返滴定法又称为回滴法。在待测试液中准确加入适当过量的标准溶液，待反应完全后，再用另一种标准溶液返滴定剩余的第一种标准溶液，从而测定待测组分的含量，这种滴定方式称为返滴定法。例如 $Al^{3+}$ 与 EDTA（乙二胺四乙酸）溶液反应速率慢，不能直接滴定，可采用返滴定法。即在一定的 pH 条件下，在待测的 $Al^{3+}$ 试液中加入过量的 EDTA 溶液，加热促使反应完全，再用另外一种锌标准溶液返滴定剩余的 EDTA 溶液，从而计算出试样中 $Al^{3+}$ 的含量。返滴定法主要用于化学反应速率较慢，反应物是固体或没有合适的指示剂时的情况。

5.1.4.3　置换滴定法

置换滴定法是先加入适当的试剂与待测组分定量反应，生成另一种可滴定的物质，再利用标准溶液滴定反应产物，由标准溶液的消耗量、反应生成的物质与待测组分等物质的量关系计算出待测组分的含量。例如 $K_2Cr_2O_7$ 标定 $Na_2S_2O_3$ 溶液的浓度时，在酸性溶液中 $K_2Cr_2O_7$ 能将 $Na_2S_2O_3$ 部分氧化成 $S_4O_6^{2-}$ 及 $SO_4^{2-}$ 等混合物。所以 $Na_2S_2O_3$ 溶液不能直接滴定 $K_2Cr_2O_7$。采用置换滴定法时，在一定量的 $K_2Cr_2O_7$ 酸性溶液中，与过量的 KI 作用析出相当量的 $I_2$，以淀粉为指示剂，用 $Na_2S_2O_3$ 溶液滴定析出的 $I_2$，进而求得 $Na_2S_2O_3$ 溶液的浓度。这种滴定方式主要用于因滴定反应没有定量关系或伴有副反应而无法直接滴定的物质的测定。

5.1.4.4　间接滴定法

某些待测组分不能直接与标准溶液反应，但可通过其他的化学反应间接测定其含量。例如用氧化还原滴定法测定 $Ca^{2+}$ 时，利用 $(NH_4)_2C_2O_4$ 与 $Ca^{2+}$ 作用形成 $CaC_2O_4$ 沉淀，过滤洗涤后，加入 $H_2SO_4$ 使其溶解，用 $KMnO_4$ 标准滴定溶液滴定与 $Ca^{2+}$ 结合的 $C_2O_4^{2-}$ 就可间接测定 $Ca^{2+}$ 的含量。

由于返滴定法、置换滴定法和间接滴定法的应用，使滴定分析法的应用更加广泛。

### 5.1.5　基准物

基准物质是能够直接配制标准溶液或标定溶液浓度的物质。基准物质必须具备以下条件：

① 组成恒定并与化学式相符，包括结晶水，例如 $H_2C_2O_4 \cdot 2H_2O$、$Na_2B_4O_7 \cdot$

$10H_2O$ 等；

② 纯度足够高，达 99.9%以上，杂质含量应低于分析方法允许的误差限；

③ 性质稳定，不易吸收空气中的水分和 $CO_2$，不易被空气氧化，不易风化、不易潮解；

④ 有较大的摩尔质量，以减少称量时的相对误差；

⑤ 试剂参加滴定反应时，应严格按反应式定量进行，没有副反应。

常用的基准物质有 $KHC_8H_4O_4$、$H_2C_2O_4 \cdot 2H_2O$、$Na_2CO_3$、$K_2Cr_2O_7$、NaCl、$CaCO_3$、金属锌等。因基准物质在贮存过程中会吸潮，要以适宜方法进行干燥处理后再使用，也要妥善保存。

### 5.1.6 溶液的配制与标定

#### 5.1.6.1 溶液浓度的表示方法

(1) 物质 B 的物质的量浓度　标准溶液的浓度常用物质的量浓度表示。物质 B 的物质的量浓度是指 B 的物质的量除以溶液的体积，用 $c_B$ 表示。即

$$c_B=\frac{n_B}{V} \tag{5-1}$$

式中　$n_B$——溶液中溶质 B 的物质的量，mol 或 mmol；

$V$——溶液的体积，L 或 mL；

$c_B$——浓度，mol/L。

由于物质的量 $n_B$ 的数值，取决于基本单元的选择，因此表示 B 的浓度时，必须标明基本单元。待测物质的基本单元的确定：在滴定反应中，根据酸碱反应的质子转移数、氧化还原反应的电子得失数或反应的计量关系来确定。

在滴定分析反应中，标准溶液基本单元一般均有规定。如在酸碱反应中常以 NaOH，HCl，$\frac{1}{2}H_2SO_4$ 为基本单元；在氧化还原反应中常以 $\frac{1}{2}I_2$，$Na_2S_2O_3$，$\frac{1}{5}KMnO_4$、$\frac{1}{6}KBrO_3$、$\frac{1}{6}K_2Cr_2O_7$ 等为基本单元。在配位反应中 EDTA 标准滴定溶液基本单元规定为 EDTA；在沉淀滴定法中 $AgNO_3$ 标准滴定溶液基本单元规定为 $AgNO_3$。即物质 B 在反应中的转移质子数或得失电子数为 $Z_B$ 时，基本单元选$\frac{1}{Z_B}$。

例如 $H_2SO_4$ 溶液的浓度，当选择 $H_2SO_4$ 为基本单元时，其物质的量为 $n(H_2SO_4)$；当选择$\frac{1}{2}H_2SO_4$ 为基本单元时，其物质的量为 $n\left(\frac{1}{2}H_2SO_4\right)$。

当用 HCl 标准滴定溶液滴定 $Na_2CO_3$ 时，滴定反应为：

$$2HCl+Na_2CO_3 \longrightarrow 2NaCl+CO_2\uparrow+H_2O$$

则

$$n(Na_2CO_3)=\frac{1}{2}n(HCl)$$

$Na_2CO_3$ 的基本单元为$\frac{1}{2}Na_2CO_3$。

在酸性溶液中用 $KMnO_4$ 标准滴定溶液滴定 $Fe^{2+}$ 时，滴定反应为

$$MnO_4^- +5Fe^{2+}+8H^+ \longrightarrow Mn^{2+}+5Fe^{3+}+4H_2O$$

则

$$n\left(\frac{1}{5}KMnO_4\right)=n(Fe^{2+})$$

$Fe^{2+}$ 的基本单元为 $Fe^{2+}$。

（2）滴定度　滴定度是指 1mL 标准溶液相当于被测物质的质量（g 或 mg），用 $T_{B}/A$ 表示。用滴定度表示标准溶液的浓度。例如，若 1mL $KMnO_4$ 标准溶液恰好能与 0.005012g $Fe^{2+}$ 反应，则该 $KMnO_4$ 标准溶液的滴定度可表示为 $T_{Fe/KMnO_4}=0.005012g/mL$。如滴定时消耗 20.00mL $KMnO_4$ 标准滴定溶液，则相当于铁的质量为

$$m=0.005012g/mL\times 20.00mL=0.1002g。$$

用 $T_A$ 表示时是指 1mL 标准滴定溶液相当于溶质的质量。例如，$T_{NaOH}=0.004876g/mL$，则表示 1mL NaOH 标准溶液相当于溶质的质量是 0.004876g。

用滴定度来表示标准溶液的浓度，在工厂化验室中，对大量的试样中同一组分进行常规分析十分简便。

5.1.6.2　标准溶液的配制与标定

标准溶液的配制方法有直接法和间接法两种。

（1）直接法　准确称取一定量的基准物质，经溶解后，定量转移于一定体积容量瓶中，用蒸馏水稀释至刻度，摇匀。根据溶质的质量和容量瓶的体积，即可计算出该标准溶液的准确浓度。

（2）间接法　如 HCl、NaOH、$KMnO_4$、$I_2$、$Na_2S_2O_3$ 等试剂，不能满足基准物质的条件，不适合用直接法配制成标准溶液，需要采用间接法（又称为标定法）。

首先用分析纯试剂配制成接近于所需浓度的溶液（所配溶液的浓度值应在所需浓度值的 ±5% 范围以内），然后用基准物质来确定它的准确浓度，此测定过程称为标定。也可以用另一种标准溶液来测定所配溶液的浓度，此过程的方法称为比较法。用基准物质标定的方法其准确度较比较法高。例如欲配制 0.1mol/L NaOH 标准滴定溶液。

用基准物质标定：先用 NaOH 饱和溶液稀释配制成浓度大约是 0.1mol/L 的稀溶液，然后称取一定量的基准试剂邻苯二甲酸氢钾或草酸进行标定，根据基准试剂的质量和待标定标准溶液的消耗体积，计算该标准溶液的浓度。

用比较法测定：移取一定体积的已知准确浓度的 HCl 标准溶液，用待定的 NaOH 标准溶液滴定至终点，根据 HCl 标准溶液的浓度、体积和 NaOH 溶液的消耗体积来计算 NaOH 溶液的浓度。标定法配制标准溶液要选用分析纯试剂。

配制好的溶液贴上标签，标明物质名、浓度、日期、配制人员。标准溶液在常温（15～25℃）下保存一般不超过两个月，当出现沉淀、浑浊或变色时应重新配制。

GB 601—88《化学试剂　滴定分析用标准溶液的制备》给出了 23 种标准溶液的配制方法。

### 5.1.7　滴定分析的基本计算

从滴定的全过程看，遇到的计算问题有基准物质的称量、标准溶液配制与标定、待测物质组成含量等。

**【例 5-1】**　欲配 $c\left(\frac{1}{2}Na_2CO_3\right)=0.1000mol/L$ 的 $Na_2CO_3$ 标准滴定溶液 250.0mL，应称取基准试剂 $Na_2CO_3$ 多少克？已知 $M(Na_2CO_3)=106.0g/mol$。

**解**　设应称取基准试剂为 $m(Na_2CO_3)$ g，则：

$$m(Na_2CO_3)=c\left(\frac{1}{2}Na_2CO_3\right)V(Na_2CO_3)M\left(\frac{1}{2}Na_2CO_3\right)$$

$$m(Na_2CO_3)=0.1000\times 0.2500\times \frac{1}{2}\times 106.0g=1.325g$$

答：称取基准试剂 $Na_2CO_3$ 的质量为 1.325g。

**【例 5-2】** 配制 0.1mol/L HCl 溶液，用基准试剂硼砂（$Na_2B_4O_7 \cdot 10H_2O$）标定其浓度，计算 $Na_2B_4O_7 \cdot 10H_2O$ 的称量范围。已知 $M\left(\frac{1}{2}Na_2B_4O_7 \cdot 10H_2O\right)=190.7g/mol$。

**解** 用 $Na_2B_4O_7 \cdot 10H_2O$ 标定 HCl 溶液浓度的反应为：

$$Na_2B_4O_7+2HCl+5H_2O \longrightarrow 2NaCl+4H_3BO_3$$

硼砂的基本单元为 $\frac{1}{2}Na_2B_4O_7 \cdot 10H_2O$

根据反应式得 $n\left(\frac{1}{2}Na_2B_4O_7\right)=n(HCl)$

则

$$\frac{m(Na_2B_4O_7 \cdot 10H_2O)}{M\left(\frac{1}{2}Na_2B_4O_7 \cdot 10H_2O\right)}=c(HCl)V(HCl)$$

$$m(Na_2B_4O_7 \cdot 10H_2O)=c(HCl)V(HCl)M\left(\frac{1}{2}Na_2B_4O_7 \cdot 10H_2O\right)$$

为保证标定的准确度，HCl 溶液的消耗体积一般在 20～30mL。

$$m_1=0.1\times0.020\times190.7g=0.38g$$

$$m_2=0.1\times0.030\times190.7g=0.57g$$

答：基准试剂 $Na_2B_4O_7 \cdot 10H_2O$ 的称量范围应为 0.38～0.57g。

滴定度与物质的量浓度之间的换算。设标准溶液浓度为 $c_A$，滴定度为 $T_{B/A}$，根据 $\frac{m_B}{M_B}=\frac{b}{a}c_AV_A$ 和滴定度定义，它们之间的关系应为：

$$T_{B/A}=\frac{\frac{b}{a}c_AM_B}{1000} \tag{5-2}$$

或

$$T_{B/A}=\frac{c\left(\frac{1}{Z_A}A\right)M\left(\frac{1}{Z_B}B\right)}{1000} \tag{5-3}$$

**【例 5-3】** 计算 $c(HCl)=0.1024mol/L$ 的 HCl 溶液对 $Na_2CO_3$ 的滴定度。已知 $M(Na_2CO_3)=106.0g/mol$。

**解** 滴定反应式为：

$$2HCl+Na_2CO_3 \longrightarrow 2NaCl+CO_2\uparrow+H_2O$$

根据质子转移数选 HCl、$\frac{1}{2}Na_2CO_3$ 为基本单元，采用式(5-3)，则

$$T_{Na_2CO_3/HCl}=\frac{c(HCl)M\left(\frac{1}{2}Na_2CO_3\right)}{1000}$$

$$T_{Na_2CO_3/HCl}=\frac{0.1024\times\frac{1}{2}\times106.0}{1000}g/mL=0.005427g/mL$$

若被测定的试样是固体，其质量为 $m_s$，试样中被测物质 B 的质量为 $m_B$，则试样中被测物质 B 的质量分数为：

$$w_B=\frac{m_B}{m_s}\times 100\% \tag{5-4}$$

其中 $$m_B=n_BM_B$$

按化学计量数比 $$w_B=\frac{\frac{b}{a}c_AV_Am_B}{m_s}\times 100\% \tag{5-5}$$

按等物质的量规则 $$w_B=\frac{c\left(\frac{1}{Z_A}A\right)V_AM\left(\frac{1}{Z_B}B\right)}{m_s}\times 100\% \tag{5-6}$$

**【例 5-4】** 称取 0.2598g 工业纯碱试样，以甲基橙为指示剂，用 0.1986mol/L 的 HCl 标准滴定溶液滴定，终点时消耗 HCl 标准滴定溶液 23.50mL，求该工业纯碱的质量分数。

**解**　工业纯碱试样的测定属于直接滴定法。

滴定反应为　$2HCl+Na_2CO_3 \longrightarrow 2NaCl+CO_2\uparrow+H_2O$

$$w_B=\frac{c(HCl)V(HCl)M\left(\frac{1}{2}Na_2CO_3\right)}{m_s}\times 100\%$$

$$w(Na_2CO_3)=\frac{0.1986\times 0.02350\times \frac{1}{2}\times 106.0}{0.2598}\times 100\%=95.21\%$$

答：试样中 $Na_2CO_3$ 的质量分数为 95.21%。

若被测定的是液体试样，通常是计算 B 的质量浓度$\rho_A$。设所取试液的体积为 $V_s$，其计算通式为：

$$\rho_A=\frac{c\left(\frac{1}{Z_A}A\right)V_AM\left(\frac{1}{Z_B}B\right)}{V_s}\times 100\% \tag{5-7}$$

**【例 5-5】** 准确称取大理石样品 0.2210g，测定 $CaCO_3$ 的含量。加入 50.00mL $c(HCl)=$ 0.1040mol/L 的 HCl 溶液，反应完全后，用 $c(NaOH)=0.1000$mol/L 的 NaOH 标准滴定溶液滴定剩余的 HCl，到达滴定终点消耗了 26.02mL。求 $CaCO_3$ 的质量分数。已知 $M(CaCO_3)=$ 100.09g/mol。

**解**　碳酸钙不溶于水，因此不能采用直接滴定法。在试样中加入过量的 HCl 溶液，再用 NaOH 标准滴定溶液滴定剩余的 HCl，属于返滴定法。

盐酸与碳酸钙反应式：$CaCO_3+2HCl = CaCl_2+H_2O+CO_2$

滴定反应：　$HCl+NaOH = NaCl+H_2O$

$$M\left(\frac{1}{2}CaCO_3\right)=50.04\text{g/mol}$$

$$w(CaCO_3)=\frac{(0.1040\times 0.05000-0.1000\times 0.02602)\times 50.04}{0.2210}\times 100\%=58.83\%$$

答：试样中碳酸钙的质量分数为 58.83%。

## 5.2　滴定分析中的误差

**【能力目标】** 能运用误差理论减小测量误差；会消除测量过程中的系统误差；灵活运用有效数字的计算方法。

【知识目标】 掌握误差与偏差的表示方法和有关计算；掌握系统误差和偶然误差特点和来源；熟悉可疑值的取舍方法，提高分析结果准确度的方法；掌握有效数字的概念、修约和计算。

在分析化学中，对于各种原因产生的误差，根据其性质不同，一般分为系统误差和偶然误差。

### 5.2.1 系统误差

系统误差是由某种固定的原因造成的，具有重复性、单向性。系统误差的大小、符号（正、负）在理论上是可以测定的，因此又称为可测误差。

系统误差决定了分析结果的准确度，不影响分析测定的精密度。但重复测定时不能发现系统误差，只有改变实验条件才能发现。因此在大多数情况下，系统误差需通过实验来确定。根据系统误差的性质和产生的原因，常将其分为以下几类。

#### 5.2.1.1 仪器误差

因仪器、量器不准所引起的误差称为仪器误差。例如滴定管的刻度不准确、电子天平未经校正等。

#### 5.2.1.2 试剂误差

因使用的试剂纯度不够而引起的误差。例如化学试剂含有杂质、蒸馏水中含微量待测组分等。

#### 5.2.1.3 方法误差

因分析方法本身的缺陷所引起的误差。例如微量组分采用化学分析法测量；称量分析中沉淀形式的选择不合适。

#### 5.2.1.4 操作误差

因操作者的主观因素造成的误差。例如滴定时半滴操作不准确；终点颜色的辨别偏深或过浅。

### 5.2.2 偶然误差

偶然误差是由于测量过程中许多因素偶然作用而形成的具有抵偿性的误差，它又被称为随机误差。例如实验环境条件温度、压力、湿度，以及仪器的微小变化，分析人员对平行试样操作时的微小不同等不确定的因素都会引起偶然误差。偶然误差是不可避免的，是客观存在的，对同一试样进行多次测定，不可能得到完全一致的分析结果。偶然误差没有规律性，但进行多次测定，就会发现测定数据的分布符合一般的统计规律。小误差出现的概率大；大误差出现的概率小，极大误差的概率非常小。

偶然误差的大小决定分析结果的精密度。在消除了系统误差的前提下，如果严格操作，增加测定次数，分析结果的算术平均值就越趋近于真实值，即采用“多次测定，取平均值”的方法可以减小偶然误差。

此外还有一类“过失误差”，是指工作中的差错，一般是因粗枝大叶或违反操作规程所引起的。例如加错试剂、溶液溅失、读错刻度、记录错误等，往往引起分析结果有较大的“误差”，此测定结果应弃去。

### 5.2.3 准确度与精密度

#### 5.2.3.1 准确度

（1）真值 某一物质客观存在的真实数值，即为该量的真值。一般说来，真值是未知的，但下列情况的真值可以认为是已知的。

① 理论真值　如某化合物的理论组成等。

② 计量学约定真值　如国际计量大会上确定的长度、质量、物质的量单位等。

③ 相对真值　被认定精度高一个数量级的测定值作为低一级的测量值的真值，这种真值是相对比较而言的。如厂矿实验室中标准试样及管理试样中组分的含量等可视为真值。

④ 算术平均值（$\bar{x}$）　几次测量数据的算术平均值为：

$$\bar{x}=\frac{x_1+x_2+x_3\cdots\cdots x_n}{n}=\frac{1}{n}\sum_{i=1}^{n}x_i \tag{5-8}$$

式中　$n$——有限次测定次数。

平均值比单次测量值更接近真实值，因此，在有限次测定中，用算术平均值描述测量值的集中趋势。

⑤ 总体平均值（$\mu$）　表示总体分布集中趋势的特征值。

$$\mu=\frac{1}{n}\sum_{i=1}^{n}x_i \quad (n\to\infty) \tag{5-9}$$

在无限次测量中用 $\mu$ 描述测量值的集中趋势。

⑥ 中位值　是一组平行测量数据按由小到大的顺序排列，中间的一个数即为中位值。当测量的数据为偶数时，中位值为中间相邻两个值的平均值。中位值可简单地说明一组平行测定数据的分析结果，且不受两端具有过大误差数据的影响。其不足之处是不能充分利用测量数据，因此，不如用平均值表示数据的集中趋势好。通常在平行测定次数少，而又有离群较远的可疑值的情况下，用中位值表示分析结果。

（2）准确度　准确度表示分析结果与真实值接近的程度。准确度的高低用误差来衡量。误差（$E$）是指测定值（$x$）与真实值（$x_T$）之间的差。误差越小，表示测定结果与真实值越接近，准确度越高；误差可用绝对误差符号（$E_a$）与相对误差符号（$E_r$）两种方法表示。

绝对误差 $E_a$ 表示测定结果（$x$）与真实值之差。

即：

$$E_a=x-x_T \tag{5-10}$$

相对误差是指绝对误差 $E_a$ 在真实值中所占的百分率。即：

$$E_r=\frac{E_a}{x_T}\times100\% \tag{5-11}$$

绝对误差和相对误差都有正值和负值。测定结果偏高，误差为正值；测定结果偏低，误差为负值。相对误差较常用，因其反映误差在真实结果中所占的比例，用来比较测定结果的准确度更为方便。绝对误差用来说明一些仪器测量的准确度，例如分析天平的称量误差是±0.0002g，常量滴定管的读数误差是±0.02mL 等。

#### 5.2.3.2　精密度

精密度表示测量结果之间接近的程度。几次分析结果的数值愈接近，分析结果的精密度就愈高。在分析化学中，有时用重复性和再现性表示不同情况下分析结果的精密度。

重复性是指用相同的方法对同一试样，在相同试验条件（同一操作者、同一仪器、同一实验室和短暂的时间间隔）下，获得的一系列测定结果之间的一致程度。再现性是指用相同的方法对同一试样，在不同试验条件（不同操作者、不同仪器、不同实验室、不同或相同的时间）下，获得的单个测定结果之间的一致程度。

精密度的高低常用偏差（$d$）来衡量。偏差小，测定结果精密度高；偏差大，测定结果精密度低，测定结果不可靠。偏差是指测定值（$x$）与几次测定结果平均值（$\bar{x}$）的差值。

设一组测量值为 $x_1$、$x_2$、…、$x_n$，其算术平均值为 $\bar{x}$，对单次测量值 $x_i$，其偏差可表示为

$$\text{绝对偏差}\ d_i = x_i - \bar{x} \tag{5-12}$$

$$\text{相对偏差} = (d_i/\bar{x}) \times 100\% \tag{5-13}$$

平均偏差是指单项测定值与平均值的偏差（取绝对值）之和除以测定的次数

$$\bar{d} = \frac{\sum |d_i|}{n} = \frac{\sum |x_i - \bar{x}|}{n} \quad (i = 1, 2, \cdots, n) \tag{5-14}$$

相对平均偏差指平均偏差在平均值中所占的百分率

$$\text{相对平均偏差} = \frac{\bar{d}}{\bar{x}} \times 100\% \tag{5-15}$$

标准偏差的数学表达式为：

$$s = \sqrt{\frac{\sum_{i=1}^{n} (x_i - \bar{x})^2}{n - 1}} \quad (n\ \text{为有限次}) \tag{5-16}$$

或

$$s = \sqrt{\frac{\sum x^2 - (\sum x)^2/n}{n - 1}} \tag{5-17}$$

【例 5-6】 用酸碱滴定法测定某混合物中乙酸含量，得到下列结果；计算单次分析结果的平均偏差，相对平均偏差，标准偏差。

**解**

| $x$ | $\lvert d_i \rvert$ | $d_i^2$ |
|---|---|---|
| 10.48% | 0.05% | $2.5\times10^{-7}$ |
| 10.37% | 0.06% | $3.6\times10^{-7}$ |
| 10.47% | 0.04% | $1.6\times10^{-7}$ |
| 10.43% | 0.00% | 0 |
| 10.40% | 0.03% | $0.9\times10^{-7}$ |
| $\bar{x}=10.43\%$ | $\sum \lvert d_i \rvert = 0.18\%$ | $\sum d_i^2 = 8.6\times10^{-7}$ |

$$\text{平均偏差}\ \bar{d} = \frac{\sum |d_i|}{n} = \frac{0.18\%}{5} = 0.036\%$$

$$\text{相对平均偏差}\ \frac{\bar{d}}{\bar{x}} = \frac{0.036\%}{10.43\%} \times 100\% = 0.35\%$$

$$\text{标准偏差}\ s = \sqrt{\frac{\sum d_i^2}{n-1}} = \sqrt{\frac{8.6\times10^{-7}}{4}} = 4.6\times10^{-4} = 0.046\%$$

答：这组数据的平均偏差为 0.036%；相对平均偏差为 0.35%；标准偏差为 0.046%。

极差是指一组测量数据中，最大值（$x_{max}$）与最小值（$x_{min}$）之差，用字母 $R$ 表示。

$$R = x_{max} - x_{min} \tag{5-18}$$

用极差表示误差十分简单，适用于少数几次测定中估计误差的范围。

5.2.3.3 准确度与精密度的关系

分析工作中要求测量值或分析结果应达到一定的准确度与精密度，并非精密度高准确度就高，但准确度高一定要求精密度高，即一组数据精密度很差，自然失去了衡量准确度的前提。

如图 5-1 所示，甲的分析结果的精密度很好，但平均值与真实值相差较大，说明准确度低；乙的分析结果精密度不高，准确度也不高；只有丙的分析结果的精密度和准确度都比较高。

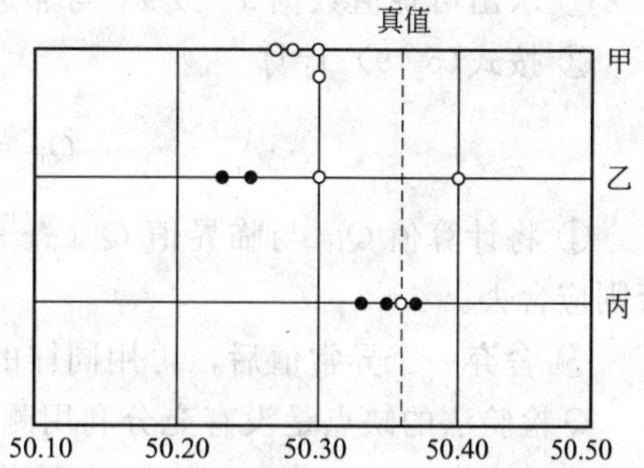

图 5-1　不同分析人员的分析结果

允许差又叫公差。一般分析工作中，只做两次平行测定，允许差是两次平行测定结果的绝对值，也就是平行测定结果精密度的界限值。如果两次平行测定结果的差值不大于允许差，则取两次平行测定结果的算术平均值作为分析结果。两次平行测定结果的差值超出允许差，称为“超差”，此测定结果无效，必须重新取样测定。

允许差是根据实际情况和生产需要，对测定结果准确度的要求而确定的。由于各种分析方法所达到的准确度不同，其允许差也不同。国家标准中在每个分析方法后面都明确规定了允许差。例如，食盐全分析中，用银量法测定氯离子的含量，在 GB/T 13025.5—91 标准中，当氯离子含量＞47％时，允许差为 0.13％，即两次平行测定结果的差值应不大于 0.13％。

### 5.2.4　可疑值的取舍

在实际分析测试工作中，由于随机误差的存在，使得多次重复测定的数据不可能完全一致，得到一组数据后，往往有个别数据与其他数据相差较远，这一数据称为异常值，又称可疑值或极端值。如果测定无失误而结果又与其他值差异较大，则对于该异常值是保留还是舍去，应按一定的统计学方法进行处理。下面介绍 $4\bar{d}$ 法、$Q$ 检验法和格鲁布斯（Grubbs）法（$T$ 检验法）。

#### 5.2.4.1　$4\bar{d}$ 法

① 将可疑值除外，求其余数据的平均值和平均偏差。

② 求可疑值与平均值的差值。

③ 将此值与 $4\bar{d}$ 比较。若 $|x_{可疑}-\bar{x}_{n-1}|\geqslant 4\bar{d}_{n-1}$ 则可疑值舍去。

此法运算简单，但只适用于 4～8 个且要求不高的实验数据的检验。

**【例 5-7】**　测定某溶液的浓度，平行测定四次的结果分别为：0.1012mol/L，0.1013mol/L，0.1019mol/L，0.1015mol/L。用 $4\bar{d}$ 法确定 0.1019 值能否舍弃？

**解**　除可疑值 0.1019 以外，求平均值和平均偏差。

$$\bar{x}=\frac{0.1012+0.1013+0.1015}{3}=0.1013$$

$$\bar{d}=\frac{0.0001+0.0000+0.0002}{3}=0.0001$$

可疑值与平均值的差值：$|x_{可疑}-\bar{x}_{n-1}|=0.1019-0.1013=0.0006$

$$4\bar{d}=4\times 0.0001=0.0004$$

0.0006＞0.0004，故 0.1019 应舍去。该测定结果的平均值为 0.1013mol/L。

#### 5.2.4.2　$Q$ 检验法

① 将测定结果按从小到大的顺序排列：$x_1$，$x_2\cdots$，$x_n$，求出最大值与最小值之差，即极差。

② 求出可疑值数据 $x_n$ 或 $x_1$ 与邻近数据之差。

③ 按式(5-19) 计算

$$Q_{计}=\frac{|x_{可疑值}-x_{相邻值}|}{x_{max}-x_{min}} \tag{5-19}$$

④ 将计算值 $Q_{计}$ 与临界值 $Q$（查表）比较。若 $Q_{计}\leqslant Q_{表}$，则可疑值为正常值应保留，否则应舍去。

⑤ 舍弃一个异常值后，再用同样的方法检验另一端，直至无异常值为止。

$Q$ 检验法的缺点是没有充分利用测定数据，仅将可疑值与相邻数据比较，可靠性差。在测定次数少时（如 3～5 次测定），误将可疑值判为正常值的可能性较大。$Q$ 检验法适用于 3～10个数据的检验。

**【例 5-8】** 某一分析人员对试样平行测定 5 次，测量值分别为 2.62、2.60、2.61、2.63、2.52，试用 $Q$ 检验法检测测定值 2.52 是否应该保留？(置信度为 90%)

**解** 从表 5-1 中可知，当 $n=5$ 时，$Q=0.64$

$$Q_{计}=\frac{x_2-x_1}{x_n-x_1}=\frac{2.60-2.52}{2.63-2.52}=0.72$$

$Q_{计}>Q_{表}$，故 2.52 应予舍弃。该测定结果的平均值为 2.62。

$Q$ 值越大，说明该值离群越远，远至一定程度则应舍去。

**表 5-1　不同置信度下的 $Q$ 值**

| $Q$ 值 \ $n$ | 置信度 | | |
|---|---|---|---|
| | 90% | 95% | 99% |
| 3 | 0.94 | 0.98 | 0.99 |
| 4 | 0.76 | 0.85 | 0.93 |
| 5 | 0.64 | 0.73 | 0.82 |
| 6 | 0.54 | 0.64 | 0.74 |
| 7 | 0.51 | 0.59 | 0.68 |
| 8 | 0.47 | 0.54 | 0.63 |
| 9 | 0.44 | 0.51 | 0.60 |
| 10 | 0.41 | 0.48 | 0.57 |

5.2.4.3　格鲁布斯 (Grubbs) 法（$T$ 检验法）

Grubbs 检验法常用于检验多组测定值的平均值的一致性，也可以用它来检验同组测定中各测定值的一致性。下面以同一组测定值中数据一致性的检验为例，来看它的检验步骤。

① 将各数据按从大到小顺序排列：$x_1$、$x_2\cdots x_n$，求出算术平均值 $\bar{x}$ 和标准偏差。

② 确定检验 $x_1$ 或 $x_n$ 或两个都做检验。

③ 若设 $x_1$ 为可疑值，根据式(5-20) 计算 $T$ 值；若设 $x_n$ 为可疑值，根据式(5-21) 计算 $T$ 值。

$$T=(\bar{x}-x_1)/s \tag{5-20}$$

$$T=(x_n-\bar{x})/s \tag{5-21}$$

④ 查表 5-2 格鲁布斯检验临界值表（不作特别说明，$\alpha$ 取 0.05）得 $T$ 的临界值 $T_{(\alpha,n)}$。

⑤ 将 $T_{计}$ 与 $T_{(\alpha,n)}$ 表值作比较，如果 $T\geqslant T_{(\alpha,n)}$ 则所怀疑的数据 $x_1$ 或 $x_n$ 是异常的，应予剔除；反之应予保留。

⑥ 在第一个异常数据剔除舍弃后，如果仍有可疑数据需要判别时，则应重新计算 $\bar{x}$ 和

$s$，求出新的 $T$ 值，再次检验，依此类推，直到无异常的数据为止。

表 5-2 格鲁布斯检验临界值

| 次数 $n$（组数 $l$） | 自由度 $f$ | 显著性水平（$\alpha$） | | 次数 $n$（组数 $l$） | 自由度 $f$ | 显著性水平（$\alpha$） | |
|---|---|---|---|---|---|---|---|
| | | 0.05 | 0.01 | | | 0.05 | 0.01 |
| 3 | 2 | 1.153 | 1.155 | 14 | 13 | 2.371 | 2.659 |
| 4 | 3 | 1.463 | 1.492 | 15 | 14 | 2.409 | 2.705 |
| 5 | 4 | 1.672 | 1.749 | 16 | 15 | 2.443 | 2.747 |
| 6 | 5 | 1.822 | 1.944 | 17 | 16 | 2.475 | 2.785 |
| 7 | 6 | 1.938 | 2.097 | 18 | 17 | 2.504 | 2.821 |
| 8 | 7 | 2.032 | 2.221 | 19 | 18 | 2.532 | 2.854 |
| 9 | 8 | 2.110 | 2.323 | 20 | 19 | 2.557 | 2.884 |
| 10 | 9 | 2.176 | 2.410 | 21 | 20 | 2.580 | 2.912 |
| 11 | 10 | 2.234 | 2.485 | 31 | 30 | 2.759 | 3.119 |
| 12 | 11 | 2.285 | 2.550 | 51 | 50 | 2.963 | 3.344 |
| 13 | 12 | 2.331 | 2.607 | 101 | 100 | 3.211 | 3.604 |

当然，对多组测定值的检验，只要把平均值作为一个数据用以上相同步骤进行计算与检验。

**【例 5-9】** 各实验室分析同一样品，各实验室测定的平均值按大小顺序为 4.41、4.49、4.50、4.51、4.64、4.75、4.81、4.95、5.01、5.39，用格鲁布斯检验法检验最大均值 5.39 是否应该被删除。

**解**

$$\bar{x}=\frac{1}{10}\sum_{i=1}^{10}\overline{x_i}=4.746$$

$$s=\sqrt{\frac{1}{10-1}\sum_{i=1}^{10}(\overline{x_i}-\bar{x})^2}=0.305$$

$$x_n=5.39$$

根据式 (5-21)

$$T=(x_n-\bar{x})/s$$

所以

$$T_{计}=\frac{5.39-4.746}{0.305}=2.11$$

当 $n=10$，显著性水平 $\alpha=0.05$ 时，临界值 $T_{(0.05,10)}=2.176$，因 $T_{计}<T_{(0.05,10)}$，故 5.39 为正常均值，即平均值为 5.39 的一组测定值为正常数据。

### 5.2.5 提高分析结果准确度的方法

分析的目的就是要得到准确可靠的分析结果。要提高分析结果准确度，必须考虑可能产生误差的各种原因，采取相应的措施，以减小分析过程的误差。

#### 5.2.5.1 选择合适的分析方法

各种分析方法的准确度和灵敏度是不相同的，为了使测定结果达到一定的准确度，对实际的分析对象，先要选择合适的分析方法。例如称量分析和滴定分析，灵敏度虽不高，但对于高含量组分的测定确能获得比较准确的结果，相对误差一般是千分之几。例如，用 $K_2Cr_2O_7$ 滴定法测得铁的含量为 40.20%，若方法的相对误差为 0.2%，则铁的含量范围是

40.12%～40.28%。这一试样如果用仪器分析方法中的光度法进行测定，按其相对误差约2%计，可测得的铁的含量范围将在39.4%～41.0%之间，显然这样的测定准确度太差。如果含铁量为0.50%的试样，相对误差为2%虽然较大，但由于含量低，分析结果的绝对误差为0.02×0.50%＝0.01%，这样的结果是满足要求的。相反，这么低含量的样品，若用重量法或滴定法，则是无法测定的。此外，在选择分析方法时还要考虑分析试样组成的复杂程度和干扰情况。

5.2.5.2 *减小测量误差*

在测定方法选定后，为了保证分析结果的准确度，必须尽量减小测量误差。例如，在称量分析中，测量误差主要表现在称量上。一般分析天平的称量误差是±0.0001g，称取一份试样，用减量法需要称量两次，可能引起的最大误差是±0.0002g，为了使称量时的相对误差在0.1%以下，试样质量就不能太小。

$$\text{相对误差}=\frac{\text{绝对误差}}{\text{试样质量}}$$

$$\text{试样质量}=\frac{\text{绝对误差}}{\text{相对误差}}=\frac{0.0002}{0.001}=0.2\text{g}$$

可见，试样质量必须在0.2g以上才能保证称量的相对误差在0.1%以内。

在滴定分析中，测量误差主要表现在体积测量过程中，常量滴定管读数常有±0.01mL的误差。完成一次滴定，需要读数两次，这样可能造成±0.02mL的误差。为了使测量时的相对误差小于0.1%，消耗滴定剂体积必须在20mL以上。一般控制在20～30mL，以保证误差小于0.1%。

5.2.5.3 *增加平行测定次数，减小偶然误差*

在消除系统误差的前提下，平行测定次数越多，测定结果的平均值越接近真实值。因此，增加测定次数可以减小偶然误差。但测定次数过多意义不大，一般分析测定，平行测定4～6次即可。

5.2.5.4 *消除测量过程中的系统误差*

(1) 对照试验　对照试验是检验系统误差的有效方法。做对照试验时，常用组成与待测试样相近，已知准确含量的标准试样与被测试样按同样方法进行对照试验，或用其他可靠的分析方法进行对照试验，也可由不同人员、不同单位进行对照试验。根据标准试样的分析结果，采用统计检验方法确定是否存在系统误差。

当试样的组成不完全清楚时采用“加入回收法”进行试验。向试样中加入已知量的被测组分，然后进行对照试验，根据加入的被测组分回收量，判断分析过程是否存在系统误差。

用国家颁布的标准分析方法和所选的方法同时测定某一试样进行对照试验也是经常采用的一种办法。

(2) 空白试验　由试剂和器皿带进杂质所造成的系统误差，一般可做空白试验来扣除。空白试验就是在不加试样的情况下，按照试样分析同样的操作步骤和条件进行分析，所得结果称为空白值。从试样分析结果中扣除空白值后，就得到比较可靠的分析结果。得到的空白值不应很大，否则扣除空白时会引起较大的误差。如空白值较大时，可从提纯试剂和改用其他适当的器皿来降低空白值。

(3) 校准仪器　仪器不准确引起的系统误差，可以通过校准仪器来减小误差。例如天平砝码、移液管、滴定管和容量瓶等，在准确度要求较高的分析中必须进行校准，并在计算结果时采用校正值。在平行测定中，应使用同一套仪器，这样可以抵消仪器误差。

（4）分析结果的校正　分析过程中的系统误差，有时可采用适当的方法进行校正。例如用硫氰酸盐比色法测定钢铁中的钨时，钒的存在引起正的系统误差。为了扣除钒的影响，可采用校正系数法。根据实验结果 1% 钒相当于 0.2% 钨，即钒的校正系数为 0.2（校正系数随实验条件略有变化）。在测得试样中钒的含量后，利用校正系数即可由钨的测定结果中扣除钒的结果，从而得到钨的正确结果。

### 5.2.6　有效数字

#### 5.2.6.1　有效数字的概念

有效数字就是在分析工作中实际能够测量到的数字。为了得到准确的分析结果，不仅要准确地进行测量，而且还要正确记录数字的位数。数据的位数不仅表示数量的大小，也反映测量的精确程度。

在保留的有效数字中，只有最后一位数字是可疑的（有±1 的误差），其余数字都是准确的。例如滴定管读数 25.31mL 中，25.3 是确定的，0.01 是可疑的，可能为 25.31mL±0.01mL。

有效数字的位数由所使用的仪器决定，如滴定管的读数不能写成 25.610mL，仪器无法达到这种精度，也不能写成 25.6mL，而降低了仪器的精度，因此不能任意增加或减少位数。

在数据中，数字“0”有不同的意义。下列是一组数据的有效数字位数：

| | | |
|---|---|---|
| 2.1 | 1.0 | 两位有效数字 |
| 1.98 | 0.0382 | 三位有效数字 |
| 28.73% | 0.6300 | 四位有效数字 |

在第一个非“0”数字前的所有的“0”都不是有效数字，它只起定位作用，与精度无关，例如 0.0382；第一个非“0”数字后的所有的“0”都是有效数字，例如，1.0008、0.7200。若遇 3600 这样的数字，一般看成 4 位有效数字，但它可能是 2 位或 3 位有效数字。对于这样的情况，应该根据实际情况而定，分别写成 $3.6\times10^3$、$3.60\times10^3$ 或 $3.600\times10^3$ 较好。

若遇到倍数、分数关系，如 2、3、1/3、1/5 等，是非测量所得，可视为无限多位有效数字；而对于含有对数的有效数字，如 pH、p$K_a$、lg$k$ 等，其位数取决于小数部分的位置，整数部分只说明这个数的方次。如 pH=9.32 为两位有效数字而不是三位。

#### 5.2.6.2　有效数字的修约

舍弃多余的数字的过程称为“数字修约”，所遵循的规则称为“数字修约规则”。数字修约时，应按中华人民共和国标准 GB3 101—1993 进行。一般按“四舍六入五成双”来修约测定数字。

**【例 5-10】** 将下列数据修约到保留三位有效数字：3.0234、5.0461、1.0452、3.0050。

**解**　按上述修约规则：

（1）3.0234 修约为 3.02（第四位为 3，舍去）

（2）5.0461 修约为 5.05（第四位为 6，第三位加 1）

（3）1.0452 修约为 1.05（第四位为 5，5 后非 0，第三位加 1）

（4）3.0050 修约为 3.00（第四位为 5，5 后为 0，0 视为偶数，故舍去）

舍弃的数字为两位以上按规则一次修约，不能分次修约。例如将 6.5473 修约为两位有效数字，不能先修约为 6.55，再修约为 6.6，而应一次修约到位即 6.5。

用计数器（或计算机）处理数据时，对于运算结果，亦按照有效数字的计算规则进行修约。

### 5.2.6.3　有效数字的计算

在分析测定过程中，往往要经过几个不同的测量环节，每个测量值的误差都要传递到结果里，在进行结果运算时，应遵循下列规则。

(1) 加减法　几个数据加减时有效数字的保留，以小数点后位数最少的数据为根据。例如，$0.12+0.0354+40.716=40.8714\approx 40.87$

(2) 乘除法　几个数据相乘或相除积或商的有效数字位数的保留必须以各数据中有效数字位数最少的数据为准。例如，$1.54\times 31.76=1.54\times 31.8=49.0$

(3) 乘方和开方　对数据进行乘方或开方时结果的有效数字位数保留应与原数据相同。例如，$7.24^2=52.4175$ 保留三位有效数字则为 52.4；$\sqrt{9.65}=3.10644\cdots\cdots$ 保留三位有效数字则为 3.11。

(4) 对数计算　所取对数的小数点后的位数（不包括整数部分）应与原数据的有效数字的位数相等。例如，$\lg 102=2.00860017\cdots\cdots$ 保留三位有效数字则为 2.009。

在计算中常遇到分数、倍数等，可视为多位有效数。在混合计算中，有效数字的保留以最后一步计算的规则执行。有效数字第一位等于大于 8 时，可多记一位有效数字。如标准滴定溶液的浓度为 0.0894mol/L，可以认为它是 4 位有效数字。

## 练　习　题

1. 分析结果的准确度用（　　）表示。

A. 偏差　　B. 误差

C. 多次测定结果的算术平均值　　D. 标准偏差

2. 绝对误差是指（　　）。

A. 测定值的绝对值与真值的绝对值的差值

B. 测定值与真值的差的绝对值

C. 测定值与真值的代数差值

D. 都不对

3. 没有正、负之分的是（　　）。

A. 绝对误差和相对误差　　B. 绝对偏差和相对偏差

C. 平均偏差　　D. 标准偏差

4. 用硫氰酸盐比色法测定钢铁中的钨时，钒的存在引起正的系统误差。为了扣除钒的影响，可采用的方法是（　）。

A. 做空白试验　　B. 校正系数法　　C. 进行仪器校正　　D. 进行多次重复测定

5. 某一正整数若已被正确表示为 $3.100\times 10^5$，则有效数字为（　　）。

A. 2 位　　B. 3 位　　C. 4 位　　D. 5 位

6. 解释下列名词

标准溶液、滴定、化学计量点、滴定终点、指示剂、滴定误差、真值、准确度、精密度、误差、偏差、系统误差、偶然误差

7. 滴定分析对化学反应有哪些要求？

8. 常用的滴定方式有哪几种？各在什么情况下采用？

9. 准确度与精密度之间有什么关系？

10. 下列情况各引起什么误差？如果是系统误差，应如何消除？

砝码被腐蚀；天平的零点稍有变动；基准物质放置空气中吸收了水分；蒸馏水中含有微量待测组分；洗涤沉淀时，少量沉淀因溶解而损失；滴定时锥形瓶摇动不慎，从锥形瓶中溅出一滴溶液；读取滴定管读数时，最后一位数字估测不准；试剂中含有被测物质

11. 某分析天平称量绝对误差为±0.1mg，用递减法称取试样质量为 0.05g，相对误差是多少？如果称取试样 1g，相对误差又为多少？这说明什么问题？

12. 指出下列数据的有效数字位数：

1.6204，2.300，0.003515，0.8800，$3.78\times10^4$，pH=4.53

13. 将下列数据修约到保留两位有效数字：

1.43426、1.4631、1.4507、1.4500、1.3500

14. 根据有效数字运算规则计算下列结果

(1) $1.786+27.5879-0.2487+5.24$

(2) $(2.655\times0.0045)-(6.6\times10^{-2})+(0.043\times0.32)$

15. 用分析天平称得某样品 A 的质量为 1.2037g，该样品的真实质量为 1.2036g；若用同一台天平称样品 B 的质量为 0.1204g，其真实质量为 0.1203g。计算两样品的绝对误差和相对误差。

16. 测定某铁矿中铁的含量。分析人员平行测定 5 次，数据如下：48.42%、48.40%、48.43%、48.39%、48.41%。计算算术平均值；平均偏差；相对平均偏差；标准偏差。

17. 测定铜合金的含量，6 次平行测定的结果是 44.15%、44.20%、44.22%、44.21%、44.19%、44.24%，计算：(1) 平均值；中位值；平均偏差；相对平均偏差；标准偏差；平均值标准偏差。(2) 若已知铜的标准含量为 44.23%，计算以上结果的绝对误差和相对误差。

18. 用某法分析汽车尾气中 $SO_2$ 含量（%），得到下列结果：4.88，4.92，4.90，4.87，4.86，4.84，4.71，4.86，4.89，4.99。

(1) 用 $Q$ 检验法判断有无异常值是否需舍弃。

(2) 用格鲁布斯法判断有无异常值是否需舍弃。

19. 市售盐酸的密度为 1.18g/mL，HCl 含量为 37%，欲用此盐酸配制 500mL 0.1mol/L 的 HCl 溶液，应量取市售盐酸多少毫升？

20. 计算下列溶液的滴定度，以 g/mL 表示：

(1) $c(HCl)=0.2615$mol/L HCl 溶液，用来测定 $Ba(OH)_2$ 和 $Ca(OH)_2$；

(2) $c(NaOH)=0.1032$mol/L NaOH 溶液，用来测定 $H_2SO_4$ 和 $CH_3COOH$。

21. 今有 0.2000mol/L 的 NaOH 溶液，实验需用 0.05000mol/L 的 NaOH 溶液 250mL，应如何配制？

22. 准确称取基准物质 $K_2Cr_2O_7$ 1.471g，溶解后定量转移至 500.0mL 容量瓶中。已知 $M(K_2Cr_2O_7)=294.2$g/mol，计算此 $K_2Cr_2O_7$ 溶液的浓度 $c(K_2Cr_2O_7)$ 及 $c\left(\frac{1}{6}K_2Cr_2O_7\right)$。

# 第 6 章　酸碱反应与酸碱滴定法

【学习指南】

通过本章的学习了解酸碱电离理论、酸碱质子理论；掌握酸碱指示剂的变色原理，以及常用的单一和混合指示剂；理解同离子效应与盐效应的意义；掌握不同溶液 pH 值的计算方法；了解缓冲溶液的组成、缓冲范围；了解酸碱滴定曲线绘制的相关计算；掌握 HCl、NaOH 标准溶液的配制。

## 6.1　酸碱反应

**【能力目标】** 能根据酸碱质子理论判断溶液的酸碱性；能根据实验需要选择并配制缓冲溶液，及选择合适的指示剂。

**【知识目标】** 了解酸碱电离理论；熟悉酸碱质子理论；掌握影响酸碱平衡的因素；掌握溶液 pH 值的计算；掌握缓冲溶液的类型、组成、缓冲容量与范围；掌握指示剂的变色原理。

### 6.1.1　酸碱理论

6.1.1.1　酸碱电离理论

按电解质溶液导电性的强弱，电解质分为强电解质和弱电解质。两者的分类是相对某溶剂而言，例如醋酸在水溶液中为弱电解质，但在液氨中则为强电解质，因此不能把电解质的分类绝对化。

(1) 弱电解质的电离　由阿伦尼乌斯电离理论可知，弱电解质在水中部分解离，水溶液中存在的已电离的弱电解质组分离子和未电离的弱电解质分子之间的平衡，即为电离平衡。

(2) 电离常数　在弱酸（HA）的水溶液中存在着如下平衡：

$$HA \rightleftharpoons H^+ + A^-$$

根据化学平衡原理，HA 电离平衡常数表达式为：

$$\frac{c(H^+)c(A^-)}{c(HA)} = K_i(HA) \tag{6-1}$$

$K_i$ 是衡量弱电解质电离程度大小的特性常数；$K_i$ 值越小，表示弱电解质电离程度越小，即电解质越弱。一般把 $K_i \leqslant 10^{-1}$ 的电解质称为弱电解质。对于给定的电解质，$K_i$ 与浓度无关，与温度有关。一般，$K_a$ 表示弱酸的电离常数，$K_b$ 表示弱碱的电离常数。

(3) 水的解离　纯水是一种很弱的电解质，既可以是质子酸又可以是质子碱，能发生自身酸碱反应：

$$H_2O + H_2O \rightleftharpoons H_3O^+ + OH^-$$

这种发生在水分子之间的质子转移作用叫做质子的自递作用。上式可简写为：

$$H_2O \rightleftharpoons H^+ + OH^-$$

在 25℃时，1L 纯水中仅有 $10^{-7}$ mol 水分子离解，所以 $H^+$ 和 $OH^-$ 浓度均为 1.00×

$10^{-7}$mol/L。由于水的离解度很小，因此离解前后水的浓度几乎不变，仍可看作常数 $\left[c(H_2O)=\frac{1000}{18}=55.6\text{mol/L}\right]$，所以

$$c(H^+)c(OH^-)=K_w^{\ominus}=1.0\times10^{-14} \tag{6-2}$$

式中　$K_w^{\ominus}$——水的离子积常数，简称水的离子积。

水的离子积的大小与温度有关，例如，在 0℃时，$K_w=1.10\times10^{-15}$；100℃时，$K_w=5.50\times10^{-13}$。

$K_a$、$K_b$ 和$K_w^{\ominus}$表示了在一定温度下，酸碱反应达到平衡时各组分浓度（严格讲应该是活度）之间的关系。水溶液中 $c(H^+)$ 和 $c(OH^-)$ 之积为一常数，它们的大小反映了溶液的酸度或碱度的大小。

(4) 溶液的酸碱性　酸度是影响水溶液的化学平衡最重要的因素之一，常用 $H^+$浓度表示溶液的酸度，因此溶液中 $H^+$的计算具有重要的实际意义。在任何以水为溶剂的稀溶液中都存在水的离解平衡，并且均符合 $c(H^+)c(OH^-)=K_w^{\ominus}$ 的关系式。溶液的酸碱性取决于溶液中 $c(H^+)$ 和 $c(OH^-)$ 的相对大小。

$K_w^{\ominus}$反映了水溶液中 $c(H^+)$ 和 $c(OH^-)$ 间的相互关系，知道 $c(H^+)$ 就可以计算出 $c(OH^-)$，反之亦然。

溶液酸性、中性或碱性的判断依据是：比较 $c(H^+)$ 和 $c(OH^-)$ 的相对大小，在任意温度时溶液 $c(H^+)>c(OH^-)$ 时呈酸性，$c(H^+)=c(OH^-)$ 时呈中性，$c(H^+)<c(OH^-)$ 时呈碱性。当溶液中 $c(H^+)$、$c(OH^-)$ 较小时，直接用 $c(H^+)$、$c(OH^-)$ 的大小关系表示溶液酸碱性强弱很不方便于是引进 pH 概念。

$$pH=-\lg c(H^+) \tag{6-3}$$

即氢离子物质的量浓度的负对数。

在标准温度（25℃）和压力下，pH=7 的水溶液（纯水）为中性，水在标准压力和温度下自然电离出的氢离子和氢氧根离子浓度的乘积（水的离子积常数）始终是 $1\times10^{-14}$，且两种离子的浓度都是 $1\times10^{-7}$mol/L。pH 小说明 $H^+$的浓度大于 $OH^-$的浓度，故溶液酸性强；而 pH 增大则说明 $H^+$的浓度小于 $OH^-$的浓度，故溶液碱性强。所以 pH 愈小，溶液的酸性愈强；pH 愈大，溶液的碱性也就愈强。

通常 pH 是介于 0 和 14 之间，当 pH<7 时，溶液呈酸性；当 pH>7 时，溶液呈碱性；当 pH=7 时，溶液呈中性。但在非水溶液或非标准温度和压力的条件下，pH=7 可能并不代表溶液呈中性，这需要通过计算该溶剂在这种条件下的电离常数来决定 pH 为中性的值。如 373K（100℃）的温度下，pH=6 为中性溶液。

(5) 溶液 pH 值的计算

① 溶液 pH 的测定　测定溶液 pH 范围时可用酸碱指示剂，粗略测定时可用 pH 试纸。指示剂的变色范围指的是能观察到指示剂发生颜色变化的 pH 范围。不同指示剂的变色范围不同，常用酸碱指示剂都存在一定的变色范围。

测定溶液 pH 最简便的方法是使用 pH 试纸。pH 试纸能在不同的 pH 时显示不同的颜色，测定时将欲测定溶液用玻璃棒蘸取少许滴在此试纸上，再将试纸呈现的颜色与标准比色板对照，可迅速确定溶液的酸碱性。pH 试纸可以分为广泛 pH 试纸和精密 pH 试纸。广泛 pH 试纸的 pH 范围为 0～14，精密 pH 试纸的范围较窄。试纸的测定准确度较差，只能用于测定溶液大致的 pH。如果精确测定溶液的 pH，可使用各种类型的酸度计。

② 酸碱溶液 pH 的计算

a. 强酸、强碱溶液 pH 的计算。强酸、强碱在水中几乎全部离解，在一般情况下，酸度的计算比较简单。

**【例 6-1】** 纯水中加入盐酸，使其浓度为 0.0100mol/L。求该溶液的 $c(OH^-)$ 及 pH。

**解** 根据 $c(H^+)c(OH^-)=1.0\times10^{-14}$

因此 $$c(OH^-)=\frac{1.0\times10^{-14}}{0.0100}=1.0\times10^{-12}(mol/L)$$

$$pH=-\lg c(H^+)=-\lg 0.0100=2$$

即 0.0100mol/L 的 HCl 水溶液中的 $c(OH^-)=1.0\times10^{-12}$mol/L，溶液的 pH 为 2。但如强酸或强碱溶液浓度小于 $10^{-6}$mol/L 时，求算溶液的酸度还必须考虑水的质子传递作用所提供的 $H^+$ 或 $OH^-$。

b. 一元弱酸弱碱溶液 pH 的计算。对于一元弱酸 HA 溶液，有下列质子转移反应。

$$HA \rightleftharpoons H^+ + A^-$$

$$H_2O \rightleftharpoons H^+ + OH^-$$

质子条件为 $$c(H^+)=c(A^-)+c(OH^-)$$

上式说明一元弱酸中的 $c(H^+)$ 来自两部分，即来自弱酸的离解［相当于式中的 $c(A^-)$ 项］和水的质子自递作用［相当于式中的 $c(OH^-)$ 项］。

以 $c(A^-)=K_a^\ominus c(HA)/c(H^+)$ 和 $c(OH^-)=K_w^\ominus/c(H^+)$ 代入质子条件得

$$c(H^+)=\frac{K_a^\ominus c(HA)}{c(H^+)}+\frac{K_w^\ominus}{c(H^+)}$$

$$c(H^+)=\sqrt{K_a^\ominus c(HA)+K_w^\ominus} \tag{6-4}$$

上式为计算一元弱酸溶液中 $H^+$ 浓度的精确公式。如果同时满足 $c/K_a\geqslant500$ 和 $cK_a\geqslant20K_w$ 两个条件，则上式可最终简化为

$$c(H^+)=\sqrt{cK_a^\ominus} \tag{6-5}$$

这就是常用的最简式。同理可以求得一元弱碱溶液中 $OH^-$ 浓度最简式为

$$c(OH^-)=\sqrt{cK_b^\ominus} \tag{6-6}$$

**【例 6-2】** 计算下列溶液的 pH。

(1) 0.10mol/L NaCN；(2) 0.10mol/L HAc；(3) 0.10mol/L $NH_4Cl$

**解** (1) $CN^-$ 是 HCN 的共轭碱，可按一元弱碱处理。根据 $K_a^\ominus$(HCN) 的值，可求得 $K_b^\ominus(CN^-)$。$K_a^\ominus(HCN)=4.93\times10^{-10}$

$$K_b^\ominus(CN^-)=K_w^\ominus/K_a^\ominus=\frac{10^{-14}}{4.93\times10^{-10}}=2.03\times10^{-5}$$

因 $$c/K_b^\ominus>500$$

故 $$c(OH^-)=\sqrt{cK_b^\ominus}=\sqrt{0.10\times2.03\times10^{-5}}=1.4\times10^{-3}(mol/L)$$

$$pOH=2.85$$

$$pH=11.15$$

(2) $K_a^\ominus(HAc)=1.76\times10^{-5}$

$$c/K_a^\ominus=\frac{0.10}{1.76}\times10^{-5}=5.7\times10^3>500$$

可用最简式(6-5) 计算

$$c(H^+)=\sqrt{K_a^{\ominus}c}=\sqrt{0.10\times1.76\times10^{-5}}=1.3\times10^{-3}(mol/L)$$

$$pH=2.89$$

(3) $NH_4^+$ 是 $NH_3$ 的共轭酸，可按一元弱酸处理，$K_a^{\ominus}(NH_4^+)=5.64\times10^{-10}$

$$c/K_a^{\ominus}=\frac{0.10}{5.64}\times10^{-10}>500$$

$$c(H^+)=\sqrt{K_a^{\ominus}c}=\sqrt{0.10\times5.64\times10^{-10}}=7.5\times10^{-6}(mol/L)$$

$$pH=5.12$$

**【例 6-3】** 计算 $10^{-4}$mol/L $H_3BO_3$ 的 pH，已知$pK_a^{\ominus}=9.24$。

**解**　由题意可知

$$c/K_a^{\ominus}=10^{-4}/10^{-9.24}=5.8\times10^{-14}<10\,K_w^{\ominus}$$

因此水解产生的 $c(H^+)$ 不能忽略。另一方面

$$c/K_a^{\ominus}=10^{-4}\times10^{-9.24}>500$$

可用总浓度 $c$ 近似代替平衡浓度 $c(H_3BO_3)$，利用式(6-4) 计算

$$c(H^+)=\sqrt{cK_a^{\ominus}+K_w^{\ominus}}=\sqrt{10\times10^{-9.24}+10^{-14}}=2.6\times10^{-7}(mol/L)$$

$$pH=6.59$$

如按最简式计算，则

$$c(H^+)=\sqrt{10^{-4}\times10^{-9.24}}=2.4\times10^{-7}(mol/L)$$

$$pH=6.62$$

$c(H^+)$ 的相对误差约为$-8\%$，可见，计算前根据条件正确列出关系式至关重要。

c. 多元弱酸弱碱溶液 pH 的计算。多元弱酸、多元弱碱在水溶液中是分级离解的，每一级都有相应的质子转移平衡，如 $H_2S$ 在水溶液中有二级离解

$$H_2S \rightleftharpoons H^+ + HS^- \qquad K_{a_1}^{\ominus}=9.1\times10^{-8}$$

$$HS^- \rightleftharpoons H^+ + S^{2-} \qquad K_{a_2}^{\ominus}=1.1\times10^{-12}$$

由于$K_{a_1}^{\ominus}\gg K_{a_2}^{\ominus}$，说明二级离解比一级离解困难得多。因此在实际计算中，当 $c/K_{a_1}^{\ominus}>500$ 时，可按一元弱酸作近似计算，即

$$c(H^+)=\sqrt{cK_{a_1}^{\ominus}} \tag{6-7}$$

**【例 6-4】** 计算 25℃时，0.10mol/L$H_2S$ 水溶液的 pH。

**解**　已知 25℃时，$K_{a_1}^{\ominus}(H_2S)=9.1\times10^{-8}$　$K_{a_2}^{\ominus}(H_2S)=1.1\times10^{-12}$

$K_{a_1}^{\ominus}\gg K_{a_2}^{\ominus}$，计算 $H^+$ 浓度时只考虑第一级离解

$$H_2S \rightleftharpoons H^+ + HS^-$$

又 $c/K_{a_1}^{\ominus}=\dfrac{0.10}{9.1\times10^{-8}}>500$ 可用近似公式计算

$$c(H^+)=\sqrt{0.10\times9.1\times10^{-8}}=9.5\times10^{-5}(mol/L)$$

$$pH=4.02$$

多元弱碱溶液 pH 的计算与此类似。

d. 两性物质溶液 pH 的计算。在水溶液中，既可给出质子显示酸性，又可接受质子显示碱性的物质，如 $NaHCO_3$、$Na_2HPO_4$、$NaH_2PO_4$ 及邻苯二甲酸氢钾等均属于两性物质。其酸碱平衡较为复杂，但在计算 $c(H^+)$ 时仍可以从具体情况出发，作合理简化的处理。

以 $HA^-$ 为例，溶液中的质子转移反应有

$$HA^- + H_2O \rightleftharpoons H_2A + OH^-$$
$$HA^- \rightleftharpoons H^+ + A^{2-}$$

一般，当 $HA^-$ 浓度较高时，溶液的 $H^+$ 浓度可按下式作近似计算

$$c(H^+) = \sqrt{K_{a_1}^{\ominus} K_{a_2}^{\ominus}} \tag{6-8}$$

式中 $K_{a_1}^{\ominus}$、$K_{a_2}^{\ominus}$——$H_2A$ 的第一、第二级离解常数。

计算 NaHS 和中 $H^+$ 浓度可按以下式子作近似计算

$NaH_2PO_4$ 溶液 $$c(H^+) = \sqrt{K_{a_1}^{\ominus} K_{a_2}^{\ominus}} \tag{6-9}$$

$Na_2HPO_4$ 溶液 $$c(H^+) = \sqrt{K_{a_2}^{\ominus} K_{a_3}^{\ominus}} \tag{6-10}$$

式中 $K_{a_1}^{\ominus}$，$K_{a_2}^{\ominus}$，$K_{a_3}^{\ominus}$——$H_3PO_4$ 的第一、第二和第三级离解常数。

再如 $NH_4Ac$ 亦是两性物质，它在水中发生下列质子转移平衡。

$$NH_4^+ + H_2O \rightleftharpoons NH_3 + H_3O^+$$
$$Ac^- + H_2O \rightleftharpoons HAc + OH^-$$

以 $K_a^{\ominus}$ 表示正离子酸（$NH_4^+$）的离解常数，$K_{a'}^{\ominus}$ 表示负离子碱（$Ac^-$）的共轭酸（HAc）的离解常数，这类两性物质的 $H^+$ 浓度可按类似于上式计算，即

$$c(H^+) = \sqrt{K_a^{\ominus} K_{a'}^{\ominus}} \tag{6-11}$$

$$pH = \frac{1}{2}(pK_a^{\ominus} + pK_{a'}^{\ominus}) \tag{6-12}$$

**【例 6-5】** 计算 0.10mol/L $HCOONH_4$ 溶液的 pH。

**解** $$K_a^{\ominus}(NH_4^+) = \frac{K_w^{\ominus}}{K_b^{\ominus}(NH_3 \cdot H_2O)} = 5.64 \times 10^{-10},\ pK_a^{\ominus} = 9.25$$

$$HCOOH \quad K_{a'}^{\ominus} = 1.77 \times 10^{-4},\ pK_a^{\ominus} = 3.75$$

根据式(6-12) $$pH = \frac{1}{2}(pK_a^{\ominus} + pK_{a'}^{\ominus}) = \frac{1}{2}(9.25 + 3.75) = 6.50$$

6.1.1.2 酸碱质子理论

(1) 酸碱的定义和共轭酸碱对

① 酸碱的定义 酸碱质子理论认为凡能给出质子（$H^+$）的物质都是酸；凡能接受质子的物质都是碱。例如 HCl、$HCO_3^-$、$NH_4^+$ 是酸；$Cl^-$、$CO_3^{2-}$、$NH_3$ 是碱。

② 共轭酸碱对 酸碱质子理论中的酸和碱不是孤立的，而是相互依存的。酸（HB）给出质子后生成了碱（$B^-$），碱（$B^-$）接受质子后生成了酸（HB）。酸和碱的这种相互依存的关系叫做共轭关系，可用下式表示

$$HB \rightleftharpoons H^+ + B^-$$
$$HAc \rightleftharpoons H^+ + Ac^-$$
$$NH_4^+ \rightleftharpoons H^+ + NH_3$$

式中一对相互依存的物质（HB-$B^-$）称为共轭酸碱对，酸（HB）是碱（$B^-$）的共轭酸，碱（$B^-$）是酸（HB）的共轭碱。例如，HAc 是 $Ac^-$ 的共轭酸，而 $Ac^-$ 是 HAc 的共轭碱。共轭酸碱之间彼此只相差一个质子，质子理论中的酸碱可以是分子或离子。常见的共轭酸碱对见表 6-1。

(2) 酸碱反应的实质 根据酸碱质子理论，酸碱反应的实质，是两个共轭酸碱对之间的质子传递反应，即质子从一种物质传递到另一种物质的反应。因为质子的半径很小，正电荷

密度很高，很不稳定，不能以游离态的形式存在，它一生成，便立即被水（或另一碱性分子或离子）接受。例如，HAc 在水溶液中的离解反应：

**表 6-1　常见共轭酸碱对**

| 酸 | | 碱 | |
|---|---|---|---|
| 名　称 | 化学式 | 化学式 | 名　称 |
| 氢碘酸 | $HI$ | $I^-$ | 碘离了 |
| 氢溴酸 | $HBr$ | $Br^-$ | 溴离子 |
| 硝酸 | $HNO_3$ | $NO_3^-$ | 硝酸根 |
| 水合质子 | $H_3O^+$ | $H_2O$ | 水 |
| 水 | $H_2O$ | $OH^-$ | 氢氧根 |
| 磷酸 | $H_3PO_4$ | $H_2PO_4^-$ | 磷酸二氢根 |
| 磷酸二氢根 | $H_2PO_4^-$ | $HPO_4^{2-}$ | 磷酸氢根 |
| 磷酸氢根 | $HPO_4^{2-}$ | $PO_4^{3-}$ | 磷酸根 |
| 亚硝酸 | $HNO_2$ | $NO_2^-$ | 亚硝酸根 |
| 碳酸 | $H_2CO_3$ | $HCO_3^-$ | 碳酸氢根 |
| 碳酸氢根 | $HCO_3^-$ | $CO_3^{2-}$ | 碳酸根 |
| 氢硫酸 | $H_2S$ | $HS^-$ | 硫氢根 |
| 氢氰酸 | $HCN$ | $CN^-$ | 氢氰酸根 |
| 铵离子 | $NH_4^+$ | $NH_3$ | 氨 |
| 氨 | $NH_3$ | $NH_2^-$ | 氨基离子 |

$$\underset{\text{酸}_1}{HAc} + \underset{\text{碱}_2}{H_2O} \xrightleftharpoons{H^+} \underset{\text{碱}_1}{Ac^-} + \underset{\text{酸}_2}{H_3O^+}$$

式中，酸$_1$、碱$_1$ 表示一对共轭酸碱；酸$_2$、碱$_2$ 表示另一对共轭酸碱。该反应中若没有水（或另一碱性分子或离子）接受质子，HAc 就不能转变为它的共轭碱 $Ac^-$。可见，单独的一个共轭酸碱对是不能进行反应的。

质子的传递过程，可以在水溶液、非水溶剂或无溶剂等条件下进行。例如，HCl 和 $NH_3$ 的反应，无论是在水溶液中，还是在苯溶液或气相条件下进行，其实质都是一样的。HAc 是酸，给出质子转变成为它的共轭碱 $Ac^-$；$NH_3$ 是碱接受质子转变成它的共轭酸 $NH_4^+$。

由此可见，酸碱质子理论不仅扩大了酸碱的范围，也扩大了酸碱反应的范围。从质子传递的观点看，电离理论中的电离作用、中和反应、盐类水解等都属于酸碱反应。质子酸碱反应与经典酸碱反应的比较见表 6-2。

**表 6-2　质子酸碱反应与经典酸碱反应的比较**

| 质子酸碱反应 | 经典酸碱反应 |
|---|---|
| $HAc+H_2O \rightleftharpoons H_3O^+ + Ac^-$ | 弱酸在水中电离 |
| $NH_3+H_2O \rightleftharpoons NH_4^+ + OH^-$ | 弱碱在水中电离 |
| $HCO_3^- + H_2O \rightleftharpoons H_3O^+ + CO_3^{2-}$ | 酸式盐的水解 |
| $NH_4^+ + H_2O \rightleftharpoons H_3O^+ + NH_3$ | 阳离子的水解 |
| $CO_3^{2-} + H_2O \rightleftharpoons HCO_3^- + OH^-$ | 阴离子的水解 |
| $H_3O^+ + OH^- \rightleftharpoons H_2O + H_2O$ | 中和反应 |

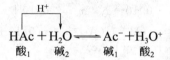

### 6.1.2 影响酸碱平衡的因素

6.1.2.1 同离子效应

在弱酸或弱碱溶液平衡体系中，加入含有同种离子的易溶强电解质，使酸碱解离平衡向着降低弱酸或弱碱解离度方向移动的作用，称为同离子效应。例如在10mL的1mol/L HAc溶液中加入2滴甲基橙，溶液呈红色，若其中加入少量的NaAc固体，搅拌使其完全溶解，溶液逐渐变为黄色。对于指示剂甲基橙来说，当pH≤3.1时，呈红色，而pH≥4.4时溶液呈黄色。上述实验现象表明，少量的NaAc的加入，使溶液中的$Ac^-$的浓度增大，从而使HAc的解离平衡向左移动，$H^+$的浓度减小，所以HAc的解离度也随之降低，溶液pH值增大。

同理，在氨水（$NH_3 \cdot H_2O$）溶液中加入少量的氯化铵或是氢氧化钠固体，由于$NH_4^+$或$OH^-$的存在，可使氨水的解离平衡向左移动，解离度降低。

**【例6-6】** 在0.10mol/L HAc溶液中，加入少量NaAc固体，使其浓度为0.10mol/L（忽略体积变化），比较加入NaAc固体前后$H^+$浓度和HAc的离解度变化。

**解** （1）加入NaAc晶体前

$$c/K_a^{\ominus}=\frac{0.10}{1.76\times10^{-5}}\gg500$$

$$\alpha=\sqrt{\frac{K_a^{\ominus}}{c}}=\sqrt{\frac{1.76\times10^{-5}}{0.10}}=1.3\%$$

$$c(H^+)=c\alpha=0.10\times1.3\%=1.3\times10^{-3}\ (mol/L)$$

（2）加入NaAc固体后，设溶液中$H^+$浓度为$x$mol/L

$$HAc \rightleftharpoons H^+ + Ac^-$$

平衡浓度 mol/L　　$0.10-x$　　$x$　　$0.10+x$

$$K_a^{\ominus}=\frac{c(H^+)c(Ac^-)}{c(HAc)}=\frac{x(0.10+x)}{0.10-x}$$

由于HAc的$\alpha$很小，加NaAc后，$\alpha$变得更小，

则
$$0.10+x=0.10$$
$$0.10-x=0.10$$

上式变为
$$K_a^{\ominus}=\frac{0.10x}{0.10}=1.76\times10^{-5}$$

即
$$c(H^+)=1.76\times10^{-5}=1.8\times10^{-5}(mol/L)$$

$$\alpha=\frac{c(H^+)}{c(HAc)}=\frac{1.8\times10^{-5}}{0.10}=0.018\%$$

6.1.2.2 盐效应

若在HAc溶液中加入不含相同离子的易溶强电解质如NaCl，由于溶液中离子的数目增多，不同电荷的离子之间相互牵制作用增强，从而使$H^+$和$Ac^-$结合成HAc分子的机会减小，表现为弱电解质HAc的离解度增大。这种在弱电解质溶液中加入易溶强电解质使弱电解质离解度增大的现象，称为盐效应。

同离子效应和盐效应是两种完全相反的作用。在发生同离子效应的同时，必然伴有盐效应的发生。只是同离子效应影响比盐效应强得多，在一般计算中可以忽略盐效应。

### 6.1.3 缓冲溶液

6.1.3.1 缓冲溶液的概念

酸碱缓冲溶液是一种在一定的程度和范围内对溶液酸度起到稳定作用的溶液，含有弱酸

及其共轭碱或弱碱及其共轭酸的溶液体系能够抵抗外加少量酸、碱或加水稀释，而本身 pH 基本保持不变的溶液。缓冲溶液的重要作用是控制溶液的 pH。

6.1.3.2　缓冲溶液的类型和组成

缓冲溶液包含有弱酸及其共轭碱或弱碱及其共轭酸，如 $HAc\text{-}Ac^-$，$NH_3\text{-}NH_4^+$，$H_2PO_4^-\text{-}HPO_4^{2-}$ 等缓冲溶液体系。缓冲溶液体系中酸、碱物质的浓度较大（一般为 0.1～1mol/L），而且彼此接近。

按用途缓冲溶液可以分为两类。一类用于控制溶液酸度的，它们大部分是由一定浓度的共轭酸碱对所组成，常用缓冲溶液如 $HAc\text{-}Ac^-$，$NH_3\text{-}NH_4^+$；另一类是用于测量溶液 pH 值时作为参考溶液的标准缓冲溶液，例如定位电极时使用的邻苯二甲酸氢钾等。按组成缓冲溶液也可分为两类。一类常用的缓冲溶液为浓度较大的弱酸及共轭碱，基于弱酸解离平衡，稳定溶液 $H^+$ 的浓度；另一类为高浓度的强酸（$pH<2$）或是强碱（$pH>12$），当外加少量酸或碱时，酸度相对改变不大。

6.1.3.3　缓冲容量和缓冲范围

缓冲溶液抵御少量酸碱的能力称为缓冲能力，缓冲溶液的缓冲能力有一定的限度。当加入酸或碱量较大时，缓冲溶液就失去缓冲能力，其能力的大小由缓冲容量来衡量。所谓缓冲容量是指单位体积缓冲溶液的 pH 改变极小值所需的酸或碱的物质的量。缓冲容量是衡量缓冲溶液缓冲能力大小的尺度。而缓冲容量的大小取决于缓冲组分的浓度以及缓冲组分浓度的比值。

实验表明，当 $c_a/c_b$ 在 0.1～10 之间时，其缓冲能力可满足一般的实验要求，即 $pH=pK_a^{\ominus}\pm1$ 或 $pOH=pK_b^{\ominus}\pm1$ 为缓冲溶液的有效缓冲范围，超出此范围，则认为失去缓冲作用。不同组成的缓冲溶液，由于 $pK_a^{\ominus}$ 或 $pK_b^{\ominus}$ 不同，它们的缓冲范围也不同。

缓冲能力是有限度的，当缓冲溶液中弱酸或共轭碱（弱碱或其共轭酸）与外来酸、碱大部分作用后，溶液的 pH 就会发生很大的变化。

6.1.3.4　缓冲溶液的 pH 的计算

（1）由弱酸 HA 及其共轭碱 $A^-$ 组成的缓冲溶液

$$c(H^+)=K_a^{\ominus}\frac{c(HA)}{c(A^-)}$$

$$pH=pK_a^{\ominus}+\lg\frac{c(A^-)}{c(HA)} \tag{6-13}$$

（2）由弱碱 $A^-$ 及其共轭酸 HA 组成的缓冲溶液

$$c(OH^-)=K_b^{\ominus}\frac{c(A^-)}{c(HA)}$$

$$pOH=pK_b^{\ominus}+\lg\frac{c(HA)}{c(A^-)} \tag{6-14}$$

**【例 6-7】** 计算 $c(NH_4Cl)=0.01mol/L$ $NH_4Cl$ 和 $c(NH_3)=0.20mol/L$ 氨水缓冲溶液的 pH。

**解**　查得 $NH_3$ 的 $K_b=1.8\times10^{-5}$，故

$$K_a=\frac{K_w}{K_b}=5.6\times10^{-10}$$

由式(6-13) 得

$$pH = pK_a^{\ominus} + \lg\frac{c(A^-)}{c(HA)} = 9.25 + \lg\frac{0.20}{0.10} = 9.55$$

即该缓冲溶液的 pH 为 9.55。

**【例 6-8】** 在 80mL 浓度为 0.10mol/L HAc-NaAc 缓冲溶液中，分别加入（1）20mL 0.010mol/L HCl 溶液；（2）20mL 水，试比较加入前后溶液 pH 的变化。

**解** 加入前

$$pH = pK_a^{\ominus} + \lg\frac{c(Ac^-)}{c(HAc)} = 4.75 + \lg\frac{0.10}{0.10} = 4.75$$

（1）加 HCl 后溶液总体积为 100mL，HCl 离解的 $H^+$ 与溶液中 $Ac^-$ 结合成 HAc，HAc 浓度略有增大，$Ac^-$ 浓度略有减小。

$$c(HAc) = 0.10\times\frac{80}{100} + 0.01\times\frac{20}{100} = 0.082\ (mol/L)$$

$$c(Ac^-) = 0.1\times\frac{80}{100} - 0.01\times\frac{20}{100} = 0.078\ (mol/L)$$

$$pH = pK_a^{\ominus} + \lg\frac{c(Ac^-)}{c(HAc)} = 4.75 + \lg\frac{0.078}{0.082} = 4.72$$

（2）加 20mL $H_2O$，HAc 和 $Ac^-$ 浓度改变相同。

$$c(HAc) = c(Ac^-) = 0.10\times\frac{80}{100} = 0.080\ (mol/L)$$

$$pH = pK_a^{\ominus} + \lg\frac{c(Ac^-)}{c(HAc)} = 4.75 + \lg\frac{0.080}{0.080} = 4.75$$

上述计算说明：

① 外加少量强酸（强碱）或加水稀释时，缓冲溶液的 pH 基本不变。

② 缓冲溶液的 pH（或 pOH）与 $pK_a^{\ominus}$（或 $pK_b^{\ominus}$）值和 $c$(酸)/$c$(碱）的比值有关。对某一确定的缓冲溶液，其 $pK_a^{\ominus}$ 或 $pK_b^{\ominus}$ 是一常数。若在一定范围内改变 $c$(酸)/$c$(碱）的比值，可配制不同 pH 的缓冲溶液。

③ 当 $c$(酸)/$c$(碱)=1 时，缓冲溶液 $pH = pK_a^{\ominus}$ 或 $pH = pK_b^{\ominus}$。

6.1.3.5 缓冲溶液的选择与配制

（1）缓冲溶液的选择 选择缓冲溶液时，应根据不同情况选择不同的缓冲溶液。选择原则如下：

① 缓冲溶液对测量过程没有干扰；

② 所需控制的 pH 应在缓冲溶液的缓冲范围内，如缓冲溶液是有机弱酸和其共轭碱组成，则所选的弱酸的 $pK_a$ 值应尽量与所需控制的 pH 值一致；

③ 缓冲溶液应该有足够大的缓冲容量，应尽量控制缓冲溶液的两个组分浓度之比接近于 1∶1，所用缓冲溶液的总浓度应尽量大一些；

④ 组成缓冲溶液的物质应价廉易得，避免环境污染。

（2）缓冲溶液的配制 常用缓冲溶液的配制见表 6-3，标准缓冲溶液的配制见表 6-4。

### 6.1.4 酸碱指示剂

用于判断酸碱滴定反应滴定终点的试剂，称为酸碱指示剂。当酸碱反应到达化学计量点附近时，指示剂将发生颜色的改变，从而来指示滴定终点的到达。这种方法简单、方便，是确定终点的基本方法，判断反应终点还可使用其他方法。

**表 6-3　常用缓冲溶液的配制**

| pH | 配制方法 |
|---|---|
| 3.6 | $NaAc\cdot 3H_2O$ 8g,溶于适量水中,加 6mol/L HAc 134mL,稀释至 500mL |
| 4.0 | $NaAc\cdot 3H_2O$ 20g,溶于适量水中,加 6mol/L HAc 134mL,稀释至 500mL |
| 4.5 | $NaAc\cdot 3H_2O$ 32g,溶于适量水中,加 6mol/L HAc 68mL,稀释至 500mL |
| 5.0 | $NaAc\cdot 3H_2O$ 50g,溶于适量水中,加 6mol/L HAc 34mL,稀释至 500mL |
| 5.7 | $NaAc\cdot 3H_2O$ 100g,溶于适量水中,加 6mol/L HAc 13mL,稀释至 500mL |
| 7.0 | $NH_4Ac$ 77g,用水溶解后稀释至 500mL |
| 7.5 | $NH_4Cl$ 60g,溶于适量水中,加 15mol/L 氨水 1.4mL,稀释至 500mL |
| 8.0 | $NH_4Cl$ 50g,溶于适量水中,加 15mol/L 氨水 3.5mL,稀释至 500mL |
| 8.5 | $NH_4Cl$ 40g,溶于适量水中,加 15mol/L 氨水 8.8mL,稀释至 500mL |
| 9.0 | $NH_4Cl$ 35g,溶于适量水中,加 15mol/L 氨水 24mL,稀释至 500mL |
| 9.5 | $NH_4Cl$ 30g,溶于适量水中,加 15mol/L 氨水 65mL,稀释至 500mL |
| 10.0 | $NH_4Cl$ 27g,溶于适量水中,加 15mol/L 氨水 197mL,稀释至 500mL |
| 10.5 | $NH_4Cl$ 9g,溶于适量水中,加 15mol/L 氨水 175mL,稀释至 500mL |
| 11 | $NH_4Cl$ 3g,溶于适量水中,加 15mol/L 氨水 207mL,稀释至 500mL |

**表 6-4　常用标准缓冲溶液的配制**

| pH(实验值,25℃) | 标准缓冲溶液 |
|---|---|
| 3.56 | 饱和酒石酸氢钾(0.034mol/L) |
| 4.01 | 0.05mol/L 邻苯二甲酸氢钾 |
| 6.86 | 0.025mol/L $KH_2PO_4$-0.025mol/L $Na_2HPO_4$ |
| 9.18 | 0.01mol/L 硼砂 |

6.1.4.1　酸碱指示剂的作用原理

酸碱指示剂是一些有机弱酸或弱碱，这些弱酸或弱碱与其共轭碱或共轭酸具有不同的颜色。当溶液的 pH 改变时，指示剂将得到或失去质子发生结构的改变，从而引起颜色的改变。

现以酚酞指示剂为例加以说明。酚酞是一有机弱酸，其 $K_a=6\times10^{-10}$，它在溶液中的离解平衡可用下式表示：

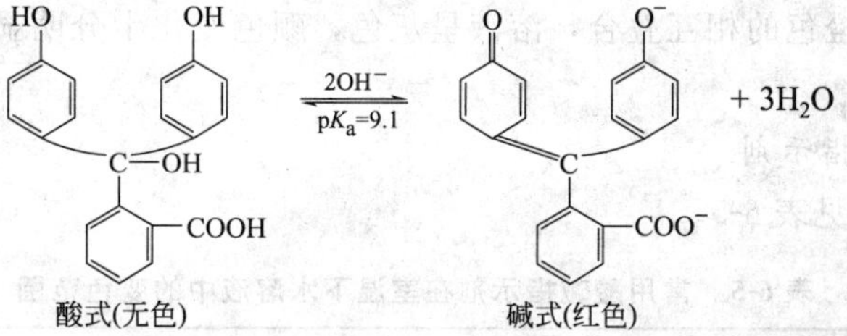


从离解平衡式可以看出，当溶液由酸性变化到碱性，平衡向右方移动，酚酞由酸式色转变为碱式色，溶液由无色变为红色；反之，由红色变为无色。

以 HIn 代表弱酸性指示剂，其离解平衡可用下式表示：

$$HIn \rightleftharpoons In^- + H^+$$

酸式色　　碱式色

由此可见，酸碱指示剂的变色和溶液的 pH 值相关。

6.1.4.2　酸碱指示剂的变色范围

现以弱酸性指示剂为例来讨论指示剂的变色与溶液 pH 值之间的数量关系。已知弱酸性指示剂在溶液中的离解平衡为：

$$\frac{[H^+][In^-]}{[HIn]}=K_{In} \quad 或 \quad \frac{[In^-]}{[HIn]}=\frac{K_{In}}{[H^+]}$$

式中，$K_{In}$为指示剂的离解平衡常数，通常称为指示剂常数。

在一定温度下，酸碱指示剂 $K_{In}$是一个常数，溶液的颜色就完全取决于溶液的 pH 值。溶液中指示剂颜色是两种不同颜色的混合色，当两种颜色的浓度之比是 10 倍或 10 倍以上时，只能看到浓度较大的那种颜色。一般认为，能够看到颜色变化的指示剂浓度比 $[In^-]/[HIn]$ 的范围是$\frac{1}{10}$～10。如果用溶液的 pH 值表示，则可表示为：

$$\frac{[In^-]}{[HIn]}=\frac{K_{In}}{[H^+]}=\frac{1}{10} \quad [H^+]=10K_{In} \quad pH=pK_{In}-1$$

$$\frac{[In^-]}{[HIn]}=\frac{K_{In}}{[H^+]}=10 \quad [H^+]=\frac{1}{10}K_{In} \quad pH=pK_{In}+1$$

当 pH 值在 $pK_{In}-1$ 以下时，溶液只显指示剂的酸式色；pH 值在 $pK_{In}+1$ 以上时，只显其碱式色；当 pH 在 $pK_{In}-1$ 到 $pK_{In}+1$ 之间时，才能看到指示剂的颜色变化情况，故指示剂的变色范围为

$$pH=pK_{In}\pm1。$$

实际上指示剂的变色范围与理论范围并不一致，这是由于人眼睛对各种颜色的敏感程度有所差别，以及指示剂两种颜色的强度所致。例如，甲基橙的 $pK_{HIn}=3.4$，理论变色范围为 2.4～4.4，而实际变色范围为 3.1～4.4。这是由于人眼对红色比对黄色更为敏感的缘故。

指示剂的变色范围越窄越好，当溶液的 pH 稍有变化时，就能引起指示剂颜色的突变，对提高测定的准确度有利。

#### 6.1.4.3 混合指示剂

酸碱滴定中，有时使用单一指示剂变色不敏锐，或是需要将终点限制在很狭窄的范围内，这时可采用混合指示剂。混合指示剂分为两种：一种是同时使用两种指示剂；一种是由指示剂与惰性染料组成，利用其颜色互补，使终点变色更加敏锐。例如溴甲酚绿和甲基红混合指示剂，在酸性条件下显橙色（黄+红），在碱性条件下显绿色（蓝+黄）。在溶液 pH=5.1 时，由于绿色和橙色的相互叠合，溶液呈灰色，颜色变化十分明显，是变色范围缩短为变色点。

#### 6.1.4.4 常用指示剂

常用酸碱指示剂见表 6-5。

**表 6-5 常用酸碱指示剂在室温下水溶液中的变色范围**

| 指 示 剂 | 酸式色 | 碱式色 | $pK_{HIn}$ | 变色范围 |
|---|---|---|---|---|
| 酚酞 | 无色 | 红色 | 9.1 | 8.0～9.6 |
| 百里酚酞 | 无色 | 蓝色 | 10.0 | 9.4～10.6 |
| 甲基橙 | 红色 | 黄色 | 3.4 | 3.1～4.4 |
| 百里酚蓝(第一次变色) | 红色 | 黄色 | 1.6 | 1.2～2.8 |
| 百里酚蓝(第二次变色) | 黄色 | 蓝色 | 8.9 | 8.09～9.6 |
| 甲基红 | 红色 | 黄色 | 5.2 | 4.4～6.2 |
| 溴甲酚绿 | 黄色 | 蓝色 | 4.9 | 3.8～5.4 |
| 溴酚蓝 | 黄色 | 紫色 | 4.1 | 3.1～4.6 |
| 酚红 | 黄色 | 红色 | 8.0 | 6.7～8.4 |

常用混合酸碱指示剂见表 6-6。

表 6-6　几种常用混合酸碱指示剂

| 序　　号 | 指示剂名称 | 浓度 | 组成 | 变色点 | 酸色 | 碱色 |
|---|---|---|---|---|---|---|
| 1 | 甲基黄 | 0.1%乙醇溶液 | 1∶1 | 3.28 | 蓝紫 | 绿 |
| | 亚甲基蓝 | 0.1%乙醇溶液 | | | | |
| 2 | 甲基橙 | 0.1%水溶液 | 1∶1 | 4.3 | 紫 | 绿 |
| | 苯胺蓝 | 0.1%水溶液 | | | | |
| 3 | 溴甲酚绿 | 0.1%乙醇溶液 | 3∶1 | 5.1 | 酒红 | 绿 |
| | 甲基红 | 0.2%乙醇溶液 | | | | |
| 4 | 溴甲酚绿钠盐 | 0.1%水溶液 | 1∶1 | 6.1 | 黄绿 | 蓝紫 |
| | 氯酚红钠盐 | 0.1%水溶液 | | | | |
| 5 | 中性红 | 0.1%乙醇溶液 | 1∶1 | 7.0 | 蓝紫 | 绿 |
| | 亚甲基蓝 | 0.1%乙醇溶液 | | | | |
| 6 | 中性红 | 0.1%乙醇溶液 | 1∶1 | 7.2 | 玫瑰 | 绿 |
| | 溴百里酚蓝 | 0.1%乙醇溶液 | | | | |
| 7 | 甲酚红钠盐 | 0.1%水溶液 | 1∶3 | 8.3 | 黄 | 紫 |
| | 百里酚蓝钠盐 | 0.1%水溶液 | | | | |
| 8 | 酚酞 | 0.1%乙醇溶液 | 1∶2 | 8.9 | 绿 | 紫 |
| | 甲基绿 | 0.1%乙醇溶液 | | | | |
| 9 | 酚酞 | 0.1%乙醇溶液 | 1∶1 | 9.9 | 无色 | 紫 |
| | 百里酚酞 | 0.1%乙醇溶液 | | | | |
| 10 | 百里酚酞 | 0.1%乙醇溶液 | 2∶1 | 10.2 | 黄 | 绿 |

## 6.2　酸碱滴定法

**【能力目标】** 能根据滴定曲线选择合适的指示剂，会配制并标定 NaOH 和 HCl 标准溶液。

**【知识目标】** 了解滴定曲线的绘制过程；掌握指示剂的选择方法；掌握酸碱滴定法四种滴定方式的应用。

### 6.2.1　酸碱滴定曲线

在酸碱滴定过程中，溶液的 $H^+$ 的浓度将随着滴定剂的加入而逐渐变化的情况，可用滴定曲线表示出来。酸、碱的强弱不同，滴定过程溶液的酸度变化也不同，因此需要掌握不同酸碱滴定过程的变化规律，才能选择合适的指示剂与准确的指示终点。

6.2.1.1　强碱（酸）滴定强酸（碱）

滴定过程中溶液 pH 值的计算

反应原理

$$H^+ + OH^- \Longrightarrow H_2O$$

$$K_t = \frac{1}{[H^+][OH^-]} = K_w = 10^{14}$$

现以 0.1000mol/L NaOH 滴定 20.00mL 0.1000mol/L HCl 为例说明强碱滴定强酸。

(1) 滴定前溶液的组成全部为 0.1000mol/L HCl 溶液，溶液的 pH 值由 HCl 溶液的浓度决定：

$$[H^+]=c(HCl)=0.1000mol/L$$

$$pH=1.00$$

(2) 滴定开始至化学计量点前，溶液的组成为 NaCl-HCl，溶液的 $[H^+]$ 取决于剩余的 HCl，此时：

$$[H^+]=\frac{(V_{HCl}-V_{NaOH})c_{HCl}}{V_{HCl}+V_{NaOH}} \tag{6-15}$$

式中 $V_{NaOH}$——加入 NaOH 溶液的总体积，mL；

$V_{HCl}$——HCl 溶液的总体积，mL。

当滴入 NaOH 溶液 19.98mL，即当其相对误差为 -0.1%时：

$$[H^+]=\frac{(20.00-19.98)mL}{(20.00+19.98)mL}\times 0.1000mol/L=5.0\times 10^{-5}mol/L$$

$$pH=4.30$$

(3) 化学计量点时，加入的 20.00mL NaOH 溶液与 HCl 恰好完全反应，溶液的组成全部为 NaCl，溶液呈中性，所有的 $H^+$ 来自于水的解离

$$[H^+]=[OH^-]=\sqrt{K_w}=1.0\times 10^{-7}(mol/L)$$

$$pH=7.00$$

(4) 化学计量点后，溶液是由 NaCl-NaOH 组成，溶液的 pH 由过量的 NaOH 决定。当滴入 20.02mol/L 的 NaOH 溶液，相对误差为 +0.1%时：

$$[OH^-]=\frac{V_{NaOH}-V_{HCl}}{V_{HCl}+V_{NaOH}}c(NaOH)=\frac{(20.02-20.00)mL}{(20.00+20.02)mL}\times 0.1000mol/L=5.0\times 10^{-5}mol/L$$

$$pOH=4.30$$

$$pH=9.70$$

如此逐一计算，以加入 NaOH 溶液的体积对相应的 pH 值作图得滴定曲线，如图 6-1 所示。

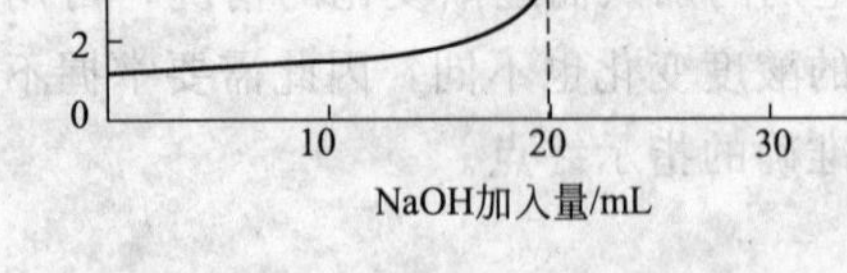

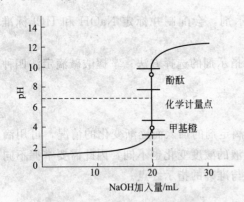

图 6-1 0.1000mol/L NaOH 标准溶液滴定 20.00mL 0.1000mol/L HCl 的滴定曲线

在化学计量点附近，溶液的 $[H^+]$ 发生了显著的变化，由 pH=4.30 急剧变化到 pH=9.70，这种显著变化的现象称为滴定的 pH 突跃。在化学计量点前后 -0.1%～+0.1%的范围内，pH 改变了 5.4 个单位，在滴定曲线上出现了近于垂直的一段，该段所包含的 pH 范围称为滴定突跃范围。当继续滴加 NaOH 时，溶液中的 $OH^-$ 逐渐增多，由于 NaOH 自身的缓冲作用，pH 变化减缓，滴定曲线趋于平坦。在滴定突跃的两端，滴定曲线为对称状态。

指示剂的选择应符合以下原则：指示剂的变色范围应全部或部分落入突跃范围内；指示剂的变色应明显，易于观察判断。根据以上原则，当 0.1000mol/L NaOH 滴定 0.1000mol/L HCl 时，可选择甲基橙、酚酞或是甲基红作为指示剂。但实际分析时，为了使终点颜色更好判断，通常选用酚酞作为指示剂，终点时由无色变为浅红色。

若用 HCl 标准溶液滴定 NaOH 溶液（条件与前例相同），则滴定曲线与上述曲线互相对称，但溶液的 pH 变化方向相反，即滴定突跃由 pH=9.70 降至 4.30。此时可选甲基红或酚酞作为指示剂，实际分析中由于甲基红是由黄变为橙，而酚酞由红色变为无色，两者均不易判断，通常采用混合指示剂溴甲酚绿-甲基红，终点时由绿经浅灰变为暗红，易于观察。

强酸强碱互相滴定时，两者浓度越大，突跃越大；浓度越小，则滴定突跃越小。例如，当两者浓度各增大 10 倍，则滴定突跃范围向上下两端各延伸一个 pH 单位，即为 3.30～10.70；相反，若两者浓度为 0.0100mol/L 时，范围则为 5.30～8.70。

6.2.1.2　*强碱滴定弱酸*

滴定过程中溶液 pH 值的计算

反应原理　$$OH^- + HA \rightleftharpoons A^- + H_2O$$

现以 0.1000mol/L NaOH 滴定 20.00mL 0.1000mol/L HAc 为例说明强碱滴定弱酸。

(1) 滴定前溶液中的 $H^+$ 主要来自于 0.1000mol/L HAc 离解。

由于满足条件 $c/K_a=\dfrac{0.1000}{1.8\times10^{-5}}>500$，$cK_a\geqslant20K_w$，所以

$$[H^+]=\sqrt{cK_a}=\sqrt{0.1000\times1.8\times10^{-5}}\text{mol/L}=1.3\times10^{-3}\text{mol/L}$$

$$pH=2.89$$

(2) 滴定开始至化学计量点前，溶液的组成为 HAc 和 $Ac^-$，其 pH 值由 HAc-NaAc 缓冲体系决定，当滴入 19.98mLNaOH 标准溶液时，则有

$$[H^+]=K_a\frac{[HAc]}{[Ac^-]}$$

$$[HAc]=\frac{0.1000\text{mol/L}\times(20.00-19.98)\text{mL}}{(20.00+19.98)\text{mL}}=5.0\times10^{-5}\text{mol/L}$$

$$[Ac^-]=\frac{0.1000\text{mol/L}\times19.98\text{mL}}{(20.00+19.98)\text{mL}}=5.0\times10^{-2}\text{mol/L}$$

$$[H^+]=1.8\times10^{-5}\times\frac{5.0\times10^{-5}}{5.0\times10^{-2}}\text{mol/L}=1.8\times10^{-8}\text{mol/L}=1.8\times10^{-8}\text{mol/L}$$

$$pH=7.74$$

(3) 化学计量点时反应的生成物是 NaAc，溶液的体积增大一倍，所以此时 $c(Ac^-)=$ 0.0500mol/L 溶液的 pH 值由 $Ac^-$ 的解离决定，此时 $OH^-$ 浓度为：

$$[OH^-]=\sqrt{c_{Ac^-}K_b}=\sqrt{0.0500\times5.6\times10^{-10}}\text{mol/L}=5.3\times10^{-6}\text{mol/L}$$

$$pOH=5.28$$

$$pH=8.72$$

(4) 化学计量点后溶液由 $OH^-$ 与 $Ac^-$ 组成，即为强碱与弱碱的混合液。pH 由过量的 NaOH 溶液决定，当滴加 20.02mL NaOH 溶液时（相对误差为 0.1%）：

$$[OH^-]=\frac{(20.02-20.00)\text{mL}}{(20.00+20.02)\text{mL}}\times0.1000\text{mol/L}=5.0\times10^{-5}\text{mol/L}$$

$$pOH=4.30$$

$$pH=9.70$$

按照上述方法可逐一计算出其他各点的 pH 值，以加入 NaOH 溶液的体积对相应的 pH 值作图的滴定曲线，如图 6-2 所示。

该滴定曲线有如下特点：

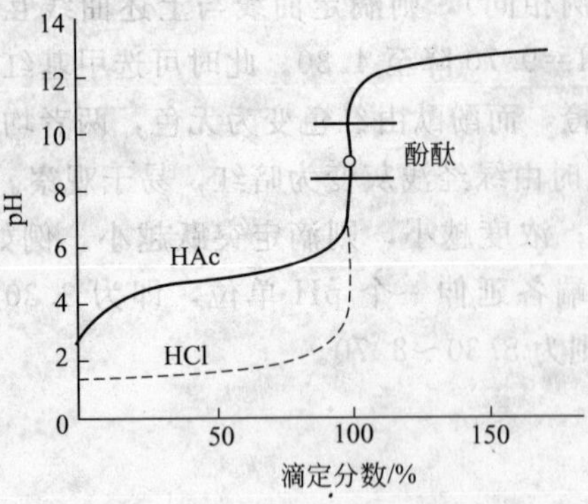


图 6-2　0.1000mol/L NaOH 标准溶液滴定 20.00mL 0.1000mol/L HAc 的滴定曲线

① 滴定曲线的起始点 pH 为 2.89，与前文的强碱滴定强酸相比增大 1.89 个 pH 单位，这是由于 HAc 为弱酸的缘故；

② 化学计量点时，由于生成的 $Ac^-$ 的解离作用，溶液呈碱性，pH＝8.72，可知被滴定的酸的酸性越弱，其共轭碱的碱性越强，化学计量点的 pH 越大；

③ 根据突跃范围 7.74～9.70，与强碱滴定强酸的突跃范围减小了，因此只能选择在碱性范围内变色的指示剂，如酚酞、溴百里酚酞等，而甲基橙、甲基红的不能选用。

6.2.1.3　强酸滴定弱碱

滴定过程中溶液 pH 值的计算

反应原理　　$NH_3 + H_2O \rightleftharpoons NH_4^+ + OH^-$

现以 0.1000mol/L HCl 滴定 20.00mL0.1000mol/L 氨水为例说明强酸滴定弱碱。

(1) 滴定前溶液的 pH 值由 0.1000mol/L 氨水决定。

由一元弱碱的最简式计算：

$$[OH^-] = \sqrt{cK_b} = \sqrt{0.1000 \times 1.8 \times 10^{-5}}\,\text{mol/L} = 1.3 \times 10^{-3}\,\text{mol/L}$$

$$pH = 11.13$$

(2) 滴定开始至化学计量点前溶液的组成为 $NH_4Cl$ 与 $NH_3$，其 pH 值由缓冲体系决定，当地如 19.98mLHCl 标准溶液时，则有：

$$[OH^-] = K_b \frac{[NH_3]}{[NH_4^+]}$$

$$[NH_3] = \frac{0.1000\text{mol/L} \times (20.00 - 19.98)\text{mL}}{(20.00 + 19.98)\text{mL}} = 5.0 \times 10^{-5}\,\text{mol/L}$$

$$[NH_4^+] = \frac{0.1000\text{mol/L} \times 19.98\text{mL}}{(20.00 + 19.98)\text{mL}} = 5.0 \times 10^{-2}\,\text{mol/L}$$

$$[OH^-] = 1.8 \times 10^{-5} \times \frac{5.0 \times 10^{-5}}{5.0 \times 10^{-2}}\,\text{mol/L} = 1.8 \times 10^{-8}\,\text{mol/L} = 1.8 \times 10^{-8}\,\text{mol/L}$$

$$pOH = 7.74$$

$$pH = 6.26$$

(3) 化学计量点时反应的生成物是 $NH_4Cl$，溶液的体积增大一倍，所以此时 $c(NH_4^+)$＝0.0500mol/L，溶液的 pH 值由 $NH_4^+$ 的解离决定，此时 $H^+$ 浓度为：

$$[H^+] = \sqrt{c_{NH_4^+} K_a} = \sqrt{0.0500 \times \frac{10^{-14}}{1.8 \times 10^{-5}}}\,\text{mol/L} = 5.3 \times 10^{-6}\,\text{mol/L}$$

$$pH = 5.28$$

(4) 化学计量点后溶液由 $NH_4^+$ 与 $Cl^-$ 组成，pH 由过量的 HCl 溶液决定，当滴加 20.02mLHCl 溶液时（相对误差为 0.1%）：

$$[H^+] = \frac{(20.02 - 20.00)\text{mL}}{(20.00 + 20.02)\text{mL}} \times 0.1000\text{mol/L} = 5.0 \times 10^{-5}\,\text{mol/L}$$

$$pH = 4.30$$

按照上述方法可逐一计算出其他各点的 pH 值，以加入 NaOH 溶液的体积对相应的 pH 值作图的滴定曲线，如图 6-3 所示。

由图 6-3 可知，滴定曲线与 NaOH 滴定 HAc 相似，但是曲线方向即 pH 方向相反，反应产物为 $NH_4^+$，呈酸性，突跃范围为 6.26～4.30，较强酸滴定强碱要小，可选择甲基橙或甲基红为指示剂。

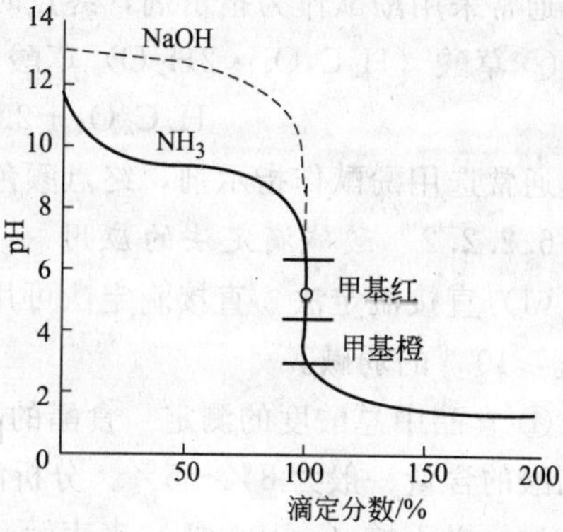

图 6-3 0.1000mol/L HCl 标准溶液滴定 20.00mL 0.1000mol/L 氨水的滴定曲线

### 6.2.2 酸碱滴定法的应用

#### 6.2.2.1 酸碱标准溶液的配制

酸碱滴定法中常用的标准溶液都是由强酸或强碱组成。通常使用 HCl 和 $H_2SO_4$ 作为酸标准溶液，常温时最常用的是 HCl，而当需要加热或在较高温度下使用时，则采用 $H_2SO_4$ 标准溶液比较适宜。通常使用 NaOH 和 KOH 作为碱标准溶液，实际分析时常采用 NaOH。酸碱标准溶液的浓度一般不会太高，通常采用 0.01mol/L 。若标准溶液浓度太高，将会消耗大量的试剂，造成浪费；若浓度太低，又不利于终点的判断，得不到准确的结果。因此，实际工作中，应根据需要配制合适的标准溶液。

（1）盐酸标准溶液的配制与标定　由于浓盐酸具有挥发性，所以配制时应采用间接法配制。配制时可采用分析纯级别的盐酸试剂配制成接近所需浓度的溶液，要求其浓度应与所需浓度值误差不得超出 5%，然后再用基准物质进行标定。

标定粗配的盐酸溶液使用可采用无水碳酸钠或硼砂等。

① 无水碳酸钠（$Na_2CO_3$）　碳酸钠容易吸收空气中的水分，使用前必须在 270～300℃ 高温炉中灼热至恒重（见 GB/T 601—2002），然后密封于称量瓶内，保存在干燥器中备用。标定盐酸的反应式为：

$$2HCl + Na_2CO_3 \longrightarrow CO_2 + H_2O + 2NaCl$$

滴定时使用溴甲酚绿-甲基红混合指示剂指示终点，必须注意近终点时应煮沸溶液，赶出 $CO_2$ 后继续滴定至暗红色，以避免由于溶液中 $CO_2$ 过饱和而造成假终点。

② 硼砂（$Na_2B_4O_7 \cdot 10H_2O$）　硼砂在空气中当相对湿度小于 39% 时容易风化失去结晶水，因此应保存在相对湿度为 60% 的恒湿器中。由于其摩尔质量大，因此常采用称取单份基准物质的方法进行标定。标定反应式为：

$$Na_2B_4O_7 + 2HCl + 5H_2O \longrightarrow 4H_3BO_3 + 2NaCl$$

滴定时选用甲基红作为指示剂，终点由黄变红，变色较为明显。

（2）氢氧化钠标准溶液的配制与标定　由于氢氧化钠具有很强的吸湿性，并易于吸收空气中的水分和 $CO_2$，NaOH 必须采用先粗配，再用基准物质标定的方法确定其准确浓度。用于标定 NaOH 的基准物质通常有邻苯二甲酸氢钾和草酸。

① 邻苯二甲酸氢钾（$KHC_8H_4O_4$）使用前应于 100～125℃ 干燥备用，温度不宜过高，否则会使其脱水而形成邻苯二甲酸酐。由于其摩尔质量大，故通常采用单份标定，称量误差小。标定反应如下：

$$KHC_8H_4O_4 + NaOH \longrightarrow NaKC_8H_4O_4 + H_2O$$

通常采用酚酞作为指示剂，终点时由无色变至浅红

② 草酸（$H_2C_2O_4 \cdot 2H_2O$）草酸为二元酸，标定反应式如下：

$$H_2C_2O_4 + 2NaOH \longrightarrow Na_2C_2O_4 + 2H_2O$$

通常选用酚酞作指示剂，终点颜色变化敏锐。

6.2.2.2 酸碱滴定法的应用

(1) 直接滴定法 直接滴定法可用于测定强酸或强碱性物质，及 $c_aK_a \geqslant 10^{-8}$ 的弱酸或 $c_bK_b \geqslant 10^{-8}$ 的弱碱。

① 食醋中总酸度的测定 食醋的主要组分是乙酸，此外还含有少量其他弱酸如乳酸等，其乙酸的含量一般为3%～5%。分析测定时可使用 NaOH 标准溶液滴定，测出的是食醋中总酸量，以乙酸（g/100mL）来表示。当乙酸浓度较大时，滴定前要适当稀释。稀释会使食醋本身颜色变浅，为便于观察终点颜色的变化，通常选用白醋作为试样进行分析。

准确吸取醋样 10.00mL 于 250mL 容量瓶中，以新煮沸并冷却的蒸馏水稀释至刻度，摇匀。用移液管吸取 25.00mL 稀释过的醋样于 250mL 锥形瓶中，加入 25mL 新煮沸并冷却的蒸馏水，加酚酞指示剂 2～3 滴，用已标定过的 NaOH 标准溶液滴定至溶液呈粉红色，并在 30s 内不褪色，即为终点。根据消耗 NaOH 溶液的用量，计算食醋的总酸度。

$$\text{食醋总酸度(以醋酸 g/mL 计)} = \frac{c(NaOH)V(NaOH)M(HAc)}{V(HAc) \times \frac{25}{250}} \times 10^{-3} \quad (6\text{-}16)$$

② 混合碱的分析

a. 烧碱中 NaOH 和 $Na_2CO_3$ 含量的测定 NaOH 俗称烧碱、火碱、苛性钠，生产及贮存过程中，由于吸收空气中的 $CO_2$ 而生成了 $Na_2CO_3$，因此，应经常对烧碱进行 NaOH 和 $Na_2CO_3$ 含量的测定，这里介绍双指示剂法和氯化钡法。

双指示剂法 即采用两种指示剂，得到两个滴定终点的方法。

用分析天平准确称取一定量的试样，以酚酞为指示剂，用 HCl 标准溶液滴定至终点，再继续加入甲基橙并滴定到第二个终点。前后两次消耗 HCl 标准溶液体积分别为 $V_1$ 和 $V_2$。滴定过程如图 6-4 所示。

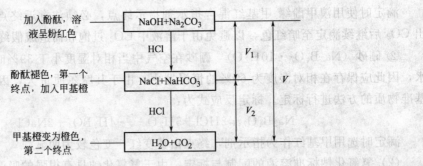

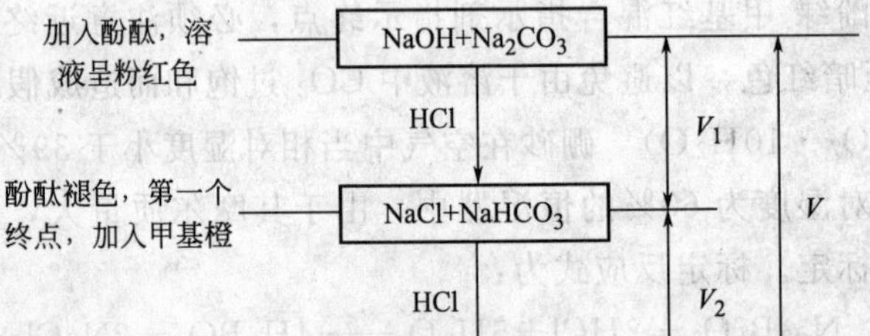


图 6-4 烧碱中 NaOH 和 $Na_2CO_3$ 含量的测定滴定过程

由图 6-4 可知，根据反应的化学计量关系，消耗的体积 $V_1 > V_2$，滴定 NaOH 消耗的 HCl 溶液的体积为（$V_1 - V_2$），滴定 $Na_2CO_3$ 用去的体积为 $2V_2$。若混合碱试样质量为 $m_s$，则

$$w(NaOH) = \frac{c(HCl)(V_1 - V_2)M(NaOH)}{m_s} \times 100\% \quad (6\text{-}17)$$

$$w(Na_2CO_3)=\frac{2c(HCl)V_2M\left(\frac{1}{2}Na_2CO_3\right)}{m_s}\times 100\% \qquad (6\text{-}18)$$

由以上可进行反推，即当 $V_1>V_2$ 时，可判断混合碱组成为 NaOH 和 $Na_2CO_3$。

双指示剂法虽然操作简便，但是由于酚酞是由粉红色变到无色，误差在 1%左右。若要求提高测定的准确度，可采用氯化钡法。

氯化钡法　取一份试样溶液，以甲基橙为指示剂，用 HCl 标准溶液滴定至橙色，测得的是碱的总量，设消耗 HCl 溶液的体积为 $V_1$，再取等体积试液加入 $BaCl_2$ 溶液，待 $BaCO_3$ 沉淀析出后，以酚酞作为指示剂，用 HCl 标准溶液滴定至终点，消耗的体积为 $V_2$，此时反应的是 NaOH。则

$$w(Na_2CO_3)=\frac{c(HCl)(V_1-V_2)M\left(\frac{1}{2}Na_2CO_3\right)}{m_s}\times 100\% \qquad (6\text{-}19)$$

$$w(NaOH)=\frac{c(HCl)V_2M(NaOH)}{m_s}\times 100\% \qquad (6\text{-}20)$$

b. 饼干中 $Na_2CO_3$ 和 $NaHCO_3$ 含量的测定

双指示剂法　滴定过程如图 6-5 所示，消耗的 HCl 标准溶液的体积为 $V_2>V_1$。

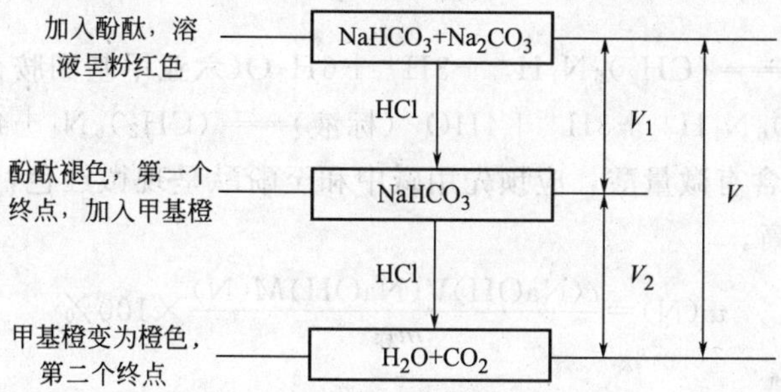


图 6-5　饼干中 $Na_2CO_3$ 和 $NaHCO_3$ 含量的测定滴定过程

$$w(Na_2CO_3)=\frac{2c(HCl)V_1M\left(\frac{1}{2}Na_2CO_3\right)}{m_s}\times 100\% \qquad (6\text{-}21)$$

$$w(NaHCO_3)=\frac{c(HCl)(V_2-V_1)M\left(\frac{1}{2}Na_2CO_3\right)}{m_s}\times 100\% \qquad (6\text{-}22)$$

由以上可进行反推，即当 HCl 溶液消耗体积为 $V_1<V_2$ 时，可判断混合碱组成为 $Na_2CO_3$ 和 $NaHCO_3$。

(2) 返滴定法　蛋壳的主要成分为 $CaCO_3$，将其研碎并加入已知浓度的过量的 HCl 标准溶液，反应如下：

$$CaCO_3+2H^+\longrightarrow Ca^{2+}+CO_2\uparrow+H_2O$$

过量的 HCl 溶液用 NaOH 标准溶液返滴定，由加入的 HCl 的物质的量与返滴定所消耗的 NaOH 的物质的量之差，即可求得试样中 $CaCO_3$ 的含量。

将蛋壳去内膜并洗净，烘干后研碎，使其通过 80～100 目的标准筛，准确称取 3 份 0.1g 试样，分别置于 250mL 锥形瓶中，用滴定管逐滴加入 HCl 标准溶液 40.00mL，并放置 30min。加入甲基橙指示剂，以 NaOH 标准滴定溶液返滴定其中过量的 HCl 至溶液由红

色刚刚变为黄色即为终点。计算蛋壳试样中 $CaCO_3$ 的质量分数。

(3) 置换滴定法　例如酯类的测定，将酯类与已知准确浓度的 NaOH 溶液共同加热，反应完全之后，以酚酞为指示剂，用 HCl 标准溶液滴定过量的 NaOH，通过计算就可测得碱的含量，从而计算酯类的含量。发生的皂化反应如下：

$$CH_3COOC_2H_5 + NaOH \longrightarrow CH_3COONa + C_2H_5OH$$

(4) 间接滴定法　常见的铵盐有 $(NH_4)_2SO_4$、$NH_4Cl$、$NH_4NO_3$、$NH_4HCO_3$ 等，其水溶液均呈酸性，由判别式 $K_a = \frac{K_w}{K_b} = \frac{1.0\times10^{-14}}{1.8\times10^{-5}} = 5.6\times10^{-10} < 1.0\times10^{-8}$ 可得，前三种盐均不能采用直接滴定法测定，而对于 $NH_4HCO_3$：$K_{NH_3} > K_{HCO_3^-}$，水溶液呈弱碱性，$cK_{b_2} > 10^{-8}$，可用酸标准滴定溶液直接滴定。

肥料、土壤常常需要测定氮的含量，有机化合物及食品中蛋白质的测定，通常将试样中适当处理转化为铵后，再行测定。以硫酸铵中氮含量的测定为例，常用蒸馏法和甲醛法进行测定。这里介绍甲醛法。

硫酸铵与甲醛反应，定量生成 $(CH_2)_6N_4H^+$（六亚甲基四胺的共轭酸）和 $H^+$，反应中生成的酸用 NaOH 标准溶液滴定。六亚甲基四胺是一种很弱的碱，化学计量点时，pH 为 8.7，故选以酚酞为指示剂，滴定至粉红色 30s 不褪色即为终点。反应式如下：

$$4NH_4^+ + 6HCHO \longrightarrow (CH_2)_6N_4H^+ + 3H^+ + 6H_2O \text{(六亚甲基四胺,} K_b = 1.4\times10^{-9}\text{)}$$

$$(CH_2)_6N_4H^+ + 3H^+ + 4OH^-\text{(标液)} \longrightarrow (CH_2)_6N_4 + 4H_2O$$

市售 40% 甲醛常含有微量酸，应预先用碱中和至酚酞呈现微红色，再与铵盐试样作用，否则会使测定结果偏高。

$$w(N) = \frac{c(NaOH)V(NaOH)M(N)}{m_{样}} \times 100\% \qquad (6\text{-}23)$$

## 练　习　题

1. 在氨水中加入少量的氯化铵固体，可使氨水的解离平衡向（　　）移动。

A. 左　　B. 右　　C. 不移动　　D. 先向左，再达到平衡

2. 下列溶液不属于缓冲溶液的是（　　）。

A. $HAc\text{-}Ac^-$　　B. $NH_3\text{-}NH_4^+$　　C. 高浓度的强酸或是强碱　　D. $NH_4Cl$

3. 酚酞的变色范围为（　　）。

A. 7.5～8.5　　B. 8.0～9.6　　C. 9.0～10.0　　D. 9.5～10.5

4. 当用 0.1000mol/L NaOH 标准溶液滴定 20.00mL 0.1000mol/L HCl 溶液时，不可选用（　　）作为指示剂。

A. 酚酞　　B. 甲基橙　　C. 甲基红　　D. 百里酚蓝

5. NaOH 溶液不可用（　　）物质作为基准物进行标定。

A. 草酸　　B. HCl 标准溶液　　C. 邻苯二甲酸氢钾　　D. 醋酸溶液

6. 解释下列名词。

电离常数、同离子效应、酸效应、缓冲溶液、缓冲容量、酸碱指示剂、滴定突跃、酸碱滴定曲线

7. 简述酸碱质子理论中的酸碱定义，并阐述酸碱反应的实质。

8. 简述指示剂选择原则。

9. 简述缓冲溶液的选择原则。

10. 简述酸碱指示剂变色原理。

11. 简述采用无水 $Na_2CO_3$ 标定 HCl 的程序。

12. 配制 0.1mol/L NaOH 标准溶液 500mL，计算应称取固体 NaOH 的质量，阐述标定程序及使用仪器。

13. 邻苯二甲酸氢钾没规定烘干温度。当温度＞125℃时，会使基准物质中有少部分变成酸酐。问仍使用此基准物质标定 NaOH 溶液时，该 NaOH 溶液的浓度将怎样变化？

14. 欲配制 pH＝5.00 的缓冲溶液 500mL，已用去 6.0mol/L 的 HAc 34.00mL，问需要 NaAc 多少克？

15. 指出下列物质酸碱性并写出的共轭酸碱对。

$H_3PO_4$、$HS^-$、$HCO_3$－、$NH_4^+$、$C_2H_5O^-$、$H_2O$

16. 计算下列溶液的 pH。

(1) 0.0100mol/L 的 HCl 溶液 (2) 0.2000mol/L 的 HAc 溶液

(3) 0.2000mol/L 的 NaOH 溶液 (4) 0.2000mol/L 的氨水

(5) 20g 的 NaAc 固体与 150mL 的 1.0mol/L HAc 溶液混合，稀释至 1L

17. 指出下列溶液中，指示剂显示的颜色。

(1) pH＝3.6 的溶液中滴入甲基红指示剂

(2) pH＝7.2 的溶液中滴入溴甲酚绿指示剂

(3) pH＝6.0 的溶液中滴入甲基红和溴甲酚绿指示剂

(4) pH＝10.0 的溶液中滴入酚酞指示剂

(5) pH＝4.0 的溶液中滴入甲基橙指示剂

18. 计算 $c_{NH_4Cl}=0.10$mol/L 的 $NH_4Cl$ 溶液和 $c_{NH_3}=0.20$mol/L 的氨水的缓冲溶液的 pH 值。($NH_3$ 的 $K_b=1.8\times10^{-5}$)

19. 准确称取蛋壳试样 0.2137g，测定 $CaCO_3$ 的含量，加入 50.00mL $c_{HCl}=0.1040$mol/L 的盐酸溶液，反应完全后，用 $c_{NaOH}=0.1000$mol/L 的 NaOH 标准溶液滴定剩余的 HCl，到达滴定终点消耗了 26.12mL，计算蛋壳中 $CaCO_3$ 的质量分数。($M_{CaCO_3}=100.09$g/mol)

20. 测定食醋的总酸度，从醋瓶中取出 15.00mL 定容于 250.0mL 的容量瓶中，从中取出 25.00mL，用 $c_{NaOH}=0.1023$mol/L 的氢氧化钠标准溶液滴定，消耗 20.03mL，求食醋的度数。($M_{HAc}=60.05$g/mol)

21. 某混合碱试样，可能含有 NaOH、$Na_2CO_3$、$NaHCO_3$ 中的一种或两种，称取该试样 0.3058g，用酚酞为指示剂，滴定用去 0.1028mol/L HCl 溶液 21.02mL，再加入甲基橙指示剂，继续以同一 HCl 溶液滴定，共用去 HCl 标准溶液 49.23mL。试判断试样的组成及各组分的质量分数。(写出反应方程式) $M_{NaOH}$、$M_{Na_2CO_3}$、$M_{NaHCO_3}$ 分别为 39.997g/mol、105.99g/mol、84.01g/mol。

# 第7章　沉淀反应与沉淀滴定法

**【学习指南】**

通过本章的学习掌握溶度积的概念、溶度积与溶解度的换算关系；理解分步沉淀、沉淀的溶解及沉淀的转化方法；掌握莫尔法的基本原理及滴定条件；了解佛尔哈德法的基本方法；了解法扬司法的基本原理及滴定条件；掌握沉淀法对沉淀形式和称量形式的要求。

## 7.1　沉淀反应

**【能力目标】** 能运用溶度积规则判断沉淀的生成与溶解；会进行有关沉淀溶解平衡的简单计算。

**【知识目标】** 掌握溶度积与溶解度的换算；运用溶度积规则判断沉淀的生成及溶解；掌握沉淀溶解平衡的有关简单计算；理解分步沉淀、沉淀的溶解及沉淀的转化方法。

### 7.1.1　沉淀-溶解平衡

化学分析和生产中经常要利用沉淀反应来鉴定和分离某些离子，其中涉及一些难溶电解质的沉淀和溶解。在水中绝对不溶的物质是没有的，通常把溶解度小于0.01g/100g $H_2O$的物质称为难溶物质，0.01～0.1g/100g $H_2O$称为微溶物质，溶解度大于0.1g/100g $H_2O$者称为易溶物质。

#### 7.1.1.1　溶度积

在一定温度下，将难溶电解质晶体放入水中时，难溶电解质就开始溶解和沉淀的过程。如难溶电解质$BaSO_4$是由$Ba^{2+}$和$SO_4^{2-}$构成的晶体，当将$BaSO_4$晶体放入水中时，晶体中$Ba^{2+}$和$SO_4^{2-}$在水分子的作用下，不断由晶体表面进入溶液中，成为运动着的离子，这就是$BaSO_4$晶体的溶解过程。与此同时，已经溶解在溶液中的$Ba^{2+}$和$SO_4^{2-}$在运动中相互碰撞，又有可能回到晶体的表面，以固体（沉淀）的形式析出，这是$BaSO_4$的沉淀过程。

任何难溶电解质的溶解和沉淀是一个可逆的过程，在一定条件下，当溶解和沉淀的速度相等时，便建立固体难溶电解质和溶液中相应离子间的多相平衡。

$$BaSO_4(s) \rightleftharpoons Ba^{2+} + SO_4^{2-}$$

$$K_{sp}(BaSO_4) = [Ba^{2+}][SO_4^{2-}] \tag{7-1}$$

$K_{sp}$叫做溶度积常数或溶度积。当难溶电解质的沉淀与溶解之间的平衡确定之后，此时溶液为饱和溶液，故$BaSO_4$的溶度积是饱和溶液中$Ba^{2+}$和$SO_4^{2-}$浓度的乘积，各离子浓度的单位是mol/L。

溶度积的一般通式可根据多相离子反应式来写出：

$$A_nB_m(s) \rightleftharpoons nA^{m+} + mB^{n-}$$

$$K_{sp} = [A^{m+}]^{n-}[B^{n-}]^{m+} \tag{7-2}$$

式(7-2)表明在一定温度下，难溶电解质的饱和溶液中，各组分离子浓度幂的乘积为一常数。一些常见的难溶电解质的 $K_{sp}$ 见表 7-1。

**表 7-1　难溶电解质的溶度积常数**（25℃）

| 化合物 | $K_{sp}$ | 化合物 | $K_{sp}$ | 化合物 | $K_{sp}$ |
|---|---|---|---|---|---|
| AgCl | $1.56\times10^{-10}$ | $Mg(OH)_2$ | $2\times10^{-11}$ | HgS | $3\times10^{-52}$ |
| AgBr | $7.7\times10^{-3}$ | $Fe(OH)_3$ | $6\times10^{-38}$ | CuS | $8\times10^{-36}$ |
| AgI | $1.5\times10^{-16}$ | $PbSO_4$ | $1.1\times10^{-8}$ | PbS | $1\times10^{-28}$ |
| $Hg_2Cl_2$ | $2\times10^{-18}$ | $CaSO_4$ | $6.2\times10^{-5}$ | ZnS | $1.1\times10^{-24}$ |
| $PbCl_2$ | $2.1\times10^{-5}$ | $SiSO_4$ | $2.8\times10^{-7}$ | CoS | $8\times10^{-23}$ |
| $CaCO_3$ | $8.7\times10^{-9}$ | $BaSO_4$ | $2.0\times10^{-10}$ | NiS | $2\times10^{-21}$ |
| $BaCO_3$ | $8.7\times10^{-9}$ | $Ag_2S$ | $1.6\times10^{-49}$ | MnS | $1.4\times10^{-15}$ |

$K_{sp}$的大小反映了难溶电解质溶解能力的大小，$K_{sp}$越小，表示难溶电解质的溶解度越小。$K_{sp}$只是温度的函数，只与温度有关。溶度积常数表达式不但适用于难溶强电解质，而且适用于难溶弱电解质。

7.1.1.2　溶度积与溶解度

溶解度和溶度积的数值都可以用来表示物质的溶解能力，它们之间可以相互换算。可以从溶解度求溶度积，也可以从溶度积求溶解度，在换算时要注意所用的浓度单位。

(1) AB 型

**【例 7-1】**　25℃时，AgCl 的溶解度为 $1.92\times10^{-3}$ g/L，试求该温度下 AgCl 的溶度积。

**解**　已知的 AgCl 相对分子质量为 143.4，

则其溶解度 $S$ 为：　$S=\dfrac{1.92\times10^{-3}}{143.4}=1.34\times10^{-5}$ (mol/L)

AgCl 的多相离子反应式为　$AgCl(s) \rightleftharpoons Ag^+ + Cl^-$

1mol AgCl 完全溶解后，就能离解产生 1mol 的 $Ag^+$ 和 1mol 的 $Cl^-$。

在 AgCl 饱和溶液中，$S=[Ag^+]=[Cl^-]=1.34\times10^{-5}$ mol/L

$$K_{sp}(AgCl)=[Ag^+][Cl^-]=(1.34\times10^{-5})^2=1.8\times10^{-10}$$

**【例 7-2】**　25℃时，AgBr 的溶度积 $K_{sp}$ 为 $5.35\times10^{-13}$，试求 AgBr 在水中的溶解度 (g/L)。

**解**　设 AgBr 的溶解度 $S$ 为 $x$ mol/L

$$AgBr(s) \rightleftharpoons Ag^+ + Br^-$$

平衡浓度/(mol/L)　　$x$　　$x$

$$K_{sp}(AgBr)=[Ag^+][Br^-]$$

即　$5.35\times10^{-13}=x^2$　　$x=7.32\times10^{-7}$ mol/L

因 AgBr 的相对分子质量为 187.8，$S=187.8\times7.32\times10^{-7}=1.38\times10^{-4}$ g/L。

由上述计算过程总结出，AB 型难溶电解质溶度积与溶解度换算一般式

$$S=\sqrt{K_{sp}} \tag{7-3}$$

(2) $A_2B$ 或 $AB_2$ 型

**【例 7-3】**　25℃时，$Ag_2CrO_4$ 的溶度积 $K_{sp}$ 为 $1.1\times10^{-12}$，试求 $Ag_2CrO_4$ 在水中的溶解度 (g/L)。

**解**　设 $Ag_2CrO_4$ 的溶解度 $S$ 为 $x$ mol/L

$$Ag_2CrO_4(s) \rightleftharpoons 2Ag^+ + CrO_4^{2-}$$

平衡浓度/(mol/L)　　$2x$　　$x$

$$K_{sp}(Ag_2CrO_4)=[Ag^+]^2[CrO_4^{2-}]=(2x)^2\times x$$

即 $1.1\times10^{-12}=4x^3$ $x=6.5\times10^{-5}$ mol/L

因 $Ag_2CrO_4$ 的相对分子质量为 331.8，因此 $Ag_2CrO_4$ 在水中的溶解度 $S$ 为

$$S=331.8\times6.5\times10^{-5}=2.16\times10^{-2}\ \text{g/L}$$

由上述计算过程总结出，$A_2B$ 或 $AB_2$ 型难溶电解质溶度积与溶解度换算的一般式：

$$S=\sqrt[3]{\frac{K_{sp}}{4}} \tag{7-4}$$

比较 AgCl，AgBr，$Ag_2CrO_4$ 的溶解度和溶度积见表 7-2。

**表 7-2 AgCl，AgBr，$Ag_2CrO_4$ 的溶解度和溶度积**

| 类型 | 溶度积/(mol/L) | 溶解度/(mol/L) | $K_{sp}$的表达式 |
|---|---|---|---|
| AB 型 AgCl | $1.8\times10^{-10}$ | $1.3\times10^{-5}$ | $K_{sp}(AgCl)=[Ag^+][Cl^-]$ |
| AB 型 AgBr | $5.0\times10^{-13}$ | $7.1\times10^{-7}$ | $K_{sp}(AgBr)=[Ag^+][Br^-]$ |
| $A_2B$ 型 $Ag_2CrO_4$ | $1.1\times10^{-12}$ | $7.1\times10^{-7}$ | $K_{sp}(Ag_2CrO_4)=[Ag^+]^2[CrO_4^{2-}]$ |

从表 7-2 可知只有对同一类型的难溶电解质才可以通过溶度积来比较它们的溶解度的大小，溶度积大的溶解度就大，对于不同类型的难溶电解质，则不能直接由它们的溶度积来比较溶解度的大小。

### 7.1.2 溶度积规则

7.1.2.1 溶度积规则

$$A_nB_m(s)\rightleftharpoons nA^{m+}(aq)+mB^{n-}(aq)$$

$$Q_i=cn(A^{m+})cm(B^{n-}) \tag{7-5}$$

式中 $Q_i$(离子积)——任一状态离子浓度幂的乘积，其值不定。

沉淀溶解平衡是一种动态平衡。一定温度下，当离子浓度变化时，平衡就会发生移动，直至离子积等于溶度积为止。溶度积规则如下：

① 如果 $Q_i<K_{sp}$，沉淀溶解；

② 如果 $Q_i=K_{sp}$，平衡态饱和溶液；

③ 如果 $Q_i>K_{sp}$，生成沉淀。

溶度积规则是难溶电解质关于沉淀生成和溶解平衡移动规律的总结，利用该规则，可以通过控制离子浓度，实现沉淀的生成、溶解、转化和分步沉淀。

7.1.2.2 溶度积规则的应用

(1) 判断溶解与沉淀

**【例 7-4】** 将等体积的 $4\times10^{-3}$ mol/L $AgNO_3$ 和 $4\times10^{-3}$ mol/L $K_2CrO_4$ 混合，有无 $Ag_2CrO_4$ 沉淀产生？已知 $K_{sp}(Ag_2CrO_4)=1.12\times10^{-12}$。

**解** 等体积混合后，浓度为原来的一半。

$$c(Ag^+)=2\times10^{-3}\ \text{mol/L} \qquad c(CrO_4^{2-})=2\times10^{-3}\ \text{mol/L}$$

$$\begin{aligned}Q_i&=c^2(Ag^+)c(CrO_4^{2-})\\&=(2\times10^{-3})^2\times2\times10^{-3}\\&=8\times10^{-9}>K_{sp}(Ag_2CrO_4)\end{aligned}$$

有沉淀析出。

(2) 判断沉淀完全程度 只要溶液中离子浓度$<10^{-5}$ mol/L 就认为这种离子已经完全

沉淀。

(3) 分步沉淀 在实际工作中，常常会遇到体系中同时含有多种离子，这些离子可能与加入的某一沉淀剂会发生沉淀反应，生成难溶电解质。实践表明，离子积（$Q_i$）首先超过溶度积的难溶电解质先析出。如稀 $AgNO_3$ 溶液中滴加 $Cl^-$ 产生白色 AgCl 先沉淀，此时在溶液中再加入 $CrO_4^{2-}$，产生砖红色 $Ag_2CrO_4$ 沉淀。这种在混合溶液中离子发生先后沉淀的现象叫做分步沉淀。

**【例 7-5】** 某溶液中含有 $Cl^-$ 和 $CrO_4^{2-}$，它们的浓度分别为 0.10mol/L 和 0.010mol/L，逐渐加入 $AgNO_3$ 试剂，通过计算说明哪一种沉淀首先析出？当第二中沉淀析出时，第一种被沉淀的离子是否被沉淀完全？（忽略由于加入 $AgNO_3$ 而引起的体积变化）

**解** 溶液中加入 $AgNO_3$

$$Ag_2CrO_4(s) \rightleftharpoons 2Ag^+ + CrO_4^{2-}$$

$$AgCl(s) \rightleftharpoons Ag^+ + Cl^-$$

生成 $Ag_2CrO_4$ 沉淀所需的 $Ag^+$ 浓度为：

$$Q_{i1} = [Ag^+]^2[CrO_4^{2-}] > K_{sp}(Ag_2CrO_4)$$

$$[Ag^+] > \left(\frac{K_{sp}(Ag_2CrO_4)}{[CrO_4]^{2-}}\right)^{1/2} = \left(\frac{1.1\times10^{-12}}{0.010}\right)^{1/2} = 1.0\times10^{-5}\ (mol/L)$$

生成 AgCl 沉淀所需的 $Ag^+$ 浓度为：

$$Q_{i2} = [Ag^+][Cl^-] > K_{sp}(AgCl)$$

$$[Ag^+] > \left(\frac{K_{sp}(AgCl)}{[Cl^-]}\right)^{1/2} = \left(\frac{1.8\times10^{-10}}{0.10}\right)^{1/2} = 1.8\times10^{-9}\ (mol/L)$$

当加入 $AgNO_3$ 时，首先得到 AgCl 沉淀，$Ag_2CrO_4$ 后沉淀，当 $Ag_2CrO_4$ 沉淀开始析出时，溶液中的 $Ag^+$ 浓度为 $1.0\times10^{-5}$ mol/L，这时 $[Cl^-]$ 浓度为：

$$[Cl^-] > \left(\frac{K_{sp}(AgCl)}{[Ag^+]}\right)^{1/2} = \left(\frac{1.8\times10^{-10}}{1.0\times10^{-5}}\right)^{1/2} = 1.8\times10^{-5}\ (mol/L)$$

由于 $[Cl^-]=1.8\times10^{-5}$ mol/L $>1.0\times10^{-5}$ mol/L，所以，当 $Ag_2CrO_4$ 开始析出时，$Cl^-$ 沉淀得并不完全。

**【例 7-6】** 某种混合溶液中含有 0.20mol/L $Ni^{2+}$，0.3mol/L 的 $Fe^{3+}$，若通过滴加 NaOH 溶液（忽略溶液体积的变化），分离这两种离子，溶液的 pH 应控制在什么范围？

**解** (1)

$$Ni(OH)_2(s) \rightleftharpoons Ni^{2+} + 2OH^-$$

$$Q_i[Ni(OH)_2] = [OH^-]^2[Ni^{2+}] > K_{sp}[Ni(OH)_2]$$

$$[OH^-] > \left(\frac{K_{sp}[Ni(OH)_2]}{[Ni^{2+}]}\right)^{1/2} = \left(\frac{5.48\times10^{-16}}{0.20}\right)^{1/2} = 5.23\times10^{-8}\ mol/L$$

(2)

$$Fe(OH)_3(s) \rightleftharpoons Fe^{3+} + 3OH^-$$

$$Q_i[Fe(OH)_3] = [OH^-]^3[Fe^{3+}] > K_{sp}[Fe(OH)_3]$$

$$[OH^-] > \left(\frac{K_{sp}[Fe(OH)_3]}{[Fe^{3+}]}\right)^{1/3} = \left(\frac{2.79\times10^{-39}}{0.30}\right)^{1/3} = 2.10\times10^{-13}(mol/L)$$

所以 $Fe(OH)_3$ 先沉淀。

(3) $Fe(OH)_3$ 沉淀完全时所需 $[OH^-]$ 最低为：

$$[OH^-] > \left(\frac{K_{sp}[Fe(OH)_3]}{[Fe^{3+}]}\right)^{1/3} = \left(\frac{2.79\times10^{-39}}{10^{-5}}\right)^{1/3} = 6.35\times10^{-12}(mol/L)$$

$[OH^-]$ 应控制在 $6.35\times10^{-12} \sim 5.23\times10^{-8}$ mol/L

$$pH_{min}=14+\lg(6.35\times10^{-12})=3.15$$

$$pH_{max}=14+\lg(5.23\times10^{-8})=6.72$$

$$pH=2.81\sim6.72$$

(4) 沉淀的转化　借助于某一试剂的作用，把一种难溶电解质转化为另一难溶电解质的过程，称为沉淀的转化。一般来说，溶度积较大的难溶电解质容易转化为溶度积较小的难溶电解质。两种沉淀物的溶度积相差越大，沉淀转化越完全。

**【例 7-7】** $PbCl_2(s)+CO_3^{2-}\rightleftharpoons PbCO_3(s)+2Cl^-$，问此反应能否正向进行？

$[K_{sp}(PbCl_2)=1.7\times10^{-5}$、$K_{sp}(PbCO_3)=7.4\times10^{-14}]$

**解**　$$K=\left(\frac{[Cl^-]}{[CO_3^{2-}]}\right)^2\left(\frac{[Pb^{2+}]}{[Pb^{2+}]}\right)=\frac{K_{sp}(PbCl_2)}{K_{sp}(PbCO_3)}=\frac{1.7\times10^{-5}}{7.4\times10^{-14}}=2.3\times10^8$$

因为 $K$ 值大，所以反应能正向进行。

## 7.2 沉淀滴定法

**【能力目标】** 能根据滴定分析对沉淀反应的要求选择合适的实验方法；会运用莫尔法、佛尔哈德法、法扬司法测定物质含量。

**【知识目标】** 掌握用于沉淀滴定的沉淀反应应该具备的条件；掌握莫尔法的基本原理及滴定条件；掌握佛尔哈的法的基本方法；掌握法扬司法的基本原理及滴定条件。

### 7.2.1 沉淀滴定法概述

沉淀滴定技术是以沉淀反应为基础的一种滴定分析方法。虽然沉淀反应很多，但是能用于滴定分析的沉淀反应必须符合下列几个条件：

① 沉淀反应必须迅速，并按一定的化学计量关系进行；

② 生成的沉淀应具有恒定的组成，而且溶解度必须很小；

③ 有确定化学计量点的简单方法；

④ 沉淀的吸附现象不影响滴定终点的确定。

由于上述条件的限制，能用于沉淀滴定法的反应并不多，目前有实用价值的主要是形成难溶性银盐的反应，例如，

$$Ag^++Cl^-\rightleftharpoons AgCl\downarrow$$

这种利用生成难溶银盐反应进行沉淀滴定的方法称为银量法。银量法主要用于测定 $Cl^-$、$Br^-$、$I^-$、$Ag^+$、$CN^-$、$SCN^-$ 等离子及含卤素的有机化合物。

除银量法外，沉淀滴定法中还有利用其他沉淀反应的方法，例如，$K_4[Fe(CN)_6]$ 与 $Zn^{2+}$、四苯硼酸钠与 $K^+$ 形成沉淀的反应。

$$2K_4[Fe(CN)_6]+3Zn^{2+}\rightleftharpoons K_2Zn_3[Fe(CN)_6]_2\downarrow+6K^+$$

$$NaB(C_6H_5)_4+K^+\rightleftharpoons KB(C_6H_5)_4\downarrow+Na^+$$

都可用于沉淀滴定法。

根据滴定方式的不同，银量法可分为直接法和间接法。直接法是用 $AgNO_3$ 标准溶液直接滴定待测组分的方法。间接法是先于待测试液中加入一定量的 $AgNO_3$ 标准溶液，再用 $NH_4SCN$ 标准溶液来滴定剩余的 $AgNO_3$ 溶液的方法。

根据确定滴定终点所采用的指示剂不同，银量法分为莫尔法、佛尔哈德法和法扬司法。

### 7.2.2　莫尔法

莫尔法是以 $K_2CrO_4$ 为指示剂，在中性或弱碱性介质中用 $AgNO_3$ 标准溶液测定卤素混合物含量的方法。

7.2.2.1　基本原理

(1) 指示剂的作用原理　本法以 $K_2CrO_4$ 作指示剂，在中性或弱碱性溶液中用 $AgNO_3$ 标准溶液可以直接滴定 $Cl^-$ 或 $Br^-$ 等离子。

根据分步沉淀的原理，由于 AgCl 的溶解度小于 $Ag_2CrO_4$ 的溶解度，因此在含有 $Cl^-$（或 $Br^-$）和 $CrO_4^{2-}$ 的溶液中，用 $AgNO_3$ 标准溶液进行滴定过程中，AgCl 首先沉淀出来，当滴定到化学计量点附近时，溶液中 $Cl^-$ 浓度越来越小，$Ag^+$ 浓度增加，直至 $[Ag^+]^2[CrO_4^{2-}]>K_{sp}(Ag_2CrO_4)$，立即生成砖红色的 $Ag_2CrO_4$ 沉淀，以此指示滴定终点。其反应为：

$$Ag^+ + Cl^- \rightleftharpoons AgCl\downarrow \text{（白色）}$$

$$2Ag^+ + CrO_4^{2-} \rightleftharpoons Ag_2CrO_4\downarrow \text{（砖红色）}$$

7.2.2.2　滴定条件

(1) 溶液的酸度　滴定应当在中性或弱碱性介质中进行，因为在酸性溶液中 $CrO_4^{2-}$ 转化为 $Cr_2O_7^{2-}$，使 $CrO_4^{2-}$ 浓度降低，影响 $Ag_2CrO_4$ 沉淀的形成，降低了指示剂的灵敏度。

$$2H^+ + 2CrO_4^{2-} \rightleftharpoons 2HCrO_4^- \rightleftharpoons Cr_2O_7^{2-} + H_2O$$

如果溶液的碱性太强，将析出 $Ag_2O$ 沉淀。

$$2Ag^+ + 2OH^- \rightleftharpoons 2AgOH\downarrow \longrightarrow Ag_2O\downarrow + H_2O$$

同样不能在氨性溶液中进行滴定，因为易生成 $Ag(NH_3)_2^+$ 会使 AgCl 沉淀溶解：

$$AgCl + 2NH_3 \rightleftharpoons Ag(NH_3)_2^+ + Cl^-$$

因此，莫尔法合适的酸度条件是 pH＝6.5～10.5。若试液为强酸性或强碱性，可先用酚酞作指示剂以稀 NaOH 或稀 $H_2SO_4$ 调节酸度，然后再滴定。

(2) 指示剂用量　要严格控制 $K_2CrO_4$ 的用量。如果 $K_2CrO_4$ 指示剂的浓度过高或过低，$Ag_2CrO_4$ 沉淀析出就会提前或滞后。已知 AgCl 和 $Ag_2CrO_4$ 的溶度积是：

$$[Ag^+][Cl^-]=1.56\times10^{-10} \qquad [Ag^+]^2[CrO_4^{2-}]=9.0\times10^{-12}$$

根据溶度积原理，当滴定到达化学计量点时要有 $Ag_2CrO_4$ 沉淀生成，则

$$[Ag^+]=[Cl^-]=\sqrt{1.56\times10^{-10}}=1.25\times10^{-5}\ \text{(mol/L)}$$

$$[CrO_4^{2-}]=\frac{K_{sp}(Ag_2CrO_4)}{[Ag^+]^2}=\frac{9.0\times10^{-12}}{1.56\times10^{-10}}=5.8\times10^{-1}\ \text{(mol/L)}$$

以上的计算说明在滴定到达化学计量点时，刚好生成 $Ag_2CrO_4$ 沉淀所需 $K_2CrO_4$ 的浓度较高，由于 $K_2CrO_4$ 溶液呈黄色，当浓度高时，在实际操作过程中会影响终点判断，所以指示剂浓度还是略低一些为好，一般滴定溶液中所含指示剂 $K_2CrO_4$ 浓度约为 $5\times10^{-3}$ mol/L 为宜。但当试液浓度较低时，还需做指示剂空白值校正，以减小误差。

指示剂空白校正的方法是量取与实际滴定到终点时等体积的蒸馏水，加入与实际滴定时相同体积的 $K_2CrO_4$ 指示剂溶液和少量纯净 $CaCO_3$ 粉末，配成与实际测定类似的状况，用 $AgNO_3$ 标准溶液滴定至同样的终点颜色，记下读数，为空白值，测定时要从试液所消耗的 $AgNO_3$ 体积中扣除此数。

(3) 干扰的消除　莫尔法可用于测定 $Cl^-$ 或 $Br^-$，但不能用于测定 $I^-$ 和 $SCN^-$，因为

AgI、AgSCN 的吸附能力太强，滴定到终点时有部分 $I^-$ 或 $SCN^-$ 被吸附，将引起较大的负误差。AgCl 沉淀也容易吸附 $Cl^-$，在滴定过程中，应剧烈振荡溶液，可以减少吸附，以期获得正确的终点。

在试液中如有能与 $CrO_4^{2-}$ 生成沉淀的 $Ba^{2+}$、$Pb^{2+}$ 等阳离子，能与 $Ag^+$ 生成沉淀的 $PO_4^{3-}$、$AsO_4^{3-}$、$SO_3^{2-}$、$S^{2-}$、$CO_3^{2-}$、$Cr_2O_4^{2-}$ 等酸根，以及在中性或弱碱性溶液中能发生水解的 $Fe^{3+}$、$Al^{3+}$、$Bi^{3+}$、$Sn^{4+}$ 等离子存在，都应预先分离。大量 $Cu^{2+}$、$Ni^{2+}$、$Co^{2+}$ 等有色离子存在，也会影响滴定终点的观察。由此可知莫尔法的选择性是较差的。

7.2.2.3 莫尔法的应用

水中氯离子含量的测定。在中性或弱碱性溶液中，以 $K_2CrO_4$ 为指示剂，用 $AgNO_3$ 标准溶液进行滴定。由于 AgCl 的溶解度小于 $Ag_2CrO_4$ 的溶解度，所以，当 AgCl 定量沉淀后，即生成砖红色的 $Ag_2CrO_4$ 沉淀，表示达到终点。

### 7.2.3 佛尔哈德法

佛尔哈德法是在酸性介质中，以铁铵矾 $[NH_4Fe(SO_4)_2 \cdot 12H_2O]$ 作指示剂来确定滴定终点的一种银量法。根据滴定方式的不同，佛尔哈德法分为直接滴定法和返滴定法两种。

7.2.3.1 基本原理

(1) 直接滴定法测定 $Ag^+$　在含有 $Ag^+$ 的 $HNO_3$ 介质中，以铁铵矾作指示剂，用 $NH_4SCN$ 标准溶液直接滴定，当滴定到化学计量点时，微过量的 $SCN^-$ 与 $Fe^{3+}$ 结合生成红色的 $[FeSCN]^{2+}$ 即为滴定终点。其反应是

$$Ag^+ + SCN^- \rightleftharpoons AgSCN\downarrow (白色)$$

$$Fe^{3+} + SCN^- \rightleftharpoons [FeSCN]^{2+} (红色)$$

(2) 返滴定法测定卤素离子　佛尔哈德法测定卤素离子（如 $Cl^-$、$Br^-$、$I^-$ 和 SCN）时应采用返滴定法。即在酸性（$HNO_3$ 介质）待测溶液中，先加入已知过量的 $AgNO_3$ 标准溶液，再用铁铵矾作指示剂，用 $NH_4SCN$ 标准溶液回滴剩余的 $Ag^+$（$HNO_3$ 介质）。反应如下：

$$\underset{(过量)}{Ag^+} + Cl^- \rightleftharpoons AgCl\downarrow (白色)$$

$$\underset{(剩余量)}{Ag^+} + SCN^- \rightleftharpoons AgSCN\downarrow (白色)$$

终点指示反应　$$Fe^{3+} + SCN^- \rightleftharpoons [FeSCN]^{2+} (红色)$$

7.2.3.2 滴定条件

(1) 溶液的酸度　直接滴定法测定 $Ag^+$ 中，由于指示剂中的 $Fe^{3+}$ 在中性或碱性溶液中将形成 $Fe(OH)^{2+}$、$Fe(OH)_2^+$ 等深色配合物，碱度再大，还会产生 $Fe(OH)_3$ 沉淀，因此滴定应在酸性（0.3～1mol/L）溶液中进行。

(2) 指示剂用量　指示剂用量大小对滴定准确度有影响，一般控制 $Fe^{3+}$ 浓度为 0.0155mol/L 为宜。

(3) 减小吸附　用 $NH_4SCN$ 溶液滴定 $Ag^+$ 溶液时，生成的 AgSCN 沉淀能吸附溶液中的 $Ag^+$，使 $Ag^+$ 浓度降低，以致红色的出现略早于化学计量点。因此在滴定过程中需剧烈摇动，使被吸附的 $Ag^+$ 释放出来。

(4) 分离沉淀　用佛尔哈德法测定 $Cl^-$，滴定到临近终点时，经摇动后形成的红色会褪

去，这是因为 AgSCN 的溶解度小于 AgCl 的溶解度，加入的 $NH_4SCN$ 将与 AgCl 发生沉淀转化反应。

$$AgCl + SCN^- \longrightarrow AgSCN\downarrow + Cl^-$$

沉淀的转化速率较慢，滴加 $NH_4SCN$ 形成的红色随着溶液的摇动而消失。这种转化作用将继续进行到 $Cl^-$ 与 $SCN^-$ 浓度之间建立一定的平衡关系，才会出现持久的红色，无疑滴定已多消耗了 $NH_4SCN$ 标准滴定溶液。为了避免上述现象的发生，通常采用以下措施。

① 试液中加入一定过量的 $AgNO_3$ 标准溶液之后，将溶液煮沸，使 AgCl 沉淀凝聚，以减少 AgCl 沉淀对 $Ag^+$ 的吸附。滤去沉淀，并用稀 $HNO_3$ 充分洗涤沉淀，然后用 $NH_4SCN$ 标准滴定溶液回滴滤液中的过量 $Ag^+$。

② 在滴入 $NH_4SCN$ 标准溶液之前，加入有机溶剂硝基苯或邻苯二甲酸二丁酯或 1,2-二氯乙烷。用力摇动后，有机溶剂将 AgCl 沉淀包住，使 AgCl 沉淀与外部溶液隔离，阻止 AgCl 沉淀与 $NH_4SCN$ 发生转化反应。此法方便，但硝基苯有毒。

③ 提高 $Fe^{3+}$ 的浓度以减小终点时 $SCN^-$ 的浓度，从而减小上述误差［实验证明，一般溶液中 $c(Fe^{3+})=0.2mol/L$ 时，终点误差将小于 0.1%］。

佛尔哈德法在测定 $Br^-$、$I^-$ 和 $SCN^-$ 时，滴定终点十分明显，不会发生沉淀转化，因此不必采取上述措施。但是在测定碘化物时，必须加入过量 $AgNO_3$ 溶液之后再加入铁铵矾指示剂，以免 $I^-$ 对 $Fe^{3+}$ 的还原作用而造成误差。强氧化剂和氮的氧化物以及铜盐、汞盐都与 $CN^-$ 作用，因而干扰测定，必须预先除去。

7.2.3.3　佛尔哈德法的应用

银合金中银含量的测定。准确称取的银合金试样经 $HNO_3$ 溶解完全后，以铁铵矾为指示剂，用 $NH_4SCN$（或 KSCN）滴定 $Ag^+$，当 AgSCN 定量沉淀后，稍过量的 $SCN^-$ 与 $Fe^{3+}$ 生成红色络合物，即为终点。

滴定反应：　$SCN^- + Ag^+ \rightleftharpoons AgSCN\downarrow$（白色）　$K_{sp}=1.0\times10^{-12}$

指示反应：　$SCN^- + Fe^{3+} \rightleftharpoons FeSCN^{2+}$（红色）　$K_{稳}=138$

为防止 $Fe^{3+}$ 水解成深色络合物，影响终点观察，酸度应控制在 0.1～1mol/L，由于 AgSCN 沉淀吸附 $Ag^+$，使终点提前，结果偏低。所以滴定时应充分摇动溶液，使被吸附的 $Ag^+$ 及时释放出来。

### 7.2.4　法扬司法

7.2.4.1　基本原理

法扬司法是以吸附指示剂确定滴定终点的一种银量法。吸附指示剂是一类有机染料，它的阴离子在溶液中易被带正电荷的胶状沉淀吸附，吸附后结构改变，从而引起颜色的变化，指示滴定终点的到达。

现以 $AgNO_3$ 标准溶液滴定 $Cl^-$ 为例，说明指示剂荧光黄的作用原理。

荧光黄是一种有机弱酸，用 HFI 表示，在水溶液中可离解为荧光黄阴离子 $FI^-$，呈黄绿色：$HFI \rightleftharpoons FI^- + H^+$。

在化学计量点前，生成的 AgCl 沉淀在过量的 $Cl^-$ 溶液中，AgCl 沉淀吸附 $Cl^-$ 而带负电荷，形成的 $(AgCl)\cdot Cl^-$ 不吸附指示剂阴离子 $FI^-$，溶液呈黄绿色。达化学计量点时，微过量的 $AgNO_3$ 可使 AgCl 沉淀吸附 $Ag^+$ 形成 $(AgCl)\cdot Ag^+$ 而带正电荷，此带正电荷的 $(AgCl)\cdot Ag^+$ 吸附荧光黄阴离子 $FI^-$，结构发生变化呈现粉红色，使整个溶液由黄绿色变成粉红色，指示终点的到达。

$$(AgCl)\cdot Ag^+ + FI^- \xrightarrow{\text{吸附}} (AgCl)\cdot Ag\cdot FI$$

（黄绿色）　　　　（粉红色）

7.2.4.2　滴定条件

为了使终点变色敏锐，应用吸附指示剂时需要注意以下几点。

(1) 保持沉淀呈胶体状态　由于吸附指示剂的颜色变化发生在沉淀微粒表面上，因此，应尽可能使卤化银沉淀呈胶体状态，具有较大的表面积。为此，在滴定前应将溶液稀释，并加糊精或淀粉等高分子化合物作为保护剂，以防止卤化银沉淀凝聚。

(2) 控制溶液酸度　常用的吸附指示剂大多是有机弱酸，而起指示剂作用的是它们的阴离子。酸度大时，$H^+$ 与指示剂阴离子结合成不被吸附的指示剂分子，无法指示终点。酸度的大小与指示剂的离解常数有关，离解常数大，酸度可以大些。例如荧光黄其 $pK_a \approx 7$，适用于 $pH=7\sim10$ 的条件下进行滴定，若 $pH<7$ 荧光黄主要以 HFI 形式存在，不被吸附。

(3) 避免强光　卤化银沉淀对光敏感，易分解析出银使沉淀变为灰黑色，影响滴定终点的观察，因此在滴定过程中应避免强光照射。

(4) 指示剂吸附性能适中　沉淀胶体微粒对指示剂离子的吸附能力，应略小于对待测离子的吸附能力，否则指示剂将在化学计量点前变色。但不能太小，否则终点出现过迟。卤化银对卤化物和几种吸附指示剂的吸附能力的次序如下：

$$I^- > SCN^- > Br^- > \text{曙红} > Cl^- > \text{荧光黄}$$

因此，滴定 $Cl^-$ 不能选曙红，而应选荧光黄。表 7-3 中列出了几种常用的吸附指示剂及其应用。

**表 7-3　常用吸附指示剂**

| 指示剂 | 被测离子 | 滴定剂 | 滴定条件 | 终点颜色变化 |
|---|---|---|---|---|
| 荧光黄 | $Cl^-$、$Br^-$、$I^-$ | $AgNO_3$ | pH7～10 | 黄绿→粉红 |
| 二氯荧光黄 | $Cl^-$、$Br^-$、$I^-$ | $AgNO_3$ | pH4～10 | 黄绿→红 |
| 曙红 | $Br^-$、$SCN^-$、$I^-$ | $AgNO_3$ | pH2～10 | 橙黄→红紫 |
| 溴酚蓝 | 生物碱盐类 | $AgNO_3$ | 弱酸性 | 黄绿→灰紫 |
| 甲基紫 | $Ag^+$ | NaCl | 酸性溶液 | 黄红→红紫 |

7.2.4.3　法扬司法的应用

法扬司法可用于测定 $Cl^-$、$Br^-$、$I^-$ 和 $SCN^-$ 及生物碱盐类（如盐酸麻黄碱）等。测定 $Cl^-$ 常用荧光黄或二氯荧光黄作指示剂，而测定 $Br^-$、$I^-$ 和 $SCN^-$ 常用曙红作指示剂。此法终点明显，方法简便，但反应条件要求较严，应注意溶液的酸度、浓度及胶体的保护等。

## 7.3　称量分析法

**【能力目标】** 能进行沉淀的过滤、洗涤、烘干、灼烧等称量分析法的基本操作；会进行称量分析法的相关计算。

**【知识目标】** 掌握沉淀形成的过程；掌握沉淀法对沉淀形式和称量形式的要求；了解减少沉淀沾污的方法；晶形沉淀、无定形沉淀、均匀沉淀的条件选择。

### 7.3.1　称量分析的一般步骤

称量分析法是分析化学重要的经典分析方法。沉淀称量分析法是利用沉淀反应，使待测物质转变成一定的称量形式后测定物质含量的方法。

沉淀类型主要分成两类，一类是晶形沉淀，另一类是无定形沉淀。对晶形沉淀（如 $BaSO_4$）使用的称量分析法，一般过程如下。

试样溶解→沉淀→陈化→过滤和洗涤→烘干→灰化→灼烧至恒重→结果计算

7.3.1.1　试样的溶解与沉淀

试样的溶解方法主要分为两种，一是用水、酸溶解，二是高温熔融法。在称量分析中，为了获得准确的分析结果，要求沉淀完全、纯净、易于过滤和洗涤，并减小沉淀的溶解损失。因此，对于不同类型的沉淀，应当选用不同的沉淀条件。

（1）晶形沉淀　为了形成颗粒较大的晶形沉淀，采取以下沉淀条件。

① 在适当稀、热溶液中进行　在稀、热溶液中进行沉淀，可使溶液中相对过饱和度保持较低，以利于生成晶形沉淀。同时也有利于得到纯净的沉淀。对于溶解度较大的沉淀，溶液不能太稀，否则沉淀溶解损失较多，影响结果的准确度。在沉淀完全后，应将溶液冷却后再进行过滤。

② 快搅慢加　在不断搅拌的同时缓慢滴加沉淀剂，可使沉淀剂迅速扩散，防止局部相对过饱和度过大而产生大量小晶粒。

③ 陈化　陈化是指沉淀完全后，将沉淀连同母液放置一段时间，使小晶粒变为大晶粒，不纯净的沉淀转变为纯净沉淀的过程。因为在同样条件下，小晶粒的溶解度比大晶粒大。在同一溶液中，对大晶粒为饱和溶液时，对小晶粒则为未饱和，小晶粒就要溶解。这样，溶液中的构晶离子就在大晶粒上沉积，直至达到饱和。这时，小晶粒又为未饱和，又要溶解。如此反复进行，小晶粒逐渐消失，大晶粒不断长大。

陈化的目的是陈化过程不仅能使晶粒变大，而且能使沉淀变得更纯净，不完整的晶体转变成完整的晶体。

加热和搅拌可以缩短陈化时间。但是陈化作用对伴随有混晶共沉淀的沉淀，不一定能提高纯度，对伴随有继沉淀的沉淀，不仅不能提高纯度，有时反而会降低纯度。

（2）无定形沉淀　无定形沉淀的特点是结构疏松，比表面积大，吸附杂质多，溶解度小，易形成胶体，不易过滤和洗涤。对于这类沉淀关键问题是创造适宜的沉淀条件来改善沉淀的结构，使之不致形成胶体，并且有较紧密的结构，便于过滤和减小杂质吸附。为了形成无定形沉淀，采取以下沉淀条件。

① 在较浓的溶液中进行沉淀　在浓溶液中进行沉淀，离子水化程度小，结构较紧密，体积较小，容易过滤和洗涤。但在浓溶液中，杂质的浓度也比较高，沉淀吸附杂质的量也较多。因此，在沉淀完毕后，应立即加入热水稀释搅拌，使被吸附的杂质离子转移到溶液中。

② 在热溶液中及电解质存在下进行沉淀　在热溶液中进行沉淀可防止生成胶体，并减少杂质的吸附。电解质的存在，可促使带电荷的胶体粒子相互凝聚沉降，加快沉降速度，因此，电解质一般选用易挥发性的铵盐如 $NH_4NO_3$ 或 $NH_4Cl$ 等，它们在灼烧时均可挥发除去。有时在溶液中加入与胶体带相反电荷的另一种胶体来代替电解质，可使被测组分沉淀完全。例如测定 $SiO_2$ 时，加入带正电荷的动物胶与带负电荷的硅酸胶体凝聚而沉降下来。

③ 趁热过滤洗涤，不需陈化　沉淀完毕后，趁热过滤，不要陈化，因为沉淀放置后逐渐失去水分，聚集得更为紧密，使吸附的杂质更难洗去。

洗涤无定形沉淀时，一般选用热、稀的电解质溶液作洗涤液，主要是防止沉淀重新变为胶体难以过滤和洗涤，常用的洗涤液有 $NH_4NO_3$、$NH_4Cl$ 或氨水。

无定形沉淀吸附杂质较严重，一次沉淀很难保证纯净，必要时进行再沉淀。

(3) 均匀沉淀法　为改善沉淀条件，避免因加入沉淀剂所引起的溶液局部相对过饱和的现象发生，采用均匀沉淀法。这种方法是通过某一化学反应，使沉淀剂从溶液中缓慢地、均匀地产生出来，使沉淀在整个溶液中缓慢地、均匀地析出，获得颗粒较大、结构紧密、纯净、易于过滤和洗涤的沉淀。例如，沉淀 $Ca^{2+}$ 时，如果直接加入 $(NH_4)_2C_2O_4$、尽管按晶形沉淀条件进行沉淀，仍得到颗粒细小的 $CaC_2O_4$ 沉淀。若在含有 $Ca^{2+}$ 的溶液中，以 HCl 酸化后，加入 $(NH_4)_2C_2O_4$，溶液中主要存在的是 $HC_2O_4^-$ 和 $H_2C_2O_4$，此时，向溶液中加入尿素并加热至 90℃，尿素逐渐水解产生 $NH_3$。

$$CO(NH_2)_2 + H_2O \xlongequal{} 2NH_3 + CO_2\uparrow$$

水解产生的 $NH_3$ 均匀地分布在溶液的各个部分，溶液的酸度逐渐降低，$C_2O_4^{2-}$ 浓度渐渐增大，$CaC_2O_4$ 则均匀而缓慢地析出形成颗粒较大的晶形沉淀。

(4) 减少沉淀玷污的方法

① 采用适当的分析程序　当试液中含有几种组分时，首先应沉淀低含量组分，再沉淀高含量组分。反之，由于大量沉淀析出，会使部分低含量组分掺入沉淀，产生测定误差。

② 降低易被吸附杂质离子的浓度　对于易被吸附的杂质离子，可采用适当的掩蔽方法或改变杂质离子价态来降低其浓度。例如将 $SO_4^{2-}$ 沉淀为 $BaSO_4$ 时，$Fe^{3+}$ 易被吸附，可把 $Fe^{3+}$ 还原为不易被吸附的 $Fe^{2+}$ 或加酒石酸、EDTA 等，使 $Fe^{3+}$ 生成稳定的配离子，以减小沉淀对 $Fe^{3+}$ 的吸附。

③ 选择沉淀条件　沉淀条件包括溶液浓度、温度、试剂的加入次序和速度，陈化与否等，对不同类型的沉淀，应选用不同的沉淀条件，以获得符合重量分析要求的沉淀。

④ 再沉淀　必要时将沉淀过滤、洗涤、溶解后，再进行一次沉淀。再沉淀时，溶液中杂质的量大为降低，共沉淀和继沉淀现象自然减少。

⑤ 选择适当的洗涤液洗涤沉淀　吸附作用是可逆过程，用适当的洗涤液通过洗涤交换的方法，可洗去沉淀表面吸附的杂质离子。例如，$Fe(OH)_3$ 吸附 $Mg^{2+}$，用 $NH_4NO_3$ 稀溶液洗涤时，被吸附在表面的 $Mg^{2+}$ 与洗涤液的 $NH_4^+$ 发生交换，吸附在沉淀表面的 $NH_4^+$，可在燃烧沉淀时分解除去。

为了提高洗涤沉淀的效率，同体积的洗涤液应尽可能分多次洗涤，通常称为“少量多次”的洗涤原则。

⑥ 选择合适的沉淀剂　无机沉淀剂选择性差，易形成胶状沉淀，吸附杂质多，难以过滤和洗涤。有机沉淀剂选择性高，常能形成结构较好的晶形沉淀，吸附杂质少，易于过滤和洗涤。因此，在可能的情况下，尽量选择有机试剂作沉淀剂。

#### 7.3.1.2 沉淀的过滤与洗涤

沉淀完毕后，还需经过滤、洗涤、烘干或灼烧，最后得到符合要求的称量形式。

(1) 沉淀的过滤　沉淀常用定量滤纸（也称无灰滤纸）或玻璃砂芯坩埚过滤。对于需要灼烧的沉淀，应根据沉淀的性状选用紧密程度不同的滤纸。一般无定形沉淀如 $Al(OH)_3$、$Fe(OH)_3$ 等，选用疏松的快速滤纸，粗粒的晶形沉淀如 $MgNH_4PO_4 \cdot 6H_2O$ 等选用较紧密的中速滤纸，颗粒较小的晶形沉淀如 $BaSO_4$ 等，选用紧密的慢速滤纸。

对于只需烘干即可作为称量形式的沉淀，应选用玻璃砂芯坩埚过滤。

(2) 沉淀的洗涤　洗涤沉淀是为了洗去沉淀表面吸附的杂质和混杂在沉淀中的母液。洗涤时要尽量减小沉淀的溶解损失和避免形成胶体。因此，需选择合适的洗液，选择洗涤液的原则是：对于溶解度很小，又不易形成胶体的沉淀，可用蒸馏水洗涤。对于溶解度较大的晶形沉淀，可用沉淀剂的稀溶液洗涤，但沉淀剂必须在烘干或灼烧时易挥发或易分解除去，例如用 $(NH_4)_2C_2O_4$ 稀溶液洗涤 $CaC_2O_4$ 沉淀。对于溶解度较小而又能形成胶体的沉淀，应用易挥发的电解质稀溶液洗涤，例如用 $NH_4NO_3$ 稀溶液洗涤 $Fe(OH)_3$ 沉淀。

用热洗涤液洗涤，则过滤较快，且能防止形成胶体，但溶解度随温度升高而增大较快的沉淀不能用热洗涤液洗涤。

洗涤必须连续进行一次完成，不能将沉淀放置太久，尤其是一些非晶形沉淀，放置凝聚后，不易洗净。

洗涤沉淀时，既要将沉淀洗净，又不能增加沉淀的溶解损失。同体积的洗涤液，采用"少量多次"、"尽量沥干"的洗涤原则，用适当少的洗涤液，分多次洗涤，每次加洗涤液前，使前次洗涤液尽量流尽，这样可以提高洗涤效果。

在沉淀的过滤和洗涤操作中，为缩短分析时间和提高洗涤效率，都应采用倾泻法。

### 7.3.1.3　沉淀的烘干与灼烧

沉淀的烘干或灼烧是为了除去沉淀中的水分和挥发性物质，并转化为组成固定的称量形式。烘干或灼烧的温度和时间，随沉淀的性质而定。

灼烧温度一般在 800℃ 以上，常用瓷坩埚盛放沉淀。若需用氢氟酸处理沉淀，则应用铂坩埚。灼烧沉淀前，应用滤纸包好沉淀，放入已灼烧至质量恒定的瓷坩埚中，先加热烘干、炭化后再进行灼烧。

沉淀经烘干或灼烧至质量恒定后，由其质量即可计算测定结果。

### 7.3.1.4　分析结果的计算

重量分析是根据称量形式的质量来计算待测组分的含量。例如，欲采用重量分析法测定试样中硫含量或镁含量，操作过程可用下图表示。

$$S \longrightarrow SO_4^{2-} \rightarrow BaCl_2 \rightarrow BaSO_4 \downarrow \xrightarrow[洗涤]{过滤} \xrightarrow[灼烧]{800℃} BaSO_4$$

待测组分　　试液　　沉淀剂　　沉淀形式　　　　　　　称量形式

$$Mg \rightarrow Mg^{2+} \xrightarrow[沉淀剂]{(NH_4)_2HPO_4} MgNH_4PO_4 \cdot 6H_2O \downarrow \xrightarrow[洗涤]{过滤} \xrightarrow[灼烧]{1100℃} Mg_2P_2O_7$$

待测组分　试液　　沉淀剂　　　沉淀形式　　　　　　　　　　称量形式

通过简单的化学计算，即可求出待测组分的质量：

$$m_S = m(BaSO_4) \times \frac{M(S)}{M(BaSO_4)} \tag{7-6}$$

$$m_{Mg} = m(Mg_2P_2O_7) \times \frac{2M(Mg)}{M(Mg_2P_2O_7)} \tag{7-7}$$

式中　　　　　　$m(BaSO_4)$、$m(Mg_2P_2O_7)$——称量形式的质量，随试样中 S、Mg 的含量
　　　　　　　　　　　　　　　　　　　　　　而变化；

$M(S)/M(BaSO_4)$，$2M(Mg)/M(Mg_2P_2O_7)$——待测组分与称量形式的摩尔质量的比值，
　　　　　　　　　　　　　　　　　　　是个常数，称为化学因数（或称换算因
　　　　　　　　　　　　　　　　　　　数），用 $F$ 表示。

在计算化学因数时，要注意使分子与分母中待测元素的原子数目相等，所以在待测组分

的摩尔质量和称量形式的摩尔质量之前有时需乘以适当的系数。分析化学手册中可以查到各种常见物质的化学因数。几种常见物质的化学因数见表 7-4。

**表 7-4 几种常见物质的化学因数**

| 待测组分 | 称量形式 | 化学因数 | 待测组分 | 称量形式 | 化学因数 |
|---|---|---|---|---|---|
| Ba | $BaSO_4$ | $M(Ba)/M(BaSO_4)=0.5884$ | MgO | $Mg_2P_2O_7$ | $2M(MgO)/M(Mg_2P_2O_7)=0.3621$ |
| S | $BaSO_4$ | $M(S)/M(BaSO_4)=0.1374$ | P | $Mg_2P_2O_7$ | $2M(P)/M(Mg_2P_2O_7)=0.2783$ |
| Fe | $Fe_2O_3$ | $2M(Fe)/M(Fe_2O_3)=0.6994$ | $P_2O_5$ | $Mg_2P_2O_7$ | $M(P_2O_5)/M(Mg_2P_2O_7)=0.6377$ |

**【例 7-8】** 称取某矿样 0.4000g，试样经处理后，称得 $SiO_2$ 的质量为 0.2728g，计算矿样中 $SiO_2$ 的质量分数。

**解** 因为称量形式和被测组分的化学式相同，因此 F 等于 1。

$$w(SiO_2)=\frac{0.2728g}{0.4000g}\times 100\%=68.20\%$$

**【例 7-9】** 称取某铁矿石试样 0.2500g，经处理后，沉淀形式为 $Fe(OH)_3$，称量形式为 $Fe_2O_3$，质量为 0.2490g，求 Fe 和 $Fe_3O_4$ 的质量分数。

**解** 先计算试样中 Fe 的质量分数，因为称量形式为 $Fe_2O_3$，1mol 称量形式相当于 2mol 待测组分，所以

$$\begin{aligned} w(Fe) &= \frac{0.2490g}{0.2500g}\times\frac{2M(Fe)}{M(Fe_2O_3)}\times 100\% \\ &= \frac{0.2490g}{0.2500g}\times\frac{2\times 55.85g/mol}{159.7g/mol}\times 100\% \\ &= 69.66\% \end{aligned}$$

计算试样中 $Fe_3O_4$ 的质量分数，因为 1mol 称量形式 $Fe_2O_3$ 相当于 $\frac{2}{3}$mol 待测组分 $Fe_3O_4$，所以

$$\begin{aligned} w(Fe_3O_4) &= \frac{0.2490g}{0.2500g}\times\frac{2M(Fe_3O_4)}{3M(Fe_2O_3)}\times 100\% \\ &= \frac{0.2490g}{0.2500g}\times\frac{2\times 231.54g/mol}{3\times 159.7g/mol}\times 100\% \\ &= 96.27\% \end{aligned}$$

### 7.3.2 称量分析法的应用

可溶性硫酸盐中硫含量的测定。$BaSO_4$ 的溶解度很小，25℃时溶解度为 0.25mg/100mL $H_2O$，在有过量沉淀剂存在时，其溶解的量可忽略不计。$BaSO_4$ 的性质非常稳定，干燥后的组分与化学式完全符合。可溶性硫酸盐中的 $SO_4^{2-}$ 可以用 $Ba^{2+}$ 定量沉淀为 $BaSO_4$，经过滤、洗涤、灼烧后，称量 $BaSO_4$，从而求得 S 的含量，这是一种准确度较高的经典方法。

## 练 习 题

1. 用称量法测定 $As_2O_3$ 的含量时，将 $As_2O_3$ 在碱性溶液中转变为 $AsO_4^{3-}$，并沉淀为 $Ag_3AsO_4$，随后在 $HNO_3$ 介质中转变为 AgCl 沉淀，并以 AgCl 称量。其化学因数为（　　）。

A. $M(As_2O_3)/6M(AgCl)$　　B. $2M(As_2O_3)/3M(AgCl)$

C. $M(As_2O_3)/M(AgCl)$　　D. $3M(AgCl)/6M(As_2O_3)$

2. 在称量分析中，洗涤无定形沉淀的洗涤液应是（　　）。

A. 冷水　　B. 含沉淀剂的稀溶液　　C. 热的电解质溶液　　D. 热水

3. 若A为强酸根，存在可与金属离子形成配合物的试剂L，则难溶化合物MA的溶解度计算式为（　　）。

A. $\sqrt{K_{sp}/\alpha_{M(L)}}$　　B. $\sqrt{K_{sp}\alpha_{M(L)}}$　　C. $\sqrt{K_{sp}/\alpha_{M(L)}+1}$　　D. $\sqrt{K_{sp}\alpha_{M(L)}+1}$

4. $Ra^{2+}$与$Ba^{2+}$的离子结构相似。因此可以利用$BaSO_4$沉淀从溶液中富集微量$Ra^{2+}$，这种富集方式是利用了（　　）。

A. 混晶共沉淀　　B. 包夹共沉淀　　C. 表面吸附共沉淀　　D. 固体萃取共沉淀

5. 在法扬司法测$Cl^-$，常加入糊精，其作用是（　　）。

A. 掩蔽干扰离子　　B. 防止AgCl凝聚

C. 防止AgCl沉淀转化　　D. 防止AgCl感光

6. Mohr法不能用于碘化物中碘的测定，主要因为（　　）。

A. AgI的溶解度太小　　B. AgI的吸附能力太强

C. AgI的沉淀速度太慢　　D. 没有合适的指示剂

7. 用Mohr法测定$Cl^-$，控制pH=4.0，其滴定终点将（　　）。

A. 不受影响　　B. 提前到达　　C. 推迟到达　　D. 刚好等于化学计量点

8. 对于晶形沉淀而言，选择适当的沉淀条件达到的主要目的是（　　）。

A. 减少后沉淀　　B. 增大均相成核作用

C. 得到大颗粒沉淀　　D. 加快沉淀沉降速率

9. 重量分析法测定$Ba^{2+}$时，以$H_2SO_4$作为$Ba^{2+}$的沉淀剂，$H_2SO_4$应过量（　　）。

A. 1%～10%　　B. 20%～30%　　C. 50%～100%　　D. 100%～150%

10. 沉淀重量法对沉淀剂的用量如何决定？

11. 影响沉淀溶解度的因素有哪些？

12. 欲获得晶形沉淀，应注意掌握哪些沉淀条件？

13. 共沉淀和后沉淀有何不同？要想提高沉淀的纯度应采取哪些措施？

14. 简述莫尔法的指示剂作用原理。

15. 说明佛尔哈德法的选择性为什么会比莫尔法高？

16. 银量法中的法扬司法，使用吸附指示剂时，应注意哪些问题？

17. 称取某可溶性盐0.1616g，用$BaSO_4$重量法测定其含硫量，称得$BaSO_4$沉淀为0.1491g，计算试样中$SO_3$的质量分数。

18. 称取磁铁矿试样0.1666g，经溶解后将$Fe^{3+}$沉淀为$Fe(OH)_3$，最后灼烧为$Fe_2O_3$（称量形式），其质量为0.1370g，求试样中$Fe_3O_4$的质量分数。

19. 某一含$K_2SO_4$及$(NH_4)_2SO_4$混合试样0.6490g，溶解后加$Ba(NO_3)_2$，使全部$SO_4^{2-}$都形成$BaSO_4$沉淀，共重0.9770g，计算试样中$K_2SO_4$的质量分数。

20. 称取硅酸盐试样0.5000g，经分解后得到NaCl和KCl混合物质量为0.1803g。将这混合物溶解于水，加入$AgNO_3$，溶液得AgCl沉淀，称得该沉淀质量为0.3904g，计算试样中KCl和NaCl的质量分数。

# 第 8 章　氧化还原反应与氧化还原滴定法

**【学习指南】**

通过本章的学习了解氧化数、氧化剂和还原剂等基本概念；掌握氧化还原方程式的配平方法；掌握电极电势的影响因素及其在氧化还原方面的应用；掌握高锰酸钾法、重铬酸钾法和碘量法的原理、特点、滴定条件；能够准确的配制高锰酸钾、重铬酸钾、硫代硫酸钠以及碘标准溶液并且能够进行合理的使用。

## 8.1　氧化还原反应

**【能力目标】** 能用氧化法和离子-电子法配平氧化还原反应方程式；能初步应用能斯特方程。

**【知识目标】** 了解原电池的组成、原理、电极反应；掌握影响氧化还原反应进行方向的因素；熟悉氧化还原的基本概念；熟悉能斯特方程、影响电极电势的因素及应用；掌握氧化还原方程式的配平方法。

### 8.1.1　氧化还原反应基本概念

#### 8.1.1.1　氧化数

为表示各元素在化合物中所处的化合状态，无机化学中引进了氧化数（又称氧化值）的概念。氯在下列化合态中的氧化数见表 8-1。

**表 8-1　氯在下列化合态中的氧化数**

| 化合态 | $Cl^-$ | $ClO^-$ | $ClO_2^-$ | $ClO_3^-$ | $ClO_4^-$ |
| --- | --- | --- | --- | --- | --- |
| 氯的氧化数 | −1 | +1 | +3 | +5 | +7 |

1970 年纯粹和应用化学国际联合会（IUPAC）确定，氧化数是某一元素一个原子的荷电数，这个荷电数可以由假设把每个键中的电子指定给电负性较大的原子而求得。元素的氧化数是指元素原子在其化合态中的形式电荷数。原子相互化合时，若原子失去电子或电子发生偏离，规定该原子具有正氧化数；若原子得到电子或有电子偏近，规定该原子具有负氧化数。

确定元素的氧化数的规则如下。

① 在单质中，元素原子的氧化数为零。

② 在化合物中各元素氧化数的代数和等于零。

③ 在单原子离子中元素的氧化数等于它所带的电荷数；在多原子的分子中所有元素的原子氧化数的代数和等于零，多原子离子中所有元素的氧化数之和等于该离子所带的电荷数。例如氧的氧化数在正常氧化物中皆为−2；在过氧化物中，如 $H_2O_2$ 中为−1；在氟氧化物中，如 $OF_2$ 中为+2。氢在化合物中的氧化数一般为+1，但在活泼金属的氢化物中，如 NaH 中氢的氧化数为−1。氟在化合物中的氧化数皆为−1。

④ 氧化数可以是整数，也可以是分数或小数。如 $Fe_3O_4$ 中 Fe 的平均氧化数为$+\frac{8}{3}$。

**【例 8-1】** 计算 $K_2Cr_2O_7$ 中铬的氧化数。

**解** 设铬的氧化数为 $x$。已知氧的氧化数为−2，K 的氧化数为+1，则

$$1\times2+2x+(-2)\times7=0$$

所以 $x=+6$ 即铬的氧化数为+6。

8.1.1.2 氧化剂和还原剂

在氧化还原反应中，若一种反应物的组成元素的氧化数升高，则必有另一种反应物的组成元素的氧化数降低。氧化数升高的物质叫做还原剂，还原剂是使另一种物质还原本身被氧化，它的反应产物叫做氧化产物。氧化数降低的物质叫做氧化剂，氧化剂是使另一种物质氧化本身被还原，它的反应产物叫做还原产物。

$$4\overset{0}{Cl_2}+K\overset{-1}{I}+8KOH \rightleftharpoons 8K\overset{-1}{Cl}+K\overset{+7}{I}O_4+4H_2O$$

上例反应方程式中，化学式上面的数字，代表各相应元素的氧化数。在这个反应中，氯气是氧化剂，氯元素的氧化数从 0 降低到−1，它本身被还原，使碘化钾氧化。碘化钾是还原剂，碘元素的氧化数从−1 升高到+7，它本身被氧化，使氯气还原。在这个反应中，氢氧化钾虽然也参加了反应，但氧化数没有改变，通常称这种物质为介质。另外也可能有这种情况，某一种单质或化合物，它既是氧化剂又是还原剂，例如，

$$Cl_2+2NaOH \rightleftharpoons NaCl+NaClO+H_2O$$

$$2Na_2O_2+2CO_2 \rightleftharpoons 2Na_2CO_3+O_2$$

这类氧化还原反应叫做歧化反应，是自身氧化还原反应的一种特殊类型。

8.1.1.3 氧化还原电对

在氧化还原反应中，氧化剂与其还原产物、还原剂与其氧化产物各组成电对，称为氧化还原电对。例如下列反应中存在着两个电对，即铜电对和锌电对。

$$Cu^{2+}+Zn \rightleftharpoons Zn^{2+}+Cu$$

在氧化还原电对中，氧化数高的物质叫氧化型物质，氧化数低的物质叫还原型物质。氧化还原反应是两个（或两个以上）氧化还原电对共同作用的结果。

书写电对时，氧化态物质写在左侧，还原态物质写在右侧，中间用斜线“/”隔开。如上述反应中的铜电对和锌电对，可分别表示为 $Cu^{2+}/Cu$ 和 $Zn^{2+}/Zn$。

每个电对中，氧化态物质和还原态物质之间存在着共轭关系：氧化态$+ne^- \rightleftharpoons$还原态或 $Ox+ne \rightleftharpoons Red$，例如 $Cu^{2+}+2e \rightleftharpoons Cu$。

这种共轭关系称为氧化还原半反应。氧化还原电对在反应过程中，如果氧化型物质氧化数降低的趋势越大，它的氧化能力就越强，则其共轭还原型物质氧化数升高的趋势就越小，还原能力就越弱。同理，还原型物质还原能力就越强，则其共轭氧化型物质氧化能力就越弱。如 $MnO_4^-/Mn^{2+}$ 中，$MnO_4^-$ 的氧化能力很强，是强氧化剂，而 $Mn^{2+}$ 的还原能力很弱，是弱还原剂。再如 $Zn^{2+}/Zn$ 电对中，Zn 是强还原剂，$Zn^{2+}$ 是弱氧化剂。在氧化还原反应过程中，反应一般按较强的氧化剂和较强的还原剂相互作用的方向进行。

### 8.1.2 氧化还原方程式的配平

8.1.2.1 氧化数法

(1) 配平原则

① 反应前后氧化数升高的总数等于氧化数降低的总数。

② 反应前后各元素的原子总数相等。

（2）配平步骤

① 写出未配平的反应方程式，标出被氧化和被还原元素反应前后的氧化数。

② 确定被氧化元素氧化数的升高值和被还原元素氧化数的降低值。

③ 按最小公倍数即“氧化剂氧化数降低总和等于还原剂氧化数升高总和”原则。在氧化剂和还原剂分子式前面乘上恰当的系数，使参加氧化还原反应的原子数相等。

④ 用观察法配平氧化数未改变的元素原子数目。配平方程式中两边的 H 和 O 的个数。根据介质不同，在酸性介质中 O 多的一边加 $H^+$，少的一边加 $H_2O$，在碱性介质中，O 多的一边加 $H_2O$，O 少的一边加 $OH^-$。在中性介质中，一边加 $H_2O$，另一边加 $H^+$ 或 $OH^-$。

⑤ 检查方程式两边是否质量平衡、电荷平衡。

**【例 8-2】** 配平氯酸氧化白磷的反应方程式。

**解** ① 化学方程式为：$HClO_3 + P_4 + H_2O \longrightarrow HCl + H_3PO_4$

② 反应前后氧化数的变化值为：

Cl 的氧化数降低 6

$$HClO_3 + P_4 + H_2O \longrightarrow HCl + H_3PO_4$$

P 的氧化数升高 20

③ 在相应的化学式之前乘以适当的系数，使得氧化剂中氧化数降低的数值应与还原剂中氧化数升高的数值相等。

Cl 的氧化数降低 6×10

$$HClO_3 + P_4 + H_2O \longrightarrow HCl + H_3PO_4$$

P 的氧化数升高 20×3

④ 将找出的系数分别乘在氧化剂和还原剂的分子式前面，并使方程式两边的氯原子和磷原子的数目相等。

$$10HClO_3 + 3P_4 + H_2O \longrightarrow 10HCl + 12H_3PO_4$$

⑤ 检查反应方程式两边的氢原子数目，找出参加反应的水分子数，使两边的氢原子数相等。

$$10HClO_3 + 3P_4 + 18H_2O \longrightarrow 10HCl + 12H_3PO_4$$

⑥ 检查方程式两边质量平衡，电荷平衡，说明方程式已经配平，可以写成：

$$10HClO_3 + 3P_4 + 18H_2O = 10HCl + 12H_3PO_4$$

8.1.2.2　离子-电子法

有些化合物的氧化数比较难以确定，用氧化数法配平存在一定困难，在涉及离子反应时可采用离子-电子法配平。

（1）配平原则

① 反应过程中氧化剂得到电子的总数必须等于还原剂失去电子的总数。

② 反应前后各元素的原子总数相等。

（2）配平步骤

① 先将反应物的氧化还原产物以离子形式写出（气体、纯液体、固体和弱电解质则写分子式）。

② 把总反应式分解为两个半反应：还原反应和氧化反应。

③ 将两个半反应式配平，使半反应式两边的原子数和电荷数相等。

④ 根据第一条原则，用适当系数乘以两个半反应式，然后将两个半反应方程式相加、整理，即得配平的离子反应方程式。

⑤ 需要时将配平的离子方程式改写成分子反应式。

**【例 8-3】** 用离子-电子法配平高锰酸钾和亚硫酸钾在稀硫酸溶液中的反应方程式。

**解** ① 该反应的离子反应式为 $MnO_4^- + SO_4^{2-} \longrightarrow Mn^{2+} + SO_4^{2-}$

② 将上面离子反应式写成氧化和还原半反应式：

还原半反应：$MnO_4^- \longrightarrow Mn^{2+}$　　氧化半反应：$SO_3^{2-} \longrightarrow SO_4^{2-}$

③ 将两个半反应式配平，使半反应式两边的原子数和电荷数相等。首先配平原子数，然后在半反应式的左边或右边加上适当电子数来配平电荷数。则：

还原半反应：$MnO_4^- + 8H^+ + 5e \longrightarrow Mn^{2+} + 4H_2O$

氧化半反应：$SO_3^{2-} + H_2O \longrightarrow SO_4^{2-} + 2H^+ + 2e$

④ 用适当系数乘以两个半反应式，使两个半反应两边所加电子数相等，然后将两个半反应方程式相加、整理，即得配平的离子反应方程式。

$$MnO_4^- + 8H^+ + 5e = Mn^{2+} + 4H_2O \quad \times 2$$
$$+$$
$$SO_3^{2-} + H_2O = SO_4^{2-} + 2H^+ + 2e \quad \times 5$$
$$\overline{2MnO_4^- + 5SO_3^{2-} + 6H^+ = 2Mn^{2+} + 5SO_4^{2-} + 3H_2O}$$

⑤ 将配平的离子方程式改写成分子反应式：

$$2KMnO_4 + 5K_2SO_3 + 3H_2SO_4 = 2MnSO_4 + 6K_2SO_4 + 3H_2O$$

### 8.1.3　氧化还原反应进行的方向

#### 8.1.3.1　原电池

(1) 原电池的组成及工作原理　在甲乙两烧杯中分别放入 $ZnSO_4$ 和 $CuSO_4$ 溶液，在盛 $ZnSO_4$ 的烧杯中插入锌片。在盛 $CuSO_4$ 溶液的烧杯中插入 Cu 片，用导线把检流计和两金属片串联起来。把两个烧杯中的溶液用一倒置的 U 形管连接起来，如图 8-1 所示。U 形管中装满用 KCl 饱和溶液和琼胶做成的冻胶。这种装满冻胶的 U 形管叫做盐桥。此时串联在 Cu 片和 Zn 片间的检流计指针立即向一方偏转，说明导线有电流通过。在上述装置中化学能变成了电能，这种使化学能变为电能的装置叫做原电池，Cu 片和 Zn 片又称为原电池的电极。

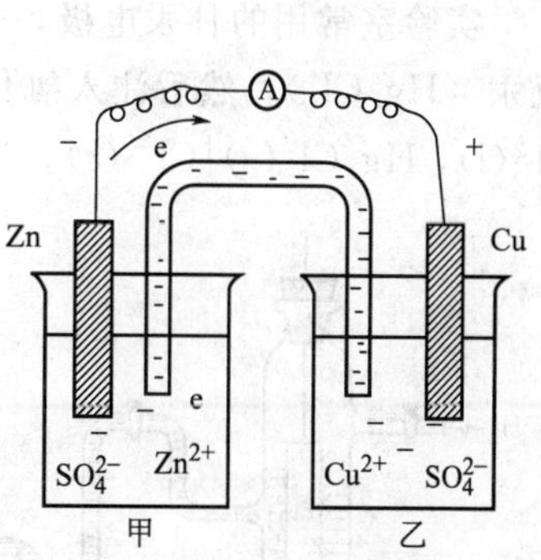


图 8-1　铜锌原电池

在原电池中，电子流出的一极称为负极，电子流入的一极称为正极，在铜锌原电池中，电子由锌电极经由导线流向铜电极，可知两个电极上发生的反应是：

铜电极（正极）：　$Cu^{2+} + 2e \rightleftharpoons Cu$

锌电极（负极）：　$Zn \rightleftharpoons Zn^{2+} + 2e$

合并两个半反应，即可得到电池反应：

$$Cu^{2+}+Zn \rightleftharpoons Zn^{2+}+Cu$$

可见，原电池可以使氧化还原反应产生电流，使氧化和还原两个半反应分别在不同的区域同时进行。不同的区域就是半电池。

（2）原电池符号　原电池可用符号(－)电极｜电解质溶液｜电极(＋)表示。例如上述铜锌原电池可表示为：$(-)Zn|ZnSO_4(c_1)\|CuSO_4(c_2)|Cu(+)$。其中“｜”表示半电池中两相之间的界面，“‖”表示盐桥，$c_1$，$c_2$ 分别表示 $ZnSO_4$ 和 $CuSO_4$ 的浓度。习惯上把负极写在左边，正极写在右边。对于有气体参加的反应，还需说明气体的分压。若溶液中含有两种离子参与电极反应，可用逗号将它们分开。若使用惰性电极也要注明。

例如以氢电极和 $Fe^{3+}/Fe^{2+}$ 电极组成的原电池，电池符号为：

$$(-)Pt,H_2(p)\ |\ H^+(c_1)\|Fe^{3+}(c_2),Fe^{2+}(c_3)|Pt(+)$$

（3）电极的类型　电极是电池的基本组成部分，众多的氧化还原反应对应着各种各样的电极。根据电极组成的不同，常见的电极可分为四类。

① 金属-金属离子电极　它是金属置于含有同一金属离子的盐溶液中所构成的，例如 $Ag^+/Ag$ 电对所组成的电极，电极反应 $Ag^++e \rightleftharpoons Ag$，电池符号 $Ag(s)|Ag^+(c)$。

② 气体-离子电极　它是由气体与其饱和的离子溶液及惰性电极材料组成，惰性电极一般对所接触的气体和溶液不起作用，但它能催化气体电极反应的进行，常用的固体导电体是铂和石墨，例如 $O_2/OH^-$ 电对所组成的电极，电极反应 $O_2+2H_2O+4e \rightleftharpoons 4OH^-$，电池符号 $Pt|O_2|OH^-$。

③ 氧化还原电极　它是将惰性导电材料放在一种溶液中，这种溶液含有同一元素不同氧化数的两种离子，例如 $Cr_2O_7^{2-}/Cr^{3+}$ 电对所组成的电极，电极反应 $Cr_2O_7^{2-}+14H^++6e \rightleftharpoons 2Cr^{3+}+7H_2O$，电池符号 $Pt|Cr_2O_7^{2-}(c_1),Cr^{3+}(c_2),H^+(c_3)$。

④ 金属-金属难溶盐电极　将金属表面涂以该金属的难溶盐（或氧化物），然后将它浸在与该盐具有相同阴离子的溶液中，例如银-氯化银电极等，电极反应 $AgCl+e \rightleftharpoons Ag+Cl^-$，电池符号 $Ag(s),AgCl(s)|Cl^-(c)$。

实验室常用的甘汞电极，也是这一类电极。它的组成是在金属 Hg 的表面覆盖一层氯化亚汞（$Hg_2Cl_2$），然后注入氯化钾溶液。电极反应 $Hg_2Cl_2+2e \rightleftharpoons 2Hg+2Cl^-$，电池符号 $Hg(l)$，$Hg_2Cl_2(s)|Cl^-(c)$。这类电极制作容易、应用方便、性质稳定，常用作参比电极。

#### 8.1.3.2　电极电势

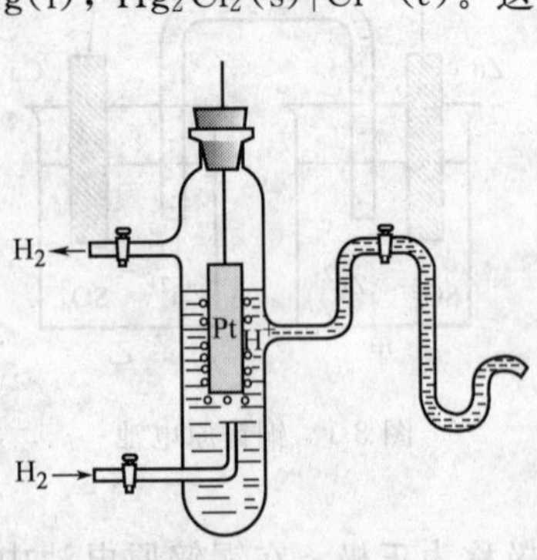

图 8-2　标准氢电极

（1）标准氢电极电势　电极电势的绝对值无法测量，只能选定某种电极作为标准，其他电极与之比较，求得电极电势的相对值。通常选定的是标准氢电极，如图 8-2 所示。

$$Pt|H_2(101.325kPa)|H^+(1mol/L)$$

标准氢电极是这样构成的：在 298.15K 下，将镀有铂黑的铂片置于氢离子浓度为 1.0mol/L 的稀硫酸溶液（近似为 1.0mol/L）中，然后不断地通入压力为 101.325kPa 的纯氢气达到饱和，形成一个氢电极，在这个电极周围发生了如下平衡：$H_2 \rightleftharpoons 2H^++2e$，这时产生在标准氢电极和硫酸溶液之间的电势叫做氢的标准电极电势，将它作为电极电势的相对标准，规定其为零，表示为：

$$\varphi^{\ominus}_{(H^+/H_2, 298.15K)}=0$$

(2) 标准电极电势　用标准氢电极与其他各种标准状态下的电极组成原电池，测得这些电池的电动势，从而计算各种电极的标准电极电势。所谓的标准状态是指组成电极的离子浓度为1.0mol/L，气体分压为$1.013\times10^5$Pa。液体或固体都是纯物质。标准电极电势的符号用$\varphi^{\ominus}$表示。

例如，测定$Zn^{2+}/Zn$电对的标准电极电势，可将$Zn|Zn^{2+}$（1mol/L）电极与标准氢电极组成一个原电池，$(-)Zn|Zn^{2+}(1mol/L)\parallel H^+(1mol/L)|H_2(p^{\ominus})|Pt(+)$。用电位计测得该电池电动势（$E$）为0.7628V。

$$E=\varphi_{正极}-\varphi_{负极}=\varphi_{H^+/H_2}-\varphi_{Zn^{2+}/Zn}$$

$$0.7628V=0-\varphi_{Zn^{2+}/Zn}$$

$$\varphi_{Zn^{2+}/Zn}=-0.7628V$$

用同样的方法，可测得其他电对的标准电极电势。对某些剧烈与水反应而不能直接测定的电极，例如$Na^+/Na$，$F_2/F^-$等则可通过热力学数据，用间接方法来计算标准电极电势。

把所测得的一系列电对的标准电极电势汇列成表，就得到标准电极电势表。表8-2列出了一些常见电极的标准电极电势。

查标准电极电势表数据时应注意以下几个点。

① 标准电极电势是表示在标准状态下某电极的电极电势。非标准状态下，不可直接应用，可通过下面介绍的能斯特方程进行计算。

② 同一种物质在某一电对中是氧化型，在另一电对中也可以是还原型。查电极电势值时应特别注意。

例如，$Fe^{2+}$在$Fe^{2+}+2e \rightleftharpoons Fe$中是氧化型，在$Fe^{3+}+e \rightleftharpoons Fe^{2+}$中是还原型，所以在讨论与$Fe^{2+}$有关的氧化还原反应时，应分清$Fe^{2+}$是还原型还是氧化型，不同情况下，对应的电极反应不同，标准电极电势值也不同。

③ 同一电对在不同介质中电极电势的值不同，甚至存在形态也不相同。

如在酸性介质中电极电势：$\varphi_{O_2/H_2O}=+1.229V$，而在碱性介质中电极电势：$\varphi_{O_2/OH^-}=+0.401V$。查表时应搞清楚是酸性介质还是碱性介质。

④ 标准电极电势是电对的强度性质，与电极反应式中的系数无关。

例如，$Cl_2(g)+2e \rightleftharpoons 2Cl^-$ $\varphi$值为（1.358V），也可以书写为$\frac{1}{2}Cl_2(g)+e \rightleftharpoons Cl^-$其$\varphi$值（1.358V）不变。

(3) 条件电极电势　标准电极电势是在标准状态及温度为298.15K时测得的。但是化学反应往往是在非标准态下进行，当浓度和温度改变时，电极电势也随之改变。对于给定的电极，其电极电势与浓度、温度之间的关系式为：

电极反应　$$Ox+ne \rightleftharpoons Red$$

关系式：　$$\varphi_{Ox/Red}=\varphi^{\ominus}_{Ox/Red}+\frac{RT}{nF}\ln\frac{\alpha_{Ox}}{\alpha_{Red}} \tag{8-1}$$

式中　$\alpha_{Ox}$、$\alpha_{Red}$——氧化态和还原态的活度；

$\varphi^{\ominus}_{Ox/Red}$——电对的标准电极电位。

式(8-1)表明了温度、浓度、离子强度及电极材料本身等因素对电极电势的影响。是由德国化学家W. Nernst首先得出的，因此称为能斯特方程式。

**表 8-2　常见电极的标准电极电势（298.15K）**

| 特点 | 电对 | 电极反应 | $\varphi^{\ominus}$/V | 特点 |
|---|---|---|---|---|
| | 氧化态/还原态 | 氧化态$+ne$ ══ 还原态 | | |
| | $Li^+/Li$ | $Li^+ + e$ ══ $Li$ | −3.040 | |
| | $K^+/K$ | $K^+ + e$ ══ $K$ | −2.931 | |
| | $Ca^{2+}/Ca$ | $Ca^{2+} + 2e$ ══ $Ca$ | −2.868 | |
| | $Na^+/Na$ | $Na^+ + e$ ══ $Na$ | −2.710 | |
| | $Mg^{2+}/Mg$ | $Mg^{2+} + 2e$ ══ $Mg$ | −2.372 | |
| | $Al^{3+}/Al$ | $Al^{3+} + 3e$ ══ $Al$ | −1.662 | |
| | $Zn^{2+}/Zn$ | $Zn^{2+} + 2e$ ══ $Ca$ | −0.7620 | |
| | $Fe^{2+}/Fe$ | $Fe^{2+} + 2e$ ══ $Fe$ | −0.4470 | |
| | $Cd^{2+}/Cd$ | $Cd^{2+} + 2e$ ══ $Cd$ | −0.4030 | |
| | $Sn^{2+}/Sn$ | $Sn^{2+} + 2e$ ══ $Sn$ | −0.1380 | |
| | $Pb^{2+}/Pb$ | $Pb^{2+} + 2e$ ══ $Pb$ | −0.126 | |
| 还原态的还原性减弱↓ | $H^+/H_2$ | $2H^+ + 2e$ ══ $H_2$ | 0.0000 | 氧化态的氧化性增强↓ |
| | $Sn^{4+}/Sn^{2+}$ | $Sn^{4+} + 2e$ ══ $Sn^{2+}$ | +0.1510 | |
| | $Cu^{2+}/Cu$ | $Cu^{2+} + 2e$ ══ $Cu$ | +0.3420 | |
| | $O_2/OH^-$ | $O_2(g) + 2H_2O + 4e$ ══ $4OH^-$ | +0.4010 | |
| | $I_2/I^-$ | $I_2 + 2e$ ══ $2I^-$ | +0.5360 | |
| | $Fe^{3+}/Fe^{2+}$ | $Fe^{3+} + e$ ══ $Fe^{2+}$ | +0.7710 | |
| | $Hg_2^{2+}/Hg$ | $Hg_2^{2+} + 2e$ ══ $2Hg$ | +0.7970 | |
| | $Ag^+/Ag$ | $Ag^+ + e$ ══ $Ag$ | +0.8000 | |
| | $Hg^{2+}/Hg$ | $Hg^{2+} + 2e$ ══ $Hg$ | +0.8510 | |
| | $Br_2/Br^-$ | $Br_2 + 2e$ ══ $2Br^-$ | +1.066 | |
| | $O_2/H_2O$ | $O_2(g) + 4H^+ + 4e$ ══ $2H_2O$ | +1.229 | |
| | $Cr_2O_7^{2-}/Cr^{3+}$ | $Cr_2O_7^{2-} + 14H^+ + 6e$ ══ $2Cr^{3+} + 7H_2O$ | +1.232 | |
| | $Cl_2/Cl^-$ | $Cl_2(g) + 2e$ ══ $2Cl^-$ | +1.358 | |
| | $Au^{3+}/Au$ | $Au^{3+} + 3e$ ══ $Au$ | +1.498 | |
| | $MnO_4^-/Mn^{2+}$ | $MnO_4^- + 8H^+ + 5e$ ══ $Mn^{2+} + 4H_2O$ | +1.507 | |
| | $Au^+/Au$ | $Au^+ + e$ ══ $Au$ | +1.692 | |
| | $S_2O_8^{2-}/SO_4^{2-}$ | $S_2O_8^{2-} + 2e$ ══ $2SO_4^{2-}$ | +2.010 | |
| | $F_2/F^-$ | $F_2(g) + 2e$ ══ $2F^-$ | +2.866 | |

当温度为 298.15K 时，式(8-1) 可变为

$$\varphi_{Ox/Red} = \varphi^{\ominus}_{Ox/Red} + \frac{0.0592}{n}\lg\frac{\alpha_{Ox}}{\alpha_{Red}} \tag{8-2}$$

实际上通常知道的是离子的浓度而不是活度，为简化起见，往往忽略溶液中离子强度的影响，以浓度代替活度来计算，但在实际工作中，溶液的离子强度常常是较大的，这种影响往往不能忽略。此外，当溶液组成改变时，电对的氧化态和还原态的存在形式也往往随之改变，从而引起电极电位的变化。因此，用能斯特方程式计算有关电对的电极电位时，若采用该电对的标准电极电位，不考虑这两个因素，则计算的结果与实际情况就会相差较大。所以引入活度系数（$\gamma$），则式(8-2) 可写成

$$\varphi_{Ox/Red} = \varphi^{\ominus}_{Ox/Red} + \frac{0.0592}{n}\lg\frac{\gamma_{Ox}[Ox]}{\gamma_{Red}[Red]} \tag{8-3}$$

式中　[Ox]、[Red]——氧化剂和还原剂的平衡浓度。

通常，人们只知道相应的分析浓度 $c_{Ox}$ 和 $c_{Red}$，因此当氧化剂或还原剂存在酸效应、水解、络合等副反应时，根据副反应系数 $a$ 的定义，则式(8-3) 可写成

$$\varphi_{Ox/Red}=\varphi^{\ominus}_{Ox/Red}+\frac{0.0592}{n}\lg\frac{\gamma_{Ox}a_{[Red]}}{\gamma_{Red}a_{[Ox]}}+\frac{0.0592}{n}\lg\frac{c_{Ox}}{c_{Red}}$$

令

$$\varphi^{\ominus\prime}_{Ox/Red}=\varphi^{\ominus}_{Ox/Red}+\frac{0.0592}{n}\lg\frac{\gamma_{Ox}a_{[Red]}}{\gamma_{Red}a_{[Ox]}} \tag{8-4}$$

则

$$\varphi_{Ox/Red}=\varphi^{\ominus\prime}_{Ox/Red}+\frac{0.0592}{n}\lg\frac{c_{Ox}}{c_{Red}} \tag{8-5}$$

$\varphi^{\ominus\prime}$称为条件电极电势，它是指在特定条件下，当氧化态和还原态的分析浓度（总浓度）均为 1mol/L 时的电极电势，在条件不变时为一常数。条件电极电势 $\varphi^{\ominus\prime}$的大小反映了在外界因素影响下，氧化还原电对的实际氧化还原能力。

应用条件电极电势比用标准电极电势能更正确地判断氧化还原反应的方向、次序和反应完成的程度。目前尚缺乏各种条件下的条件电极电势，因而其实际应用受到一定限制。

(4) 电极电势的应用

① 判断氧化剂氧化性与还原剂还原性的相对强弱　在 $M^{n+}+ne \rightleftharpoons M$ 电极反应中，$M^{n+}$为物质氧化型，M 为物质的还原型，即氧化型$+ne \rightleftharpoons$还原型。

氧化型物质氧化能力强弱和还原型物质还原能力强弱可以从 $\varphi$ 值大小来判断。$\varphi$ 越大氧化型物质氧化能力越强，还原型物质还原能力越弱。

**【例 8-4】** 试判断 $Cl_2$、$Br_2$、$I_2$ 的氧化能力和 $Cl^-$、$Br^-$、$I^-$ 的还原能力。

**解** 已知下列电极反应的电极电势分别为

$$I_2+2e \rightleftharpoons 2I^- \quad (\varphi^{\ominus}_{I_2/I^-}=0.535V)$$

$$Br_2+2e \rightleftharpoons 2Br^- \quad (\varphi^{\ominus}_{Br_2/Br^-}=1.066V)$$

$$Cl_2+2e \rightleftharpoons 2Cl^- \quad (\varphi^{\ominus}_{Cl_2/Cl^-}=1.3583V)$$

由以上三个电极反应中可以看出，$\varphi^{\ominus}_{Cl_2/Cl^-}$的值最大，说明 $Cl_2$ 氧化能力最强，相对应的 $Cl^-$ 还原能力最弱；$\varphi^{\ominus}_{I_2/I^-}$的值最小，说明 $I_2$ 氧化能力最弱，相对应的 $I^-$ 还原能力最强；所以氧化能力 $Cl_2>Br_2>I_2$；还原能力 $Cl^-<Br^-<I^-$。

② 计算原电池的标准电动势 $E^{\ominus}$ 和电动势 $E$　在组成原电池的两个半电池中，电极电势代数值较大的半电池是原电池的正极，电极电势代数值较小的半电池是原电池的负极。原电池的电动势等于正极的电极电势减去负极的电极电势：

$$E=\varphi_+-\varphi_-$$

在标准态时：

$$E^{\ominus}=\varphi^{\ominus}_+-\varphi^{\ominus}_-$$

**【例 8-5】** 根据下列氧化还原 $Pb^{2+}+Sn = Pb+Sn^{2+}$，计算在 (1) 标准态及 (2) $c_{Pb^{2+}}=0.0010mol/L$，$c_{Sn^{2+}}=1.0mol/L$ 时原电池的电动势，并写出所组成的原电池符号。

**解**　(1) 在标准态时，$\varphi^{\ominus}_{Sn^{2+}/Sn}=-0.136V$；$\varphi^{\ominus}_{Pb^{2+}/Pb}=-0.126V$，因为 $\varphi^{\ominus}_{Pb^{2+}/Pb}>\varphi^{\ominus}_{Sn^{2+}/Sn}$，所以 $Pb^{2+}/Pb$ 为正极，$Sn^{2+}/Sn$ 为负极，有

$$E^{\ominus}=\varphi^{\ominus}_{Pb^{2+}/Pb}-\varphi^{\ominus}_{Sn^{2+}/Sn}=-0.126-(-0.136)=0.010\ (V)$$

标准态的原电池符号为 (－) $Sn \mid Sn^{2+}(c^{\ominus}) \parallel Pb^{2+}(c^{\ominus}) \mid Pb$(＋)

(2) $c_{Pb^{2+}}=0.0010mol/L$，$c_{Sn^{2+}}=1.0mol/L$ 时

$$\varphi_{Sn^{2+}/Sn}=\varphi^{\ominus}_{Sn^{2+}/Sn}=-0.136V$$

$$\varphi_{Pb^{2+}/Pb}=\varphi^{\ominus}_{Pb^{2+}/Pb}+\frac{0.0592}{2}\lg\frac{c_{Pb^{2+}}}{c^{\ominus}}$$

$$=-0.126+\frac{0.0592}{2}\lg 0.0010=-0.215\ (V)$$

这时所组成的原电池 $Sn^{2+}/Sn$ 为正极，$Pb^{2+}/Pb$ 为负极

$$E=\varphi_{Sn^{2+}/Sn}-\varphi_{Pb^{2+}/Pb}=-0.136-(-0.215)=0.079\ (V)$$

此时的原电池符号为 (－) Pb | $Pb^{2+}$(0.0010mol/L) ‖ $Sn^{2+}$($c^{\ominus}$) | Sn(＋)

③ 判断氧化还原反应进行的方向　在热力学中，恒温、恒压下化学反应自发进行的判据为 $\Delta G<0$。在氧化还原反应中，$\Delta G=-ZFE=-ZF(\varphi_{+}-\varphi_{-})$。所以如果 $\varphi_{+}-\varphi_{-}>0$，则该氧化还原反应可自发进行；如果其 $\varphi_{+}-\varphi_{-}<0$，则反应不能自发进行。

**【例 8-6】** 判断反应 $2Fe^{3+}+Cu \rightleftharpoons 2Fe^{2+}+Cu^{2+}$ 在标准状态下自发进行的方向。

**解**　按照给定的反应方向，从氧化数的变化看，$Fe^{3+}$ 是氧化剂，Cu 是还原剂，由 $Fe^{3+}/Fe^{2+}$ 和 $Cu^{2+}/Cu$ 组成原电池，$Fe^{3+}/Fe^{2+}$ 作正极，$Cu^{2+}/Cu$ 作负极，电极反应为

负极：$Cu-2e \rightleftharpoons Cu^{2+}$　($\varphi^{\ominus}=0.337V$)

正极：$Fe^{3+}+e \rightleftharpoons Fe^{2+}$　($\varphi^{\ominus}=0.770V$)

电池电动势 $E^{\ominus}=\varphi_{(+)}-\varphi_{(-)}=0.770-0.337=0.433\ (V)$

$E^{\ominus}>0$，所以，反应自发向右进行。这就是 $FeCl_3$ 溶液可以腐蚀铜的原因。

原电池的电动势是电流的推动力，其值越大，这种推动力越大，氧化还原反应自发正向进行的趋势就越大。反之，其值越小，反应自发正向进行的趋势就越小，逆向进行的趋势增大。显然，$E^{\ominus}=0$ 时，氧化还原反应达到了动态平衡。

④ 判断氧化还原反应发生的次序　一般情况下，当一种氧化剂遇到几种还原剂时，氧化剂首先与最强的还原剂反应。同样，当一种还原剂遇到几种氧化剂时，还原剂首先与最强的氧化剂反应。从电极电势的角度看，就是电池电动势大的反应首先发生。

工业上通氯气于晒盐所得的苦卤中，使 $Br^-$ 和 $I^-$ 氧化制取 $Br_2$ 和 $I_2$，就是基于这个原理，从电极电势的角度看：

$$I_2+2e \rightleftharpoons 2I^- \quad (\varphi_1=0.535V)$$

$$Br_2+2e \rightleftharpoons 2Br^- \quad (\varphi_2=1.066V)$$

$$Cl_2+2e \rightleftharpoons 2Cl^- \quad (\varphi_3=1.3583V)$$

当把氯气通入苦卤中时，$Cl_2$ 首先将 $I^-$ 氧化成 $I_2$。控制 $Cl_2$ 的流量，待 $I^-$ 几乎全部被氧化后，$Br^-$ 才被氧化，$Br_2$ 析出，从而分别得 $Br_2$ 和 $I_2$。

⑤ 判断氧化还原反应进行的程度　氧化还原反应进行的程度可以用平衡常数 $K^{\ominus}$ 值的大小来衡量。对于一般的化学反应，平衡时有 $\Delta_r G^{\ominus}_m=-RT\ln K^{\ominus}$，而对于氧化还原反应，平衡时有

$$\Delta_r G^{\ominus}_m=-ZFE^{\ominus}=-ZF(\varphi^{\ominus}_{+}-\varphi^{\ominus}_{-})$$

所以氧化还原反应的平衡常数与电动势和电极电势之间的关系为

$$-RT\ln K^{\ominus}=-ZFE^{\ominus}=-ZF(\varphi^{\ominus}_{+}-\varphi^{\ominus}_{-})$$

即

$$\ln K^{\ominus}=\frac{ZFE^{\ominus}}{RT}=\frac{ZF(\varphi^{\ominus}_{+}-\varphi^{\ominus}_{-})}{RT} \tag{8-6}$$

在 298.15K 时上式可变为

$$\lg K^{\ominus}=\frac{ZE^{\ominus}}{0.0592}=\frac{Z(\varphi^{\ominus}_{+}-\varphi^{\ominus}_{-})}{0.0592} \tag{8-7}$$

由此可见，电动势越大，氧化还原反应的标准平衡常数越大，即氧化还原反应就进行得越完全。

**【例 8-7】** 已知 $\varphi^{\ominus}(AgCl/Ag)=0.223V$，利用电化学方法求反应 $Ag^+ + Cl^- \rightleftharpoons AgCl\downarrow$，在 25℃时的平衡常数 $K^{\ominus}$ 及 $K_{sp}^{\ominus}(AgCl)$。

**解** 为了利用电化学方法求反应的平衡常数，就必须先将所给反应设计为原电池，写出原电池的两个半反应。

负极：$Ag + Cl^- \rightleftharpoons AgCl\downarrow + e$　　$\varphi^{\ominus}(AgCl/Ag)=0.223V$

正极：$Ag^+ + e \rightleftharpoons Ag$　　$\varphi^{\ominus}(Ag^+/Ag)=0.7996V$

反应开始时 $\varphi(AgCl/Ag)=\varphi^{\ominus}(AgCl/Ag)+\frac{0.0592}{1}\lg\frac{1}{c'(Cl^-)}$

$$\varphi(Ag^+/Ag)=\varphi^{\ominus}(Ag^+/Ag)+\frac{0.0592}{1}\lg c'(Ag^+)$$

随着反应的进行，溶液中 $c'(Ag^+)$，$c'(Cl^-)$ 不断减少，当 $\varphi(Ag^+/Ag)=\varphi(AgCl/Ag)$ 时，反应达到平衡状态，则有：

$$\varphi^{\ominus}(AgCl/Ag)+\frac{0.0592}{1}\lg\frac{1}{c'(Cl^-)}=\varphi^{\ominus}(Ag^+/Ag)+\frac{0.0592}{1}\lg c'(Ag^+)$$

即有

$$\begin{aligned}E^{\ominus}&=\varphi^{\ominus}(Ag^+/Ag)-\varphi^{\ominus}(AgCl/Ag)\\&=\frac{0.0592}{1}\lg\frac{1}{c'(Cl^-)}-\frac{0.0592}{1}\lg c'(Ag^+)\\&=\frac{0.0592}{1}\lg K^{\ominus}\end{aligned}$$

所以

$$\lg K^{\ominus}=\frac{1\times E^{\ominus}}{0.0592}=9.75$$

即

$$K^{\ominus}=5.65\times10^{9}$$

$$K_{sp}^{\ominus}(AgCl)=1/K^{\ominus}=1.77\times10^{-10}$$

⑥ 元素标准电势图及其应用　元素电势图（或拉特摩图）是表示一种元素各种氧化值之间标准电极电势的图解。例如，元素铜的电势图为

$$Cu^{2+}\xrightarrow{0.163}Cu^{+}\xrightarrow{0.505}Cu \quad (Cu^{2+}\text{—}Cu: 0.342) \qquad \varphi^{\ominus}/V$$

它清楚地表明了同种元素的不同氧化值物质氧化、还原能力的相对大小。此外，元素电势图还可以判断是否可以发生歧化反应。歧化反应是一种元素处于中间氧化值时，可同时向较高氧化值状态和较低氧化值状态变化的反应，它是一种自身氧化还原反应。例如，$2Cu^+ \longrightarrow Cu + Cu^{2+}$。歧化反应发生的规律是当电势图中（$M^{2+}\xrightarrow{\varphi^{\ominus}_{左}}M^{+}\xrightarrow{\varphi^{\ominus}_{右}}M$）$\varphi^{\ominus}_{右}>\varphi^{\ominus}_{左}$ 时，$M^+$ 容易发生歧化反应。

**【例 8-8】** 欲保存 $Fe^{2+}$ 溶液，通常加入数枚铁钉。为什么？说明作用原理。

**解** 此作用可从元素电势图得到解释。铁的元素电势图为：

$$\varphi^{\ominus}/V \qquad Fe^{3+}\xrightarrow{+0.771}Fe^{2+}\xrightarrow{-0.447}Fe$$

由电势图可见，$Fe^{2+}$ 溶液易被空气中的 $O_2$ 氧化成 $Fe^{3+}$。由于 $\varphi^{\ominus}_{右}<\varphi^{\ominus}_{左}$，所以不能正向发生歧化反应，因而能发生逆歧化反应。因此配制亚铁盐溶液时，放入少许铁钉，只要溶液中有铁钉存在，即使有 $Fe^{2+}$ 被氧化成 $Fe^{3+}$，$Fe^{3+}$ 立即与铁发生逆歧化反应，重新生成

$Fe^{2+}$。反应式为：$2Fe^{3+}+Fe \rightleftharpoons 3Fe^{2+}$ 由此保持了溶液的稳定性。

8.1.3.3 影响氧化还原反应进行方向的因素

氧化还原反应的方向，可以根据反应中两个电对的条件电极电势或标准电极电势的大小来确定。当反应的条件发生变化时，氧化还原电对的电极电势也将受到影响，从而影响氧化还原反应进行的方向。

影响氧化还原反应方向的因素有氧化剂和还原剂的浓度、溶液的酸度、生成沉淀和形成配合物等。

(1) 氧化剂和还原剂的浓度　由能斯特方程式可以看出，当增加电对氧化态的浓度时，电对的电极电势增大；增加电对还原态的浓度时，电对的电极电势降低。因此，当改变各电对物质（或离子）的浓度时，氧化还原反应的方向也将改变。

**【例 8-9】** 试分别判断 $Pb^{2+}+Sn \rightleftharpoons Pb+Sn^{2+}$ 在标准状态和 $c(Sn^{2+})=1mol/L$，$c(Pb^{2+})=0.1mol/L$ 时反应进行的方向。

**解**　已知 $\varphi^{\ominus}(Pb^{2+}/Pb)=-0.13V$，$\varphi^{\ominus}(Sn^{2+}/Sn)=-0.14V$

标准态时

$$c(Sn^{2+})=c(Pb^{2+})=1mol/L$$

$$\varphi(Pb^{2+}/Pb)=\varphi^{\ominus}(Pb^{2+}/Pb)=-0.13V$$

$$\varphi(Sn^{2+}/Sn)=\varphi^{\ominus}(Sn^{2+}/Sn)=-0.14V$$

此时，$\varphi(Pb^{2+}/Pb)>\varphi(Sn^{2+}/Sn)$，即 $Pb^{2+}$ 的氧化能力大于 $Sn^{2+}$ 的氧化能力。因此，上述反应向右进行。

当 $c(Sn^{2+})=1mol/L$，$c(Pb^{2+})=0.1mol/L$ 时

$$\varphi(Sn^{2+}/Sn)=\varphi^{\ominus}(Sn^{2+}/Sn)=-0.14V$$

$$\varphi(Pb^{2+}/Pb)=\varphi^{\ominus}(Pb^{2+}/Pb)+\frac{0.0592}{2}\lg c(Pb^{2+})$$

$$=-0.13\times\frac{0.0592}{2}\lg 0.1=-0.16\ (V)$$

此时，$\varphi(Pb^{2+}/Pb)<\varphi(Sn^{2+}/Sn)$，即 $Pb^{2+}$ 的氧化能力小于 $Sn^{2+}$ 的氧化能力。因此，上述反应向左进行。

必须指出，只有当两电对的 $\varphi^{\ominus}$ 值相差不大时，才能通过改变物质的浓度来改变氧化还原反应的方向。

(2) 溶液的酸度　有些氧化还原反应，有 $H^+$ 或 $OH^-$ 参与反应，溶液的酸度直接影响氧化还原电对的电极电势；有些氧化剂或还原剂是弱酸，溶液的酸度影响它们在溶液中的存在形式。因此，当溶液的酸度发生变化时，就有可能改变氧化还原反应的方向。

**【例 8-10】** 试判断溶液中 $c(H^+)=1mol/L$ 和 $pH=8$ 时，反应

$$2I^-+AsO_4^{3-}+2H^+ \rightleftharpoons I_2+AsO_3^{3-}+H_2O$$

进行的方向。两电对中各物质的浓度均为 1mol/L，且不考虑离子强度的影响。已知 $\varphi^{\ominus}(AsO_4^{3-}/AsO_3^{3-})=0.557V$，$\varphi^{\ominus}(I_2/I^-)=0.545V$。

**解**　当溶液的 $c(H^+)=1mol/L$ 时

$$\varphi(AsO_4^{3-}/AsO_3^{3-})=\varphi^{\ominus}(AsO_4^{3-}/AsO_3^{3-})=0.557V$$

$$\varphi(I_2/I^-)=\varphi^{\ominus'}(I_2/I^-)=0.545V$$

因为 $\varphi(AsO_4^{3-}/AsO_3^{3-})>\varphi(I_2/I^-)$，所以上述反应向右进行。

当溶液的 $pH=8$ 时

$$\varphi(I_2/I^-)=\varphi^{\ominus'}(I_2/I^-)=0.545V$$

$$\varphi(AsO_4^{3-}/AsO_3^{3-})=\varphi^{\ominus'}(AsO_4^{3-}/AsO_3^{3-})+\frac{0.0592}{2}\lg c^2(H^+)$$

$$=0.557+\frac{0.0592}{2}\lg(10^{-8})^2=0.087\ (V)$$

此时 $\varphi(AsO_4^{3-}/AsO_3^{3-})<\varphi(I_2/I^-)$，故上述反应向左进行。

必须注意，只有当两电对的 $\varphi^{\ominus}$ 值相差很小时，才能通过改变溶液酸度的方法来改变反应进行的方向。

(3) 沉淀的影响　在氧化还原反应中，若加入一种能与电对的氧化态或还原态生成沉淀的沉淀剂时，同样会改变氧化态或还原态的浓度，从而改变相应电对的电极电势，最终有可能改变氧化还原反应的方向。

**【例 8-11】** 试判断下列反应 $2Cu^{2+}+4I^- \rightleftharpoons 2CuI\downarrow+I_2$ 进行的方向。已知 $\varphi^{\ominus}(Cu^{2+}/Cu^+)=0.16V$，$\varphi^{\ominus}(I_2/I^-)=0.545V$，$c(Cu^{2+})=c(I^-)=1mol/L$，$K_{sp}^{\ominus}(CuI)=1.1\times10^{-12}$。

**解**　仅从两个电对的标准电极电势看，$\varphi^{\ominus}(I_2/I^-)>\varphi^{\ominus}(Cu^{2+}/Cu^+)$，似乎反应向左进行。而实际上因为反应 $2Cu^{2+}+4I^- \rightleftharpoons 2CuI\downarrow+I_2$ 存在，而且在反应中 $Cu^+$ 与 $I^-$ 生成了溶解度较小的 CuI 沉淀，所以

$$\varphi(Cu^{2+}/Cu^+)=\varphi^{\ominus}(Cu^{2+}/Cu^+)+0.0592\lg\frac{c(Cu^{2+})}{c(Cu^+)}$$

$$=\varphi^{\ominus}(Cu^{2+}/Cu^+)+0.0592\lg\frac{c(Cu^{2+})c(I^-)}{K_{sp}(CuI)}$$

$$=\varphi^{\ominus}(Cu^{2+}/Cu^+)+0.0592\lg\frac{1}{K_{sp}(CuI)}+0.0592\lg c(Cu^{2+})c(I^-)$$

$$=0.865\ (V)$$

即 $\varphi(Cu^{2+}/Cu^+)>\varphi(I_2/I^-)$，使 $Cu^{2+}$ 成为较强的氧化剂，因而反应向右进行。

(4) 配合物的影响　当溶液中存在着能与电对的氧化态或还原态形成配合物的配位剂时，也能改变电对的电极电势，从而影响氧化还原反应的方向。

例如，若在反应 $2Fe^{3+}+2I^- \rightleftharpoons 2Fe^{2+}+I_2$ 中加入氟化物，$Fe^{3+}$ 与 $F^-$ 形成了配位化合物 $[FeF]^{2+}$、$[FeF_2]^+$、…、$[FeF_6]^{3-}$ 等，致使 $Fe^{3+}$ 的浓度大为降低，$Fe^{3+}/Fe^{2+}$ 的电极电势也减少，$Fe^{3+}$ 的氧化能力变弱而不能将 $I^-$ 氧化。

### 8.1.4　影响氧化还原反应速率的因素

在氧化还原反应中，根据氧化还原电对的标准电极电势或条件电极电势，可以判断反应进行的方向和程度。但这只是表明反应进行的可能性，并不能指出反应进行的速率，若反应速率极慢，该反应还是不能直接用于滴定。例如，

$$2Ce^{4+}+H_3AsO_3+H_2O \xrightleftharpoons{0.5mol/L\ H_2SO_4} 2Ce^{3+}+H_3AsO_4+2H^+$$

$$\varphi^{\ominus'}_{Ce^{4+}/Ce^{3+}}=1.44V，\varphi^{\ominus'}_{As(V)/As(III)}=0.56V$$

$\Delta\varphi^{\ominus'}=0.88V$，$K\approx10^{30}$，若仅从平衡考虑，反应可以进行得很完全。实际上此反应极慢，若不加催化剂，反应无法实现。因此在氧化还原滴定分析中，不仅要从平衡理论来考虑反应的可能性，还应从反应速率来考虑反应的现实性。反应速率慢的原因是电子在氧化剂和还原剂之间转移时，受到了来自溶剂分子、各种配体及静电排斥等各方面的阻力。此外，由

于价态改变而引起的电子层结构、化学键及组成的变化也会阻碍电子的转移。这些都可能导致反应速率变慢。

影响氧化还原反应速率的因素，除了参加反应的氧化还原电对本身的性质外，还与反应时外界的条件（如反应物浓度、温度、催化剂、诱导效应等）有关。

8.1.4.1 反应物浓度

在氧化还原反应中，由于反应机理比较复杂，不能以总的氧化还原反应方程式来判断浓度对反应速率的影响。但一般来说，增加反应物浓度可以加速反应进行。例如用 $K_2Cr_2O_7$ 标定 $Na_2S_2O_3$ 溶液。

$$Cr_2O_7^{2-} + 6I^- + 14H^+ \rightleftharpoons 2Cr^{3+} + 3I_2 + 7H_2O \quad (慢)$$

$$I_2 + 2S_2O_3^{2-} \rightleftharpoons 2I^- + S_4O_6^{2-} \quad (快)$$

由于反应以淀粉为指示剂，用 $Na_2S_2O_3$ 溶液滴定到析出 $I_2$ 与淀粉生成的蓝色消失为止。但因有 $Cr^{3+}$ 存在，干扰终点颜色的观察。所以最好在稀溶液中滴定，但不能过早冲稀，因第一步较慢，必须在较浓 $K_2Cr_2O_7$ 溶液中，使反应较快进行，经一段时间第一步反应进行完全后，再将溶液冲稀，以 $Na_2S_2O_3$ 溶液滴定。

8.1.4.2 温度

升高温度，一般会使正反应和逆反应的反应速率加快，所以到达反应平衡需要的时间缩短。如反应

$$2MnO_4^- + 5C_2O_4^{2-} + 16H^+ \rightleftharpoons 2Mn^{2+} + 10CO_2\uparrow + 8H_2O$$

在室温下，反应速率很慢，加热却能加快反应速率。当用 $KMnO_4$ 溶液滴定 $H_2C_2O_4$ 溶液时，必须将溶液加热到 75～85℃。

但是温度过高也会引起部分 $H_2C_2O_4$ 分解，而且对于易挥发物质（如 $I_2$），加热溶液会引起挥发损失。另外对于易被空气氧化的物质（如 $Sn^{2+}$、$Fe^{2+}$），加热将促使它们的氧化，这些情况都不宜温度太高，只能采用其他方法来提高反应速率。

8.1.4.3 催化剂

催化剂对反应速率有很大的影响。例如在酸性介质中，用过二硫酸铵氧化 $Mn^{2+}$ 的反应

$$2Mn^{2+} + 5S_2O_8^{2-} + 8H_2O \rightleftharpoons 2MnO_4^- + 10SO_4^{2-} + 16H^+$$

必须有 $Ag^+$ 作催化剂才能迅速进行。还有如 $MnO_4^-$ 与 $C_2O_4^{2-}$ 之间的反应，$Mn^{2+}$ 的存在也能催化反应迅速进行，由于 $Mn^{2+}$ 是反应的生成物之一，所以这种反应称为自动催化反应。此反应在开始时，由于一般 $KMnO_4$ 溶液中 $Mn^{2+}$ 含量极少，虽然加热到 75～85℃，反应进行得仍较为缓慢，$MnO_4^-$ 褪色很慢。但反应开始后，溶液中产生了 $Mn^{2+}$，就使以后的反应大为加速。

8.1.4.4 诱导效应

在氧化还原反应中，一种反应（主反应）的进行，能够诱发反应速率极慢或不能进行的另一种反应，叫做诱导反应，后一反应（副反应）叫做被诱导的反应或受诱反应。例如，在酸性溶液中，$KMnO_4$ 可以氧化 $Cl^-$，但反应的速率极慢。

$$MnO_4^- + 8H^+ + 5e \rightleftharpoons Mn^{2+} + 4H_2O \qquad \varphi^{\ominus} = 1.491V$$

$$2Cl^- \rightleftharpoons Cl_2 + 2e \qquad \varphi^{\ominus} = 1.358V$$

但是当溶液中同时存在有 $Fe^{2+}$ 时，$MnO_4^-$ 与 $Cl^-$ 的反应加快：

$$MnO_4^- + 5Fe^{2+} + 8H^+ \rightleftharpoons Mn^{2+} + 5Fe^{3+} + 4H_2O \quad 诱导反应$$

$$2MnO_4^- + 10Cl^- + 16H^+ \rightleftharpoons 2Mn^{2+} + 5Cl_2 + 8H_2O \quad \text{受诱反应}$$

由于 $Fe^{2+}$ 与 $MnO_4^-$ 反应的进行，促进了 $MnO_4^-$ 与 $Cl^-$ 的进行，所以属于诱导反应，上例中 $Fe^{2+}$ 称为诱导体，$KMnO_4$ 称为作用体，$Cl^-$ 称为受诱体。

如果在溶液中加入过量的 $Mn^{2+}$，则 $Mn^{2+}$ 能使 Mn(Ⅶ) 迅速转变为 Mn(Ⅲ)，加入磷酸配合 Mn(Ⅲ)，则 Mn(Ⅲ)/Mn(Ⅱ) 电对的电位降低，Mn(Ⅲ) 基本上只与 $Fe^{2+}$ 反应，不能氧化 $Cl^-$。因此在 HCl 介质中用 $KMnO_4$ 法测定 $Fe^{2+}$，常加入 $MnSO_4$-$H_3PO_4$-$H_2SO_4$ 混合溶液，防止副反应发生。

在催化反应中，催化剂参加反应后恢复其原来的状态。而在诱导反应中，诱导体参加反应后变成其他的物质。诱导反应消耗作用体，给滴定分析带来误差，而催化反应不带来误差。

### 8.1.5　氧化还原指示剂

#### 8.1.5.1　自身指示剂

有些标准溶液或被滴定物质本身有颜色，而滴定产物无色或颜色很浅，则滴定时无需另加指示剂，本身的颜色变化起着指示剂的作用叫做自身指示剂（self indicator）。例如，$MnO_4^-$ 本身显紫红色，而被还原的产物 $Mn^{2+}$ 几乎无色，所以用 $KMnO_4$ 来滴定无色或浅色还原剂时，一般不必另加指示剂。化学计量点后稍过量的 $MnO_4^-$ 即使溶液显粉红色。实验证明，$MnO_4^-$ 浓度为 $2\times10^{-6}$ mol/L（相当于 100mL 溶液中有 0.02mol/L $KMnO_4$ 溶液 0.01mL），就能观察到明显的粉红色，变色很敏锐。

#### 8.1.5.2　专属指示剂

有些物质本身并不具有氧化还原性，但它能与滴定剂或被测物产生特殊的颜色，因而可指示滴定终点，它们称为特殊指示剂（specific indicator）。例如，在室温下，可溶性淀粉与碘反应生成深蓝色吸附化合物，反应特效而灵敏。用淀粉可检出含量约为 $5\times10^{-6}$ mol/L 的碘溶液。碘法和碘量法就是利用可溶性淀粉作为指示剂来指示滴定终点的，故淀粉称为专属指示剂。在滴定反应中，当 $I_2$ 被还原为 $I^-$ 时，蓝色消失；当 $I^-$ 被氧化为 $I_2$ 时，蓝色出现。因而可以根据蓝色的呈现或消失来滴定终点。又如，以 $Fe^{3+}$ 滴定 $Sn^{2+}$ 时，可用 KSCN 为指示剂，当溶液出现 Fe(Ⅲ) 的硫氰酸配合物的红色时即为终点。

#### 8.1.5.3　氧化还原指示剂

氧化还原指示剂是其本身具有氧化还原性质的有机化合物，这类指示剂本身是氧化剂或还原剂，其氧化态和还原态具有不同的颜色，它能因氧化还原作用而发生颜色变化。例如常用的氧化还原指示剂二苯胺磺酸钠，它的氧化态呈紫红色，还原态是无色的。当用 $K_2Cr_2O_7$ 溶液滴定 $Fe^{2+}$，以二苯胺磺酸钠为指示剂，则滴定到化学计量点时，稍微过量的 $K_2Cr_2O_7$ 就使二苯胺磺酸钠由无色的还原态氧化为紫红色的氧化态，以指示终点的到达。

如果用 $In_{Ox}$ 和 $In_{Red}$ 分别表示指示剂的氧化态和还原态物种，并假定其电极反应是可逆的，则指示剂的电极反应和能斯特方程式为

$$In_{Ox} + ne \rightleftharpoons In_{Red}$$

$$\varphi = \varphi_{In}^{\ominus\prime} + \frac{0.0592}{n}\lg\frac{[In_{Ox}]}{[In_{Red}]} \tag{8-8}$$

当 $[In_{Ox}]/[In_{Red}]$ 从 10～1/10 变化时，指示剂的颜色将由氧化态的颜色转变为还原态的颜色，相应的指示剂变色范围为 $\varphi_{In}^{\ominus\prime} \pm \frac{0.0592}{n}$ (V)

当滴定体系的电势恰好等于$\varphi_{In}^{\ominus\prime}$，即［$In_{Ox}$］/［$In_{Red}$］＝1时，指示剂将呈现氧化态和还原态的中间色，称为变色点。表8-3列出了一些常用的氧化还原指示剂及其变色点的电极电势。

**表 8-3 常用的氧化还原指示剂**

| 指示剂 | $\varphi_{In}^{\ominus\prime}$([$H^+$]=1mol/L)/V | 颜色变化 | |
|---|---|---|---|
| | | 氧化态 | 还原态 |
| 亚甲基蓝 | 0.36 | 蓝 | 无色 |
| 二苯胺 | 0.76 | 紫 | 无色 |
| 二苯胺磺酸钠 | 0.84 | 紫红 | 无色 |
| 邻苯氨基苯甲酸 | 0.89 | 紫红 | 无色 |
| 邻二氮菲亚铁 | 1.06 | 浅蓝 | 红 |
| 硝基邻二氮菲亚铁 | 1.25 | 浅蓝 | 紫红 |

由指示剂变化范围可知，氧化还原指示剂的变色范围很小，所以在氧化还原滴定中，选择指示剂的原则是：指示剂的变色点的电极电势应处于电极电势的滴定突跃范围内。例如，在$H_2SO_4$介质中，用$Ce^{4+}$溶液滴定$Fe^{2+}$溶液，宜选用邻二氮菲亚铁作指示剂。

## 8.2 氧化还原滴定法

**【能力目标】** 能准确判断滴定终点；会使用各种氧化还原滴定方法。

**【知识目标】** 了解氧化还原滴定法终点指示方法和正确选择指示剂的依据；了解溴量法及其特点；掌握高锰酸钾法、重铬酸钾法和碘量法的原理、特点、滴定条件、标准溶液的制备及方法的应用范围。

### 8.2.1 氧化还原滴定曲线

氧化还原滴定中，随着标准溶液的不断滴入，氧化型和还原型的浓度不断发生改变，体系的电势也不断发生变化。故氧化还原滴定曲线通常是以反应电对的电极电势为纵坐标，以加入滴定剂的体积或百分数为横坐标绘制。对于不可逆的氧化还原体系，测定曲线通过实验方法测得，理论计算与实验值相差较大；对于可逆氧化还原体系，可根据能斯特公式由理论计算得出氧化还原滴定曲线。

### 8.2.2 氧化还原滴定法

氧化还原滴定法是应用十分广泛的滴定分析法之一，可用于无机物和有机物含量的直接或间接测定。根据所用的氧化剂和还原剂不同，可将氧化还原滴定法分为高锰酸钾法、重铬酸钾法、碘量法、溴量法等。

#### 8.2.2.1 高锰酸钾法

（1）基本原理 以高锰酸钾标准溶液作为滴定剂的一种氧化还原滴定法称为高锰酸钾滴定法。$KMnO_4$在不同介质中的反应如下。

在强酸溶液中与还原剂作用，$MnO_4^-$被还原为$Mn^{2+}$：

$$MnO_4^- + 8H^+ + 5e \rightleftharpoons Mn^{2+} + 4H_2O \qquad \varphi^{\ominus} = 1.51V$$

在弱酸性、中性或弱碱性溶液中，$MnO_4^-$则被还原为$MnO_2$：

$$MnO_4^- + 2H_2O + 3e \rightleftharpoons MnO_2 + 4OH^- \qquad \varphi^{\ominus} = 0.59V$$

在强碱溶液中，$MnO_4^-$ 被还原为 $MnO_4^{2-}$：

$$MnO_4^- + e \rightleftharpoons MnO_4^{2-} \qquad \varphi^{\ominus} = 0.56V$$

在强酸溶液中，$KMnO_4$ 氧化能力最强，所以 $KMnO_4$ 法一般都在强酸性条件下使用，酸化时常用硫酸，主要因为盐酸具有还原性，干扰滴定。也很少采用硝酸，因为它具有氧化性和热不稳定性，易产生副反应。在强碱条件下（大于 2mol/L NaOH），$KMnO_4$ 与有机物反应比在酸性条件下更快，所以用 $KMnO_4$ 法测定有机物时，一般都在强碱性溶液中进行。在近中性时，$KMnO_4$ 被还原的产物为棕色的 $MnO_2$，会妨碍终点的观察，且 $KMnO_4$ 的氧化能力和氧化速率也不及酸性强，故很少在中性条件下使用。

（2）高锰酸钾法的特点　$KMnO_4$ 氧化能力强，应用广泛，可直接或间接地测定多种无机物和有机物；$KMnO_4$ 溶液呈紫红色、当试液为无色或颜色很浅时，滴定不需要外加指示剂；由于 $KMnO_4$ 氧化能力强，因此方法的选择性欠佳，而且 $KMnO_4$ 与还原性物质的反应历程比较复杂，易发生副反应；$KMnO_4$ 标准溶液不能直接配制，且标准溶液不够稳定，不能久置，最好用前再进行标定。

（3）滴定条件

① 温度　在室温下此反应的速率缓慢，因此应将溶液加热至 75～85℃；但温度不宜过高，否则在酸性溶液中会使部分 $H_2C_2O_4$ 发生分解。

$$H_2C_2O_4 \rightleftharpoons CO_2\uparrow + CO\uparrow + H_2O$$

② 酸度　溶液保持足够的酸度，一般在开始滴定时，溶液的酸度约为 0.5～1mol/L。酸度不够时，往往容易生成 $MnO_2$ 沉淀；酸度过高又会促使 $H_2C_2O_4$ 发生分解。

③ 滴定速度　由于高锰酸根离子和草酸根离子的反应是自动催化反应，滴定开始时，加入的第一滴 $KMnO_4$ 红色溶液褪色很慢，在 $KMnO_4$ 红色没有褪去以前，不要加入第二滴。等几滴 $KMnO_4$ 溶液已起作用后，滴定速度就可以稍快些，但不能成水流，否则加入的 $KMnO_4$ 来不及与草酸根离子反应，即在热的酸性溶液中发生分解。

④ 指示剂　一般情况下，$KMnO_4$ 自身可作为滴定时的指示剂无需另加指示剂。但当 $KMnO_4$ 标准溶液浓度低于 0.002mol/L 时，则需采用指示剂，如二苯胺磺酸钠或 1,10-邻二氮菲-Fe(Ⅱ）来确定终点。

⑤ 滴定终点　高锰酸钾法滴定终点的确定，滴定时溶液中出现的粉红色如在 0.5～1min 内不褪色，就可以认为已经到达滴定终点。因为空气中的还原性物质及尘埃能使 $KMnO_4$ 缓慢分解。

（4）高锰酸钾标准溶液的制备　市售的高锰酸钾常含有少量杂质，如硫酸盐、氯化物及硝酸盐等，因此不能用直接法配制准确浓度的标准溶液。$KMnO_4$ 氧化能力强，易和水中的有机物、空气中的尘埃、氨等还原性物质作用。$KMnO_4$ 还能自行分解，如下式所示：

$$4KMnO_4 + 2H_2O \rightleftharpoons 4MnO_2 + 4KOH + 3O_2\uparrow$$

分解的速率随溶液的 pH 而改变，在中性溶液中，分解很慢，但 $Mn^{2+}$ 和 $MnO_2$ 的存在能加速其分解，见光时分解得更快。因此，$KMnO_4$ 溶液的浓度容易改变。

为了配制较稳定的 $KMnO_4$ 溶液，可称取稍多于理论量的 $KMnO_4$ 固体，溶于一定体积的蒸馏水中，加热煮沸，冷却后储存于棕色瓶中，于暗处放置数天，使溶液中可能存在的还原性物质完全氧化。然后过滤除去析出的 $MnO_2$ 沉淀，再进行标定。使用经久放置后的 $KMnO_4$ 溶液时应重新标定其浓度。

$KMnO_4$ 溶液可用还原剂作基准物来标定。$H_2C_2O_4 \cdot 2H_2O$、$Na_2C_2O_4$、$FeSO_4 \cdot$

$(NH_4)_2SO_4 \cdot 6H_2O$、纯铁丝及 $As_2O_3$ 等都可用作基准物。其中草酸钠不含结晶水，容易提纯，是最常用的基准物质。

在 $H_2SO_4$ 溶液中，$MnO_4^-$ 与 $C_2O_4^{2-}$ 的反应为：

$$2MnO_4^- + 5C_2O_4^{2-} + 16H^+ \rightleftharpoons 2Mn^{2+} + 10CO_2\uparrow + 8H_2O$$

(5) 高锰酸钾法的应用　$KMnO_4$ 法除了采用直接滴定法测定许多还原性物质，如 $Fe^{2+}$、As(Ⅲ)、Sb(Ⅲ)、W(Ⅴ)、U(Ⅳ)、$H_2O_2$、$Na_2C_2O_4$、$NaNO_2$ 等；也可以用返滴定法测定 $MnO_2$、$PbO_2$ 等物质；此外，也可以通过 $KMnO_4$ 与草酸根离子反应间接测定一些非氧化还原物质，如 $Ca^{2+}$、$Th^{4+}$ 等。

① $H_2O_2$ 的测定（直接滴定法）　市售双氧水中过氧化氢含量的测定常采用高锰酸钾法。对应强氧化剂，过氧化氢则显还原性，在酸性介质和室温条件下能被高锰酸钾定量氧化，其反应方程式为：

$$2MnO_4^- + 5H_2O_2 + 6H^+ \rightleftharpoons 2Mn^{2+} + 5O_2\uparrow + 8H_2O$$

此反应在刚滴定开始时进行得比较慢，而其后反应产生的 $Mn^{2+}$ 可起催化作用，使以后的反应加速，也可以先加入少量 $Mn^{2+}$ 为催化剂。

$H_2O_2$ 试样若系工业产品，用高锰酸钾法测定不合适，因为产品中常加入少量的乙酰苯胺等有机化合物作稳定剂，滴定时也将被 $KMnO_4$ 氧化，引起误差，此时过氧化氢应采用碘量法或硫酸铈法进行测定。

② 化学耗氧量（COD）的测定（返滴定法）　化学耗氧量（chemical oxygen demand，COD）是量度水体受还原性物质（主要是有机物）污染程度的综合性指标。它是指水体中易被强氧化剂氧化的还原性物质所消耗的氧化剂的量，换算成氧的含量（以 mg/L 计）。测定时在水样中加入 $H_2SO_4$ 及一定量的 $KMnO_4$ 溶液，置沸水浴中加热，使其中的还原性物质氧化，剩余的 $KMnO_4$ 用定量且过量的 $Na_2C_2O_4$ 还原，再以 $KMnO_4$ 标准溶液返滴定过量的 $Na_2C_2O_4$，根据返滴定法求出铁矿石中的铁的含量。其主要反应为：

$$4MnO_4^- + 5C + 12H^+ \rightleftharpoons 4Mn^{2+} + 5CO_2\uparrow + 6H_2O$$

$$2MnO_4^- + 5C_2O_4^- + 16H^+ \rightleftharpoons 2Mn^{2+} + 10CO_2\uparrow + 8H_2O$$

由于 $Cl^-$ 对此有干扰，因而本法仅适用于地表水、地下水、饮用水和生活用水中的 COD 的测定，含较高 $Cl^-$ 的工业废水应采用 $K_2Cr_2O_7$ 法测定。

③ $Ca^{2+}$ 的测定（间接滴定法）　某些金属离子能与 $C_2O_4^{2-}$ 生成难溶草酸盐沉淀，如果将生成的草酸盐沉淀溶于酸中，然后用 $KMnO_4$ 标准溶液来滴定 $C_2O_4^{2-}$，就可间接测定这些金属离子。钙离子的测定就可采用此法，其主要反应如下：

$$Ca^{2+} + C_2O_4^{2-} \rightleftharpoons CaC_2O_4\downarrow$$

$$CaC_2O_4 \xrightleftharpoons{\text{酸}} C_2O_4^{2-} + Ca^{2+}$$

$$2MnO_4^- + 5C_2O_4^{2-} + 16H^+ \rightleftharpoons 2Mn^{2+} + 10CO_2\uparrow + 8H_2O$$

在沉淀 $Ca^{2+}$ 时，为了获得颗粒较大的晶形沉淀，并保证 $Ca^{2+}$ 与 $C_2O_4^{2-}$ 有 1∶1 的比例关系，必须选择适当的沉淀条件。通常采用均相沉淀法制备 $CaC_2O_4$ 沉淀，即在 $Ca^{2+}$ 的试液中先加盐酸酸化，再加入过量的 $(NH_4)_2C_2O_4$。由于 $C_2O_4^{2-}$ 在酸性溶液中大部分以 $HC_2O_4^-$ 形式存在，$C_2O_4^{2-}$ 的浓度很小，此时即使 $Ca^{2+}$ 浓度相当大，也不会生成 $CaC_2O_4$ 沉淀。然后加热加入 $(NH_4)_2C_2O_4$ 后的溶液至 70～80℃，再滴加稀氨水。由于 $H^+$ 逐渐被中和，$C_2O_4^{2-}$ 浓度缓缓增加，就可以生成粗颗粒结晶的 $CaC_2O_4$ 沉淀。最后应控制溶液的

pH 值在 3.5～4.5 之间（甲基橙显黄色），并继续保温约 30min 使沉淀陈化。这样不仅可避免 $Ca(OH)_2$ 或 $(CaOH)_2C_2O_4$ 沉淀的生成，而且所得 $CaC_2O_4$ 沉淀又便于过滤和洗涤，放置冷却后，过滤、洗涤，将 $CaC_2O_4$ 沉淀溶于稀硫酸中，即可用 $KMnO_4$ 标准溶液滴定 $C_2O_4^{2-}$。

8.2.2.2　重铬酸钾法

（1）基本原理　$K_2Cr_2O_7$ 在酸性条件下与还原剂作用，$CrO_7^{2-}$ 被还原成 $Cr^{3+}$：

$$Cr_2O_7^{2-}+14H^++6e \rightleftharpoons 2Cr^{3+}+7H_2O \qquad \varphi^{\ominus}=1.33V$$

可见 $K_2Cr_2O_7$ 的氧化能力比 $KMnO_4$ 稍弱些，但它仍是一种较强的氧化剂，能测定许多无机物和有机物。

（2）重铬酸钾法的特点

① 重铬酸钾法只能在酸性条件下使用，它的应用范围比 $KMnO_4$ 法窄些。

② $K_2Cr_2O_7$ 易于提纯，是基准物，可以直接准确称取一定量干燥纯净的 $K_2Cr_2O_7$ 准确配制成一定浓度的标准溶液。

③ $K_2Cr_2O_7$ 溶液相当稳定，只要保存在密闭容器中，浓度可长期保持不变。

④ 不受 $Cl^-$ 还原作用的影响，可在盐酸溶液中进行滴定。

⑤ $K_2Cr_2O_7$ 的还原产物 $Cr^{3+}$ 呈绿色，终点时无法辨别出过量的 $K_2Cr_2O_7$ 的黄色，因而需加入指示剂，常用二苯胺磺酸钠指示剂。

（3）重铬酸钾标准溶液的制备　首先将 $K_2Cr_2O_7$ 基准试剂在 105～110℃温度下烘至恒重，然后溶于一定量的纯净水配制成一定浓度的标准溶液。

$$c\left(\frac{1}{6}K_2Cr_2O_7\right)=\frac{m(K_2Cr_2O_7)}{V(K_2Cr_2O_7)\times\dfrac{M\left(\frac{1}{6}K_2Cr_2O_7\right)}{1000}} \tag{8-9}$$

（4）重铬酸钾法的应用　重铬酸钾法有直接法和间接法之分。一些有机试样，在硫酸溶液中，常加入过量重铬酸钾标准溶液，加热至一定温度，冷却后稀释，再用标准溶液返滴定。这种间接方法还可以用于腐殖酸肥料中腐殖酸的分析、电镀液中有机物的测定。

① 铁的测定（直接滴定法）　$K_2Cr_2O_7$ 法常用于测定铁，是铁矿石中全铁量测定的标准溶液。反应如下：

$$Cr_2O_7^{2-}+6Fe^{2+}+14H^+ \rightleftharpoons 2Cr^{3+}+6Fe^{3+}+7H_2O$$

$$Fe_2O_3+6H^+ \rightleftharpoons 2Fe^{3+}+3H_2O$$

$$2Fe^{3+}+Sn^{2+}(\text{过量}) \rightleftharpoons 2Fe^{2+}+Sn^{4+}$$

铁矿石用 HCl 溶解后，加入还原剂将 $Fe^{3+}$ 还原成 $Fe^{2+}$（此过程与 $KMnO_4$ 法类似），在 $H_2SO_4$-$H_3PO_4$ 的混合酸介质中，以二苯胺磺酸钠为指示剂，以 $K_2Cr_2O_7$ 标准溶液滴定，溶液由浅绿色变成紫色或紫蓝色即为终点。这里 $H_2SO_4$ 的作用是调节足够的酸度，$H_3PO_4$ 的作用使 $Fe^{3+}$ 生成无色稳定的 $Fe(PO_4)_2^{3-}$ 配离子，掩蔽 $Fe^{3+}$ 的黄色，有利于终点的观察；$Fe^{3+}$ 生成 $Fe(PO_4)_2^{3-}$ 配离子，降低了 $Fe^{3+}/Fe^{2+}$ 电对的条件电极电位，相当于扩大了滴定突跃范围，减少了滴定误差。

② 利用 $K_2Cr_2O_7$ 与 $Fe^{2+}$ 反应间接测定其他物质　测定氧化性物质。一些较强的氧化性物质（如硝酸根离子等）与 $K_2Cr_2O_7$ 作用缓慢，测定时可加入过量且定量的 $Fe^{2+}$ 标准溶液与其反应。

$$3Fe^{2+} + NO_3^- + 4H^+ \rightleftharpoons 3Fe^{3+} + NO + 2H_2O$$

待完全反应后，再用 $K_2Cr_2O_7$ 标准溶液滴定剩余的 $Fe^{2+}$，即可计算出 $NO_3^-$ 的含量。

测定还原性物质。一些强还原性物质（如 $Ti^{3+}$ 等）不稳定，易被空气中的氧所氧化。将 $Ti^{3+}$ 流经还原柱，流出液被盛有 $Fe^{3+}$ 溶液的锥形瓶接收，此时发生反应为

$$Ti^{3+} + Fe^{3+} \rightleftharpoons Ti^{4+} + Fe^{2+}$$

置换出来的 $Fe^{2+}$ 用 $K_2Cr_2O_7$ 标准溶液滴定。

8.2.2.3 碘量法

（1）基本原理　碘量法是利用 $I_2$ 的氧化性和 $I^-$ 的还原性来进行滴定的方法。半反应如下

$$I_2 + 2e \rightleftharpoons 2I^- \qquad \varphi^{\ominus} = 0.535V$$

由于固体 $I_2$ 在水中溶解度很小（0.00133mol/L），故应用时通常将 $I_2$ 溶解在 KI 溶液中，形成 $I_3^-$（为方便起见，一般简写为 $I_2$）。

半反应如下
$$I_3^- + 2e \rightleftharpoons 3I^- \qquad \varphi^{\ominus} = 0.545V$$

（2）碘量法的特点　由 $I_2/I^-$ 电对的条件电极电势或标准电极电势可见 $I_2$ 是一较弱的氧化剂，以 $I_2$ 为滴定剂，能直接滴定一些较强的还原剂［Sn(Ⅱ)、Sb(Ⅲ)、$As_2O_3$、$S^{2-}$］。

$$I_2 + SO_2 + 2H_2O \rightleftharpoons 2I^- + SO_4^{2-} + 4H^+$$

这种方法称为直接碘量法。另一方面，$I^-$ 为一中等强度的还原剂，能被一般氧化剂（$K_2Cr_2O_7$、$KMnO_4$、$H_2O_2$、$KIO_3$ 等）等量氧化而析出 $I^-$，例如，

$$2MnO_4^- + 10I^- + 16H^+ \rightleftharpoons 2Mn^{2+} + 5I_2 + 8H_2O$$

析出的 $I_2$ 可用 $Na_2S_2O_3$ 标准溶液滴定：

$$I_2 + 2S_2O_3^{2-} \rightleftharpoons 2I^- + S_4O_6^{2-}$$

这种方法称为间接碘量法。

直接碘量法的基本反应是 $I_2 + 2e \rightleftharpoons 2I^-$，由于 $I_2$ 的氧化能力不强，能被 $I_2$ 氧化的物质有限，而且受溶液中 $H^+$ 浓度的影响较大，所以直接碘量法的应用受到一定的限制。

凡能与 KI 作用定量地析出 $I_2$ 的氧化性物质及能与过量 $I_2$ 在碱性介质中作用的有机物质，都可用间接碘量法测定。

间接碘量法的基本反应是 $2I^- - 2e \rightleftharpoons I_2$，$I_2 + 2S_2O_3^{2-} \rightleftharpoons 2I^- + S_4O_6^{2-}$

应该注意，$I_2$ 和 $Na_2S_2O_3$ 的反应必须在中性或弱酸性溶液中进行。因为在碱性溶液中，会同时发生如下反应：

$$Na_2S_2O_3 + 4I_2 + 10NaOH \rightleftharpoons 2Na_2SO_4 + 8NaI + 5H_2O$$

而使氧化还原过程复杂化。而且在较强的碱性溶液中，$I_2$ 会发生歧化反应：

$$3I_2 + 6OH^- \rightleftharpoons IO_3^- + 5I^- + 3H_2O$$

会给测定带来误差。

如果需要在弱碱性溶液中滴定 $I_2$，应用 $NaAsO_2$ 代替 $Na_2S_2O_3$。

（3）滴定条件　在碘量法中，为了消除误差，获得准确结果，必须注意以下滴定条件。

① 必须控制溶液的酸度　为了使 $S_2O_3^{2-}$ 与 $I_2$ 之间的反应迅速、定量地完成，酸度应控制在中性或弱酸性，因为在碱性溶液中除了 $I_2$ 会发生歧化反应外，还会发生如下副反应，影响测定结果。

$$S_2O_3^{2-} + 4I_2 + 10OH^- \rightleftharpoons 2SO_4^{2-} + 8I^- + 5H_2O$$

② 防止 $I_2$ 的挥发　在 $I_2$ 析出后，立即用 $Na_2S_2O_3$ 滴定，不能放置过久，且滴定应在室温下（一般低于 30℃）的碘量瓶中进行，并防止剧烈振荡；还要必须加入过量的 KI（比理论量大 2～3 倍），除为了促使反应完全外，还由于过量的 $I^-$ 能与反应生成的 $I_2$ 结合成 $I_3^-$ 而增大 $I_2$ 的溶解度，都能降低 $I_2$ 的挥发。

③ 光照会促进 $I^-$ 被空气氧化，也会促进 $Na_2S_2O_3$ 的分解，因此要避免阳光直接照射。

(4) 硫代硫酸钠标准溶液的制备　结晶 $Na_2S_2O_3 \cdot 5H_2O$ 容易风化，一般都含有少量 S、$Na_2SO_3$、NaCl 等杂质，因此不能用直接法配制标准溶液。$Na_2S_2O_3$ 溶液不稳定，其浓度容易改变。造成 $Na_2S_2O_3$ 分解的原因有微生物、$CO_2$、空气中的 $O_2$ 等。

$$Na_2S_2O_3 \rightleftharpoons Na_2SO_3 + S\downarrow \text{（微生物）}$$

$$S_2O_3^{2-} + CO_2 + H_2O \rightleftharpoons HSO_3^- + HCO_3^- + S\downarrow$$

$$2Na_2S_2O_3 + O_2 \rightleftharpoons 2Na_2SO_4 + 2S$$

配制 $Na_2S_2O_3$ 溶液时，为了减少溶解在水中的 $CO_2$ 和杀死水中的细菌，应使用新煮沸、冷却的蒸馏水，并加入少量 $Na_2CO_3$ 使溶液呈碱性，有时加入少量 $HgI_2$（10mg/L）以抑制细菌的生长。此外，水中微量的 $Cu^{2+}$ 和 $Fe^{2+}$ 也能促使 $Na_2S_2O_3$ 溶液分解，日光也能促进它的分解。所以，$Na_2S_2O_3$ 溶液应储存于棕色瓶中，在暗处放置 8～14d 后再标定。这样配制的溶液较稳定，但也不宜长期保存，使用一段时间后应重新标定。如果发现溶液变浑浊，表示有硫析出。这种情况下溶液浓度变化很快，应将其过滤后再标定，或者另配溶液。

标定 $Na_2S_2O_3$ 溶液的基准物质有 $KIO_3$、$KBrO_3$、$K_2Cr_2O_7$ 等，尤以 $K_2Cr_2O_7$ 最常用。标定时，称取一定量的基准物，在弱酸性溶液中与过量的 KI 作用：

$$Cr_2O_7^{2-} + 6I^- + 14H^+ \rightleftharpoons 2Cr^{3+} + 3I_2 + 7H_2O$$

析出的 $I_2$ 用 $Na_2S_2O_3$ 溶液滴定。标定时应注意以下几点。

① $K_2Cr_2O_7$ 与 KI 反应，溶液酸度越大，反应进行得越快，但酸度太大，$I^-$ 容易被空气氧化，所以酸度一般以 0.2～0.4mol/L 为宜。

② $K_2Cr_2O_7$ 与 KI 反应速率较慢，应将溶液置于碘量瓶中在暗处放置一定时间（约 5min），待反应完全后再滴定。

③ 滴定前须将溶液稀释，以降低酸度，减慢 $I^-$ 被空气氧化，而且稀释后 $Cr^{3+}$ 的颜色变浅，便于观察终点。

④ 用淀粉作指示剂，并且应待 $Na_2S_2O_3$ 溶液滴定至溶液呈浅黄色（大部分 $I_2$ 已反应），然后加入淀粉溶液，用 $Na_2S_2O_3$ 溶液滴定至蓝色恰好消失，即为终点。若淀粉加入过早，则大量的 $I_2$ 与淀粉结合成蓝色物质，不易与 $Na_2S_2O_3$ 反应，导致滴定误差的产生。

(5) 碘标准溶液的制备　用升华法制得的纯碘，可用直接法配制标准溶液。但由于碘有挥发性，不宜在分析天平上称量，故通常用市售的 $I_2$ 配制一个近似浓度的溶液，然后再进行标定。$I_2$ 在水中溶解度很小，易溶于 KI 溶液，所以配制时应将 $I_2$ 加入浓 KI 溶液，形成 $I_3^-$ 以提高 $I_2$ 的溶解度并降低 $I_2$ 的挥发。

日光能促进 $I^-$ 的氧化，遇热能使 $I_2$ 挥发，这些会使碘溶液的浓度改变。碘标准溶液应保存在棕色瓶内，并放置暗处，储存和使用碘标准溶液时应避免与橡胶制品接触。

标准碘溶液的浓度，可借与已知浓度的 $Na_2S_2O_3$ 标准溶液比较而求得。也可用 $As_2O_3$（俗名砒霜，剧毒!）作基准物来标定。$As_2O_3$ 难溶于水，但易溶于碱性溶液中，生成亚砷酸盐

$$As_2O_3 + 6OH^- \rightleftharpoons 2AsO_3^{3-} + 3H_2O$$

亚砷酸盐与碘反应是可逆的

$$AsO_3^{3-}+I_2+H_2O \rightleftharpoons AsO_4^{3-}+2I^-+2H^+$$

反应应在弱碱性溶液中（加入 $NaHCO_3$ 使溶液的 pH≈8）进行。

（6）碘量法的应用

① 测定 $H_2S$ 或 $S^{2-}$（直接滴定法）　在弱酸性溶液中，$I_2$ 能氧化 $H_2S$ 或 $S^{2-}$，反应式为：

$$H_2S+I_2 \rightleftharpoons S\downarrow+2H^++2I^-$$

以淀粉作为指示剂，用标准溶液滴定 $H_2S$。滴定不能在碱性溶液中进行，否则 $S^{2-}$ 将被氧化为硫酸根离子，反应式为：

$$S^{2-}+4I_2+8OH^- \rightleftharpoons SO_4^{2-}+8I^-+4H_2O$$

② Cu 合金中铜含量的测定（间接滴定法）　将铜合金（黄铜或青铜）试样在 $HCl+H_2O_2$ 溶液中加热分解除去过量的 $H_2O_2$。在弱酸性溶液中，铜与过量的 KI 作用析出相应量的 $I_2$，用 $Na_2S_2O_3$ 标准溶液滴定析出的 $I_2$，即可求出铜的含量。其主要反应式如下。

$$2Cu^{2+}+4I^- \rightleftharpoons 2CuI+I_2$$

$$I_2+I^- \rightleftharpoons I_3^-$$

$$I_2+2S_2O_3^{2-} \rightleftharpoons 2I^-+S_4O_6^{2-}$$

加入过量 KI，使 $Cu^{2+}$ 的还原趋于完全。由于 CuI 沉淀强烈地吸附 $I_2$，使测定结果偏低，故在近终点时，加入适量 KSCN，使 CuI 转化为溶解度更小的 CuSCN，转化过程中释放出 $I_2$，反应生成的 $I^-$ 又可以利用，这样就可以使用较少的 KI 而使反应进行得更完全。其反应式：

$$CuI+KSCN \rightleftharpoons CuSCN+KI$$

③ 某些有机物的测定（返滴定法）　碘量法在有机分析中应用广泛。凡是能被碘直接氧化的物质，只要有足够快的反应速率，就可以用碘量法直接测定。例如，维生素 C（抗坏血酸）、巯基乙酸、四乙基铅、安乃近等均可以用 $I_2$ 标准溶液直接滴定。

返滴定法的应用更为广泛，许多有机物如葡萄糖、甲醛、丙酮及硫脲等都可以用间接碘量法测定。将试液碱化后加入过量且定量的 $I_2$ 标准溶液，使有机物氧化，并反应完全，剩余的 $I_2$ 用 $Na_2S_2O_3$ 标准溶液滴定。现以葡萄糖为例，在 NaOH 等溶液中，$I_2$ 转变为 NaIO：

$$I_2+2NaOH \rightleftharpoons NaIO+NaI+H_2O$$

在碱性溶液中 NaIO 将葡萄糖氧化为葡萄糖酸盐：

$$CH_2OH(CHOH)_4CHO+NaIO+NaOH \rightleftharpoons CH_2OH(CHOH)_4COONa+NaI+H_2O$$

剩余的 NaIO 在碱性溶液中转变为 $NaIO_3$ 及 NaI：

$$3NaIO \rightleftharpoons NaIO_3+2NaI$$

溶液酸化后析出 $I_2$ 并用 $Na_2S_2O_3$ 标准溶液滴定：

$$NaIO_3+5NaI+2H_2SO_4 \rightleftharpoons 3I_2+3Na_2SO_4+3H_2O$$

#### 8.2.2.4　溴量法

（1）基本原理　溴量法（bromimetry 或 bromine method）是以溴的氧化作用和溴代作用为基础的滴定法。在酸性介质中 $Br_2$ 被还原生成 $Br^-$，其半电池反应为：

$$Br_2+2e \rightleftharpoons 2Br^- \qquad \varphi^{\ominus}=1.065V$$

由于溴溶液易挥发，浓度不太稳定，难于操作。配制溴酸钾＋溴化钾的混合溶液（溴液）代替溴溶液进行分析测定。滴定时先将上述混合液加到含被测物的酸性溶液中，$KBrO_3$

与 KBr 在酸性溶液中立即反应生成 $Br_2$，反应式为：

$$BrO_3^- + 5Br^- + 6H^+ \rightleftharpoons 3Br_2 + 3H_2O$$

待生成的 $Br_2$ 与被测物反应完成后，向溶液中加入过量 KI 与剩余的 $Br_2$ 作用置换出化学计量的 $I_2$：

$$Br_2 + 2I^- \rightleftharpoons 2Br^- + I_2$$

用 $Na_2S_2O_3$ 标准溶液滴定 $I_2$，以淀粉为终点指示剂，最后根据溴溶液加入量和 $Na_2S_2O_3$ 标准溶液用量计算被测物的含量。据上述实验过程可知，溴量法的实质是一种利用元素溴的化学反应和置换碘量法相结合的滴定分析法。

$$I_2 + 2Na_2S_2O_3 \rightleftharpoons 2NaI + Na_2S_4O_6$$

溴量法使用两种标准溶液，一种是 $Na_2S_2O_3$ 标准溶液；另一种是 $Br_2$ 标准溶液，通常是按 $KBrO_3$ 与 KBr 质量比为 1∶5 配制的水溶液，$Br_2$ 标准溶液的浓度用置换碘量法标定。

(2) 溴量法的应用　利用 $Br_2$ 的氧化作用，可以测定硫化氢、二氧化硫、亚硫酸盐以及羟胺等还原性物质的含量。利用 $Br_2$ 和某些有机物的定量溴代反应，可以直接测定酚类及芳胺类化合物的含量。

例如测定苯酚时，苯酚与过量的 $Br_2$ 反应（溴化反应）：

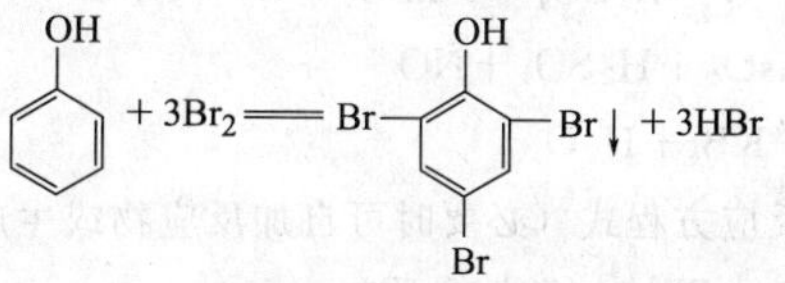


待反应完全后用 KI 还原剩余的 $Br_2$：

$$Br_2 + 2I^- \rightleftharpoons 2Br^- + I_2$$

析出的 $I_2$ 再用 $Na_2S_2O_3$ 标准溶液滴定，以加入的 $KBrO_3$ 量减去剩余量，即可算出试样中苯酚的含量。

利用金属离子与 8-羟基喹啉生成难溶化合物的反应，还可用溴量法间接测定 Al、Mg 和 Fe 等金属离子。

## 练　习　题

1. 下列反应中，属于氧化还原反应的是（　　）。

A. 硫酸与氢氧化钡溶液的反应　　B. 石灰石与稀盐酸的反应

C. 二氧化锰与浓盐酸在加热条件下反应　　D. 醋酸钠的水解反应

2. 将下列反应中的有关离子浓度均增加一倍，对应的 $E$ 值减少的是（　　）。

A. $Cu^{2+} + 2e \longrightarrow Cu$　　B. $Zn - 2e \longrightarrow Zn^{2+}$

C. $Cl_2 + 2e \longrightarrow 2Cl^-$　　D. $Sn^{4+} + 2e \longrightarrow Sn^{2+}$

3. 下列氧化剂中，随着溶液的氢离子浓度增加而氧化性增强的氧化剂是（　　）。

A. $Cl_2$　　B. $FeCl_2$　　C. $AgNO_3$　　D. $K_2Cr_2O_7$

4. 重铬酸钾与高锰酸钾法相比，其优点是（　　）。

A. 应用范围广　　B. $K_2Cr_2O_7$ 溶液稳定　　C. $K_2Cr_2O_7$ 无公害　　D. $K_2Cr_2O_7$ 易于提纯

5. $Mn_2O_7$ 中锰的氧化数是（　　）。

A. 5　　B. 6　　C. 7　　D. 8

6. 对于原电池 (－)Zn|$ZnSO_4$($c_1$)‖$CuSO_4$($c_2$)|Cu(＋)，下列叙述错误的是（　　）。

A. 反应 $Zn + CuSO_4 \rightleftharpoons ZnSO_4 + Cu$ 自发向右进行

B. 电对 $Zn^{2+}/Zn$ 在原电池中作为还原剂

C. Cu 在原电池中既作为电子载体，又参与氧化还原反应

D. “‖”表示盐桥

7. 下列半反应的配平系数从左至右依次为 $CuS+H_2O \longrightarrow SO_4^{2-}+H^++Cu^{2+}+e$（　）。

A. 1，4，1，8，1，1　　B. 1，2，2，3，4，2

C. 1，4，1，8，1，8　　D. 2，8，2，16，2，8

8. 根据下列标准电极电势，指出在标准态时不可共存于同一溶液的是（　）。

$Br_2+2e \rightleftharpoons 2Br^-$　$+1.07V$　　$2Hg^{2+}+2e \rightleftharpoons Hg_2^{2+}$　$+0.92V$

$Fe^{3+}+e \rightleftharpoons Fe^{2+}$　$+0.77V$　　$Sn^{2+}+2e \rightleftharpoons Sn$　$-0.14V$

A. $Br^-$ 和 $Hg^{2+}$　B. $Br^-$ 和 $Fe^{3+}$　C. $Hg_2^{2+}$ 和 $Fe^{3+}$　D. Sn 和 $Fe^{3+}$

9. 在 $MgCl_2$ 与 $CuCl_2$ 的混合溶液中放入一只铁钉，将生成（　）。

A. Mg、$Fe^{2+}$ 和 $H_2$　B. $Fe^{2+}$ 和 Cu　C. $Fe^{2+}$、$Cl_2$ 和 Mg　D. Mg 和 $H_2$

10. 对于反应 $n_2 Ox_1+n_1 Red_2 \rightleftharpoons n_1 Ox_2+n_2 Red_1$，若 $n_1=n_2=2$，要使化学计量点时反应完全程度达到 99.9%以上，两个电对 $Ox_1/Red_1$ 和 $Ox_2/Red_2$ 的条件电极电位之差（$E_1^{\ominus'}-E_2^{\ominus'}$）至少应为（　）。

A. 0.354V　B. 0.0885V　C. 0.100V　D. 0.177V

11. 用氧化值法配平下列反应方程式（必要时可自加反应物或生成物）。

(1) $KMnO_4+H_2O_2+H_2SO_4 \longrightarrow K_2SO_4+MnSO_4+O_2+H_2O$

(2) $As_2S_3+HNO_3 \longrightarrow H_3AsO_4+H_2SO_4+NO$

(3) $KOH+Br_2 \longrightarrow KBrO_3+KBr+H_2O$

12. 用离子-电子法配平下列反应方程式（必要时可自加反应物或生成物）

(1) $Cr^{3+}+PbO_2 \longrightarrow Cr_2O_7^{2-}+Pb^{2+}$（酸性介质）

(2) $Zn+ClO^-+OH^- \longrightarrow Zn(OH)_4^{2-}+Cl^-$（碱性介质）

(3) $Cl_2+OH^- \longrightarrow Cl^-+ClO^-$（碱性介质）

(4) $CrO_4^{2-}+H_2SnO^{2-} \longrightarrow CrO_2^-+HSnO_3^-$（酸性介质）

13. 有人因铜不易被腐蚀而在某钢铁设备上装铜质阀门，你认为适合否？为什么？

14. 何谓电极电势？何谓标准电极电势？标准电极电势的数值是怎么确定的？其符号和数值大小有什么物理意义？

15. 为什么不能用直接法配制 $KMnO_4$ 标准溶液？配制和保存 $KMnO_4$ 标准溶液时应注意些什么问题？

16. 在 $Sn^{2+}$ 和 $Fe^{2+}$ 的酸性混合溶液中，加入 $K_2Cr_2O_7$ 溶液，其氧化顺序如何？为什么？试写出有关化学方程式。

17. 查出下列电对的标准电极电势，判断各组中哪一种物质是最强的氧化剂？哪一种物质是最强的还原剂？

(1) $Na^+/Na$，$Al^{3+}/Al$，$Sn^{2+}/Sn$，$Sn^{4+}/Sn$，$Cu^{2+}/Cu$

(2) $MnO_4^-/Mn^{2+}$，$MnO_4^-/MnO_2$，$MnO_4^-/MnO_4^{2-}$

(3) $Cr^{3+}/Cr$，$CrO_2^-/Cr$，$Cr_2O_7^{2-}/Cr^{3+}$，$CrO_4^{2-}/Cr(OH)_3$

18. 在酸性条件下，已知 $MnO_4^-+8H^++5e \rightleftharpoons Mn^{2+}+4H_2O$，$\varphi^{\ominus}_{MnO_4^-/Mn^{2+}}=1.51V$。求其电极电势与 pH 的关系，并计算 pH=2.0 时的条件电位（忽略离子强度的影响）。

19. 试判断下列反应能否按指定方向进行。参加反应的各离子浓度均为 1mol/L。$c(Br^-)=1.0mol/L$；$c(Cu^{2+})=0.1mol/L$。

(1) $Fe^{2+}+Cu^{2+} \longrightarrow Cu(s)+Fe^{3+}$　　(2) $2Br^-+Cu^{2+} \longrightarrow Cu(s)+Br_2(l)$

20. 已知下列标准电极电位 $Cu^{2+}+2e \rightleftharpoons Cu$　$\varphi^{\ominus}=0.34V$，$Cu^{2+}+e \rightleftharpoons Cu^+$　$\varphi^{\ominus}=0.158V$

(1) 计算反应 $Cu+Cu^{2+} \rightleftharpoons 2Cu^+$ 的平衡常数。

(2) 已知 $K_{sp}^{\ominus}(CuCl)=1.2\times10^{-6}$，试计算下面反应的平衡常数：

$$Cu+Cu^{2+}+2Cl^{-} \rightleftharpoons 2CuCl\downarrow$$

21. 当 pH=7，其他离子的浓度均为 1.0mol/L 时，判断下列反应能否自发进行：$2MnO_4^{-}+16H^{+}+10Cl^{-} \longrightarrow 5Cl_2+2Mn^{2+}+8H_2O$，已知 $\varphi^{\ominus}(Cl_2/Cl^{-})=1.36V$，$\varphi^{\ominus}(MnO_4^{-}/Mn^{2+})=1.507V$。

22. 今有不纯的 KI 试样 0.3504g，在 $H_2SO_4$ 溶液中加入 $K_2CrO_4$ 0.1940g 与之反应，煮沸逐出生成的 $I_2$，放冷后又加入过量的 KI，使之与剩余的 $K_2Cr_2O_7$ 作用，析出的 $I_2$ 用 0.1020mol/L $Na_2S_2O_3$ 标准溶液滴定，用去 10.23mL，问试样中 KI 的质量分数是多少？

23. 称取软锰矿 0.3216g、分析纯的 $Na_2C_2O_4$ 0.3685g，共置于同一烧杯中，加入硫酸，并加热待反应完全后，用 0.02400mol/L $KMnO_4$ 溶液滴定剩余的 $Na_2C_2O_4$，消耗 $KMnO_4$ 溶液 11.26mL。计算软锰矿中 $MnO_2$ 的质量分数。

# 第 9 章 配位反应与配位滴定法

【学习指南】

本章主要学习有关配位化合物、配位滴定法的基本概念和理论；掌握配合物的组成、命名方法；了解配位化合物的价键理论与配离子的空间构型；掌握配合物溶液中离子浓度的计算；掌握 EDTA 的性质及其配合物的特点；熟悉配位滴定法的特点、条件；掌握配位滴定方式及其应用。

## 9.1 配位反应

**【能力目标】** 能根据命名原则正确命名配合物或写出配合物的化学式；能进行配合物溶液中有关离子浓度的计算。

**【知识目标】** 了解配合物的命名规则与方法；掌握配合物的稳定常数与不稳定常数的意义；熟悉配位平衡的影响因素及其配位平衡的移动；掌握配合物溶液中离子浓度的计算。

### 9.1.1 配位化合物

配位化合物（简称配合物）是一类重要的无机化合物，配位化合物的种类繁多，在分析化学、催化动力学、电化学、生物化学等方面有重要的实用价值，被广泛应用于工业、农业、医药、国防和航空航天等领域。配位化学已成为无机化学的一个重要分支。

#### 9.1.1.1 配位化合物的概念

在 $CuSO_4$ 溶液中加入过量氨水，就会生成深蓝色的 $[Cu(NH_3)_4]^{2+}$：

$$Cu^{2+} + 4NH_3 \rightleftharpoons [Cu(NH_3)_4]^{2+}$$

像 $[Cu(NH_3)_4]^{2+}$ 这种组成复杂的离子称为配离子。

由中心原子（或离子）和几个配位分子（或离子）以配位键结合而形成的复杂离子或分子称为配位单元。含有配位单元的化合物称为配位化合物，简称配合物。配位单元有带正电荷的正配离子如 $[Cu(NH_3)_4]^{2+}$，$[Ag(NH_3)_2]^{+}$；带负电荷的负配离子如 $[Fe(CN)_6]^{3-}$，$[Co(SCN)_4]^{2-}$；中性配位单元如 $Ni(CO)_4$，$[PtCl_2(NH_3)_2]$。

配合物就是由配位单元与带有异号电荷的离子结合而成的化合物如 $[Cu(NH_3)_4]SO_4$，$K_3[Fe(CN)_6]$，或者是只含有配位单元的配分子如 $Ni(CO)_4$，$[PtCl_2(NH_3)_2]$。

#### 9.1.1.2 配位化合物的组成

配合物一般由内界和外界两部分组成。配位单元为内界，带有与内界相反电荷的离子为外界。例如 $[Cu(NH_3)_4]SO_4$，内界 $[Cu(NH_3)_4]^{2+}$、外界 $SO_4^{2-}$；$K_3[Fe(CN)_6]$，内界 $[Fe(CN)_6]^{3-}$、外界 $K^{+}$；配分子只有内界而无外界如 $Ni(CO)_4$。配合物的内界由中心离子（原子）和配位体构成。

(1) 中心离子　在配合物中，位于配离子中心的离子称为中心离子，是配合物的核心部分，又称为配合物的形成体。中心离子多为过渡金属的正离子，如 $Ag^{+}$、$Fe^{2+}$、$Fe^{3+}$、

$Cu^{2+}$、$Zn^{2+}$、$Pt^{2+}$、$Co^{3+}$ 等。配合物形成体也有金属原子，如 $Ni(CO)_4$ 中的 Ni 原子，$Fe(CO)_5$ 中的 Fe 原子；具有高氧化态的非金属离子也是常见的中心离子，如 $[SiF_6]^{2-}$ 中的 $Si^{4+}$。

（2）配位体与配位原子　在配合物中，能够提供孤电子对与中心离子（原子）直接结合的原子称为配位原子。含有配位原子的中性分子或负离子称为配位体，简称配体。如 $[Cu(NH_3)_4]^{2+}$ 中 $NH_3$ 是配位体，N 原子是配位原子；$[Fe(CN)_6]^{3-}$ 中 $CN^-$ 是配位体，C 是配位原子。配位原子通常是电负性较大的非金属原子，如 C、N、O、S 和卤素原子。

含有一个配位原子的配位体称为单基配体（或单齿配体）。常见的单基配体有，分子配体 $NH_3$、$H_2O$、CO、NO、有机胺等。阴离子配体卤素离子 $F^-$、$Cl^-$、$Br^-$、$I^-$、羟基 $OH^-$、氰根 $CN^-$、硝基 $NO_2^-$、亚硝酸根 $ONO^-$、硫氰酸根 $SCN^-$、异硫氰酸根 $NCS^-$、硫代硫酸根 $SSO_3^{2-}$ 等。

含有两个或两个以上配位原子的配位体称为多基配体（或多齿配体）。如乙二胺（en）为二基配体 $H_2NCH_2CH_2NH_2$，乙二胺四乙酸（EDTA）为六基配体，如图 9-1 所示。

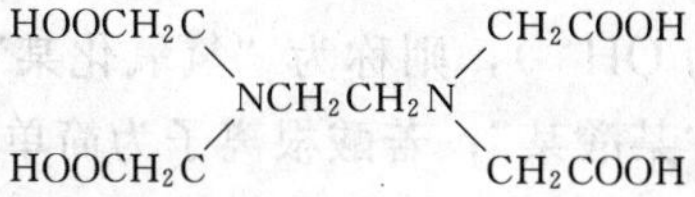

图 9-1　乙二胺四乙酸（EDTA）分子结构示意图

（3）配位数　配位单元中与中心离子（原子）直接成键的配位原子的总数称为中心离子的配位数。对于单基配体中心离子的配位数等于配体数。如在 $[Cu(NH_3)_4]^{2+}$ 中配体数为 4，$Cu^{2+}$ 的配位数为 4，即有 4 个 N 原子与 $Cu^{2+}$ 形成配位键；在 $[Fe(CN)_6]^{3-}$ 中配体数为 6，$Fe^{3+}$ 的配位数为 6，即有 6 个 C 原子与 $Fe^{3+}$ 形成配位键。

对于多基配体中心离子的配位数与配体数不相等。如在 $[Cu(en)_2]^{2+}$ 中配体数为 2，$Cu^{2+}$ 的配位数为 4，即有 4 个 N 原子与 $Cu^{2+}$ 形成配位键。配位数一般为偶数 2、4、6 等，而奇数 3、5、7 则较为少见。

影响中心离子配位数多少的因素很多，主要与中心离子及其配体的性质（如离子的电荷、半径、核外电子分布等）有关。一般来说，如果中心离子的半径大，正电荷高，易形成高配位数的配位单元；而配体的半径越大，负电荷高，则会使配位数减少。另外配位数的大小还与反应条件有关，温度升高，会使配位数减少；反应物浓度增大，会使配位数升高。

（4）螯合物　由单基配体与中心离子形成的配合物通常称为简单配合物。如前所述的 $[Cu(NH_3)_4]SO_4$，$K_3[Fe(CN)_6]$，$[Pt(NH_3)_2Cl_2]$，$Ni(CO)_4$ 等都是简单配合物。

由多基配体与中心离子形成的配合物称为螯合物或内配合物。螯合物的配位单元具有环状结构。例如乙二胺（en）与 $Cu^{2+}$ 的螯合物，如图 9-2 所示。

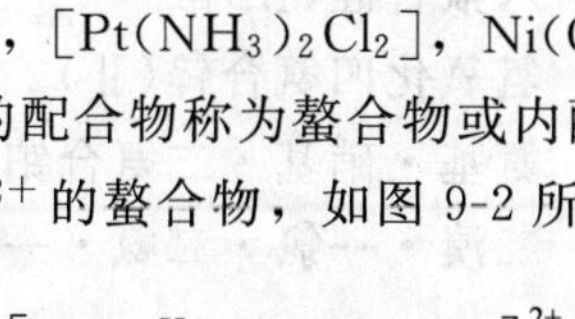

图 9-2　en-Cu 螯合物结构示意图

EDTA 与 $Ca^{2+}$ 的螯合物如图 9-3 所示。

从图 9-3 中可以看出，EDTA-Ca 螯合物中具有五个五元环结构，具有这类环状结构的螯合物在水溶液中是很稳定的。EDTA 与金属离子螯合物的这种性质在配位滴定中有着非常重要的意义。

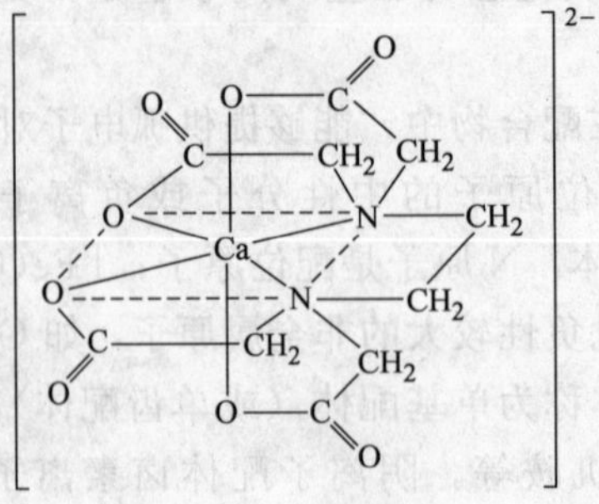

图 9-3 EDTA-Ca 螯合物结构示意图

9.1.1.3 配位化合物的命名

配合物的命名遵循无机化合物命名相同的原则。

(1) 在内界与外界之间，先阴离子，后阳离子 配合物为配酸（外界为 $H^+$），则称为“某酸”；配合物为配碱（外界为 $OH^-$），则称为“氢氧化某”；配合物为配盐，若酸根为配离子或复杂酸根离子，则称为“某酸某”；若酸根离子为简单阴离子，则称为“某化某”。

(2) 内界（配位单元）的命名，先配位体，后中心离子（原子） 内界的命名次序和一般书写格式为：二、三…（配体数）配体名称、配体名称、合、中心离子名称（Ⅰ Ⅱ…），即配体个数用中文数字二、三、四…表示，写在配体名称前面，几种不同的配体名称之间用“·”分开，配体名称和中心离子名称之间加“合”字，中心离子名称后加（），内用罗马数字表明其电荷数。

当有多个配体同时存在时，其命名次序是先无机配体，后有机配体；先阴离子配体，后分子配体；同类配体中，先后次序与配位原子的元素符号在英文字母表中的顺序相同。

注意配体在配位单元化学式中的书写顺序与配体名称中的顺序要一致，读写顺序要一致。

| | |
|---|---|
| $[Cu(NH_3)_4]SO_4$ | 硫酸四氨合铜(Ⅱ) |
| $K_3[Fe(CN)_6]$ | 六氰合铁(Ⅲ)酸钾 |
| $Na_3[Ag(S_2O_3)_2]$ | 二硫代硫酸根合银(Ⅰ)酸钠 |
| $K[PtCl_3(NH_3)]$ | 三氯·氨合铂(Ⅱ)酸钾 |
| $H_2[SiF_6]$ | 六氟合硅(Ⅳ)酸 |
| $[Zn(NH_3)_4](OH)_2$ | 氢氧化四氨合锌(Ⅱ) |
| $[Pt(NH_2)(NO_2)(NH_3)_2]$ | 氨基·硝基·二氨合铂(Ⅱ) |
| $[CoBr_2Cl(NH_3)_2(H_2O)]$ | 二溴·一氯·二氨·一水合钴(Ⅲ) |

### 9.1.2 配位化合物的空间构型

配合物的化学键理论目前主要有价键理论、晶体场理论和配位场理论等。

9.1.2.1 配位化合物中的化学键

按价键理论配合物中配位单元与外界之间的化学键为离子键；配位单元中的中心离子（原子）与配位原子之间的化学键为配位键。配位键形成时，中心离子（原子）以空的杂化轨道接受配位原子提供的孤对电子成键，其本质是中心离子的空杂化轨道与配位原子的具有孤对电子的原子轨道的相互重叠成键。中心离子的杂化轨道类型，决定了配合物的空间构型。

9.1.2.2　配位化合物的空间构型

配位化合物的空间构型即为配位单元的构型。配位单元的空间构型取决于中心离子空轨道的杂化类型。典型的杂化方式有如下几种。

(1) sp 杂化　中心离子的 1 个 $ns$ 和 1 个 $np$ 空轨道进行杂化，形成 2 个空的 sp 杂化轨道，接受配位原子的孤对电子，形成 2 个配位键。例如 $[Ag(NH_3)_2]^+$，$[Ag(CN)_2]^-$ 等，以 $[Ag(NH_3)_2]^+$ 为例。

$^{47}Ag^+$ 的价电子分布：$4s^2 4p^6 4d^{10}$

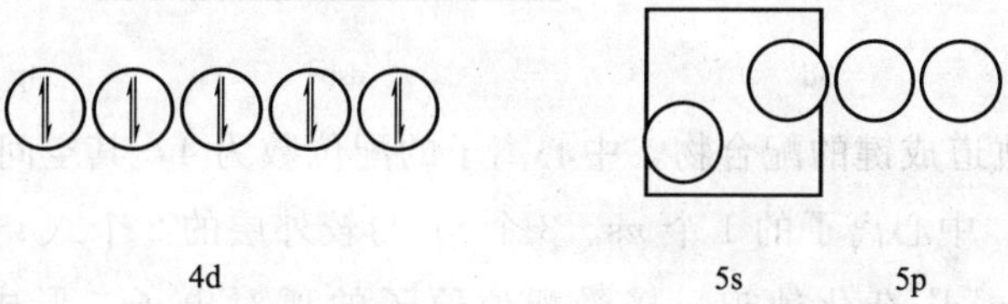


$[Ag(NH_3)_2]^+$：

采用 sp 杂化轨道成键的配合物，中心离子的配位数为 2，其空间构型为直线形。

(2) $sp^3$ 杂化　中心离子的 1 个 $ns$ 和 3 个 $np$ 空轨道进行杂化，形成 4 个空的 $sp^3$ 杂化轨道，接受配位原子的孤对电子，形成 4 个配位键。例如 $[Ni(NH_3)_4]^{2+}$、$[Zn(NH_3)_4]^{2+}$、$[HgI_4]^{2-}$ 等，以 $[Ni(NH_3)_4]^{2+}$ 为例。

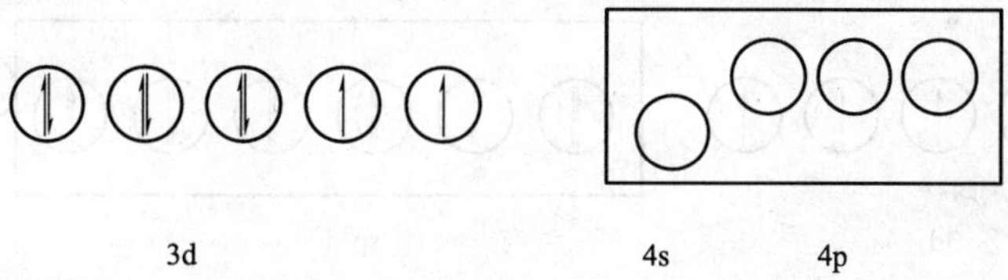


$[Ni(NH_3)_4]^{2+}$：

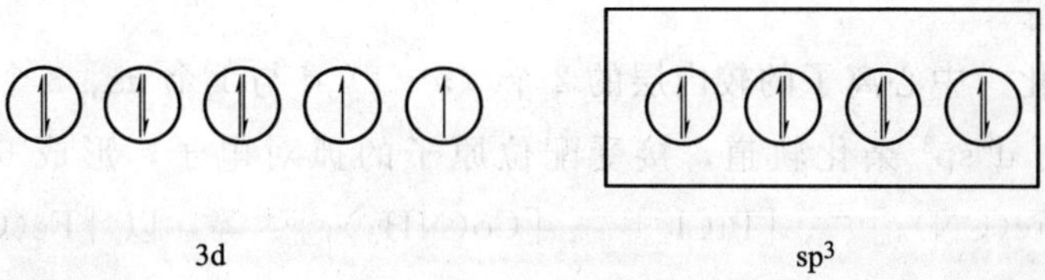


采用 $sp^3$ 杂化轨道成键的配合物，中心离子的配位数为 4，其空间构型为正四面体形。

(3) $dsp^2$ 杂化　中心离子的较内层的 1 个 $(n-1)$ d 与 1 个 $ns$、2 个 $np$ 空轨道进行杂化，形成 4 个空的 $dsp^2$ 杂化轨道，接受配位原子的孤对电子，形成 4 个配位键。例如 $[Ni(CN)_4]^{2-}$、$[Pt(CN)_4]^{2-}$、$[Cu(NH_3)_4]^{2+}$、$[PtCl_4]^{2-}$ 等，以 $[Ni(CN)_4]^{2-}$ 为例。

$Ni^{2+}$ 与 $CN^-$ 形成配位键时，3d 轨道上的电子发生重排，两个未成对的 d 电子配对，空出的 1 个 3d 轨道参与杂化。

$^{28}Ni^{2+}$：$3s^2 3p^6 3d^8$

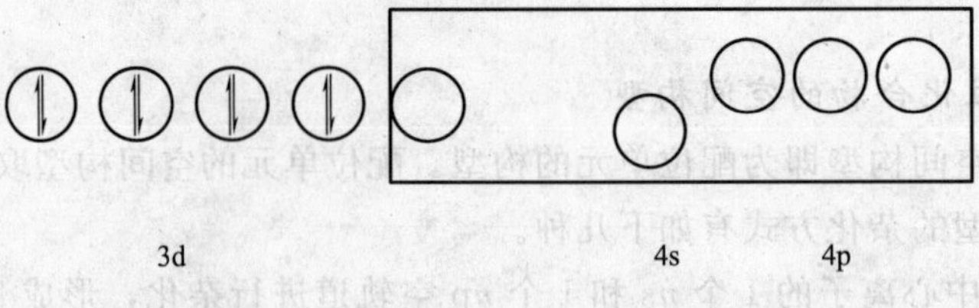


$[Ni(CN)_4]^{2-}$：

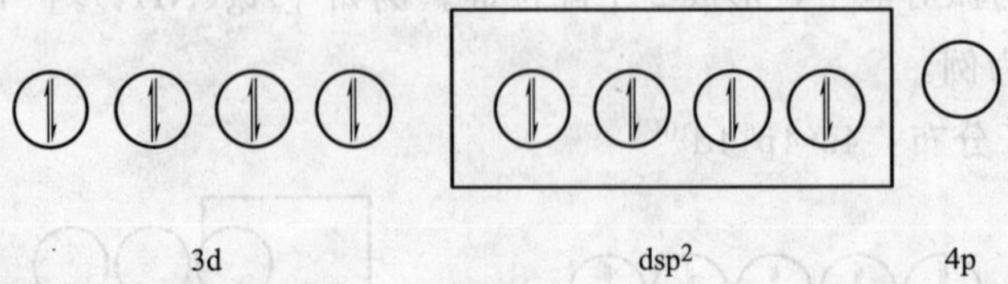


采用 $dsp^2$ 杂化轨道成键的配合物，中心离子的配位数为 4，其空间构型为平面正方形。

（4）$sp^3d^2$ 杂化　中心离子的 1 个 $n$s、3 个 $n$p 与较外层的 2 个（$n+1$）d 空轨道进行杂化，形成 6 个空的 $sp^3d^2$ 杂化轨道，接受配位原子的孤对电子，形成 6 个配位键。例如 $[FeF_6]^{3-}$、$[AlF_6]^{3-}$、$[Co(NH_3)_6]^{2+}$ 等，以 $[FeF_6]^{3-}$ 为例。

$^{26}Fe^{3+}$ 的价电子分布：$3s^2 3p^6 3d^5$

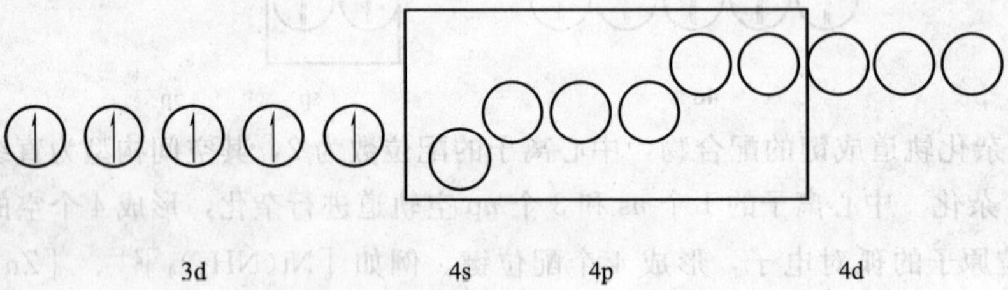


$[FeF_6]^{3-}$：

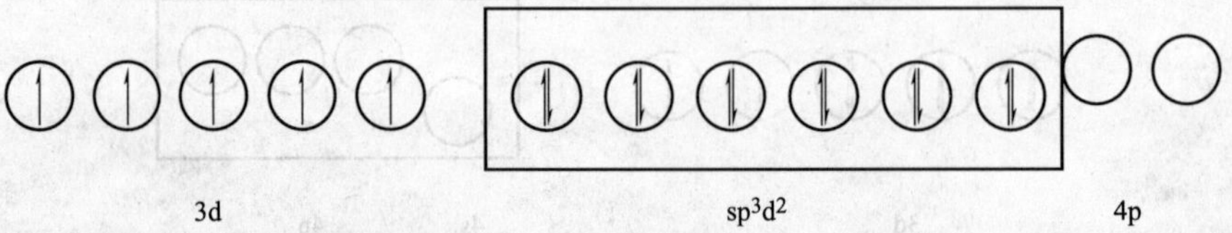


采用 $sp^3d^2$ 杂化轨道成键的配合物，中心离子的配位数为 6，其空间构型为正八面体形。

（5）$d^2sp^3$ 杂化　中心离子的较内层的 2 个（$n-1$）d 与 1 个 $n$s、3 个 $n$p 空轨道进行杂化，形成 6 个空的 $d^2sp^3$ 杂化轨道，接受配位原子的孤对电子，形成 6 个配位键。例如 $[Fe(CN)_6]^{3-}$、$[Fe(CN)_6]^{4-}$、$[PtCl_6]^{2-}$、$[Co(NH_3)_6]^{3+}$ 等，以 $[Fe(CN)_6]^{3-}$ 为例。

$Fe^{3+}$ 与 $CN^-$ 形成配位键时，3d 轨道上的电子发生重排，4 个未成对的 d 电子配对，空出的 2 个 3d 轨道参与杂化。

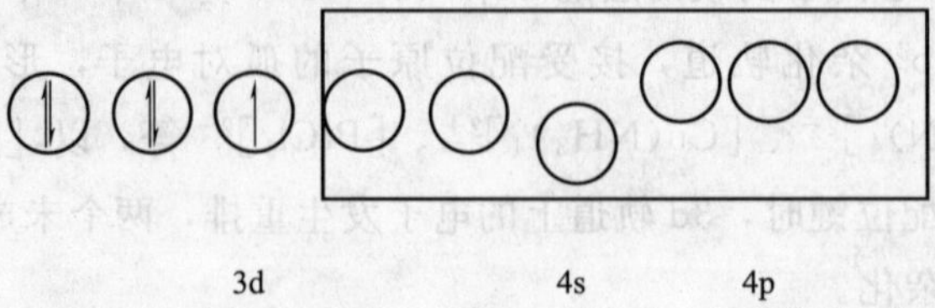


$[Fe(CN)_6]^{3-}$：

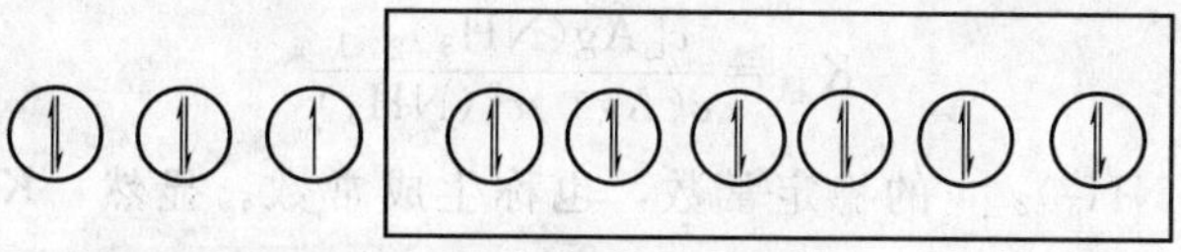

3d　　　　　　　　$d^2sp^3$

采用 $d^2sp^3$ 杂化轨道成键的配合物，中心离子的配位数为 6，其空间构型为正八面体形。

9.1.2.3　外轨型配合物与内轨型配合物

(1) 外轨型配合物　中心离子以 sp、$sp^3$、$sp^3d^2$ 等杂化轨道与配位原子成键而形成的配合物为外轨型。例如 $[Ag(NH_3)_2]^+$、$[Ni(NH_3)_4]^{2+}$、$[FeF_6]^{3-}$ 等。形成外轨型配合物时，中心离子 $n$d 轨道上的电子分布仍保持自由离子时的构型，未发生重排。

(2) 内轨型配合物　中心离子以 $dsp^2$、$d^2sp^3$ 等杂化轨道与配位原子成键而形成的配合物为内轨型。例如 $[Ni(CN)_4]^{2-}$、$[Fe(CN)_6]^{3-}$ 等。形成内轨型配合物时，中心离子 $(n-1)$d轨道上的电子分布受配体的影响，发生了重排，使 d 轨道上的单电子数减少。

(3) 配合物的磁性　化合物中的成单电子数和实验现象中的磁性有关，可以利用磁天平测量化合物的磁矩 $\mu$，磁矩 $\mu$ 与成单电子数 $n$ 有以下关系。

$$\mu=\sqrt{n(n+2)}\,\mathrm{BM} \tag{9-1}$$

式中　$n$——成单电子数；

BM——玻尔磁子。

通过实验测定配合物的磁矩 $\mu$，推算出单电子数 $n$，就可以分析和解释配合物的成键情况，确定配合物是外轨型还是内轨型。

例如 $Fe^{3+}$ 有五个单电子，通过式(9-1) 计算得 $\mu=5.92\mathrm{BM}$，实验测得 $[FeF_6]^{3-}$ 的磁矩 $\mu=5.90\mathrm{BM}$，可以推断 $Fe^{3+}$ 的 d 电子未发生重排，采用 $sp^3d^2$ 杂化轨道与 $F^-$ 形成外轨型配合物。

实验测得磁矩于 $[Fe(CN)_6]^{3-}$ 的 $\mu=2.0\mathrm{BM}$，接近于 $n=1$ 时的理论值（$\mu=1.73\mathrm{BM}$），可以推断 $[Fe(CN)_6]^{3-}$ 中的 $Fe^{3+}$ 中有一个单电子，在成键过程中 $Fe^{3+}$ 的 d 电子发生了重排，采用 $d^2sp^3$ 杂化轨道与 $CN^-$ 形成内轨型配合物。

一般来说，内轨型配合物比外轨型配合物稳定，在水溶液中更不容易解离。

### 9.1.3　配位平衡

9.1.3.1　配位平衡概述

配合物内界与外界之间通常是离子键，在水中全部解离成配离子和外界离子。

$$[Ag(NH_3)_2]Cl \rightleftharpoons [Ag(NH_3)_2]^+ + Cl^-$$

而配合物内界的中心离子与配位体之间是以配位键结合的，在水溶液中部分解离，存在配位-解离平衡。

$$[Ag(NH_3)_2]^+ \rightleftharpoons Ag^+ + 2NH_3$$

其标准平衡常数的表达式为：

$$K^{\ominus}_{\text{不稳}}=\frac{c(Ag^+)c^2(NH_3)}{c[Ag(NH_3)_2^+]} \tag{9-2}$$

式中　$K^{\ominus}_{\text{不稳}}$——$[Ag(NH_3)_2]^+$ 的不稳定常数。

如果用配离子的生成反应式来表示，达到平衡时：

$$Ag^+ + 2NH_3 \rightleftharpoons [Ag(NH_3)_2]^+$$

$$K^{\ominus}_{稳}=\frac{c[Ag(NH_3)_2^+]}{c(Ag^+)c^2(NH_3)} \tag{9-3}$$

式中 $K^{\ominus}_{稳}$——$[Ag(NH_3)_2]^+$的稳定常数，也称生成常数。显然，$K^{\ominus}_{稳}$与$K^{\ominus}_{不稳}$互为倒数关系。

利用$K^{\ominus}_{稳}$可以比较配合物在溶液中的稳定性。对于同类型的配合物来说，$K^{\ominus}_{稳}$越大，表示配合物在溶液中越稳定。例如，$[Ag(NH_3)_2]^+$的$K^{\ominus}_{稳}=1.12\times10^7$，$[Ag(CN)_2]^-$的$K^{\ominus}_{稳}=1.30\times10^{21}$，说明在水溶液中$[Ag(CN)_2]^-$比$[Ag(NH_3)_2]^+$更稳定。

利用$K^{\ominus}_{稳}$可以计算配合物溶液中有关离子的浓度。

**【例 9-1】** 将 0.20mol/L $AgNO_3$ 溶液与 1.00mol/L $NH_3 \cdot H_2O$ 等体积混合，计算平衡时溶液中$Ag^+$、$[Ag(NH_3)_2]^+$和$NH_3$的浓度。已知：$K^{\ominus}_{稳[Ag(NH_3)_2]^+}=1.12\times10^7$。

**解** 混合后 $AgNO_3$ 溶液与 1.00mol/L $NH_3 \cdot H_2O$ 的浓度均为原来的一半：

$c(AgNO_3)=0.10$mol/L　　$c(NH_3)=0.50$mol/L

由于$NH_3 \cdot H_2O$过量，可以以为$AgNO_3$全部转化为$[Ag(NH_3)_2]^+$。

设平衡时$c(Ag^+)=x$mol/L

$$[Ag(NH_3)_2]^+ \rightleftharpoons Ag^+ + 2NH_3$$

| | $[Ag(NH_3)_2]^+$ | $Ag^+$ | $2NH_3$ |
|---|---|---|---|
| 起始浓度/(mol/L) | 0.10 | 0 | 0.3 |
| 平衡浓度/(mol/L) | $0.10-x$ | $x$ | $0.30+2x$ |

$$K^{\ominus}_{不稳}=\frac{x(0.30+2x)^2}{0.10-x}=\frac{1}{1.12\times10^7}$$

$$0.10-x\approx0.10,\ 0.30+2x\approx0.30$$

解得平衡时$x=c(Ag^-)\approx9.90\times10^{-8}$ mol/L，$c(NH_3)\approx0.30$mol/L，$c[Ag(NH_3)_2]^+\approx0.10$mol/L。

9.1.3.2 配位平衡的移动

若改变配位反应的条件，就会使平衡状态发生改变，其规律遵循化学平衡移动原理。溶液的酸度变化，沉淀剂、氧化剂或还原剂以及其他配体的存在，均有可能使配位平衡发生移动。

(1) 酸度的影响　配离子中的配体如果是弱酸根离子（如$F^-$、$CN^-$、$SCN^-$、$CO_3^{2-}$、$C_2O_4^{2-}$等）或弱碱（如$NH_3$、en 等），它们能与外加强酸反应，使配离子发生解离。例如，在深蓝色的$[Cu(NH_3)_4]SO_4$溶液中加入过量的稀硫酸，就会溶液变成浅蓝色：

$$[Cu(NH_3)_4]SO_4+4H^+ \rightleftharpoons Cu^{2+}+NH_4^+$$

可见溶液的酸度会影响配合物的稳定性，这是在配位滴定中需要特别注意的。

(2) 沉淀反应的影响　如果在难溶化合物体系中加入合适的配位剂，就会生成配位化合物，使沉淀溶解；同样，在配离子的溶液中加入合适的沉淀剂，中心离子会形成沉淀而使配离子发生解离。例如，

$$AgCl+2NH_3 \rightleftharpoons [Ag(NH_3)_2]^+ + Cl^-$$

$$[Ag(NH_3)_2]^+ + Br^- \rightleftharpoons AgBr+2NH_3$$

**【例 9-2】** 计算 298K 时，AgCl 在 2.0mol/L $NH_3 \cdot H_2O$ 中的溶解度。

**解**　　$AgCl(s)+2NH_3(aq) \rightleftharpoons [Ag(NH_3)]_2^+(aq)+Cl^-(aq)$

根据多重平衡原理

$$AgCl(s) \rightleftharpoons Ag^+(aq) + Cl^-(aq) \qquad K_{sp}^{\ominus}(AgCl) = 1.56 \times 10^{-10}$$

$$Ag^+ + 2NH_3 \rightleftharpoons [Ag(NH_3)_2]^+ \qquad K_{稳}^{\ominus}([Ag(NH_3)_2]^+) = 1.12 \times 10^7$$

$$K^{\ominus} = K_{稳}^{\ominus} K_{sp}^{\ominus} = 1.12 \times 10^7 \times 1.56 \times 10^{-10} = 1.75 \times 10^{-3}$$

设 AgCl 的溶解度为 $x$mol/L

$$AgCl(s) + 2NH_3(aq) \rightleftharpoons [Ag(NH_3)]_2^+(aq) + Cl^-(aq)$$

| | | | |
|---|---|---|---|
| 起始浓度/(mol/L) | 2.0 | 0 | 0 |
| 平衡浓度/(mol/L) | $2.0-2x$ | $x$ | $x$ |

$$K^{\ominus} = \frac{c[Ag(NH_3)^+]c(Cl^-)}{c^2(NH_3)} = \frac{x^2}{(2.0-2x)^2} = 1.75 \times 10^{-3}$$

解得，$x = 0.078$mol/L

即 AgCl 在 2.0mol/L $NH_3 \cdot H_2O$ 中的溶解度为 0.078mol/L。

可见，上述反应的本质是配离子与沉淀之间的转化，反应方向取决于稳定常数和溶度积常数的相对大小，以及配位剂与沉淀剂的浓度。

(3) 氧化还原反应的影响　如果金属离子在水溶液中发生氧化还原反应，也可以使配位平衡发生移动。如湿法冶金中金的提取：

$$4Au + 8CN^- + 2H_2O + O_2 \rightleftharpoons 4[Au(CN)_2]^- + 4OH^-$$

$$2[Au(CN)_2]^- + Zn \rightleftharpoons 2Au + [Zn(CN)_4]^{2-}$$

Au 在空气存在下可溶于 NaCN 溶液，其原因是 $Au^+$ 与 $CN^-$ 形成了稳定的 $[Au(CN)_2]^-$ 配离子，降低了电极电势。Zn 可以使 $[Au(CN)_2]^-$ 中的 $Au^+$ 被还原，溶液中 $Au^+$ 的浓度不断降低，使配位平衡不断向 $[Au(CN)_2]^-$ 解离的方向移动，得到较纯净的金。

(4) 配离子之间的转化　在含有 $Fe^{3+}$ 的溶液中加入 KSCN，就会生成红色的 $[Fe(SCN)_n]^{3-n}$ $(n=1\sim6)$ 配离子：

$$Fe^{3+} + nSCN^- \rightleftharpoons [Fe(SCN)_n]^{3-n}$$

在上述溶液中滴加 NaF 溶液，红色会逐渐消失，这是由于发生了如下反应：

$$[Fe(SCN)_6]^{3-} + 6F^- \rightleftharpoons [FeF_6]^{3-} + 6SCN^-$$

可见，在溶液中，配离子之间的转化总是向着生成更稳定配离子的方向进行。

## 9.2　配位滴定法

**【能力目标】**　能确定被测物质的的酸度条件，正确使用缓冲溶液；能熟练进行 EDTA 标准溶液的配制与标定；会正确使用金属指示剂。

**【知识目标】**　了解 EDTA 及其配合物的基本性质；掌握酸效应与酸效应系数、其他副反应系数、条件稳定常数等基本概念；熟悉酸效应曲线的应用、金属离子被直接滴定的条件；熟悉金属指示剂的变色原理与应用；掌握直接滴定法、返滴定法的应用与计算。

配位滴定法是以生成配位化合物的反应为基础的滴定分析法。能用于滴定分析的配位反应必须具备下列条件：生成的配合物要足够稳定，以保证配位反应能够进行完全；反应必须按一定的比例定量进行，即生成的配合物的配位数要恒定；配位反应速率要快；有适当的方法确定滴定终点。

由于大多数无机配位化合物的稳定性不高，配位数不固定，因而无法应用于滴定分析。

许多有机配位剂能与金属离子形成稳定性较高、组成恒定的螯合物，而且反应条件容易控制，能符合滴定分析的要求，因而在分析化学中的应用得到迅速的发展。

### 9.2.1 EDTA 及其配合物

#### 9.2.1.1 EDTA 的性质

乙二胺四乙酸（通常用 $H_4Y$ 表示，简称 EDTA）分子中含有六个配位原子，为六基配体，是目前应用最多的有机配位剂。由于室温时乙二胺四乙酸在水中的溶解度较小，通常使用乙二胺四乙酸二钠作滴定剂。

乙二胺四乙酸二钠（$Na_2H_2Y \cdot 2H_2O$，也简称为 EDTA，相对分子质量为 372.26）为白色结晶粉末。易溶于水（22℃时溶解度为 11.1g/100mL$H_2O$，浓度约 0.3mol/L，pH≈4.4）。

乙二胺四乙酸在水溶液中，具有双偶极离子结构，如图 9-4 所示。

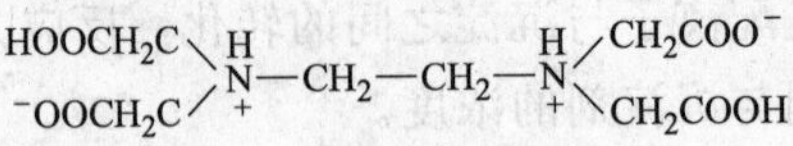

图 9-4 EDTA 双偶极离子结构示意图

当溶液的酸度较高时，EDTA 的两个羧酸根可再接受两个 $H^+$ 形成 $H_6Y^{2+}$，相当于一个六元酸，在溶液中存在六级解离平衡：

$$H_6Y^{2+} \rightleftharpoons H_5Y^+ + H^+ \qquad K_{a_1}^{\ominus} = 1.30 \times 10^{-1} = 10^{-0.90}$$

$$H_5Y^+ \rightleftharpoons H_4Y + H^+ \qquad K_{a_2}^{\ominus} = 2.50 \times 10^{-2} = 10^{-1.60}$$

$$H_4Y \rightleftharpoons H_3Y^- + H^+ \qquad K_{a_3}^{\ominus} = 1.00 \times 10^{-2} = 10^{-2.00}$$

$$H_3Y^- \rightleftharpoons H_2Y^{2-} + H^+ \qquad K_{a_4}^{\ominus} = 2.16 \times 10^{-3} = 10^{-2.67}$$

$$H_2Y^{2-} \rightleftharpoons HY^{3-} + H^+ \qquad K_{a_5}^{\ominus} = 6.92 \times 10^{-7} = 10^{-6.16}$$

$$HY^{3-} \rightleftharpoons Y^{4-} + H^+ \qquad K_{a_6}^{\ominus} = 5.50 \times 10^{-11} = 10^{-10.26}$$

从上述平衡可以看出，在任何水溶液中，EDTA 总是以 $H_6Y^{2+}$、$H_5Y^+$、$H_4Y$、$H_3Y^-$、$H_2Y^{2-}$、$HY^{3-}$、$Y^{4-}$（为书写方便，以下均用符号 Y 来表示 $Y^{4-}$）七种型体存在。

溶液的酸度降低（pH 升高），解离平衡正向移动，溶液的酸度升高，解离平衡逆向移动。因此，在溶液的 pH 值不同时，各种型体的浓度会有所不同，实验测定结果见表 9-1。

**表 9-1 不同 pH 值时 EDTA 的主要存在型体**

| pH | <1 | 1～1.6 | 1.6～2.0 | 2.0～2.67 | 2.67～6.16 | 6.16～10.26 | >10.26 |
|---|---|---|---|---|---|---|---|
| 存在型体 | $H_6Y$ | $H_5Y$ | $H_4Y$ | $H_3Y$ | $H_2Y$ | HY | Y |

可以看出，在 pH<1 的酸溶液中，EDTA 的主要存在型体为 $H_6Y$；在 pH>10.26 的碱溶液中，主要存在型体是 Y。在七种型体中只有 Y 能与金属离子直接配位。溶液的 pH 越高，EDTA 酸根离子 Y 的浓度就会越大，EDTA 的配位能力就越强。所以溶液酸度是影响配位滴定的一个非常重要的因素。

#### 9.2.1.2 EDTA 配合物的特点

EDTA 可以和绝大多数金属离子形成稳定的螯合物。MY 配合物具有以下特点：

① 配位比简单，绝大多数为 1∶1，没有逐级配位现象存在；

② 大多数水溶性好，使滴定可以在水溶液中进行；

③ 在水溶液中的稳定性好，滴定反应进行的完全程度高；

④ EDTA 与无色金属离子反应时形成无色螯合物，便于使用指示剂确定终点。

EDTA 与有色金属离子反应时，一般形成颜色更深的配合物。如

| $CuY^{2-}$ | $NiY^{2-}$ | $CoY^{2-}$ | $MnY^{2-}$ | $CrY^-$ | $FeY^-$ |
|---|---|---|---|---|---|
| 深蓝 | 蓝色 | 紫红 | 紫红 | 深紫 | 黄 |

上述特点使 EDTA 完全符合滴定分析的要求，因此被广泛使用。

### 9.2.2 配合物的稳定常数

对于 1∶1 型的配合物 MY，反应通式如下：

$$M^{n+} + Y^{4-} \rightleftharpoons MY^{4-n}$$

可简写为：

$$M + Y \rightleftharpoons MY$$

在溶液中达到平衡时，其平衡常数为：

$$K^{\ominus}_{MY} = \frac{c(MY)}{c(M)c(Y)} \tag{9-4}$$

式中 $K^{\ominus}_{MY}$——配合物 MY 的稳定常数。对于同类型的配合物来说，$K^{\ominus}_{MY}$越大，配合物在水溶液中就越稳定。

$K^{\ominus}_{MY}$的大小主要取决于金属离子及其配位剂的性质，一般来说对于同一种配位剂，碱金属离子的配合物最不稳定，而过渡金属离子、稀土元素金属离子、高价金属离子的配合物稳定性比较高。EDTA 与常见金属离子配合物的稳定常数见表 9-2。

**表 9-2 EDTA 与常见金属离子配合物的稳定常数**

| 阳离子 | $\lg K^{\ominus}_{MY}$ | 阳离子 | $\lg K^{\ominus}_{MY}$ | 阳离子 | $\lg K^{\ominus}_{MY}$ |
|---|---|---|---|---|---|
| $Na^+$ | 1.66 | $Al^{3+}$ | 16.3 | $Cu^{2+}$ | 18.80 |
| $Li^+$ | 2.79 | $Co^{2+}$ | 16.31 | $Ti^{3+}$ | 21.3 |
| $Ba^{2+}$ | 7.86 | $Pt^{2+}$ | 16.31 | $Hg^{2+}$ | 21.8 |
| $Mg^{2+}$ | 8.69 | $Cd^{2+}$ | 16.49 | $Sn^{2+}$ | 22.1 |
| $Sr^{2+}$ | 8.73 | $Zn^{2+}$ | 16.50 | $Cr^{3+}$ | 23.4 |
| $Ca^{2+}$ | 10.69 | $Pb^{2+}$ | 18.04 | $Fe^{3+}$ | 25.1 |
| $Mn^{2+}$ | 13.87 | $Y^{3+}$ | 18.09 | $Bi^{3+}$ | 27.94 |
| $Fe^{2+}$ | 14.33 | $Ni^{2+}$ | 18.60 | $Co^{3+}$ | 36.0 |

上述稳定常数 $K^{\ominus}_{MY}$是描述在没有任何副反应时，配合物的稳定性，因此又称为绝对稳定常数。实际上，溶液的酸度、其他配位剂或干扰离子的存在等反应条件的变化，对配合物的稳定性影响较大，是在滴定分析中必须考虑的。

### 9.2.3 配位滴定中的副反应及副反应系数

#### 9.2.3.1 EDTA 的酸效应及酸效应系数

EDTA 与金属离子 M 的配位反应是否按反应式比例完全进行，是其能否用于滴定分析的首要条件。在实际的配位滴定分析中，被测溶液的酸度变化、滴定中必须加入的其他试剂（如缓冲溶液、掩蔽剂等）、共存金属离子的存在等，都会导致副反应的发生。

滴定分析的主反应：$M + Y \rightleftharpoons MY$，除此之外的反应均称为副反应，主要有以下几种情况。

① 对于滴定剂 Y，存在的副反应主要有：Y 与溶液中的 $H^+$ 结合生成弱酸，称为酸效应。

$$Y \xrightleftharpoons{H^+} H_{1\sim6}Y$$

Y 与其他共存金属离子 N 反应生成配合物 NY，称为共存离子效应。

$$Y \xrightleftharpoons{N} NY$$

② 对于被测金属离子 M，存在的副反应主要有：M 与溶液中可能存在的其他配位剂 L 反应生成配合物 $ML_{1\sim n}$，称为配位效应。

$$M \xrightleftharpoons{L} ML_{1\sim n}$$

M 与溶液中的 $OH^-$ 反应生成水解产物 $M(OH)_{1\sim n}$，称为水解效应。

$$M \xrightleftharpoons{OH^-} ML_{1\sim n}$$

上述副反应的存在，都会使主反应平衡逆向移动，使反应的完全程度降低，从而影响滴定分析结果的准确度。其中 EDTA 的酸效应、被测金属离子 M 的配位效应是常见的、主要的影响因素。

另外滴定剂 Y 还可能与被测金属离子 M 形成 MHY 或 M(OH)Y，使主反应平衡正向移动，提高了主反应的完全程度，对滴定分析结果是有利的。下面重点讨论 EDTA 的酸效应。

滴定剂 Y 与 $H^+$ 生成弱酸的副反应称为酸效应。酸效应对主反应影响的大小，可用酸效应系数 $\alpha_{Y(H)}$ 来衡量。

$$\alpha_{Y(H)}=\frac{c'(Y)}{c(Y)} \tag{9-5}$$

式中 $c'(Y)$——EDTA 在水溶液中各种型体总浓度，即

$$c'(Y)=c(Y)+c(HY)+c(H_2Y)+c(H_3Y)+c(H_4Y)+c(H_5Y)+c(H_6Y) \tag{9-6}$$

根据 EDTA 的解离平衡可得，

$$\alpha_{Y(H)}=1+\frac{c(H^+)}{K_{a_6}^{\ominus}}+\frac{c^2(H^+)}{K_{a_6}^{\ominus}K_{a_5}^{\ominus}}+\cdots+\frac{c^6(H^+)}{K_{a_6}^{\ominus}K_{a_5}^{\ominus}\cdots K_{a_1}^{\ominus}} \tag{9-7}$$

式中 $K_{a_1}^{\ominus}\cdots K_{a_6}^{\ominus}$——EDTA 的各级解离常数。

由式(9-7) 可知，$\alpha_{Y(H)}$ 仅是 $c(H^+)$ 的函数。$c(H^+)$ 越大，$\alpha_{Y(H)}$ 值越大，EDTA 的酸效应越严重，平衡时 $c(Y)$ 越小，使主反应的完全程度降低；当溶液的 $pH\geqslant12.0$ 时，$\alpha_{Y(H)}=1$，表明 EDTA 的存在型体全部为 Y，主反应的完全程度就会越高。

**【例 9-3】** 计算 pH＝5.00 时 EDTA 的酸效应系数 $\alpha_{Y(H)}$。

**解** 已知 EDTA 的各级解离常数 $K_{a_1}^{\ominus}\sim K_{a_6}^{\ominus}$ 分别为 $10^{-0.90}$，$10^{-1.60}$，$10^{-2.00}$，$10^{-2.67}$，$10^{-6.16}$，$10^{-10.26}$，代入式(9-7) 可得，

$$\alpha_{Y(H)}=10^{6.45} \qquad \lg\alpha_{Y(H)}=6.45$$

EDTA 在不同 pH 值下的 $\lg\alpha_{Y(H)}$ 值列于表 9-3。

9.2.3.2 金属离子的配位效应及配位效应系数

被测金属离子 M 与溶液中可能存在的其他配位剂 L（缓冲剂、辅助配位剂、掩蔽剂等）反应生成配合物 $ML_{1\sim n}$ 的副反应，称为配位效应。配位效应对主反应影响的大小，可用配位效应系数 $\alpha_{M(L)}$ 来衡量。

表 9-3　EDTA 的酸效应系数 $\lg\alpha_{Y(H)}$

| pH | $\lg\alpha_{Y(H)}$ | pH | $\lg\alpha_{Y(H)}$ | pH | $\lg\alpha_{Y(H)}$ |
|---|---|---|---|---|---|
| 0.0 | 23.64 | 3.4 | 9.70 | 6.8 | 3.55 |
| 0.4 | 21.32 | 3.8 | 8.85 | 7.0 | 3.32 |
| 0.8 | 19.08 | 4.0 | 8.44 | 7.5 | 2.78 |
| 1.0 | 18.01 | 4.4 | 7.64 | 8.0 | 2.27 |
| 1.4 | 16.02 | 4.8 | 6.84 | 8.5 | 1.77 |
| 1.8 | 14.27 | 5.0 | 6.45 | 9.0 | 1.28 |
| 2.0 | 13.51 | 5.4 | 5.69 | 9.5 | 0.83 |
| 2.4 | 12.19 | 5.8 | 4.98 | 10.0 | 0.45 |
| 2.8 | 11.09 | 6.0 | 4.65 | 11.0 | 0.07 |
| 3.0 | 10.60 | 6.4 | 4.06 | 12.0 | 0.01 |

$$\alpha_{M(L)}=\frac{c'(M)}{c(M)}=\frac{c(M)+c(ML)+c(ML_2)+\cdots+c(ML_n)}{c(M)} \tag{9-8}$$

当溶液中存在配位效应时，被测金属离子 M 的存在形式除 MY 外，还有游离的 M、ML、$ML_2$、…、$ML_n$ 等型体。式(9-8) 中 $c'(M)$ 表示除 MY 之外的各种型体总浓度，即

$$c'(M)=c(M)+c(ML)+c(ML_2)+\cdots+c(ML_n) \tag{9-9}$$

式中　$c(M)$——在溶液中游离 M 的平衡浓度。

若用 $K_1^{\ominus}$，$K_2^{\ominus}$，…，$K_n^{\ominus}$ 表示配合物 $ML_n$ 的逐级稳定常数，即

$$M+L \rightleftharpoons ML \qquad K_1^{\ominus}=\frac{c(ML)}{c(M)c(L)}$$

$$ML+L \rightleftharpoons ML_2 \qquad K_2^{\ominus}=\frac{c(ML_2)}{c(ML)c(L)}$$

$$\vdots \qquad\qquad \vdots$$

$$ML_{(n-1)}+L \rightleftharpoons ML_n \qquad K_n^{\ominus}=\frac{c(ML_n)}{c(ML_{n-1})c(L)}$$

将 $K$ 的关系式代入式(9-8)，并整理得：

$$\alpha_{M(L)}=1+c(L)K_1^{\ominus}+c^2(L)K_1^{\ominus}K_2^{\ominus}+\cdots+c^n(L)K_1^{\ominus}K_2^{\ominus}\cdots K_n^{\ominus} \tag{9-10}$$

从式(9-10) 可以看出，溶液中游离配位体浓度 $c(L)$ 越高，其配合物的稳定常数越大，$\alpha_{M(L)}$ 就会越大，M 的配位效应就越严重，对主反应就越不利。$\alpha_{M(L)}$ 的最小值等于 1，表明溶液中游离的 M 离子未发生配位副反应，全部以 M 的形式存在。

### 9.2.4　条件稳定常数

在配位滴定过程中，如果 M、Y、MY 均未发生任何副反应，平衡时可用配合物 MY 的稳定常数 $K_{MY}^{\ominus}$ 来衡量反应进行的程度，$K_{MY}^{\ominus}$ 又称为绝对稳定常数。实际滴定分析过程往往需要在一定的酸度条件下进行，并有其他配位体存在，各种副反应时有发生，主反应的平衡就会因此受到影响。此时，绝对稳定常数 $K_{MY}^{\ominus}$ 已不能客观地反映主反应进行的程度。如果用 $c'(M)$ 和 $c'(Y)$ 分别代表 M 和 Y 在溶液中各种型体的总浓度，并带入平衡常数表达式，则有：

$$M+Y \rightleftharpoons MY$$

$$K'_{MY}=\frac{c(MY)}{c'(M)c'(Y)} \tag{9-11}$$

这种考虑了副反应影响而得出的稳定常数称为条件稳定常数。

为了简便起见，如果忽略 M 引起的其他副反应，只考虑 EDYA 的酸效应，则有：

$$K'_{MY}=\frac{c(MY)}{c(M)c'(Y)}=\frac{K^{\ominus}_{MY}}{\alpha_{Y(H)}} \tag{9-12}$$

$$\lg K'_{MY}=\lg K^{\ominus}_{MY}-\lg\alpha_{Y(H)} \tag{9-13}$$

$K'_{MY}$表明了在一定酸度条件下，配合物 MY 的实际稳定性，即反应 $M+Y \rightleftharpoons MY$ 实际进行的完全程度。对一定的配合物，溶液的酸度越低，$K'_{MY}$就越大，反应的完全程度就越高，滴定分析结果的误差也就越小。

**【例 9-4】** 计算 pH=2.0 和 pH=5.0 时的 $\lg K'_{ZnY}$。已知 $\lg K^{\ominus}_{ZnY}=16.50$。

**解** (1) pH=2.0 时，查表得 $\lg\alpha_{Y(H)}=13.51$

$$\lg K'_{ZnY}=\lg K^{\ominus}_{ZnY}-\lg\alpha_{Y(H)}=16.50-13.51=2.99$$

(2) pH=5.0 时，查表得 $\lg\alpha_{Y(H)}=6.45$

$$\lg K'_{ZnY}=\lg K^{\ominus}_{ZnY}-\lg\alpha_{Y(H)}=16.50-6.45=10.05$$

计算表明，在 pH=5.0 时 ZnY 更稳定。因此要得到准确的滴定分析结果，必须选择适当的酸度条件。

### 9.2.5 配位滴定曲线

在配位滴定时，随着滴定剂的加入，被测溶液中金属离子的浓度会不断减少。在化学计量点附近，金属离子的浓度会发生突跃。金属离子浓度随滴定剂的加入而逐渐变化的情况可用相应的滴定曲线直观地表示出来。

配位反应能否用于滴定分析，取决于反应的完全程度。配位滴定曲线可以为判断反应的完全程度提供依据，为选择适当的反应条件和指示剂提供参考。

滴定突跃的大小取决于配合物的条件稳定常数 $K'_{MY}$和被测金属离子的起始浓度 $c$(M)。配合物条件稳定常数 $K'_{MY}$越大，滴定突跃的范围就越大；被测金属离子的起始浓度 $c$(M) 越大，滴定突跃的范围也越大。

滴定的突跃越大，说明反应的完全程度越高，滴定的终点误差就越小。

### 9.2.6 配位滴定的条件

#### 9.2.6.1 准确滴定金属离子的条件

在配位滴定中，一般情况下，滴定终点与化学计量点之间都存在一定的差距，二者 pM 之差 ΔpM 为±0.20，在允许的终点误差为±0.10%时，根据有关公式，可以推导出准确滴定单一金属离子的条件是：

$$\lg[c(M)K'_{MY}]\geqslant 6 \tag{9-14}$$

式(9-14) 说明金属离子的浓度 $c$(M)、配合物的条件稳定常数 $K'_{MY}$必须足够大，才能被直接准确滴定。

#### 9.2.6.2 配位滴定的酸效应曲线

假设待测金属离子的浓度为 0.010mol/L 左右，代入式(9-14) 得，$K'_{MY}\geqslant 8$。将其代入式(9-13) 并整理得，

$$\lg\alpha_{Y(H)}=\lg K^{\ominus}_{MY}-\lg K'_{MY}=\lg K^{\ominus}_{MY}-8 \tag{9-15}$$

式(9-15) 表示，在允许的终点误差为±0.10%，待测金属离子的浓度为 0.010mol/L 时，$\lg\alpha_{Y(H)}$与 $\lg K^{\ominus}_{MY}$的对应关系。通过式(9-15)，可以求出对不同的金属离子进行滴定时，所允许的最高酸度，即最小 pH 值。

例如对于 0.010mol/L $Zn^{2+}$ 溶液，已知 $\lg K^{\ominus}_{ZnY}=16.50$，代入式（9-15）可得，$\lg\alpha_{Y(H)}=8.50$，查表 9-3，对应的 pH=4.0。此 pH 值即为滴定 0.010mol/L $Zn^{2+}$ 时所允许的最小 pH 值。即，滴定必须在 pH≥4.0 的条件下进行，才能保证终点误差≤0.10%。

同理，可求出滴定不同的金属离子时所允许的最小 pH 值。以 $\lg K^{\ominus}_{MY}$（$\lg\alpha_{Y(H)}$）为横坐标，最小 pH 值为纵坐标，绘制 pH-$\lg K^{\ominus}_{MY}$（$\lg\alpha_{Y(H)}$）曲线，称为酸效应曲线，如图 9-5 所示。

图 9-5 酸效应曲线比较直观地反映了酸度对配位反应完全程度的影响，但是没有考虑金属离子水解、其他配位剂存在等其他条件对反应的影响。

从图 9-5 曲线上可以找出滴定各金属离子时所能允许的最小 pH 值。实际滴定时采用的 pH 值应略高于最低值，以保证配位反应进行得更完全。但要注意，过高的 pH 值可能会使金属离子发生水解。例如，滴定 $Mg^{2+}$ 时，pH 值必须大于 9.6，但应小于 12，以防 $Mg^{2+}$ 水解形成 $Mg(OH)_2$ 沉淀。

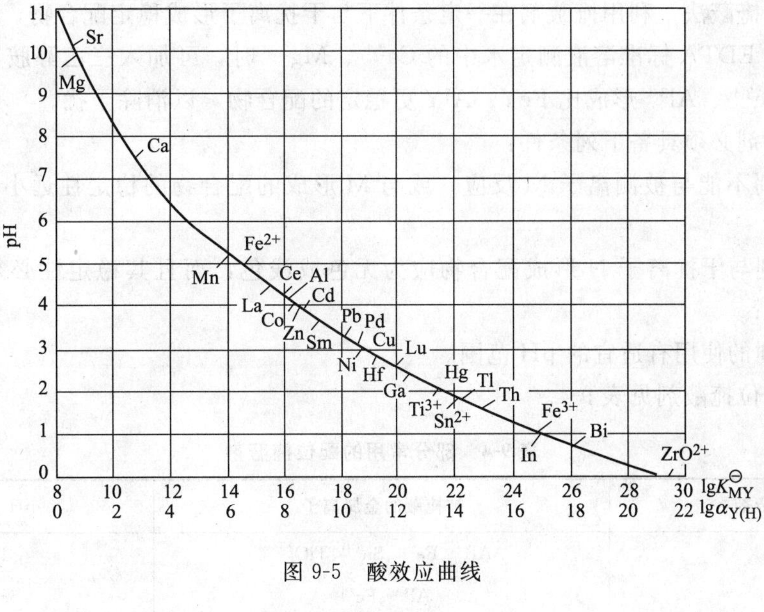


图 9-5　酸效应曲线

### 9.2.7　消除干扰的方法

在实际的滴定试液中，除被测金属离子之外，往往含有其他金属离子，这些离子的存在会干扰滴定主反应的进行而产生误差，称为干扰离子。为了消除干扰，提高配位滴定的选择性，常用下列几种方法。

#### 9.2.7.1　控制溶液的酸度

在溶液中含有被测离子 M 和其他干扰离子时，利用滴定时所允许的最小 pH 值不同，通过控制滴定时溶液的酸度，使 M 离子与 EDTA 定量反应，而其他离子基本不能与之生成稳定的配合物，从而可以达到消除干扰的目的。

设溶液中含有 M 和 N 两种金属离子，二者与 EDTA 均能生成配合物，且 $\lg K^{\ominus}_{MY}>\lg K^{\ominus}_{NY}$，当 $c(M)=c(N)$ 时，在允许的滴定终点误差范围内，经计算推导得出

$$\lg K^{\ominus}_{MY}-\lg K^{\ominus}_{NY}=\Delta\lg K^{\ominus}\geqslant 5 \tag{9-16}$$

通常将上式作为能否利用控制溶液酸度进行分别滴定的条件。

【例 9-5】 今有浓度均为 0.010mol/L 的 $Bi^{3+}$、$Pb^{2+}$ 的混合溶液，用 EDTA 标准溶液选择性滴定 $Bi^{3+}$，而 $Pb^{2+}$ 不干扰，问溶液的酸度应控制在什么范围？已知 $\lg K^{\ominus}_{BiY}=27.94$，$\lg K^{\ominus}_{PbY}=18.04$。

**解**　$\Delta\lg K^{\ominus}=\lg K^{\ominus}_{MY}-\lg K^{\ominus}_{NY}=27.94-18.04=9.90>5$

从酸效应曲线查得滴定的允许最小 pH 值约为 0.7，故可以在 $pH\geqslant 0.7$ 时滴定 $Bi^{3+}$，但是在 pH=2 时 $Bi^{3+}$ 开始水解产生沉淀，一般在 pH=1 时滴定 $Bi^{3+}$，此时 $Pb^{2+}$ 不干扰。

9.2.7.2　加入掩蔽剂

多数金属离子的 $\lg K^{\ominus}_{MY}$ 值相差不大，不能满足 $\Delta\lg K^{\ominus}\geqslant 5$ 的条件，无法通过控制酸度进行选择滴定。此时可在被测溶液中加入掩蔽剂，以降低干扰离子的浓度，减小或消除干扰。常用的掩蔽方法有配位掩蔽法、沉淀掩蔽法和氧化还原掩蔽法等。

(1) 配位掩蔽法　利用掩蔽剂在一定条件下与干扰离子形成稳定配合物，消除干扰的方法。例如，用 EDTA 标准溶液测定水中的 $Ca^{2+}$、$Mg^{2+}$ 时，可加入三乙醇胺，使之与其中的干扰离子 $Fe^{3+}$、$Al^{3+}$ 形成比 FeY、AlY 更稳定的配合物，以消除干扰。

配位掩蔽剂必须具备下列条件：

① 掩蔽剂不能与被测离子 M 反应，或与 M 形成的配合物的稳定性远小于配合物 MY 的稳定性；

② 掩蔽剂与干扰离子 N 形成配合物应为无色或浅色，而且其稳定性必须大于配合物 MY 的稳定性；

③ 掩蔽剂的使用有适宜的 pH 范围。

常用的配位掩蔽剂见表 9-4。

**表 9-4　部分常用的配位掩蔽剂**

| 掩蔽剂 | 被掩蔽的金属离子 | pH 条件 |
|---|---|---|
| 三乙醇胺 | $Al^{3+}$、$Fe^{3+}$、$Sn^{4+}$、$TiO_2^{2+}$ | 10 |
| 乙酰丙酮 | $Al^{3+}$、$Fe^{2+}$ | 5～6 |
| 邻二氮菲 | $Cu^{2+}$、$Co^{2+}$、$Ni^{2+}$、$Cd^{2+}$、$Hg^{2+}$ | 5～6 |
| 2,3-二巯基丙醇 | $Zn^{2+}$、$Pb^{2+}$、$Bi^{3+}$、$Sb^{3+}$、$Sn^{4+}$、$Cd^{2+}$、$Cu^{2+}$ | 10 |
| 硫脲 | $Hg^{2+}$、$Cu^{2+}$ | 弱酸性 |
| KCN | $Zn^{2+}$、$Hg^{2+}$、$Cd^{2+}$、$Cu^{2+}$、$Ni^{2+}$、$Co^{2+}$ | >8 |
| $NH_4F$ | $Al^{3+}$、$Sn^{4+}$、$TiO_2^{2+}$、$Zr^{4+}$ | >4 |

(2) 沉淀掩蔽法　利用掩蔽剂在一定条件下与干扰离子形成难溶化合物，消除干扰的方法。例如，在 $Ca^{2+}$、$Mg^{2+}$ 混合液中，加入 NaOH 调节溶液的 pH＞12，$Mg^{2+}$ 生成 $Mg(OH)_2$ 沉淀，可用 EDTA 选择性滴定 $Ca^{2+}$。

沉淀掩蔽法要求生成的沉淀溶解度要小，使干扰离子沉淀完全；生成的沉淀是无色或浅色的，且对被测金属离子或指示剂的吸附作用要小。常用的沉淀掩蔽剂见表 9-5。

(3) 氧化还原掩蔽法　利用氧化还原反应改变干扰离子的价态，以消除干扰的方法。例如，在测定 $Bi^{3+}$、$Zr^{4+}$、$Th^{4+}$ 时，为了消除 $Fe^{3+}$ 的干扰，在 pH=1 时，可用盐酸羟胺

**表 9-5　部分常用的沉淀掩蔽剂**

| 掩蔽剂 | 被掩蔽离子 | 被测离子 | pH | 指示剂 |
|---|---|---|---|---|
| 氢氧化物 | $Mg^{2+}$ | $Ca^{2+}$ | 12 | 钙指示剂 |
| 氟化物 | $Ba^{2+}$、$Sr^{2+}$、$Ca^{2+}$、$Mg^{2+}$ | $Zn^{2+}$、$Cd^{2+}$、$Mn^{2+}$ | 10 | 铬黑 T |
| 硫酸盐 | $Ba^{2+}$、$Sr^{2+}$ | $Ca^{2+}$、$Mg^{2+}$ | 10 | 铬黑 T |
|  | $Pb^{2+}$ | $Bi^{3+}$ | 1 | 二甲酚橙 |
| 铜试剂 | $Bi^{3+}$、$Cu^{2+}$、$Cd^{2+}$ | $Ca^{2+}$、$Mg^{2+}$ | 10 | 铬黑 T |

($NH_2OH \cdot HCl$) 或抗坏血酸将 $Fe^{3+}$ 还原为 $Fe^{2+}$，由于 $\lg K^{\ominus}_{FeY^{2-}} < \lg K^{\ominus}_{FeY^-}$ ($\lg K^{\ominus}_{FeY^{2-}} = 14.3$，$\lg K^{\ominus}_{FeY^-} = 25.1$)，所以能消除干扰。

除上述方法以外，还可以采用选择性解蔽剂、化学分离法或者选用 EDTA 之外的其他滴定剂等措施，来提高配位滴定的选择性。

### 9.2.8　金属指示剂

在配位滴定中常用金属指示剂确定滴定终点。

9.2.8.1　金属指示剂的作用原理

金属指示剂是一类有机配位剂，它可以同被测金属离子形成有色配合物，其颜色与游离指示剂本身的颜色不同，在滴定过程中借助于这种颜色的突变来确定终点。故称为金属离子指示剂，简称金属指示剂。现以 EDTA 滴定 $Mg^{2+}$，铬黑 T（以 In 表示）作指示剂为例，说明其作用原理。

滴定前在被测液（pH＝10）中加入少量的铬黑 T，铬黑 T 与少部分 $Mg^{2+}$ 反应生成红色配合物：

$$Mg^{2+} + \underset{\text{(蓝色)}}{In} \rightleftharpoons \underset{\text{(红色)}}{MgIn}$$

滴定时加入的 EDTA，首先与游离的 $Mg^{2+}$ 反应生成配合物 MgY，因此，随着滴定的进行，溶液中 $Mg^{2+}$ 的浓度会不断降低；当滴定至计量点附近时，稍过量的 EDTA 就会与 MgIn 反应，使 MgIn 中的 In 释放出来，溶液的颜色发生了突变。

$$Y + \underset{\text{(红色)}}{MgIn} \rightleftharpoons \underset{\text{(蓝色)}}{In} + MgY$$

显然，上述反应之所以能够发生，是因为 MgIn 和 MgY 的条件稳定常数不同，$K'_{MgY} > K'_{MgIn}$。

9.2.8.2　金属指示剂的选择与使用

为使金属指示剂能够准确、敏锐地指示滴定终点，在选择使用时要注意以下问题。

① 使用金属指示剂，必须有适宜的溶液酸度。许多金属指示剂为有机弱酸（碱），不仅是配位体，而且还兼有酸碱指示剂的性质，在不同的 pH 范围内，显示不同的颜色。例如铬黑 T 在溶液中有如下平衡：

$$\underset{\substack{\text{(紫红色)}\\ pH<6}}{H_2In^-} \rightleftharpoons \underset{\substack{\text{(蓝色)}\\ pH=8\sim11}}{HIn^{2-}} \rightleftharpoons \underset{\substack{\text{(橙色)}\\ pH>12}}{In^{3-}}$$

铬黑 T 能与 $Ca^{2+}$、$Mg^{2+}$、$Zn^{2+}$、$Cd^{2+}$ 等金属离子形成红色配合物，显然适宜的使用酸度范围是 pH＝8～11。

② 在滴定条件下，指示剂与被测金属离子配合物 MIn 的颜色与指示剂 In 本身的颜色应有显著差别。

③ 指示剂与被测金属离子的反应必须灵敏、迅速，而且要具有良好的变色可逆性。

④ 指示剂与被测金属离子的配合物 MIn 要有适当的稳定性。一方面要有足够的稳定性，如果稳定性太低（$\lg K^{\ominus}_{MIn}$太小），就会使终点提前，终点颜色变化也不敏锐。另一方面，MIn 的稳定性应低于 EDTA 与被测金属离子配合物 MY 的稳定性，即 $\lg K^{\ominus}_{MIn} < \lg K^{\ominus}_{MY}$，否则，会使终点滞后，甚至导致 EDTA 不能将 MIn 中的 In 置换出来，滴定终点时没有颜色的变化。总之 MIn 的稳定性过高或过低都会造成终点误差。

在实际的滴定分析中，被测溶液中存在的某些金属离子 N（干扰离子），可能与指示剂形成配合物 NIn，其稳定性高于 EDTA 与被测金属离子配合物 MY，即 $\lg K^{\ominus}_{NIn} > \lg K^{\ominus}_{MY}$，以致到达滴定终点时滴入过量的 EDTA，指示剂也不能释放出来，看不到溶液颜色的突变，这种现象称为指示剂的封闭现象。例如用铬黑 T 作指示剂，在 pH＝10 条件下，用 EDTA 测定自来水中的 $Ca^{2+}$、$Mg^{2+}$ 含量，溶液中共存的 $Al^{3+}$、$Fe^{3+}$ 对铬黑 T 就有封闭作用，此时，可先加入少量三乙醇胺（掩蔽 $Al^{3+}$、$Fe^{3+}$）消除干扰，再加入铬黑 T 指示剂。

⑤ 指示剂及其配合物 MIn 具有较好的水溶性。有些指示剂或其配合物 MIn 在水中的溶解度较小，致使 EDTA 与 MIn 之间的置换反应缓慢，终点颜色变化不明显，这种现象称为指示剂的僵化现象。为了避免僵化现象，可加入适当的有机溶剂（助溶剂）或加热，以增大其溶解度。例如，在使用 PNA 指示剂时，可加入少量的乙醇或适当加热，使指示剂的变色敏锐一些。

另外，金属指示剂大多数是分子中含有双键结构的有机染料，易受日光、空气和氧化剂等作用而分解，有些在水溶液中不稳定，有些日久会变质。因此，有的指示剂需要配成固体混合物使用，有时可在指示剂溶液中加入可防止变质的试剂，如在铬黑 T 溶液中加入三乙醇胺等。一般指示剂都不宜久放，最好用时新配。

#### 9.2.8.3 常用的金属指示剂

常用的金属指示剂见表 9-6。

**表 9-6 常用的金属指示剂**

| 指示剂 | 适用 pH 条件 | 颜色变化 | | 直接滴定离子 | 配制方法 | 备注 |
|---|---|---|---|---|---|---|
| | | In | MIn | | | |
| 铬黑 T(EBT) | 8～10 | 蓝 | 红 | $Mg^{2+}$, $Zn^{2+}$, $Pb^{2+}$, $Cd^{2+}$, $Mn^{2+}$,稀土元素离子 | 1∶100 NaCl（固体） | $Fe^{3+}$、$Al^{3+}$、$Ni^{2+}$、$Cu^{2+}$等离子封闭 EBT |
| 钙指示剂(NN) | 12～13 | 蓝 | 红 | $Ca^{2+}$ | 1∶100 NaCl（固体） | $Ti^{4+}$、$Fe^{3+}$、$Al^{3+}$、$Ni^{2+}$、$Cu^{2+}$、$Co^{2+}$、$Mn^{2+}$等离子封闭 NN |
| 二甲酚橙(XO) | ＜6 | 亮黄 | 红 | $ZrO^{2+}$, $Bi^{3+}$, $Th^{4+}$, $Tl^{3+}$, $Zn^{2+}$, $Pb^{2+}$, $Cd^{2+}$, $Hg^{2+}$,稀土元素离子等 | 0.5%水溶液 | $Co^{2+}$、$Ni^{2+}$、$Cu^{2+}$、$Fe^{3+}$、$Al^{3+}$、$Ti^{4+}$等离子封闭 XO |
| 1-(2-吡啶偶氮)-2-萘酚(PAN) | 2～12 | 黄 | 紫红 | $Bi^{3+}$, $Th^{4+}$, $Fe^{2+}$, $Zn^{2+}$, $Ni^{2+}$, $Cu^{2+}$, $Cd^{2+}$, $Pb^{2+}$, $Mn^{2+}$等 | 0.1%乙醇溶液 | MIn 在水中溶解度比较小，滴定时需加入乙醇或加热 |
| 磺基水杨酸(SSA) | 1.5～2.5 | 无色 | 紫红 | $Fe^{3+}$ | 5%水溶液 | |

### 9.2.9　EDTA 标准溶液的配制

乙二胺四乙酸二钠（$Na_2H_2Y \cdot H_2O$，简写 EDTA），在滴定分析中常配成 0.01～0.05mol/L 的溶液，一般采用间接法配制。标定 EDTA 溶液浓度常用的基准物质有 Zn、ZnO、$CaCO_3$ 等。

用金属锌作基准物标定 EDTA 溶液浓度时，可以用铬黑 T 作指示剂，在 $NH_3$-$NH_4Cl$ 缓冲溶液中，pH＝9～10 条件下进行滴定，终点颜色由酒红色变为纯蓝色。也可以用二甲酚橙作指示剂，在六亚甲基四胺-HCl 缓冲溶液中，pH＝5～6 条件下进行滴定，终点颜色由紫红色变为亮黄色。金属锌表面常有一层氧化膜，应先用稀盐酸洗涤，再用水和乙醇冲洗，待晾干后于 110℃下烘干备用。

用 ZnO 作基准物标定 EDTA 溶液浓度时，应在 800℃灼烧至质量恒定后备用。

### 9.2.10　配位滴定法的应用

在实际分析工作中，可以根据需要采用不同的方式进行滴定，常用的配位滴定方式有以下三种。

#### 9.2.10.1　直接滴定法

选择并控制适宜的反应条件，直接用 EDTA 标准溶液进行滴定，来测定金属离子含量的方法，即为直接滴定法。在多数情况下，直接滴定法引入的误差较小，操作简便、快速。只要金属离子与 EDTA 的配位反应能满足滴定分析的要求，应尽可能地采用直接滴定法。

例如，pH＝1 时滴定 $Bi^{3+}$；pH＝1.5～2.5 时滴定 $Fe^{3+}$；pH＝2.5～3.5 时滴定 $Th^{4+}$；pH＝5～6 时滴定 $Zn^{2+}$、$Pb^{2+}$、$Cd^{2+}$ 及稀土；pH＝9～10 时滴定 $Zn^{2+}$、$Mn^{2+}$、$Cd^{2+}$ 和稀土；pH＝10 时滴定 $Mg^{2+}$；pH＝12～13 时滴定 $Ca^{2+}$ 等。

(1) 水的总硬度测定　水的总硬度通常是指水中 $Ca^{2+}$、$Mg^{2+}$ 的总量。$Ca^{2+}$、$Mg^{2+}$ 主要以酸式碳酸盐、硫酸盐、氯化物等形式存在于水中。酸式碳酸盐部分遇热即形成碳酸盐沉淀，是工业或生活用锅炉、工业输水管道及其他用水设备产生水垢的主要原因。因此，水的硬度是衡量生活用水和工业用水水质的一项重要指标。

水的硬度用水中 $CaCO_3$ 的含量（mol/L）或 CaO 的含量（mol/L）表示。习惯上 10mol/L（以 CaO 计）又称为 1 度。

测定水的总硬度的方法是，在一定体积的水样中加入 $NH_3$-$NH_4Cl$ 缓冲溶液，控制水样的 pH＝10，以铬黑 T 作指示剂，用 EDTA 标准溶液滴定至溶液由酒红色变为蓝色，即为滴定终点。

滴定前加入的铬黑 T 指示剂首先同 $Mg^{2+}$ 反应（$K'_{MgIn} > K'_{CaIn}$）：

$$Mg^{2+} + In \rightleftharpoons MgIn$$

由于 $K'_{MgY} > K'_{CaY}$，所以用 EDTA 标准溶液滴定时，EDTA 先与 $Ca^{2+}$ 反应，再与 $Mg^{2+}$ 反应，到达滴定终点时，EDTA 夺取 MgIn 中的 $Mg^{2+}$，使指示剂游离出来，溶液由酒红色变为纯蓝色（$K'_{MgY} > K'_{MgIn}$）。

$$Y + MgIn \rightleftharpoons In + MgY$$

根据 EDTA 标准溶液的用量计算水的总硬度（以 mol/L 表示，以 $CaCO_3$ 或 CaO 计）：

$$总硬度 = \frac{c(EDTA)V(EDTA)M(CaCO_3)}{V(水)} \times 1000 \tag{9-17}$$

$$总硬度 = \frac{c(EDTA)V(EDTA)M(CaO)}{V(水)} \times 1000 \tag{9-18}$$

式中 $c$(EDTA)——EDTA 标准溶液的浓度，mol/L；
$V$(EDTA)——EDTA 标准溶液的体积，mL；
$M(CaCO_3)$——$CaCO_3$ 的摩尔质量，g/mol；
$M$(CaO)——CaO 的摩尔质量，g/mol；
$V$(水)——水样的体积，mL。

水样中含有少量 $Fe^{3+}$、$Al^{3+}$、$Ni^{2+}$、$Cu^{2+}$ 等干扰离子时，会封闭指示剂 EBT，$Fe^{3+}$、$Al^{3+}$ 可用三乙醇胺封闭；$Ni^{2+}$、$Cu^{2+}$ 等离子，需要在碱性条件下加 KCN 予以掩蔽。当水样中含有较多的 $CO_3^{2-}$ 时，会形成碳酸盐沉淀而影响滴定，需要在水样中加酸煮沸，去除 $CO_2$ 后，再进行滴定。

(2) 钙、镁硬度的测定 用 NaOH 调节水样的 pH＝12，$Mg^{2+}$ 形成 $Mg(OH)_2$ 沉淀，以钙指示剂为指示剂，用 EDTA 标准溶液滴定，溶液由酒红色变为纯蓝色，即为滴定终点。由总硬度减去钙硬度，即为镁硬度。钙、镁硬度的计算及表示方法与总硬度相同。

#### 9.2.10.2 返滴定法

当被测金属离子不具备直接进行滴定的条件，如与 EDTA 的反应速率缓慢，在测定 pH 条件下易水解，对指示剂封闭或无适合的指示剂等，可采用返滴定法。例如，用返滴定法测定溶液中的 $Al^{3+}$，具体步骤如下。

调节试液的 pH 在 3.5 左右（避免 $Al^{3+}$ 水解），准确加入过量的 EDTA 标准溶液并加热至沸，使 $Al^{3+}$ 与 EDTA 完全反应，溶液中含有 $AlY^-$，$Y^{4-}$（过量）。

冷却后调节试液的 pH＝5～6，加入二甲酚橙指示剂，用 $Zn^{2+}$（$Pb^{2+}$）标准溶液返滴定过量的 EDTA 标准溶液，溶液由黄色变为紫红色，即为终点。

根据 EDTA 标准溶液、$Zn^{2+}$（$Pb^{2+}$）标准溶液的用量计算试样中 Al 的含量。

#### 9.2.10.3 置换滴定法

利用置换反应，从配合物中置换出等物质的量的 EDTA 或另一种金属离子，然后进行滴定的方法。下面以锡青铜中 Sn 含量的测定为例，说明置换滴定法的一般步骤。

将青铜试样溶解，处理成试液，溶液中含有：$Cu^{2+}$、$Sn^{4+}$、$Zn^{2+}$、$Pb^{2+}$ 等离子；在一定体积的试液中加入过量的 EDTA 标准溶液，溶液中含有：MY（M 为 $Cu^{2+}$、$Sn^{4+}$、$Zn^{2+}$、$Pb^{2+}$），$Y^{4-}$（过量）。

调节溶液的 pH＝5～6，以二甲酚橙为指示剂，用 $Zn^{2+}$ 标准溶液返滴定，使其与过量的 EDTA 恰好完全反应，此时溶液中含有 MY。

在上述溶液中加入一定量的 $NH_4F$，$F^-$ 使 SnY 转变成 $SnF_6^{2-}$（与其他配合物 MY 不反应），并释放出等物质的量的 $Y^{4-}$，用 $Zn^{2+}$ 标准溶液滴定至终点。

$$SnY + 6F^- \rightleftharpoons SnF_6^{2-} + Y^{4-}$$

$$Zn^{2+} + Y^{4-} \rightleftharpoons ZnY^{2-}$$

已知 $Zn^{2+}$ 标准溶液的浓度和体积，即可求得 Sn 含量。

置换滴定法还可用于复杂铝试样中铝的含量测定、稀土总量的测定等。

## 练 习 题

1. 下列配合物中，中心离子的配位数为 4 的是（ ）。

A. $Na_3[Ag(S_2O_3)_2]$　　B. $K_4[Fe(CN)_6]$

C. $[CoBr_2Cl(NH_3)_2(H_2O)]$　　D. $[Cu(en)_2]^{2+}$

2. 下列配合物中，属于内轨型的是（　　）。

A. $[Ni(CN)_4]^{2-}$　B. $[AlF_6]^{3-}$　C. $[Zn(NH_3)_4]^{2+}$　D. $[HgI_4]^{2-}$

3. 下列化合物，可溶于过量氨水的是（　　）。

A. $Al(OH)_3$　B. AgBr　C. $Zn(OH)_2$　D. AgI

4. 浓度相同的下列溶液，$c(Ag^+)$ 最大的是（　　）。

A. $[Ag(S_2O_3)_2]^{3-}$　B. $[Ag(CN)_2]^-$　C. $[Ag(Cl)_2]^-$　D. $[Ag(NH_3)_2]^+$

5. 在 pH>10.5 的溶液中，EDTA 的主要存在型体是（　　）。

A. $H_6Y^{2+}$　B. $H_4Y$　C. $H_3Y^-$　D. $Y^{4-}$

6. 关于 EDTA 的酸效应系数 $\alpha_{Y(H)}$，下列说法正确的是（　　）。

A. $\alpha_{Y(H)}$ 的最大值为 1　B. 溶液的 pH 越高，$\alpha_{Y(H)}$ 越大

C. 溶液的 pH 越高，$\alpha_{Y(H)}$ 越小　D. $\alpha_{Y(H)}$ 越小，酸效应越严重

7. 在下列各项中，与溶液的酸度条件无关的是（　　）。

A. EDTA 的存在型体。

B. 金属指示剂的变色

C. EDTA 与被测金属离子配合物的绝对稳定常数

D. EDTA 与被测金属离子配合物的条件稳定常数

8. 对金属指示剂与被测金属离子的配合物 MIn 在水溶液中的要求是（　　）。

A. 稳定性越高越好　B. 稳定性越低越好　C. 稳定性要适当　D. 难溶于水

9. 用 EDTA 标准溶液测定水的总硬度，以铬黑 T 作指示剂，若溶液中存在 $Fe^{3+}$、$Al^{3+}$，滴定时的现象可能是（　　）。

A. 终点颜色突变提前　B. 终点颜色变化迟缓，无突变

C. 对终点颜色突变无影响　D. 有沉淀生成

10. 什么是配位化合物、内界、外界、中心原子、配位体、配位原子？举例说明。

11. 完成下表

| 配合物化学式 | 命名 | 中心离子 | 配位体 | 配位数 |
|---|---|---|---|---|
| $Na_2[SiF_6]$ | | | | |
| $K_4[Fe(CN)_6]$ | | | | |
| $H_3[AlF_6]$ | | | | |
| $[Co(en)_3]Cl_3$ | | | | |
| $Na_3[Ag(S_2O_3)_2]$ | | | | |
| $[CoCl(NO_2)(NH_3)_4]^+$ | | | | |

12. 写出下列配合物的化学式。

（1）四羟基合锌(Ⅱ)酸钠（2）四异硫氰根合钴(Ⅱ)酸钾（3）氯化六氨合镍(Ⅱ)（4）四碘合汞(Ⅱ)酸钾（5）二氯·二羟基·二氨合铂(Ⅳ)

13. 已知下列化合物的磁矩，指出中心离子的杂化类型、配离子的几何构型，并说明是外轨还是内轨配合物。

（1）$[CoF_6]^{3-}$　$\mu=4.5BM$　（2）$[Ni(NH_3)_4]^{2+}$　$\mu=3.2BM$

（3）$[Mn(CN)_6]^{4-}$　$\mu=1.8BM$　（4）$[Pt(CN)_4]^{2-}$　$\mu=0BM$

14. 解释下列实验现象，并写出有关反应式。

（1）在 $[Cu(NH_3)_4]^{2+}$ 溶液中加入少量稀 NaOH 溶液无沉淀；加入同量的浓度相同的 $Na_2S$ 溶液则产生黑色沉淀

（2）在深蓝色的 $[Cu(NH_3)_4]^{2+}$ 溶液中加入 $H_2SO_4$，溶液变为浅蓝色

（3）在 $Fe^{3+}$ 溶液中加入 KSCN 溶液，溶液变为血红色；再加入过量的 $NH_4F$ 溶液，溶液变为无色

（4）在 $Zn^{2+}$ 溶液（pH=5～6）中加入二甲酚橙指示剂，溶液为紫红色，再加入过量的 EDTA 溶液，

变为亮黄色

15. 在含有 0.10mol/L $CuSO_4$ 和 1.8mol/L $NH_3$ 的溶液中，$Cu^{2+}$ 浓度（mol/L）为多少？{已知：$K^{\ominus}_{稳}([Cu(NH_3)_4]^{2+})=2.09\times10^{13}$}

16. 计算含有 0.10mol/L $[Ag(S_2O_3)_2]^{3-}$ 和 0.10mol/L $Na_2S_2O_3$ 溶液中的 $Ag^+$ 浓度。{已知 $K^{\ominus}_{稳}([Ag(S_2O_3)_2]^{3})=2.88\times10^{13}$}

17. EDTA 同金属离子形成的配合物的特点有哪些？

18. 用金属指示剂确定配位滴定终点的原理是什么？

19. 简述酸度条件在配位滴定中的意义，从哪些方面可能影响滴定分析结果？

20. 称取 0.3541g 纯 Zn，用稀盐酸溶解后转入 250mL 容量瓶中并稀释至刻度，计算溶液浓度。吸取 $Zn^{2+}$ 标准溶液 25.00mL 于锥形瓶中，在 pH=6 时，以二甲酚橙作指示剂，用 EDTA 溶液滴定至终点，消耗 26.18mL，计算 EDTA 标准溶液的浓度。

21. 取 50.00mL 水样，在 pH = 5 时，以铬黑 T 作指示剂，用 0.01126mol/L EDTA 标准溶液 16.20mL，滴定至终点；另取水样 50.00mL，加 NaOH 溶液使其呈碱性，生成 $Mg(OH)_2$ 沉淀，用 EDTA 溶液滴定至终点（钙指示剂变色），消耗 10.00mL。计算水样的总硬度和镁硬度（用 mg/L 表示，以 $CaCO_3$ 计）。

22. 称取硫酸锌试样 0.1200g，溶于水后控制溶液的 pH=6，以二甲酚橙为指示剂，用 0.02430mol/L EDTA 标准溶液滴定至终点，消耗 29.98mL。计算试样中 $ZnSO_4$ 的质量分数。

23. 称取 $Al_2O_3$ 试样 0.2500g，溶解后转移至 250mL 容量瓶中稀释至刻度。吸取 25.00mL，加入 0.02011mol/L EDTA 标准溶液 25.00mL，完全反应后，以二甲酚橙为指示剂，用 0.01006mol/L $Zn^{2+}$ 标准溶液回滴过量的 EDTA 至终点，消耗 $Zn^{2+}$ 标准溶液 20.00mL，计算试样中 $Al_2O_3$ 的质量分数。

24. 测定硫酸盐中 $SO_4^{2-}$ 的含量。称取试样 0.5000g，加入 0.05000mol/L $Ba^{2+}$ 标准溶液 20.00mL，使之生成 $BaSO_4$ 沉淀。再用 0.02500mol/L EDTA 标准溶液滴定过量的 $Ba^{2+}$，用去 20.00mL，计算硫酸盐中 $SO_4^{2-}$ 的质量分数。

25. 称取青铜试样（含 Cu、Sn、Zn、Pb）0.2510g，溶解后配制成溶液，加入过量的 EDTA 标准溶液，使其中的全部金属离子均生成 EDTA 的配合物。调节溶液的 pH=5～6，以二甲酚橙为指示剂，用 $Zn^{2+}$ 标准溶液返滴定，使其与过量的 EDTA 恰好完全反应。在上述溶液中加入一定量的 $NH_4F$，使 SnY 转变成 $SnF_6^{2-}$，同时释放出等物质的量的 EDTA，用 0.01282mol/L $Zn^{2+}$ 标准溶液滴定 EDTA 至终点，消耗 $Zn^{2+}$ 标准溶液 22.56mL。求该铜合金中锡的质量分数。

# 第 10 章　分光光度法和气相色谱法

**【学习指南】**

本章主要学习分光光度法和气相色谱法的产生、分类、特点；掌握分光光度法和气相色谱法的基本原理；熟悉分光光度计和气相色谱仪的类型、工作原理、结构及使用方法；掌握分光光度法和气相色谱法测量条件的选择、定性分析和定量分析；通过实验训练能操作常见的分光光度计和气相色谱仪，完成实际分析任务。

## 10.1　分光光度法原理

**【能力目标】** 能根据朗伯-比耳定律计算被测物质的含量；会选择合适的显色剂及显色条件。

**【知识目标】** 了解物质对光的选择性吸收的原理；了解偏离朗伯-比耳定律的因素；掌握紫外-可见分光光度法的基本原理；掌握朗伯-比耳定律，以及吸光系数的意义。

光是一种电磁辐射，具有波粒二象性。光的折射、衍射和干涉等现象说明光具有波动性；光电效应说明光具有粒子性。不同波长的光具有不同的能量，光的波长越长，能量越低；光的波长越短，能量越高。

理论上将具有同一波长的光称为单色光，包含不同波长的光称为复合光。通常所说的白光，如日光是由不同波长的光按一定比例混合而成的，是复合光。单色光几乎是不可能获得的，通常将波长范围很窄的复合光作为单色光。

人们把能对人的视觉系统产生明亮和颜色感觉的电磁辐射称为可见光，其波长范围为380～780nm。可见光具有红（625～780nm）、橙（590～625nm）、黄（565～590nm）、绿（500～565nm）、青（485～500nm）、蓝（440～485nm）、紫（380～440nm）等各种颜色，每种颜色的光具有不同的波长范围，由不同波长的单色光组成，因此，单一颜色的光并不是单色光。

把两种特定颜色的光按一定比例混合就可以得到白光，这两种特定颜色的光称为互补色光。如图 10-1 所示为光的互补关系示意图，位于直线两端的两种颜色的光即为互补色光。例如，红色的光与青色的光是互为补色光。

图 10-1　光的互补关系示意图

物质的颜色是因物质对不同波长的光具有选择性吸收作用而产生的。当一束白光照射到某一物质上时，如果物质选择性地吸收了某一颜色的光，物质呈现的是互补色光的颜色。例如，$KMnO_4$ 溶液选择性地吸收了白光中的绿色光，透过紫红色光，所以 $KMnO_4$ 溶液呈现紫红色。

分光光度法具有仪器简单、操作便捷、分析速度快、易于普及推广；灵敏度高，适于测定低含量及微量组分，适宜测定的含量范围为 0.001%～0.1%；准确度高、选择性好，相对误差一般为1%～3%。分光光度法在石油化工工业分析及环境监测中占有重要地位，主要用于无机元素的测定。

### 10.1.1 光吸收定律

#### 10.1.1.1 物质对光的选择性吸收

凡是按波长顺序排列的电磁辐射都称为光谱。通常把吸光物质对电磁辐射吸收时其透射光的光谱称为吸收光谱。若吸光物质是分子或离子团，则将其吸收光谱称为分子吸收光谱；若吸光物质是原子蒸气，则将其吸收光谱称为原子吸收光谱。根据物质分子所吸收光的波长及能量的不同，可将分子吸收光谱分为紫外吸收光谱（200～380nm）、可见吸收光谱（380～780nm）、红外吸收光谱（0.78～25μm）和远红外吸收光谱（25～1000μm）。

紫外-可见吸收光谱主要由分子的价电子在电子能级间的跃迁而产生的，是物质的电子光谱。通过测定分子对紫外-可见光的吸收，可以用于鉴定和定量测定大量的无机化合物和有机化合物。

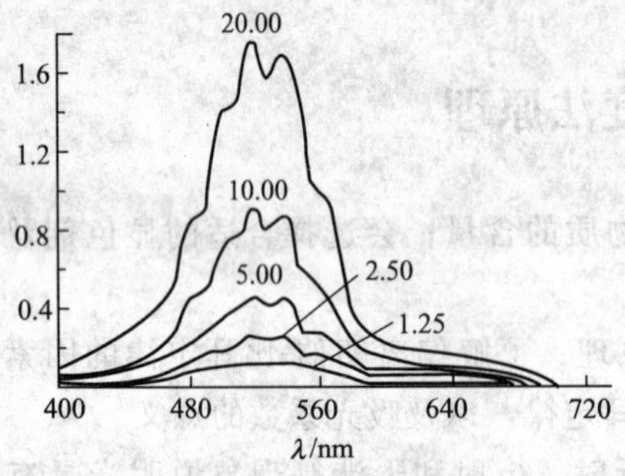


图10-2 不同浓度的$KMnO_4$溶液的吸收光谱图

保持待测物质溶液浓度和吸收池厚度不变，测定不同波长下待测物质溶液的吸光度$A$（或透射比$T$），以波长$\lambda$为横坐标，吸光度$A$（透射比$T$）为纵坐标，绘制得到的曲线称为吸收光谱，又称为吸收曲线。它能清楚地描述物质对一定波长范围光的吸收情况。如图10-2所示是质量浓度分别为1.25μg/mL、2.50μg/mL、5.00μg/mL、10.00μg/mL 和 20.00μg/mL $KMnO_4$溶液的吸收光谱。

从图10-2可以看出，$KMnO_4$溶液对波长525nm附近的绿色光具有最大吸收，而对紫色光和红色光的吸收很弱，所以$KMnO_4$溶液呈紫红色。吸光度最大处的波长称为最大吸收波长，用符号$\lambda_{max}$表示。$KMnO_4$溶液的$\lambda_{max}=525nm$，在$\lambda_{max}$处测得的摩尔吸光系数为$\varepsilon_{max}$，$\varepsilon_{max}$可以更直观地反映用吸光光度法测定该吸光物质的灵敏度。对同一物质，浓度不同时，同一波长下的吸光度$A$不同，但其最大吸收波长的位置和吸收光谱的形状相似。对于不同物质，由于它们对不同波长光的吸收具有选择性，因此它们的$\lambda_{max}$的位置和吸收光谱的形状互不相同，可以据此对物质进行定性分析。对于同一物质，在一定的波长下，随着浓度的增加，吸光度$A$也相应增大。而且由于在$\lambda_{max}$处吸光度$A$最大，在此波长下$A$随浓度的增大最为明显，可以据此对物质进行定量分析。

光的吸收是物质与光相互作用的一种形式，物质分子对光的吸收必须符合普朗克条件，只有当入射光能量与吸光物质分子两个能级间的能量差$\Delta E$相等时，才会被吸收，即

$$\Delta E=E_2-E_1=h\nu=h\frac{c}{\lambda} \tag{10-1}$$

物质对光的选择吸收，是由于单一物质的分子只有有限数量的量子化能级的缘故。由于各种物质的分子能级千差万别，它们内部各能级间的能级差也不相同，因而选择吸收的性质反映了分子内部结构的差异。

#### 10.1.1.2 光吸收定律

(1) 朗伯-比耳定律　光的吸收程度与光通过物质前后的光的强度变化有关，光强度是

指单位时间内照射在单位面积上的光的能量，用 $I$ 表示。它与单位时间照射在单位面积上的光子的数目有关，与光的波长没有关系。当一束平行的单色光通过一均匀、非散射和反射的吸收介质时，由于吸光物质与光子的作用，一部分光子被吸收，一部分光子透过介质。如图 10-3 所示是溶液吸光的示意图，$I_0$ 为入射光强度，$I_t$ 为透射光强度。

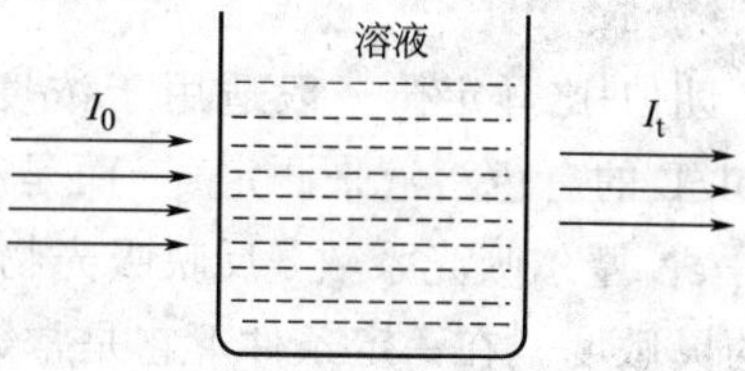

图 10-3　溶液吸光示意图

透射光强度 $I_t$ 与入射光强度 $I_0$ 之比称为透射比（或透光度），用 $T$ 表示。

$$T=\frac{I_t}{I_0} \tag{10-2}$$

溶液的透射比愈大，表示它对光的吸收愈小；相反，透射比愈小，表示它对光的吸收愈大。透射比倒数的对数称为吸光度，用 $A$ 来表示。

$$A=\lg\frac{1}{T}=-\lg T \tag{10-3}$$

吸光度 $A$ 为溶液吸光程度的度量，其有意义的取值范围为 $0\sim\infty$。$A$ 越大，表明溶液对光的吸收越强。

朗伯（Lamber J H）和比耳（Beer A）分别于 1760 年和 1852 年研究了光的吸收与溶液层的厚度及溶液浓度的定量关系，二者结合称为朗伯-比耳定律（Lamber Beer law），它是光吸收的基本定律。

当一束平行的单色光垂直入射通过一均匀、各向同性、非散射和反射的吸收介质时，它的吸光度与介质中吸收物质的浓度及吸收介质的光路长度成正比，这就是朗伯-比耳定律，又称为光吸收定律。

$$A=Kcb \tag{10-4}$$

式中　$A$——吸光度；
$K$——吸光系数；
$c$——溶液的浓度；
$b$——光路长度，即液层厚度。

式(10-4) 是朗伯-比耳定律的数学表达式。它表明当一束单色光通过含有吸光物质的溶液时，溶液的吸光度与吸光物质的浓度及液层厚度成正比，这是分光光度法进行定量的依据。

吸光系数是指待测物质在单位浓度、单位厚度时的吸光度，用 $K$ 来表示。按照使用浓度单位的不同，可分为质量吸光系数、摩尔吸光系数和比吸光系数。吸光系数 K 与吸光物质的性质、入射光波长及温度等因素有关。

当浓度 $\rho$ 用 g/L、液层厚度用 cm 为单位表示时，则 $K$ 用另一符号 $a$ 来表示。$a$ 称为质量吸光系数，其单位为 L/(g·cm)，它表示质量浓度为 1g/L，液层厚度为 1cm 时溶液的吸光度。这时，式(10-4) 表示为

$$A=a\rho b \tag{10-5}$$

当浓度 $c$ 用 mol/L、液层厚度 $b$ 用 cm 为单位表示时，则 $K$ 用另一符号 $\varepsilon$ 来表示。$\varepsilon$ 称为摩尔吸收系数，其单位为 L/(mol·cm)，它表示物质的量浓度为 1mol/L，液层厚度为 1cm 时溶液的吸光度。这时，式(10-4) 可写成

$$A=\varepsilon cb \qquad (10\text{-}6)$$

朗伯-比耳定律一般适用于浓度较低的溶液，所以在分析实践中，不能直接取浓度为1mol/L的有色溶液来测定ε，而是在适当的低浓度时测定该有色溶液的吸光度，通过计算求得ε。摩尔吸光系数ε反映吸光物质对光的吸收能力，也反映用分光光度法测定该吸光物质的灵敏度。在一定条件下它是常数。

**【例 10-1】** 用1,10-菲啰啉分光光度法测定铁，配制铁标准溶液浓度为4.00μg/mL，用1cm的比色皿在510nm波长处测得吸光度为0.813，求铁(Ⅱ)-邻菲啰啉配合物的摩尔吸光系数。

**解**

$$c_{Fe}=\frac{4.00\times10^{-3}}{55.85}=7.16\times10^{-5}\text{mol/L}$$

$$\varepsilon=\frac{A}{cb}=\frac{0.813}{7.16\times10^{-5}\text{mol/L}\times1\text{cm}}=1.1\times10^{4}\text{L/(mol}\cdot\text{cm)}$$

吸光度具有加和性。当一束平行单色光垂直入射，通过几种彼此不起反应的物质所组成的吸收介质时，若该吸收介质的入射、出射面是互为平行的平面，且它内部是各向同性的、均匀的、不发光、不散射的，则该吸收介质总的吸光度等于几种特征吸光度的总和，即吸光度具有加和性。可用下式表示。

$$A_{总}^{\lambda}=A_1^{\lambda}+A_2^{\lambda}+A_3^{\lambda}+\cdots+A_n^{\lambda}=\varepsilon_1 bc_1+\varepsilon_2 bc_2+\varepsilon_3 bc_3+\cdots+\varepsilon_n bc_n \qquad (10\text{-}7)$$

吸光度的加和性在多组分的定量测定中极为有用。

(2) 朗伯-比耳定律的影响因素　偏离朗伯-比耳定律的原因主要是仪器或溶液的实际条件与朗伯-比耳定律所要求的理想条件不一致。

当吸收池的厚度恒定时，以吸光度对浓度作图应得到一条通过原点的直线。当吸光物质浓度较高时，明显地看到通过原点向浓度轴弯曲的现象（个别情况向吸光度轴弯曲）。这种情况称为偏离朗伯-比耳定律，如图10-4所示。若在曲线弯曲部分进行定量，将会引起较大的误差。

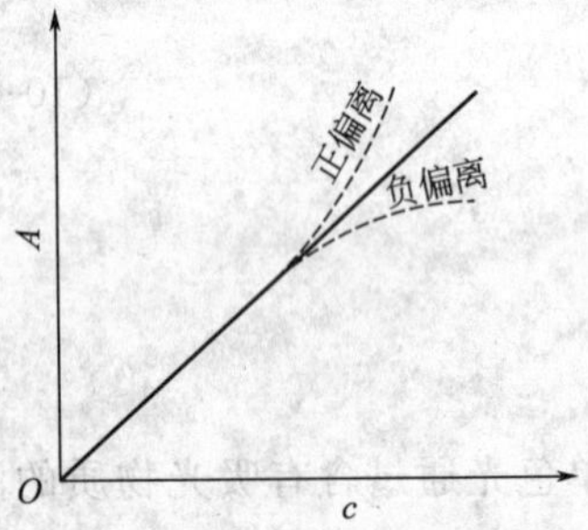


图 10-4　偏离朗伯-比耳定律

① 非单色光引起的偏离　朗伯-比耳定律只适用于单色光，由于单色器色散能力的限制和出口狭缝需要保持一定的宽度，目前各种分光光度计得到的入射光实际上都是具有某一波段的复合光。

尽量使用比较好的单色器，将入射光波长选择在被测物质的最大吸收处，以克服非单色光引起的偏离。另外，测定时应选择适当的浓度范围，使吸光度读数在标准曲线的线性范围内。

② 溶液的性质引起的偏离　朗伯-比耳定律通常只有在稀溶液中才能成立，随着溶液浓度增大，吸光质点间距离缩小，彼此间相互作用加强，破坏了吸光度与浓度的线性关系。如果溶液中的吸光物质不稳定，发生解离、缔合、形成新化合物或互变异构等化学变化而改变其浓度，导致偏离朗伯-比耳定律。在测量前做好样品的预处理，控制好显色反应、溶液pH和化学平衡条件等。

10.1.1.3　显色反应

(1) 显色反应　将无色或浅色的无机离子转变为有色物质的反应称为显色反应，所用的试剂称为显色剂。显色反应的类型主要有氧化还原反应和配位反应两大类。对于显色反应一般应满足高灵敏度，有色物质的ε应大于$10^4$；选择性好，干扰少，或干扰容易消除；有色化合物的组成恒定，符合一定的化学式；有色化合物的化学性质稳定，至少保证在测量过程中溶液的吸光度基本恒定。这就要求有色化合物不容易受外界环境条件的影响，如日光照射、空气中的氧和二氧化碳的作用等，也不应受溶液中其他化学因素的影响；有色化合物与显色剂之间的颜色差别要大，即显色剂对光的吸收与有色化合物的吸收有明显区别，一般要求两者的吸收峰波长之差（称为对比度）大于60nm。

（2）显色剂

① 无机显色剂　许多无机试剂能与金属离子发生显色反应，但由于灵敏度和选择性都不高，具有实际应用价值的不多。

② 有机显色剂　有机显色剂分子中一般都含有生色团和助色团。生色团是某些含不饱和键的基团，如偶氮基等。这些基团中的电子被激发时所需能量较小，波长200nm以上的光就可以做到，故往往可以吸收可见光而表现出颜色。助色团是某些含孤对电子的基团，如氨基、羟基和卤代基等。这些基团与生色团上的不饱和键相互作用，可以影响生色团对光的吸收，使颜色加深。表10-1列出几种常用的有机显色剂。

**表10-1　几种常用的有机显色剂**

| 显色剂 | 测定元素 | 反应介质 | 颜色 | 最大吸收波长/nm |
|---|---|---|---|---|
| 磺基水杨酸 | $Fe^{3+}$ | pH＝2～3 | 紫红 | 520 |
| 邻菲啰啉 | $Fe^{2+}$ | pH＝3～9 | 橘红 | 510 |
| 丁二酮肟 | $Ni^{2+}$ | 碱性，氧化剂存在 | 红 | 470 |
| 双硫腙 | $Cu^{2+}$、$Pb^{2+}$、$Zn^{2+}$、$Cd^{2+}$ | 控制酸度及加入掩蔽剂 | 紫红 | 490～550 |
| 偶氮胂(Ⅲ) | Th(Ⅳ)、Zr(Ⅳ)、U(Ⅳ) | 强酸性 | 蓝紫 | 665～675 |
| | 稀土金属离子 | 弱酸性 | | |
| 铬天青S | $Al^{3+}$ | pH＝5～5.8 | 紫红 | 530 |

③ 多元配合物　多元配合物是由三种或三种以上的组分所形成的配合物。目前应用较多的是由一种金属离子与两种配位体所组成的三元配合物。多元配合物在吸光光度分析中应用较普遍。

（3）显色反应条件

① 显色剂用量　一般需加入过量显色剂，以减少反应的可逆性。对于有些显色反应，显色剂加入太多，反而会引起副反应，对测定不利。在实际工作中，显色剂的适宜用量是通过实验来求得的。

实验方法：固定被测组分的浓度和其他条件，只改变显色剂的加入量，测量吸光度，作出吸光度-显色剂用量的关系曲线，当显色剂用量达到某一数值而吸光度无明显增大时，表明显色剂用量已足够。

② 溶液的酸度　酸度影响显色剂的平衡浓度和颜色，影响被测金属离子的存在状态，影响配合物的组成。显色反应的适宜酸度是通过实验来确定的。

实验方法：通过实验作出吸光度-pH关系曲线，从图上确定适宜的pH范围。

③ 显色时间　有些显色反应瞬间完成，溶液颜色很快达到稳定状态，并在较长时间内保持不变；有些显色反应虽能迅速完成，但有色化合物很快开始褪色；有些显色反应进行缓慢，溶液颜色需经一段时间后才稳定。因此，必须经实验来确定最适合测定的时间区间。

实验方法：配制一份显色溶液，从加入显色剂起计算时间，每隔几分钟测量一次吸光度，制作吸光度-时间曲线，根据曲线来确定适宜时间。一般来说，对那些反应速率很快，有色化合物又很稳定的体系，测定时间的选择余地很大。

④ 显色温度　选择显色温度时可以做吸光度-显色温度曲线。一般显色反应在室温下进行，有些显色反应必须加热至一定温度才能完成。

⑤ 溶剂的选择　有机溶剂常降低有色化合物的解离度，从而提高显色反应的灵敏度。有机溶剂还可能提高显色反应的速率，影响有色配合物的溶解度和组成等。

### 10.1.2 测定条件的选择

#### 10.1.2.1 样品溶剂的选择

分光光度法的测定是在溶液中进行的，固体样品需要转化为溶液。无机样品用合适酸溶解或碱熔融，有机样品用有机溶剂溶解或提取。有时需要先经湿法或干法将样品消化，然后再转化为适合于测定的溶液。溶剂要有良好的溶解能力，在测定波长范围内没有明显的吸收，被测组分在溶剂中有良好的吸收峰形，挥发性小、不易燃、无毒性、价格便宜等。

#### 10.1.2.2 测定波长的选择

在定量分析中，选择被测物质的最大吸收波长 $\lambda_{max}$ 作为测量波长，灵敏度高而且能够减少或消除由非单色光引起的对朗伯-比耳定律的偏离。若在 $\lambda_{max}$ 处有其他吸光物质干扰测定时，应根据“吸收最大、干扰最小”的原则来选择入射光波长，以减少朗伯-比耳定律的偏差。

#### 10.1.2.3 参比溶液的选择

选择恰当的参比溶液用来调节仪器的零点，消除由于吸收池壁及溶剂对入射光的反射和吸收带来的误差，并扣除干扰的影响。

(1) 溶剂参比　如果样品基体、试剂及显色剂均在测定波长无吸收，则可用溶剂作参比溶液。

(2) 试剂参比　如果显色剂或试剂有吸收，可用空白溶液作参比溶液。

(3) 试液参比　如果显色剂及溶剂不吸收，而样品基体组分有吸收，则应采用不加显色剂的样品溶液作参比溶液。

(4) 褪色参比　如果显色剂、试剂及样品基体均有吸收，则应使用褪色参比溶液。褪色参比溶液是指在吸光样品溶液（或显色溶液）中加入适当试剂，使吸光物质或显色化合物破坏（或颜色褪去）后的溶液。例如以 $MnO_4^-$ 测定锰时，可在显色溶液中加入 $NO_2^-$，使 $MnO_4^-$ 还原而褪色。

#### 10.1.2.4 吸光度范围的选择

当浓度较大或浓度较小时，相对误差都比较大。在实际测定时，只有使待测溶液的透射比 $T$ 在 15%～65%之间，或使吸光度 $A$ 在 0.2～0.8 之间，才能保证测量的相对误差较小。当吸光度 $A=0.434$（或透射比 $T=36.8\%$）时，测量的相对误差最小。可通过控制溶液的浓度或选择不同厚度的吸收池来达到目的。

#### 10.1.2.5 仪器狭缝宽度的选择

狭缝宽度过大时，入射光的单色性降低，标准曲线偏离朗伯-比耳定律，准确度降低；狭缝宽度过窄时，光强变弱，测量的灵敏度降低。

选择狭缝宽度的方法：测量吸光度随狭缝宽度的变化，狭缝宽度在一个范围内变化时，吸光度是不变的，当狭缝宽度大到某一程度时，吸光度才开始减小。在不引起吸光度减小的情况下，尽量选取最大狭缝宽度。

10.1.2.6　干扰的消除

（1）控制酸度　利用控制酸度的方法提高反应的选择性，以保证主反应进行完全。例如，双硫腙能与 $Hg^{2+}$、$Pb^{2+}$、$Cu^{2+}$、$Ni^{2+}$、$Cd^{2+}$ 等十多种金属离子形成有色配合物，在 0.5mol/L $H_2SO_4$ 介质中 $Hg^{2+}$ 仍能定量进行，其他离子不发生反应。

（2）选择掩蔽剂　利用掩蔽剂消除干扰，选取的掩蔽剂不与待测离子作用，掩蔽剂以及它与干扰物质形成的配合物的颜色应不干扰待测离子的测定。

（3）分离　采用预先分离的方法，如沉淀、萃取、离子交换、蒸发和蒸馏以及色谱分离法。

## 10.2 分光光度计

**【能力目标】** 能熟练操作分光光度计；会运用分光光度定量方法完成实际测定任务。

**【知识目标】** 了解紫外-可见分光光度计的类型和基本结构；掌握紫外-可见分光光度计的使用方法；了解分光光度计波长、透射比、稳定度、吸收池配套性的检验方法。

### 10.2.1 分光光度计结构

分光光度计的类型很多，一般分为单光束分光光度计、双光束分光光度计和双波长分光光度计。分光光度计通常由光源、单色器、吸收池、检测器、显示系统 5 个部分组成。

10.2.1.1　光源

光源是能发射所需波长的光的器件。光源应满足的条件是在仪器的工作波段范围内可以发射连续光谱，具有足够的光强度，其能量随波长变化小，稳定性好，使用寿命长。

可见光源常用光源为白炽光源，如钨灯和碘钨灯等。钨灯可使用的范围在 320～2500nm。

紫外光源主要采用氢灯、氘灯和氙灯等放电灯，当氢气压力为 $10^2$ Pa 时，用稳压电源供电，放电十分稳定，因而光强恒定。

10.2.1.2　单色器

单色器是能从光源发射的光中分离出一定波长范围谱线的器件。它由入射狭缝、准直装置（透镜或反射镜）、色散元件（棱镜或光栅）、聚焦装置（透镜或凹面反射镜）和出口狭缝五部分组成。

如图 10-5 所示的色散元件分别为棱镜和反射光栅。光经入射狭缝进入单色器后，以一定的角度投射在色散元件的表面上。棱镜是因在两面上的折射不同导致光的角色散，而光栅是由衍射产生角色散。在这两种光路中，色散光都被聚焦在焦面 AB 上，并以入射狭缝矩形象的形式显示出来。

光栅作为色散元件更为优越，具有适用波长范围广，色散几乎不随波长改变，同样大小的色散元件光栅具有较好的色散和分辨能力等优点。

10.2.1.3　吸收池

吸收池也称比色皿，是盛放待测流体（液体、气体）试样的容器。它应具有两面互相平行，透光且精确厚度的平面，借助机械操作能把待测试样间断或连续地排到光路中，以便吸

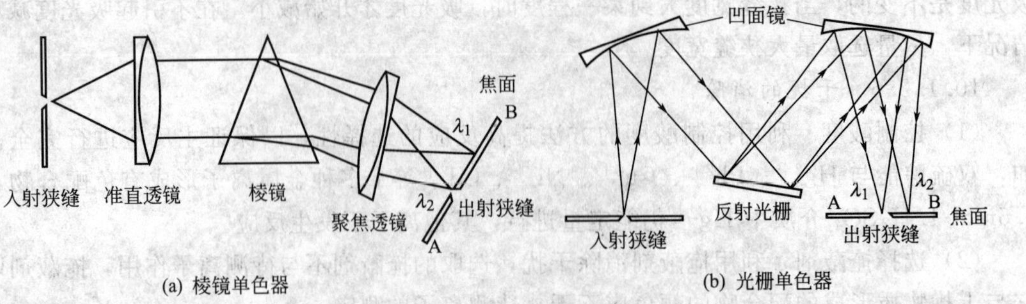


图 10-5 两种类型单色器光路示意图

收测量的光通量。

吸收池主要有石英池和玻璃池两种，前者用于紫外-可见光区，后者用于可见和近红外区。可见-紫外光吸收池的光程长度一般为 1cm，变化范围从几厘米到 10cm 或更长。

为了减小反射光的损失，吸收池的窗口应完全垂直于光束。测得的吸光度数据主要取决于吸收池的匹配情况和被污染的程度，在测定时参比池和测定池应是一对经校正好的匹配吸收池，在使用前后将吸收池洗净，不能用手接触窗口，不能用炉子或火焰干燥，以免引起光程长度上的改变。

10.2.1.4 检测器

检测器是能把光信号转变为电信号的器件。检测器具有高灵敏度、高信噪比、响应速度快，在整个研究的波长范围内有恒定的响应，在没有光照射时，其输出应为零，产生的电信号应与光束的辐射功率呈正比。

在紫外-可见光区常用的检测器有光电池、光电管、光电倍增管、硅光电二极管检测器等。

10.2.1.5 信号处理和显示系统

通常信号处理器是一种电子器件，它可放大检测器的输出信号，也可以把信号从直流变成交流（或相反），改变信号的相位，滤掉不需要的成分。信号处理器也可用来执行某些信号的数学运算。如微分、积分或转换成对数。

在现代仪器中，常用的读出器件有数字表、记录仪、电位计标尺、阴极射线管等，现在的显示系统多通过计算机输出。

**10.2.2 分光光度计的使用方法**

10.2.2.1 721 型可见分光光度计

721 型可见分光光度计采用钨丝灯（12V，25W）为光源，以玻璃棱镜作色散元件，通过凸轮和杠杆控制棱镜的旋转角度来选择入射光波长。由光学玻璃制成的吸收池，四只一组装在由拉杆控制的吸收池架上。拉动拉杆，可以依次使四只吸收池分别置于光路中。以 GD-7 型光电管作为检测器，产生的微弱光电流由微电流放大器放大，同时用调零电位器对光电管的暗电流进行调整。放大后光电流采用微安表指示吸光度和透射比。721 型分光光度计光学系统如图 10-6 所示。

10.2.2.2 UV-1801 型紫外-可见分光光度计

UV-1801 是通用型具有扫描功能的紫外可见分光光度计，UV-1801 型分光光度计光学系统如图 10-7 所示。

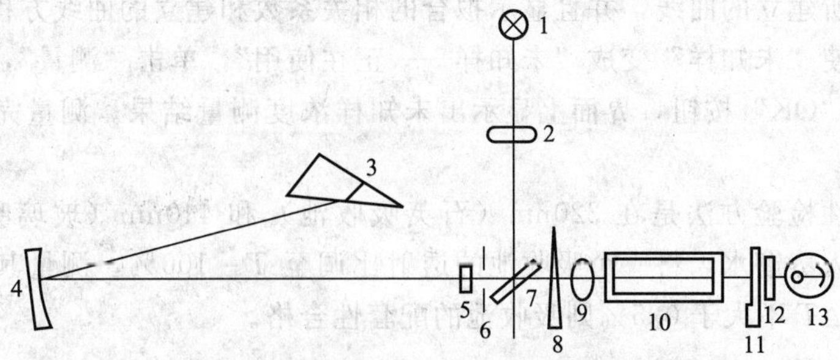


图 10-6　721 型分光光度计的光学系统

1—钨灯；2—透镜；3—玻璃棱镜；4—准直镜；5、12—保护玻璃；6—狭缝；7—反射镜；8—光阑；9—聚光透镜；10—吸收池；11—光闸；13—光电管

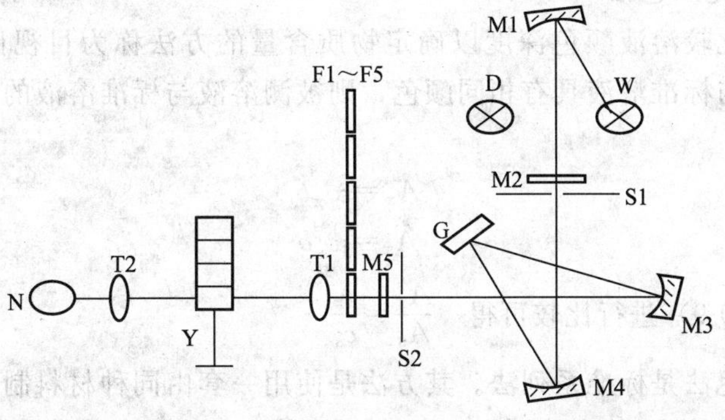


图 10-7　UV-1801 型紫外可见分光光度计的光学系统图

D—氘灯；W—钨灯；G—光栅；N—接收器；M1—聚光镜；M2、M5—保护片；M3、M4—准直镜；T1、T2—透镜；F1～F5—滤色片；S1、S2—狭缝；Y—样品池

10.2.2.3　使用方法

(1) 仪器操作不连接计算机　打开仪器主机右侧电源开关，稍等约十几秒钟，按仪器面板键盘上除“RESET”的其他任意键，仪器进行自检。仪器蓝色液晶大屏幕上五项都显示“OK”后，预热 20min 以后，按任意键进入仪器操作主菜单。按数字键 2，进入“光度测量”，按仪器面板上参数设置键“F1”，进入“参数设置”，选择或输入所需波长及其他参数，按“Enter”键进行编辑确认。根据仪器提示，将样品拉入光路，按“F2”进行样品测定。测量完毕关闭电源，清洗比色皿放入比色皿盒。

(2) 仪器操作连接计算机　打开计算机桌面上的“UVSoftware”图标，点击左下方“初始化”按钮，仪器将进行反控自检。

单击工具栏菜单上的“光谱扫描”，进入光谱扫描测量方式。单击“参数”，进行参数设置。单击“测量”，根据提示拉入参比，按“确定”按钮。参比测量完成，根据提示拉入样品液，点击“OK”按钮。单击“峰谷检测”，弹出峰谷检测精度设置窗口，输入检测精度，确定最大吸收波长。测量完成后，保存并打印谱图。

单击工具栏菜单上的“定量分析”，便进入定量分析方式。单击菜单栏的“仪器”点击“比色皿校正”，进行比色皿校正。根据提示拉入参比，点击“确定”按钮。单击“参数”，进行参数设置。单击工具栏菜单上的“测量”，根据提示拉入标样液，点击“确定”按钮。标样测量完毕，在浓度栏内输入对应标样的浓度值，按“拟合”进行曲线拟合。界面上显示出以上测量参数所建立的曲线，并且显示拟合的相关系数和建立的曲线方程。点击界面右下方的未知样处，使“未知样”变成“未知样——正在使用”，单击“测量”，根据提示拉入未知样溶液，点击“OK”按钮，界面上显示出未知样浓度测量结果。测量完成后，保存测量结果。

吸收池配套性检验方法是在 220nm（石英吸收池）和 440nm（玻璃吸收池）波长处，每个吸收池中装入蒸馏水，将一个吸收池的透射比调至 $T=100\%$，测量其他各吸收池的透射比值，其差值 $\Delta T$ 不大于 0.5%则吸收池的配套性合格。

### 10.2.3 分光光度分析方法

分光光度法是利用测量有色物质对某一单色光吸收程度来进行定量分析，进行光度测量，根据朗伯-比耳定律进行定量计算。

#### 10.2.3.1 目视比色法

用眼睛观察、比较溶液颜色深度以确定物质含量的方法称为目视比色法。在相同条件下，如果被测溶液与标准溶液具有相同颜色，则被测溶液与标准溶液的浓度相同。因此由式(10-6) 可得

被测溶液 $$A_x=\varepsilon c_x b \tag{10-8}$$

标准溶液 $$A_s=\varepsilon c_s b \tag{10-9}$$

将式(10-8) 和式(10-9) 进行比较可得 $$\frac{A_x}{A_s}=\frac{c_x}{c_s} \tag{10-10}$$

常用的目视比色法是标准系列法。其方法是使用一套由同种材料制成的、大小形状相同的比色管（平底玻璃管），其中分别加入一系列不同浓度的标准溶液和待测液，在实验条件相同的情况下，再加入等量的显色剂和其他试剂，稀释至一定体积摇匀，然后从管口垂直向下观察，比较待测溶液与标准溶液颜色的深浅。若待测溶液与某一标准溶液颜色深度一致，则说明两者浓度相等；若待测溶液颜色介于两标准溶液之间，则取其算术平均值作为待测溶液的浓度。

目视比色法仪器简单，操作简便，适用于大批试样的分析，灵敏度较高。缺点是准确度不高，如果待测液中存在第二种有色物质，就无法进行测定。由于许多有色溶液颜色不稳定，标准系列不能久存，经常需在测定时配制，比较麻烦。

#### 10.2.3.2 分光光度法

(1) 计算法　如果待测组分的吸光系数已知，可以通过测定溶液的吸光度，直接根据朗伯-比耳定律，求出组分的浓度或含量。

已知维生素 $B_{12}$ 在 361nm 处的质量吸光系数为 20.7L/(g·cm)。精密称取样品 30.0mg，加水溶解后稀释至 1000mL，在该波长处用 1.00cm 吸收池测定溶液的吸光度为 0.618，计算样品溶液中维生素 $B_{12}$ 的质量分数。

根据朗伯-比耳定律：$A=abc$，待测溶液中维生素 $B_{12}$ 的质量浓度为：

$$c_{测}=\frac{A}{ab}=\frac{0.618}{20.7\times1.00}=0.0299\text{g/L}$$

样品中维生素 $B_{12}$ 的质量分数为：$w=\dfrac{0.0299\times1.0}{30\times10^{-3}}\times100\%=99.7\%$

(2) 直接比较法　在相同的条件下，分别测定标准溶液（浓度为 $c_0$）和样品溶液（浓度为 $c_x$）的吸光度 $A_0$ 和 $A_x$，由下式求出待测物质的浓度。

$$c_x=\frac{A_x}{A_0}c_0 \tag{10-11}$$

(3) 工作曲线法（标准曲线法） 先配制一系列浓度不同的标准溶液，在与样品相同条件下，分别测量其吸光度。将吸光度与对应浓度作图，所得直线称工作曲线（标准曲线），如图 10-8 所示，然后测定试样的吸光度，再从工作曲线上查出试样溶液的浓度。

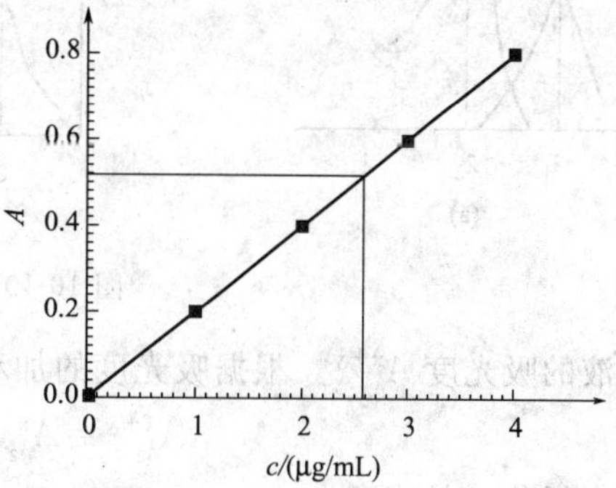

图 10-8　工作曲线

由于受到各种因素的影响，实验测出的各点可能不完全在一条直线上，采用最小二乘法来确定直线回归方程更准确。

在实际工作中，有时标准曲线不通过原点。造成这种情况的原因比较复杂，可能是由于参比溶液选择不当、吸收池厚度不等、吸收池位置不妥、吸收池透光面不清洁等原因所引起的。若有色配合物的解离度较大，特别是当溶液中还有其他配位剂时，常使被测物质在低浓度时显色不完全。应针对具体情况进行分析，找出原因，加以避免。

**【例 10-2】** 饮用水中铁含量的测定：用 10mL 吸量管分别加入 0.00mL、2.00mL、4.00mL、6.00mL、8.00mL、10.00mL 铁标准溶液（40μg/mL）置于 6 个 100mL 容量瓶中，加 1mL 抗坏血酸，然后加 20mL 乙酸-乙酸钠缓冲溶液和 10mL 1,10-菲啰啉溶液，用蒸馏水稀释至刻度，摇匀。放置 15min。用 10mL 吸量管分别加入 10.00mL 液体试样置于 3 个 100mL 容量瓶中，按标准溶液的配制方法配制试样溶液。用 1cm 的吸收池，于 510nm 波长处，以试剂空白为参比，用分光光度计测定标准系列溶液和试样溶液的吸光度，标准系列吸光度分别为 0.000、0.162、0.324、0.485、0.646、0.813，试样溶液吸光度为 0.414、0.416、0.418，求试样中铁含量。

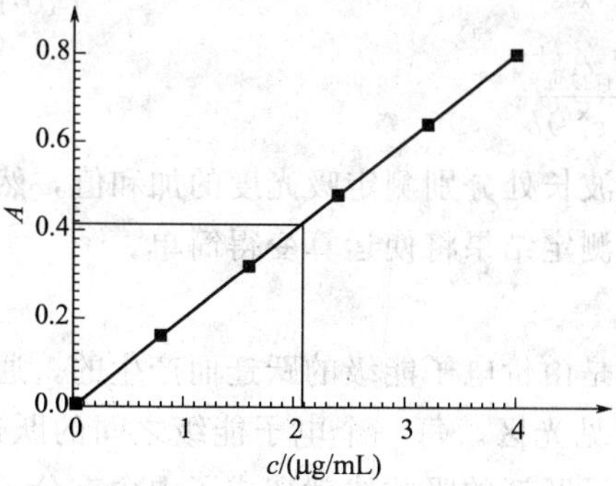

图 10-9　工作曲线

**解**　绘制工作曲线如图 10-9 所示。

在标准曲线上查得试样溶液吸光度 0.414、0.416、0.418 对应的浓度为 2.06μg/mL、2.07μg/mL、2.08μg/mL。

试样中铁含量为 $c_{Fe}=\frac{m}{V}=\frac{2.07\mu g/mL\times 100mL}{10mL}=20.7\mu g/mL$

(4) 多组分的定量分析　两个以上吸光组分的混合物，根据其吸收峰的互相干扰情况，分为三种情况，如图 10-10 所示。

① 吸收光谱不重叠　图 10-10(a) 的情况表明两组分互不干扰，用测定单组分的方法分别在 $\lambda_1$、$\lambda_2$ 处测定 x、y 两组分。

② 吸收光谱部分重叠　图 10-10(b) 的情况表明两种组分 x 对 y 的测定有干扰，而 y 对 x 的测定没有干扰。首先测定纯物质 x 和 y 分别在 $\lambda_1$、$\lambda_2$ 处的吸光系数 $\varepsilon_{\lambda_1}^x$、$\varepsilon_{\lambda_1}^y$、$\varepsilon_{\lambda_2}^x$ 和 $\varepsilon_{\lambda_2}^y$，再单独测量混合组分溶液在 $\lambda_1$ 处的吸光度 $A_{\lambda_1}^x$，求得组分 x 的浓度 $c_x$。然后在 $\lambda_2$ 处测量混

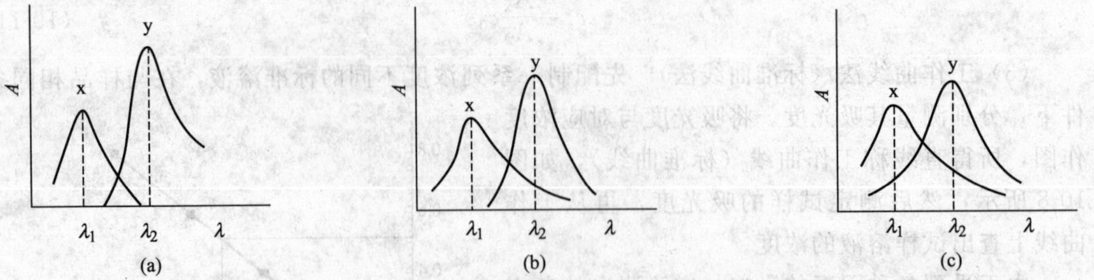


图 10-10　混合物的吸收光谱

合溶液的吸光度 $A_{\lambda_2}^{x+y}$，根据吸光度的加和性，即得

$$A_{\lambda_2}^{x+y}=A_{\lambda_2}^{x}+A_{\lambda_2}^{y}=\varepsilon_{\lambda_2}^{x}bc_x+\varepsilon_{\lambda_2}^{y}bc_y \tag{10-12}$$

可求出组分 y 的浓度。

③ 吸收光谱相互重叠　图 10-10(c) 的情况表明，两组分在 $\lambda_1$、$\lambda_2$ 处都有吸收，两组分彼此互相干扰。首先测定纯物质 x 和 y 分别在 $\lambda_1$、$\lambda_2$ 处的吸光系数 $\varepsilon_{\lambda_1}^{x}$、$\varepsilon_{\lambda_1}^{y}$、$\varepsilon_{\lambda_2}^{x}$ 和 $\varepsilon_{\lambda_2}^{y}$，再分别测定混合组分溶液在 $\lambda_1$、$\lambda_2$ 处溶液的吸光度 $A_{\lambda_1}^{x+y}$ 及 $A_{\lambda_2}^{x+y}$，然后列出联立方程

$$A_{\lambda_1}^{x+y}=\varepsilon_{\lambda_1}^{x}bc_x+\varepsilon_{\lambda_1}^{y}bc_y$$
$$A_{\lambda_2}^{x+y}=\varepsilon_{\lambda_2}^{x}bc_x+\varepsilon_{\lambda_2}^{y}bc_y \tag{10-13}$$

求得 $c_x$、$c_y$ 分别为

$$c_x=\frac{\varepsilon_{\lambda_2}^{y}A_{\lambda_1}^{x+y}-\varepsilon_{\lambda_1}^{y}A_{\lambda_2}^{x+y}}{(\varepsilon_{\lambda_1}^{x}\varepsilon_{\lambda_2}^{y}-\varepsilon_{\lambda_2}^{x}\varepsilon_{\lambda_1}^{y})b} \tag{10-14}$$

$$c_y=\frac{\varepsilon_{\lambda_2}^{x}A_{\lambda_1}^{x+y}-\varepsilon_{\lambda_1}^{x}A_{\lambda_2}^{x+y}}{(\varepsilon_{\lambda_1}^{y}\varepsilon_{\lambda_2}^{x}-\varepsilon_{\lambda_2}^{y}\varepsilon_{\lambda_1}^{x})b}$$

如果有 $n$ 个组分的光谱互相干扰，就必须在 $n$ 个波长处分别测定吸光度的加和值，然后解 $n$ 元一次方程以求出各组分的浓度。用计算机处理测定结果将使运算变得简单。

10.2.3.3　紫外分光光度法

(1) 紫外吸收光谱的产生　分子的紫外吸收光谱是由价电子能级的跃迁而产生的，通常电子能级间隔为 1～20eV，这一能量恰落于紫外与可见光区。每一个电子能级之间的跃迁，都伴随分子的振动能级和转动能级的变化，因此，电子跃迁的吸收线就变成了内含有分子振动和转动精细结构的较宽的谱带。

由于物质对紫外光的吸收一般都涉及价电子的激发，可以将吸收峰的波长与所研究物质中存在的键型建立相关关系，从而达到鉴定分子中官能团的目的，可以应用紫外吸收光谱定量测定含有吸收官能团的化合物。

(2) 电子跃迁类型　基态有机化合物的价电子包括成键 σ 电子、成键 π 电子和非键电子（以 n 表示）。分子的空轨道包括反键 σ* 轨道和反键 π* 轨道，因此，可能产生的跃迁有 σ→σ*、π→π*、n→σ*、n→π* 等，如图 10-11 所示。

(3) 紫外吸收图谱

① 生色团　生色团就是能在一分子中导致在 200～1000nm 的光谱区内产生特征吸收带的具有不饱和键和未共享电子对的基团。有机化合物的颜色与化合物存在某种基团有关，例如—N═N—、—N═O 等，这些基团使物质具有颜色故称为生色团，表 10-2 为常见生色

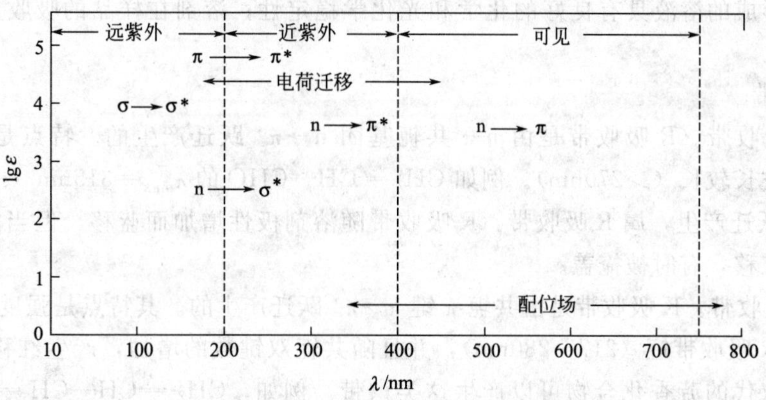


图 10-11　紫外-可见光谱区产生的吸收带类型

**表 10-2　常见生色团的紫外吸收谱带**

| 生色团 | 实　例 | 溶剂 | $\lambda_{max}$ | ε | 跃迁类型 |
|---|---|---|---|---|---|
| 烯 | $C_6H_{13}CH{=}CH_2$ | 正庚烷 | 177 | 13000 | $\pi\to\pi^*$ |
| 炔 | $C_5H_{11}C{\equiv}C{-}CH_3$ | 正庚烷 | 178<br>196<br>225 | 10000<br>2000<br>160 | $\pi\to\pi^*$<br>—<br>— |
| 羧基 | $CH_3COOH$ | 乙醇 | 204 | 41 | $n\to\pi^*$ |
| 酰氨基 | $CH_3CONH_2$ | 水 | 214 | 60 | $n\to\pi^*$ |
| 羰基 | $CH_3COCH_3$ | 正己烷 | 186<br>280 | 1000<br>16 | $n\to\sigma^*$<br>$n\to\pi^*$ |
| 羰基 | $CH_3COH$ | 正己烷 | 180<br>293 | 大<br>12 | $n\to\sigma^*$<br>$n\to\pi^*$ |
| 偶氮基 | $CH_3N{=}NCH_3$ | 乙醇 | 339 | 5 | $n\to\pi^*$ |
| 硝基 | $CH_3NO_2$ | 异辛烷 | 280 | 22 | $n\to\pi^*$ |
| 亚硝基 | $C_4H_9NO$ | 乙醇 | 300<br>665 | 100<br>20 | —<br>$n\to\pi^*$ |
| 硝酸酯 | $C_2H_5ONO_2$ | 二氧杂环己烷 | 270 | 12 | $n\to\pi^*$ |

团的紫外吸收谱带。

② 助色团　助色团可分为吸电子助色团和给电子助色团。吸电子助色团是一类极性基团，给电子助色团是指带有未成键 n 电子的杂原子的基团。例如—OR，—NIHR，—SH，—Cl，—Br，—I 等，它们本身不能吸收大于 200nm 的光，但是当它们与生色团相连时，会使其吸收带的最大吸收波长 $\lambda_{max}$ 发生移动，并且增加其吸收强度。

③ 蓝移和红移　在有机化合物中，常常因取代基的变更或溶剂的改变，使其吸收带的最大吸收波长 $\lambda_{max}$ 发生移动。向长波方向移动称为红移，向短波方向移动称为蓝移。

④ 增色效应和减色效应　由于有机化合物的结构变化使吸收峰摩尔吸光系数增加（减少）的现象称为增色效应（减色效应）。

⑤ 溶剂效应　溶剂对电子光谱的影响较为复杂。改变溶剂的极性，会引起吸收带形状的变化。例如，当溶剂的极性由非极性改变到极性时，精细结构消失，吸收带变向平滑。改变溶剂的极性，还会使吸收带的最大吸收波长发生变化。

在选择测定电子吸收光谱曲线的溶剂时，应注意尽量选用低极性溶剂；能很好地溶解被测物，并且形成的溶液具有良好的化学和光化学稳定性；溶剂在样品的吸收光谱区无明显吸收。

⑥ 吸收带

ⅰ. R吸收带。R吸收带是由 n-π 共轭基团 n→π* 跃迁产生的。特点是强度弱（ε＜100），吸收波长较长（＞270nm）。例如 $CH_2$ ═CH—CHO 的 $\lambda_{max}$＝315nm（ε＝14）的吸收带为 n→π* 跃迁产生，属 R 吸收带。R 吸收带随溶剂极性增加而蓝移，但当附近有强吸收带时则产生红移，有时被掩盖。

ⅱ. K吸收带。K吸收带是由共轭 π 键 π→π* 跃迁产生的。其特点是强度高（ε＞$10^4$），吸收波长比 R 吸收带短（217～280nm），并且随共轭双键数的增加，产生红移和增色效应。共轭烯烃和取代的芳香化合物可以产生这类谱带。例如，$CH_2$ ═CH—CH ═$CH_2$，$\lambda_{max}$＝217nm（ε＝10000），属 K 吸收带。

ⅲ. B吸收带。B吸收带由苯环共轭 π 键 π→π* 跃迁产生的芳香族化合物的特征吸收带。其特点是：在 230～270nm（ε＝200）谱带上出现苯的精细结构吸收峰，可用于辨识芳香族化合物。当在极性溶剂中测定时，B 吸收带会出现一宽峰，产生红移，当苯环上氢被取代后，苯的精细结构也会消失，并发生红移和增色效应。

ⅳ. E吸收带。E吸收带属于苯环共轭 π 键 π→π* 跃迁，也是芳香族化合物的特征吸收带。苯的 E 带分为 $E_1$ 带和 $E_2$ 带。$E_1$ 带 $\lambda_{max}$＝184nm（ε＝60000），$E_2$ 带 $\lambda_{max}$＝204nm（ε＝7900）。当苯环上的氢被助色团取代时，$E_2$ 带红移，一般在 210nm 左右；当苯环上氢被生色团取代，并与苯环共轭时，$E_2$ 带和 K 带合并，吸收峰红移。

（4）紫外吸收光谱类型

① 饱和烃及其取代衍生物　饱和烃类分子中只含有 σ 键只能产生 σ→σ* 跃迁，饱和烃的最大吸收峰一般小于 150nm，已超出紫外-可见分光光度计的测量范围。饱和烃的取代衍生物，如卤代烃、醇、胺等，它们的杂原子上存在 n 电子，可产生 n→σ* 的跃迁。此类跃迁所需的能量主要决定于原子键的种类，而与分子结构的关系较少。摩尔吸收系数通常在 100～300。

直接用烷烃及其取代衍生物的紫外吸收光谱来分析这些化合物的实用价值并不大。但是，它们是测定紫外和（或）可见吸收光谱时的良好溶剂。

② 不饱和烃　在不饱和烃类分子中，除含有 σ 键外，还含有 π 键，它们可以产生 σ→σ* 和 π→π* 两种跃迁。π→π* 跃迁所需能量小于 σ→σ* 跃迁。例如，在乙烯分子中，π→π* 跃迁最大吸收波长 $\lambda_{max}$为 180nm。

在不饱和烃中，当有两个以上的双键共轭时，随着共扼系统的延长 π→π* 跃迁的 K 吸收带将明显向长波移动，吸收强度也随之加强，当有五个以上双键共轭时，K 吸收带已落在可见光区。

③ 醛、酮羰基化合物　含有 >C═O 基。>C═O 基团主要可以产生 n→σ*、n→π* 和π→π* 三个吸收带。n→π* 吸收带又称 R 带，落于近紫外或紫外光区。醛、酮、羧酸及羧酸的衍生物，如酯、酰胺、酰卤等，都含有羰基。由于醛和酮这两类物质与羧酸及其衍生物在结构上的差异，因此它们 n→π* 吸收带的光区稍有不同。

醛、酮的 n→π* 吸收带出现在 270～300nm 附近，它的强度低（$\varepsilon_{max}$为 10～20），并且谱带略宽。当醛、酮的羰基与双键共轭时，形成 α,β-不饱和醛酮类化合物。由于羰基与乙烯基共轭，即产生 $\pi\rightarrow\pi^*$ 共轭作用，使 $\pi\rightarrow\pi^*$ 和 $n\rightarrow\pi^*$ 吸收带分别移至 220～260nm 和 310～330nm，前一吸收带强度高（$\varepsilon_{max}<10^4$），后一吸收带强度低（$\varepsilon_{max}<10^2$）。这一特征可以用来识别 $\alpha,\beta$-不饱和醛酮。

④ 羧酸、酯　羧酸及其衍生物　虽然也有 $n\rightarrow\pi^*$ 吸收带，羧酸及其衍生物的羰基上的碳原子直接连接含有未共用电子对的助色团，如—OH，—Cl，—OR，—$NH_2$ 等。由于这些助色团上的 n 电子与羰基双键的 π 电子产生 $n\rightarrow\pi^*$ 共轭，导致 $\pi^*$ 轨道的能级有所提高，但这种共轭作用不能改变 n 轨道的能级。因此实现 $n\rightarrow\pi^*$ 跃迁所需能量变大，使 $n\rightarrow\pi^*$ 吸收带蓝移至 210nm 左右。

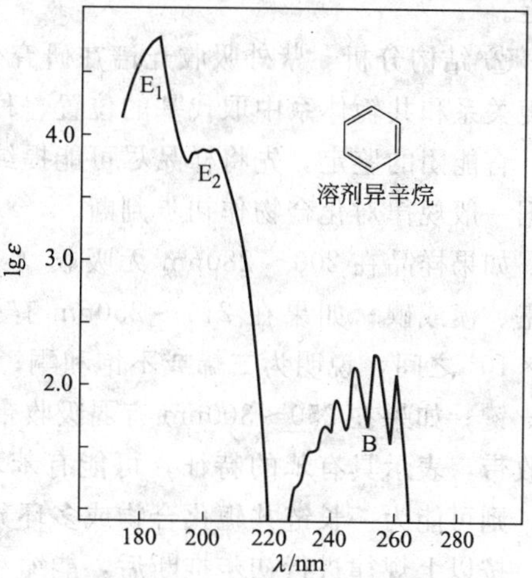


图 10-12　苯的紫外吸收光谱

⑤ 芳香烃　苯有三个吸收带，它们是共轭 π 键 $\pi\rightarrow\pi^*$ 跃迁引起的。$E_1$ 带出现在 180nm（$\varepsilon_{max}=60000$）；$E_2$ 带出现在 204nm（$\varepsilon_{max}=8000$）；B 带出现在 255nm（$\varepsilon_{max}=200$）。在气态或非极性溶剂中，苯及其许多同系物的 B 谱带有许多的精细结构，如图 10-12 所示。这是由于振动跃迁在基态电子跃迁上的叠加，在极性溶剂中，这些精细结构消失。当苯环上有取代基时，苯的三个特征谱带都将发生显著的变化，其中影响较大的是 $E_2$ 带和 B 带。

当苯环上引入—$NH_2$、—OH、—CHO、—$NO_2$ 等基团时、苯的 B 带显著红移，并且吸收强度增大。此外，由于这些基团上有 n 电子，故可能产生 $n\rightarrow\pi^*$ 吸收带。例如，硝基苯、苯甲醛的 $n\rightarrow\pi^*$ 吸收带分别位于 330nm 和 328nm。

稠环芳烃，如萘、蒽、并四苯、菲、芘等，均显示苯的三个吸收带。但是与苯本身相比较，这三个吸收带均发生红移，且强度增加。随着苯环数目增多，吸收波长红移越多，吸收强度也相应增加。

⑥ 杂环化合物　当芳环上的—CH 基团被氮原子取代后，则相应的氮杂环化合物（如吡啶、喹啉、吖啶）的吸收光谱，与相应的碳环化合物极为相似，即吡啶与苯相似，喹啉与萘相似。此外，由于引入含有 n 电子的 N 原子，这类杂环化合物还可能产生 $n\rightarrow\pi^*$ 吸收带，如吡啶在非极性溶剂的相应吸收带出现在 270nm 处（$\varepsilon_{max}$ 为 450）。

（5）定性分析

① 定性鉴定　利用紫外分光光度法确定未知不饱和化合物结构的结构骨架时，一般有两种方法：比较吸收光谱曲线；用经验规则计算最大吸收波长 $\lambda_{max}$，然后与实测值比较。

吸收光谱曲线的形状、吸收峰的数目以及最大吸收波长的位置和相应的摩尔吸收系数，是进行定性鉴定的依据，其中最大吸收波长 $\lambda_{max}$ 及相应的 $\varepsilon_{max}$ 是定性鉴定的主要参数。

所谓比较法是在相同的测定条件下，比较未知物与已知标准物的吸收光谱曲线，如果它们的吸收光谱曲线完全等同，则可以认为待测试样与已知化合物有相同的生色团。在进行这种对比法时，也可以借助于前人汇编的以实验结果为基础的各种有机化合物的紫外与可见光谱标准谱图或有关电子光谱数据表。

紫外吸收光谱只能表现化合物生色团、助色团和分子母核，而不能表达整个分子的特征，因此只靠紫外吸收光谱曲线来对未知物进行定性是不可靠的，还要参照一些经验规则以及其他方法（如红外光谱法、核磁共振波谱、质谱，以及化合物某些物理常数等）配合来确定。

此外，对于一些不饱和有机化合物也可采用一些经验规则，如伍德沃德（Woodward）规则、斯科特（Scott）规则，通过计算其最大吸收波长与实测值比较后，进行初步定性鉴定。

② 结构分析 紫外吸收光谱在研究化合物结构中的主要作用是推测官能团、结构中的共轭关系和共轭体系中取代基的位置、种类和数目。

官能团的鉴定。先将样品尽可能提纯，然后绘制紫外吸收光谱。由所测出的光谱特征，根据一般规律对化合物作初步判断。

如果样品在200～280nm无吸收（$\varepsilon<1$），可推断不含苯环、共轭双键、醛基、酮基、硝基、溴或碘；如果在210～250nm有强吸收带，表明含有共轭双键。如果$\varepsilon$值在$(1\sim2)\times10^4$之间，说明为二烯或不饱和酮；如果在260～350nm有强吸收带，可能有3～5个共轭π键；如果在250～300nm有弱吸收带，$\varepsilon=10\sim100$，则含有羰基；在此区域内若有中强吸收带，表示具有苯的特征，可能有苯环；如果化合物有许多吸收峰，甚至延伸到可见光区，则可能为一长链共轭化合物或多环芳烃。

按以上规律进行初步推断后，能缩小该化合物的归属范围，然后再按前面介绍的对比法作进一步确认。当然还需要其他方法配合才能得出可靠结论。

顺反异构体的确定。顺反异构体的波长吸收强度不同，由于反式构型没有立体障碍，偶极矩大，而顺式构型有立体障碍。因此反式的吸收波长和强度都比顺式的大。

互变异构体的确定。紫外吸收光谱除应用于推测所含官能团外，还可对某些同分异构体进行判别。常见的异构体有酮-烯醇式、醇醛的环式-链式、酰胺的内酰胺-内酰亚胺式等。例如乙酰乙酸乙酯具有酮-烯醇式互变异构体，

在极性溶剂中，酮式易与极性溶剂形成氢键，在272nm（$\varepsilon=16$）有R吸收带。在非极性溶剂中，烯醇式易形成分子内氢键，除了在300nm有一个弱R吸收带还在243nm有一个强E吸收带。

③ 化合物纯度的检测 紫外吸收光谱能检查化合物中是否含具有紫外吸收的杂质，如果化合物在紫外光区没有明显的吸收峰，而它所含的杂质在紫外光区有较强的吸收峰，就可以检测出该化合物所含的杂质。例如要检查乙醇中的杂质苯，由于苯在256nm处有吸收，而乙醇在此波长下无吸收，因此可利用该特征检定乙醇中杂质苯。又如要检查四氯化碳中有无$CS_2$杂质，只要观察在318nm处有无$CS_2$的吸收峰就可以确定。

另外还可以用吸光系数来检查物质的纯度。一般认为，当试样测出的摩尔吸光系数比标准样品测出的摩尔吸光系数小时，其纯度不如标样。相差越大，试样纯度越低。例如菲的氯仿溶液，在296nm处有强吸收（$\lg\varepsilon=4.10$），用某方法精制的菲测得$\varepsilon$值比标准菲低10%，说明实际含量只有90%，其余很可能是蒽醌等杂质。

紫外-可见分光光度法在无机定性分析中并未得到广泛的应用。

(6) 定量分析 紫外分光光度定量分析与可见分光光度定量分析的定量依据和定量方法相同。在进行紫外定量分析时应选择好测定波长和溶剂，一般选择$\lambda_{max}$作测定波长，若在$\lambda_{max}$处共存的其他物质也有吸收，则应另选$\varepsilon$较大，而共存物质没有吸收的波长作测定波长。选择溶剂时要注意所用溶剂在测定波长处应没有明显的吸收，而且对被测物溶解性要好，不和被测物发生作用，不含干扰测定的物质。

# 10.3 气相色谱法原理

**【能力目标】** 能根据色谱图明确色谱有关术语；会选择合适的显色剂及显色条件。

**【知识目标】** 了解气-固、气-液色谱的分离原理；掌握气相色谱图和气相色谱的有关术语。

色谱法是俄国植物学家茨维特（Tswett）于 1906 年研究植物叶子的色素成分时，将植物叶子的萃取物倒入填有固定相（碳酸钙）的直立玻璃管内，然后加入流动相（石油醚），色素中各组分互相分离形成各种不同颜色的谱带，由此得名色谱法。把填充固定相（碳酸钙）的玻璃柱管叫做色谱柱，把柱中出现的有颜色的色带叫做色谱图。

色谱分析法实质上是一种物理化学分离方法，即利用不同物质在两相（固定相和流动相）中具有不同的分配系数（或吸附系数），当两相作相对运动时，这些物质在两相中反复多次分配（即组分在两相之间进行反复多次的吸附、脱附或溶解、挥发过程）从而使各物质得到完全分离。

色谱法有多种类型，从不同的角度可以有不同的分类法。

（1）按固定相和流动相所处的状态分类　分类见表 10-3。

**表 10-3　按固定相和流动相所处的状态分类**

| 分　类 | 流动相 | 固定相 | 类　型 |
|---|---|---|---|
| 液相色谱 | 液体 | 固体 | 液-固色谱 |
| | 液体 | 液体 | 液-液色谱 |
| 气相色谱 | 气体 | 固体 | 气-固色谱 |
| | 气体 | 液体 | 气-液色谱 |

（2）按分离机制分类

① 吸附色谱法　利用组分在吸附剂（固定相）上的吸附能力强弱不同而得以分离的方法，称为吸附色谱法。

② 分配色谱法　利用组分在固定液（固定相）中溶解度不同而达到分离的方法称为分配色谱法。

③ 离子交换色谱　利用溶液中不同离子与离子交换剂间的交换能力的不同而进行分离的方法。

④ 空间排斥（阻）色谱法　利用多孔性物质对不同大小的分子的排阻作用进行分离的方法。

气相色谱法是基于色谱柱能分离样品中各个组分，检测器能连续响应，能同时对各组分进行定性定量的一种分离分析方法，气相色谱法具有选择性高、效能高；灵敏度高；分析速度快；样品用量少；应用范围广泛的特点。气相色谱法的不足之处，首先是由于色谱峰不能直接给出定性的结果，它不能用来直接分析未知物，必须用已知纯物质的色谱图和它对照；其次，当分析无机物和高沸点有机物时比较困难，需要采用其他的色谱分析方法来完成。

### 10.3.1 气相色谱法原理

由 A、B 两组分组成的混合物被载气（流动相）携带进入色谱柱，填充在色谱柱内的固定相对 A、B 两组分有不同的吸附或溶解能力，即组分 A 和组分 B 在固定相和流动相之间的分配系数不同。当A、B两组分随载气沿柱向出口方向不断移动时，就会产生差速迁移而逐渐分离。其中分配系数小的组分A被载气带出色谱柱进入检测器，最后组分B也随载气流出色谱柱进入检测器。色谱分离过程如图10-13所示。

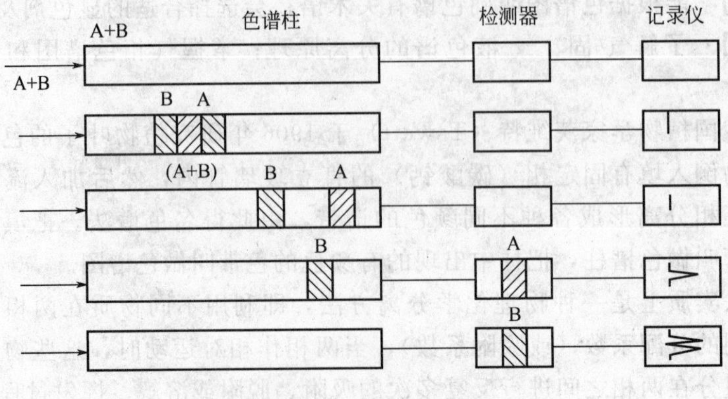

图10-13 色谱分离过程

色谱理论首先要从色谱过程的热力学（色谱的保留值）和动力学（指峰展宽、拖尾、速率理论）入手。建立多种数学模型来描述色谱过程，对数学模型求解获得色谱流出曲线方程，从而获得色谱保留值参数及理论关系式。色谱理论包括塔板理论和速率理论。

塔板理论是1941年由马丁（Martin）和詹姆斯（James）提出的，他们将分离技术比拟为一个分馏过程，即将连续的色谱过程看成是许多小段平衡过程的重复。

塔板理论将色谱柱看作一个分馏塔，待分离组分在分馏塔的塔板间移动，在每一个塔板内组分分子在固定相和流动相之间形成平衡，随着流动相的流动，组分分子不断从一个塔板移动到下一个塔板，并不断形成新的平衡。一个色谱柱的塔板数越多，则其分离效果就越好。

假设在每一块塔板的高度$H$内，组分在气液两相内迅速达到分配平衡。每一小段的高度（$H$）叫做理论塔板高度，简称为板高。整个色谱柱是由一系列顺序排列的塔板所组成的。

载气以脉冲式进入色谱柱。在柱中每个理论塔板区域内，一部分空间为涂在载体上的液相占据，另一部分空间为载气所占据，称此空间为板体积。假定载气进入色谱柱冲洗组分时，不是连续地充满板体积，而是一个脉冲一个脉冲跳跃式前进的。理论板数$n$等于跳跃次数。

塔板理论诸如分配平衡是瞬间完成的，溶质在色谱柱内运行是理想的（即不考虑扩散现象）等的假设是不合理的，影响塔板高度的物理因素无法说明，不同流速下测得不同的理论塔板数无法解释。但“塔板”概念形象，“理论塔板高度”的计算简单，得到的色谱流出曲线的方程式符合实验事实。在继承塔板理论的基础上得到速率理论，为毛细管色谱柱、高效液相色谱的发展起指导性的作用。

在速率理论发展的进程中，首先由格雷科夫提出了影响色谱动力学的四个因素：在流动相内与流速方向一致的扩散、在流动相内的纵向扩展、在颗粒间的扩散和颗粒大小。到1956年，范-第姆特（Van Deemter）在物料（溶质）平衡理论模型的基础上提出了在色谱柱内溶质的分布用物料平衡偏微分方程式来表示，并且设定了柱内区带展宽是由于溶质在两相间的有效传质速率、溶质沿着流动相方向的扩展和流动相的流动性质造成的。从而得到偏微分方程的近似解，即速率理论方程式亦称范第姆特方程式。

$$H=A+B/u+Cu \tag{10-15}$$

式中　$H$——塔板数；

$A$——涡流扩散项（系数）；

$B/u$——分子扩散项（系数）；

$Cu$——传质阻力项（系数）；

$u$——载气线速度，cm/s。

10.3.1.1　气-固色谱法分离原理

气-固色谱的固定相是固体吸附剂，气体试样由载气携带进入色谱柱，与吸附剂接触时，很快被吸附剂吸附。随着载气的不断通入，被吸附的组分又从固定相中洗脱出来（称为脱附），脱附下来的组分随着载气向前移动时又再次被固定相吸附。随着载气的流动，组分吸附-解析的过程反复进行。由于组分性质的差异，固定相对它们的吸附能力有所不同。易被吸附的组分，脱附较难，利用不同物质在固体吸附剂上的物理吸附-解吸能力不同实现物质的分离。

10.3.1.2　气-液色谱法分离原理

通常直接称之为气相色谱。气-液色谱的固定相是涂在载体表面的固定液，气体试样由载气带进入色谱柱，与固定液接触时，气相中各组分就溶解到固定液中。随着载气的不断通入，被溶解的组分又从固定液中挥发出来，挥发出来的组分随着载气向前移动时又再次被固定液溶解。随着载气的流动，溶解-挥发的过程反复进行。由于组分性质的差异，固定液对它们的溶解能力将有所不同。易被溶解的组分，挥发较难，在柱内移动的速度慢，停留的时间长；反之，不易被溶解的组分，挥发快，在柱内停留的时间短。经一定的时间间隔（一定柱长）后，性质不同的组分便达到彼此的分离。

### 10.3.2　气相色谱图及有关术语

10.3.2.1　气相色谱图

试样经色谱分离后的各组分的浓度经检测器转换成电信号记录下来，得到一条信号随时间变化的微分曲线，称为色谱流出曲线（气相色谱图），也称为色谱峰，理想的色谱流出曲线应该是正态分布曲线。色谱流出曲线如图 10-14 所示，色谱图上各个色谱峰，相当于试样中的各种组分，根据各个色谱峰，可以对试样中的各组分进行定性分析和定量分析。

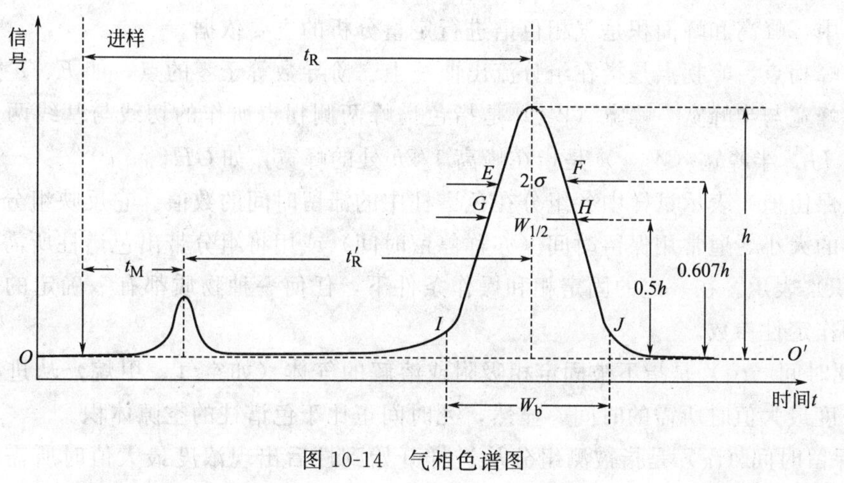


图 10-14　气相色谱图

10.3.2.2 有关术语

（1）基线 在实验条件下，色谱柱后仅有纯流动相进入检测器时的流出曲线称为基线。基线在稳定的条件下应是一条水平的直线，如直线 $OO'$ 所示，它的平直与否可反映出实验条件的稳定情况。

基线噪声是指由各种因素所引起的基线起伏，如图 10-15(a) 所示。基线漂移是指基线随时间定向的缓慢变化，如图 10-15(b) 所示。

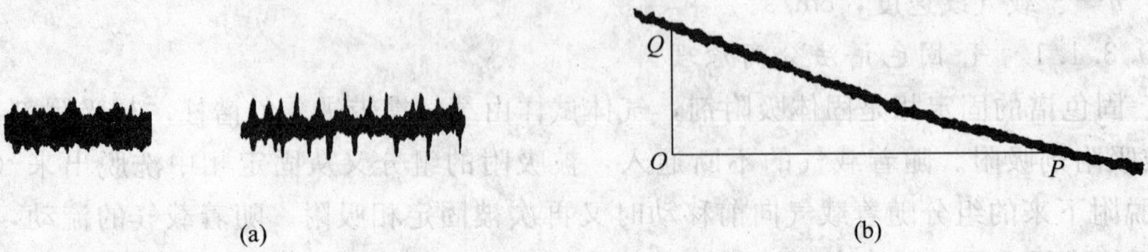


图 10-15 基线噪声（a）和基线漂移（b）

（2）色谱峰 当某组分从色谱柱流出时，检测器对该组分的响应信号随时间变化所形成的峰形曲线称为该组分的色谱峰。色谱峰一般呈高斯正态分布。实际上一般情况下的色谱峰都是非对称的色谱峰即非高斯峰。

① 前伸峰 前沿平缓后部陡起的不对称色谱峰，如图 10-16(a) 所示。

② 拖尾峰 前沿陡起后部平缓的不对称色谱峰，如图 10-16(b) 所示。

③ 平顶峰 色谱峰不是尖峰，而是其顶部有一平台，如图 10-16(c) 所示。

④ 馒头峰 峰形比较矮而胖像馒头一样的色谱峰，如图 10-16(d) 所示。

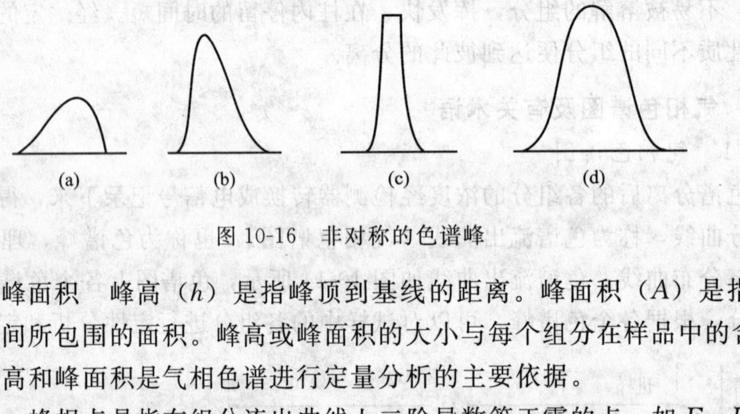


图 10-16 非对称的色谱峰

（3）峰高和峰面积 峰高（$h$）是指峰顶到基线的距离。峰面积（$A$）是指每个组分的流出曲线与基线间所包围的面积。峰高或峰面积的大小与每个组分在样品中的含量相关，因此色谱图中，峰高和峰面积是气相色谱进行定量分析的主要依据。

（4）峰拐点 峰拐点是指在组分流出曲线上二阶导数等于零的点，如 $E$、$F$ 点。

（5）峰宽与半峰宽 峰宽（$W_b$）是指色谱峰两侧拐点所作的切线与基线两交点之间的距离，如 $IJ$。半峰宽（$W_{1/2}$）是指在峰高 $1/2h$ 处的峰宽，如 $GH$。

（6）保留值 表示试样中各组分在色谱柱中的滞留时间的数值。它反映组分与固定相之间作用力的大小，通常用保留时间（亦称停留时间）或用将组分带出色谱柱所需载气的体积（保留体积）表示。在一定的固定相和操作条件下，任何一种物质都有一确定的保留值，这样就可用作定性参数。

① 死时间（$t_M$）是指不被固定相吸附或溶解的气体（如空气、甲烷）从进样开始到柱后出现浓度最大值时所需的时间。显然，死时间正比于色谱柱的空隙体积。

② 保留时间（$t_R$）是指被测组分从进样开始到柱后出现浓度最大值时所需的时间。保

留时间是色谱峰位置的标志。

③ 调整保留时间（$t'_R$）是指扣除死时间后的保留时间，即

$$t'_R = t_R - t_M \tag{10-16}$$

此式说明 $t_R$ 由 $t_M$ 与 $t'_R$ 两部分组成。就是说 $t_R$ 等于组分因固定相作用引起滞留时间 $t'_R$ 加上组分因流动相作用引起滞留时间 $t_M$，它更确切地表达了被分析组分的保留特性，是气相色谱定性分析的基本参数。

④ 死体积（$V_M$）是指色谱柱在填充后固定相颗粒间所留的空间、色谱仪中管路和连接头间的空间以及检测器的空间的总和。若操作条件下色谱柱内载气的平均流速为 $F_c$（mL/min），则

$$V_M = t_M F_c \tag{10-17}$$

⑤ 保留体积（$V_R$） 是指从进样开始到柱后被测组分出现浓度最大值时所通过的载气体积，即

$$V_R = t_R F_c \tag{10-18}$$

⑥ 调整保留体积（$V'_R$） 指扣除死体积后的保留体积，即

$$V'_R = t'_R F_c = (t_R - t_M) F_c = V_R - V_M \tag{10-19}$$

同样，$V'_R$ 与载气流速无关。死体积反映了色谱柱和仪器系统的几何特性，它与被测物的性质无关，故保留体积值中扣除死体积后将更合理地反映被测组分的保留特性。

⑦ 相对保留值（$r_{is}$）指一定实验条件下某组分 $i$ 的调整保留值与标准物质 s 的调整保留值之比

$$r_{is} = \frac{t'_{R_i}}{t'_{R_s}} = \frac{V'_{R_i}}{V'_{R_s}} \tag{10-20}$$

$r_{is}$ 仅仅与柱温和固定相性质有关，而与载气流量及其他实验条件无关。因此是色谱定性分析的重要参数之一。

⑧ 选择性因子（$\alpha_{is}$）指相邻两组分的调整保留值之比。

$$\alpha_{is} = \frac{t'_{R_1}}{t'_{R_2}} = \frac{V'_{R_1}}{V'_{R_2}} \tag{10-21}$$

表示色谱柱的选择性，即固定相（色谱柱）的选择性。$\alpha_{is}$ 值越大，相邻两组分的 $t'_R$ 相差越大，两组分的色谱峰相距越远，分离得越好，说明色谱柱的分离选择性愈高。当 $\alpha_{is}=1$ 或接近 1 时，两组分的色谱峰重叠，不能被分离。

⑨ 分配系数（$K$） 是指在一定温度和压力下，组分在固定相和流动相之间分配达平衡时的浓度之比值，即

$$K = \frac{\text{每毫升固定液中所溶解的组分量}}{\text{柱温及柱平均压力下每毫升载气所含组分量}} = \frac{c_L}{c_G} \tag{10-22}$$

式中　$c_L$，$c_G$——组分在固定液、载气（气相）中的浓度。

分配系数 $K$ 是由组分和固定相的热力学性质决定的，它是每一个溶质的特征值，它仅与固定相和温度两个变量有关。与两相体积、柱管的特性以及所使用的仪器无关。

## 10.4　气相色谱仪

**【能力目标】** 能熟练操作气相色谱仪；会根据被测物的性质选择色谱测定条件。

【知识目标】 了解气相色谱仪的分类和基本结构，熟悉气相色谱仪的使用方法，掌握色谱定性分析方法；熟悉色谱操作条件的选择；掌握定量分析归一化法、内标法、内标标准曲线法、外标标准曲线法等定量方法。

### 10.4.1 气相色谱分析流程

由高压钢瓶供给的流动相载气，经减压阀、净化器、稳压阀和流量计后，以稳定的压力和流速连续经过汽化室、色谱柱、检测器，最后放空。汽化室与进样口相接，它的作用是把从进样口注入的液体试样瞬间汽化为蒸气，以便随载气带入色谱柱中进行分离。分离后的试样随载气依次进入检测器，检测器将组分的浓度（或质量）变化转变为电信号。电信号经放大后，由记录器记录下来，即得到色谱图。

单柱单气路气相色谱结构如图 10-17 所示。这种气路结构简单，操作方便。国产 102G 型、HP4890 型等气相色谱仪均属于这种类型。双柱双气路气相色谱结构如图 10-18 所示。上海科创 GC900A、PE AutosystemXL 型气相色谱仪均属于此种类型。

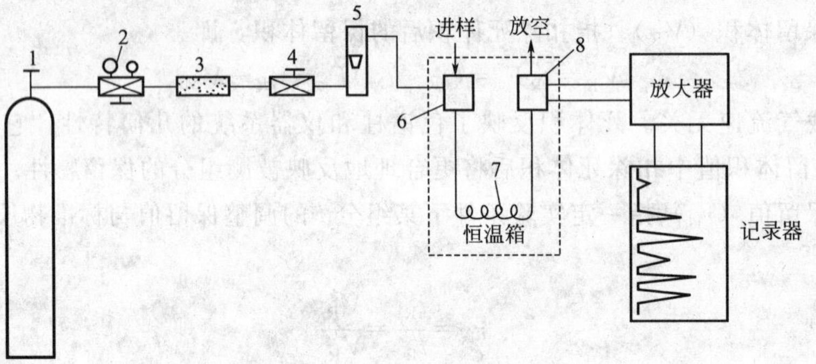


图 10-17 单柱单气路结构示意图

1—载气钢瓶；2—减压阀；3—净化器；4—气流调节阀；5—转子流量计；6—汽化室；7—色谱柱；8—检测器

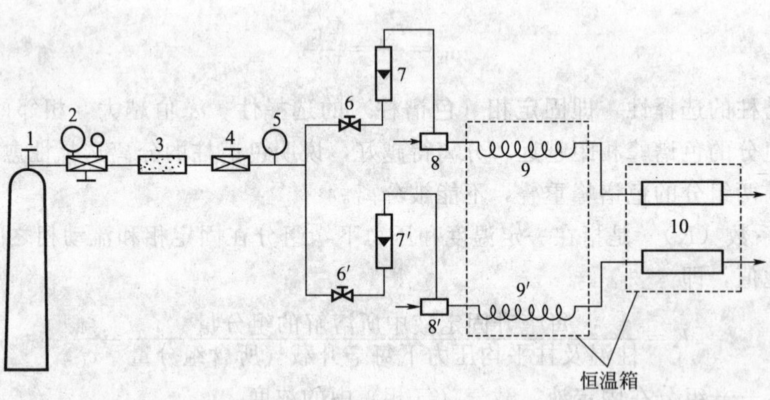


图 10-18 双柱双气路结构示意图

1—载气钢瓶；2—减压阀；3—净化器；4—稳压阀；5—压力表；6，6′—针形阀；7，7′—转子流量计；8，8′—进样汽化室；9，9′—色谱柱；10—检测器

### 10.4.2 气相色谱仪的基本结构

气相色谱仪是由气路系统、进样系统、分离系统、检测系统、温度控制系统和数据处理系统六部分组成。

10.4.2.1　气路系统

气相色谱仪的气路系统是由气体钢瓶、减压阀、空气压缩机、净化管、稳压阀、针形阀、稳流阀、管路连接装置、载气流量计等部件组成。气路系统是一个载气连续运行的密闭管路系统。整个气路系统要求载气纯净、密闭性好、流速稳定及流速测量准确。

气相色谱的载气是载送样品进行分离的惰性气体，是气相色谱的流动相。常用的载气为氮气、氢气（在使用氢火焰离子化检测器时作燃气，在使用热导检测器时常作为载气）、氦气、氩气（氦、氩由于价格高，应用较少）。

气路不密封将会使实验出现异常现象，造成数据的不准确或爆炸事故。气路检漏最常用方法是皂膜检漏法：用毛笔蘸上肥皂水涂在各接头上检漏，检毕应使用干布将皂液擦净。一旦发生漏气，立即关机，直至检修（如更换密封圈，螺母或管道等）后不再漏气，方可开机。

用转子流量计和皂膜流量计测量载气流量，来正确选择载气流速，提高色谱柱的分离效能，缩短分析时间。现在仪器使用电子压力控制器自动控制分流进样器及检测器中载气流速。

10.4.2.2　进样系统

气相色谱仪的进样系统是由进样器和汽化室等组成。

（1）进样器

① 气体进样器　气体样品可以用平面六通阀（又称旋转六通阀）进样。取样时［图 10-19(a)］，气体进入定量管，而载气直接由图中 A 到 B；进样时［图 10-19(b)］将阀旋转 60°，此时载气由 A 进入，通过定量管，将管中气样带入色谱柱中。定量管有 0.5mL、1mL、3mL、5mL 等规格。SP-2304 型、SP-2305 型气相色谱仪使用这种平面六通阀。常压气体样品可以用 0.25～5mL 注射器直接进样，但误差大、重现性差。

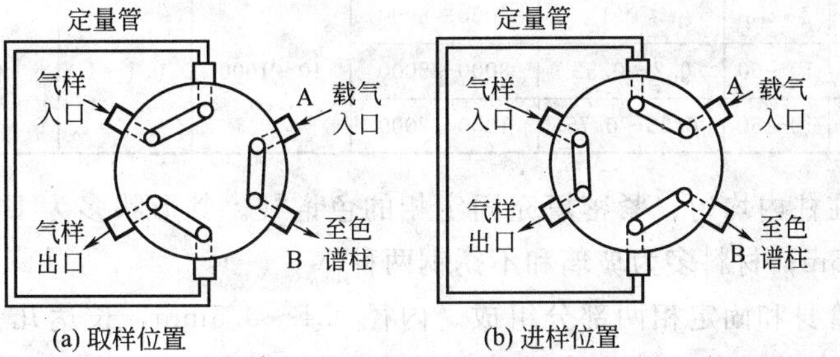


图 10-19　平面六通阀结构示意图

② 液体进样器　采用微量注射器进样，常用的微量注射器有 1μL、10μL、50μL、100μL 等规格。

固体样品用溶剂溶解后，用微量注射器进样。对高分子化合物进行裂解色谱分析时，通常先将少量高聚物放入专用的裂解炉中，经过电加热、高聚物分解、汽化，然后再由载气将分解产物带入色谱仪进行分析。

除分流进样外，还有冷柱进样、顶空进样和自动进样方式。

（2）汽化室　汽化室的作用是将液体样品瞬间汽化为蒸气。汽化室实际上是一个电加热器。通常采用金属块作加热体。当用注射针头将样品注入热区时，样品瞬间汽化，然后由载气将汽化了的样品迅速带入色谱柱内。要求汽化室的热容量要大，温度要足够高，死体积小，提高柱效，常见为 0.2～1mL；衬管内壁具有足够惰性，不对样品发生吸附、催化作用等。

正确选择液体样品的汽化温度，对高沸点和易分解的样品，在汽化温度下，样品能瞬间汽化而不分解，一般仪器的最高汽化温度为 350～420℃，有的可达 450℃，大部分的气相色谱仪应用的汽化温度都在 400℃以下，高档仪器的汽化室有程序升温功能。汽化室的温度可使用温度计或热电偶测量，通过测温毫伏计指示出汽化室温度。

10.4.2.3 分离系统

分离系统主要由柱箱和色谱柱组成。核心是色谱柱，它的作用是将多组分样品分离为单个组分。

(1) 柱箱 在分离系统中柱箱相当于一个精密的恒温箱。柱箱的尺寸和控温参数是柱箱的两个基本参数。柱箱的尺寸决定是否能安装多根色谱柱，及操作是否方便。目前商品气相色谱仪的体积一般不超过 15dm³。柱箱的温度一般在室温～450℃，且均带有程序升温装置设计，能满足色谱优化分离的需要。部分气相色谱仪带有低温功能，低温一般用液氨或液态 $CO_2$ 来实现的，主要用于冷柱上进样。

(2) 色谱柱类型 色谱柱一般分为填充柱和毛细管柱，毛细管柱又称为开管柱。常用色谱柱的特点和用途见表 10-4。

**表 10-4 常用色谱柱的特点和用途**

<table>
<tr><th colspan="2">参数</th><th>柱长/m</th><th>内径/mm</th><th>柱效 $N$/m</th><th>进样量/ng</th><th>液膜厚度/μm</th><th>相对压力</th><th>主要用途</th></tr>
<tr><td rowspan="3">填充柱</td><td>经典</td><td rowspan="3">1～5</td><td>2～4</td><td rowspan="3">500～1000</td><td rowspan="3">10～10⁶</td><td rowspan="3">10</td><td rowspan="3">高</td><td>分析样品</td></tr>
<tr><td>微型</td><td>≤1</td><td>分析样品</td></tr>
<tr><td>制备</td><td>>4</td><td>制备纯化学品</td></tr>
<tr><td rowspan="3">WCOT</td><td>微径柱</td><td>1～10</td><td>≤0.1</td><td>4000～8000</td><td rowspan="3">10～1000</td><td rowspan="3">0.1～1</td><td rowspan="3">低</td><td>快速 GC</td></tr>
<tr><td>常规柱</td><td>10～60</td><td>0.2～0.32</td><td>3000～5000</td><td>常规分析</td></tr>
<tr><td>大口径柱</td><td>10～50</td><td>0.53～0.75</td><td>1000～2000</td><td>定量分析</td></tr>
</table>

填充柱是指在柱内均匀、紧密填充固定相的色谱柱。其形状多为 U 形或螺旋形，内径 2～4mm，长 1～5m；材料多为玻璃和不锈钢两种。

毛细管柱由管身和固定相两部分组成。内径 0.1～0.5mm，长达几十至 100m。通常弯成直径 10～30cm 的螺旋状。分为涂壁、多孔层和涂载体空心柱。毛细管柱因渗透性好、传质快，因而分离效率高（$n$ 可达 $10^6$）、分析速度快、样品用量小。

10.4.2.4 检测系统

检测器是用来连续监测经色谱柱分离后的流出物的组成和含量变化的装置，作用是将色谱柱分离后的各组分的浓度信号转变成电信号。它利用溶质（被测物）的某一物理或化学性质与流动相有差异的原理，当溶质从色谱柱流出时，会导致流动相背景值发生变化，并将这种变化转变成可检测的信号，从而在色谱图上以色谱峰的形式记录下来。

气相色谱检测器按其原理与检测特性主要分为浓度型检测器、质量型检测器。浓度型检测器有热导池检测器（TCD）、电子捕获检测器（ECD）；质量型检测器有氢火焰离子化检测器（FID）、火焰光度检测器（FPD）、氮磷检测器（NPD）。

检测器的性能指标是在色谱仪工作稳定的前提下进行讨论的，主要指灵敏度、检测限、噪声、线性范围和响应时间等指标。

（1）热导池检测器　热导池检测器的结构如图 10-20 所示。

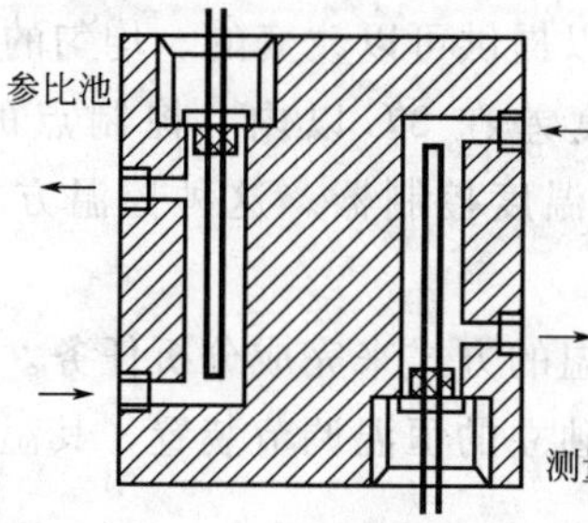


(a) 双臂热导池

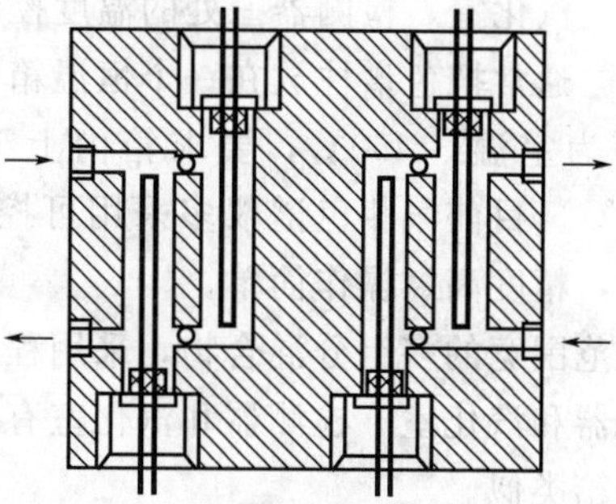

(b) 四臂热导池

图 10-20　热导池检测器的结构示意图

热导池检测器是由不锈钢池体、池槽和大小长短相等的电阻丝组成，电阻丝安装在池槽中。这些电阻丝的电阻值随本身温度变化而变化，因此称为热敏元件。热导池由池体和热敏元件组成，有双臂和四臂热导池两种。最常用的为四臂热导池。

当一个池槽中只有纯载气通过时，这根热丝称为参比臂，当载气带着样品通过池槽时，这根热丝称为测量臂。两臂、阻值相等的固定电阻、电源和其他附件就构成了惠斯通电桥，也就是热导池的测量线路。热敏元件是四根电阻值完全相同的金属丝（铼钨合金），$R_1$、$R_2$、$R_3$、$R_4$ 是阻值相等的热敏电阻作为四个臂接入惠斯顿电桥中，由恒定的电流加热。

如果热导池只有载气通过，载气从两个热敏元件带走的热量相同，四个热敏元件的温度变化是相同的，其电阻值变化也相同，电桥处于平衡状态。如果样品混在载气中通过测量池，由于样品气和载气的热导率不同，两边带走的热量不相等，热敏元件的温度和阻值也就不同，从而使得电桥失去平衡，记录器上就有信号产生。

热导检测器结构简单、价廉，稳定性好，定量准确，操作维护简单。对有机物和无机气体都能进行分析，其缺点是灵敏度低，载气流量和热丝温度对灵敏度也有较大的影响。

（2）氢火焰离子化检测器（FID）　FID 是利用氢火焰作电离源，使有机物电离，而产生微电流的检测器，是破坏性的、质量型检测器。特点是灵敏度高，响应迅速，线性范围宽，适合于能在火焰中电离的绝大部分有机物的分析。特别是对烃类，其响应与碳原子数成正比。FID 是目前应用最多最广的比较理想的检测器。能分析在火焰中离子化的有机物，不能分析在火焰中不电离的物质，如 $H_2O$、$O_2$、$N_2$、CO、$CO_2$、CO、$SO_2$ 等无机物。也可利用 $NH_3$、$H_2O$、$SiCl_4$、$SiHCl_3$、SiF、$CS_2$ 等不生成或很少生成离子流这一特点，很好地测定这些物质中能电离的杂质组分。也可用 $N_2$ 作载气，把空气改为纯氧，增大高纯氢的流量，使 CO、$CO_2$、$SO_2$ 和 $H_2S$ 等硫化物、NO 等氮的氧化物产生很强的信号进行测定。

氢火焰离子化检测器的主要部件是一个用不锈钢制成的离子室。离子室由收集极（＋）、极化极（－）（发射极）、气体入口及火焰喷嘴组成。

FID 的性能决定于电率效率和收集效率，电率效率主要与氮氢比有关，收集效率与 FID 的结构（如喷嘴内径、收集极、极化极的形状和位置、极化电压等）以及样品浓度有关。

氢气由喷嘴加入，与空气混合点火燃烧，形成氢火焰，通入空气助燃。极化极和收集极通过高阻、基流补偿和 50～350V 的直流电源组成检测电路，测量氢火焰中所产生的微电流。

10.4.2.5 温度控制系统

气相色谱柱温度的控制直接影响柱的分离效能、检测器的灵敏度和稳定性，控制温度主要是对色谱柱、汽化室、检测器三处的温度控制。

(1) 柱箱 通常把色谱柱放在一个恒温箱中，以提供可以改变的、均匀的恒定温度。恒温箱使用温度为室温～450℃，要求箱内上下温度差在3℃以内。控制点的温度精度在±(0.1～0.5)℃。目前气相色谱仪多采用可控制硅温度控制器。这种控温方式使用安全可靠，控制连续，精度高、操作简单。

对于沸点范围宽的多组分混合物，采用程序升温的方式来完成分析任务。

(2) 检测器和汽化室 检测器和汽化室有自己独立的恒温调节装置，其温度控制及测量和色谱柱恒温箱类似。

一般来说，温度控制系统只需每月一次或按生产者规定的校准方法进行检查，足以保证其工作性能，校准检查的方法可参考相关仪器的说明书。

10.4.2.6 数据处理系统

(1) 积分仪 使用较为普遍的数据处理装置是电子积分仪。它是一个积分放大器，是利用电容的充放电性能，将一个峰信号（微分信号）变成一个积分信号，这样就可以直接测量出峰面积，最后打印出色谱图的保留时间、峰面积和峰高等数据。

(2) 色谱数据处理机 20世纪70年代后期把单片机引入到数据积分仪中，可将积分仪得到的数据进行存储、变换，采用多种定量分析方法进行色谱定量分析，并将色谱分析结果（包括色谱峰的保留时间、峰面积、峰高、色谱图、定量分析结果等）同时打印在记录纸上。这种功能较多的积分仪称为色谱数据处理机。色谱数据机还可以控制进样口温度、柱温（包括程序升温）、检测器温度和参数等。

(3) 色谱工作站 色谱工作站是由一台微型计算机来实施控制色谱仪，并进行数据采集和处理的一个系统。它由硬件和软件两个部分组成。

硬件是一台微型计算机，不同厂家的色谱工作站对微型计算机的配置要求也有所不同。软件主要包括色谱仪实时控制程序，峰识别和峰面积积分程序、定量计算程序，报告打印程序等。

色谱工作站在数据处理方面的功能有：色谱峰识别、基线校正、峰重叠和畸形峰的解析、技术峰参数（包括保留时间、峰高、峰面积、半峰宽等），定量计算组分含量（定量的方法有归一化法、内标法、外标法等）等。色谱工作站在对重叠峰的数据处理时，一般采用高精度拟合法，有较高的准确度。色谱工作站的软件还有图谱再处理功能，包括对已存储的色谱峰整体或局部的调出、检查；色谱峰的加入或删除；对色谱图进行放大或缩小处理；对色谱图进行叠加或相减运算等。

色谱工作站对色谱仪器的实时控制功能包括了色谱仪各单元中单片机具有的所有功能，包括色谱仪一般操作条件的控制；程序的控制，如气相色谱的程序升温，液相色谱的梯度洗脱等；自动进样的控制，流路切换及阀门切换的控制；自动调零、衰减、基线补偿的控制等。

### 10.4.3 气相色谱仪的使用方法

10.4.3.1 气相色谱仪的使用规则

① 按说明书要求安装好载气、燃气和助燃气的气源气路与气相色谱仪的连接，确保不

漏气。配备与仪器功率适应的电路系统，将检测器输出信号线与数据处理系统连接好。

② 开启仪器前，首先接通载气气路，打开稳压阀和稳流阀，调节至所需的流量。

③ 在载气气路通有载气的情况下，先打开主机总电源开关，再分别打开汽化室、柱恒温箱、检测器室的电源开关，并将调温旋钮设定在预定数值。

④ 待汽化室、柱恒温箱、检测器室达到设置温度后，可打开热导池检测器，调节好设定的桥电流值，再调节平衡旋钮、调零旋钮，至基线稳定后，即可进行分析。

⑤ 若使用氢火焰离子化检测器，应先调节燃气（氢气）和助燃气（空气）的稳压阀和针形阀，达到合适的流量后，按点火开关，使氢焰正常燃烧；打开放大器电源，调基流补偿旋钮和放大器调零旋钮至基线稳定后，即可进行分析。

⑥ 若使用氮磷检测器和火焰光度检测器，点燃火焰后，调节燃气和助燃气流量的比例至适当值，其他调节与氢火焰离子化检测器相似。

⑦ 若使用电子捕获检测器，应使用超纯氮气并经 24h 烘烤后，使基流达到较高值再进行分析。

⑧ 每次进样前应调整好数据处理系统，使其处于备用状态。进样后由绘出的色谱图和打印出的各种数据来获得分析结果。

⑨ 分析结束后，先关闭燃气、助燃气气源，再依次关闭检测器桥路或放大器电源，汽化室、柱恒温箱、检测器室的控温电源，仪器总电源。待仪器加热部件冷却至室温后，最后关闭载气气源。

10.4.3.2 GC-7890Ⅱ型气相色谱仪

GC-7890Ⅱ气相色谱仪由柱箱、进样器、检测器、气路控制系统和计算机控制系统组成。

(1) FID 检测器的操作使用方法

① 按照所用色谱柱的老化条件充分老化色谱柱，将色谱柱与 FID 检测器相连接。

② 打开净化器上的载气开关阀，然后用检漏液检漏，保证气密性良好。调节载气流量为适当值（根据刻度-流量表或用皂膜流量计测得）。

③ 打开电源开关，根据分析需要设置柱温、进样温度和 FID 检测器的温度（FID 检测器的温度应＞100℃）。

④ 打开净化器的空气、氢气开关阀，分别调节空气和氢气流量为适当值（根据刻度—流量表或用皂膜流量计测得）。

⑤ 待 FID 检测器的温度升高到 100℃以上后，按［FIRE］键，点燃 FID 检测器的火焰。如果 FID 检测器的温度低于 100℃时点火，会造成检测器内积水，影响检测器的稳定性。

⑥ 设置 FID 检测器微电流放大器的量程。量程分为 10，9，8，7 四挡，量程为 10 时，FID 检测器的微电流放大器灵敏度最高，量程为 9 则灵敏度降低 10 倍，其余依此类推。量程通过［RANGE］来设置，设置步骤按说明书进行（假定设置量程为 8）。

⑦ 设置输出信号的衰减值。衰减分 0～8 九挡，分别表示输出信号的 $2^0$～$2^8$ 衰减输出，衰减通过［ATT］来设置。将信号线与积分仪连接，即将仪器所附的信号线插到［SIGNAL A］插座上，将信号线另一头的叉形焊片与积分仪连接。调节调零电位器使 FID 输出信号在积分仪的零位附近。进样后如出反峰，请将信号线叉形焊片的正负位置对调。

⑧ GC-7890 Ⅱ气相色谱仪 FID 检测器在日常关机时，应当先将高效净化器的氢气和空

气的开关阀关闭，以切断FID检测器的燃气和助燃气将火焰熄灭，然后降温，在柱箱温度低于80℃以下才能关闭载气和电源开关。

(2) TCD检测器的操作使用方法

① 按照所用色谱柱的老化条件充分老化色谱柱，将色谱柱连接到TCD检测器上。

② 将净化器上的载气开关阀打开，用检漏液检漏，保证气密性良好。

③ 调节两路载气的稳流阀到适当值（根据刻度-流量表或用皂膜流量计实际测定），并使两路载气的流量相等。

④ 打开电源开关，根据分析需要设置柱温、进样器温度、TCD检测器温度。

⑤ 确认载气流入TCD检测器的前提下，设置TCD检测器电流。TCD电流设置范围为50～250mA，增量为10mA。

⑥ 将信号线与积分仪连接，即将仪器所附的信号线插到［SIGNAL B］插座上，将信号线另一头的叉形焊片与积分仪连接。

⑦ 调节调零电位器使TCD检测器的输出信号在积分仪的零位附近。进样后如出反峰，请切换输出信号极性。

⑧ GC-7890 Ⅱ气相色谱仪的TCD检测器在结束日常的分析工作后，应当先将检测器的电流设置为零，再等到柱箱、进样器和检测器的温度降低到80℃以下才能关闭载气及电源开关。

### 10.4.4　气相色谱分析方法

#### 10.4.4.1　操作条件的选择

(1) 载气的选择　载气种类的选择应考虑载气对柱效的影响、检测器要求及载气性质。载气摩尔质量大，可抑制试样的纵向扩散，提高柱效。载气流速较大时，传质阻力项起主要作用，采用较小摩尔质量的载气（如$H_2$，He），可减小传质阻力，提高柱效。

热导检测器需要使用热导率较大的氢气或氦气有利于提高检测灵敏度。在氢焰检测器中，氮气仍是首选目标。

(2) 载气流速的选择　由速率理论方程式可以看出，分析扩散项与载气流速成反比，而传质阻力项与流速成正比，所以必然有一最佳流速使板高最小、柱效能最高。

最佳流速一般通过实验来选择。其方法是选择好色谱柱和柱温后，固定其实验条件，依次改变载气流速，将一定量的待测组分纯物质注入色谱柱。出峰后，分别测出不同载气流速下，该组分的保留时间和峰底宽，计算出不同流速下的有效理论塔板数$n$有效值，并由$H=L/n$求出相应的有效塔板高度，以载气流速$u$为横坐标，板高$H$为纵坐标，绘制$H$-$u$曲线，如图10-21所示。

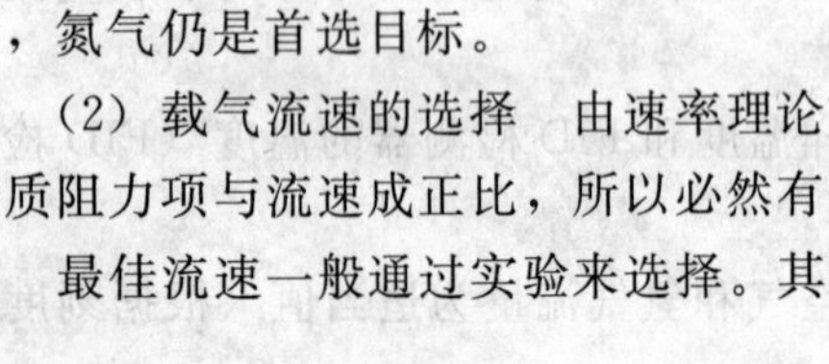

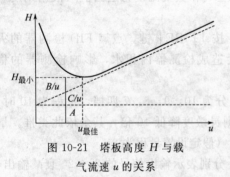

图10-21　塔板高度$H$与载气流速$u$的关系

图10-21中曲线最低点处对应的塔板高度最小，因此对应载气的最佳线速度，在最佳线速度下操作可获得最高柱效。相应的载气流速为最佳载气流速。使用最佳载气流速虽然柱效高，但分析速度慢，因此，实际工作中，在加快分析速度，同时又不明显增加塔板高度的情况下，一般采用比最佳流速稍大的流速进行测定。对一般色谱柱（内径3～4mm）常用流速为20～100mL/min。

(3) 色谱柱的选择　在气相色谱分析中，样品的分离过程是在色谱柱内完成的，样品能否在色谱柱中得到完全分离，取决于固定相的选择是否合适。

所谓固定相（对气相色谱而言）通常是指色谱柱管内的填充物，一般可分为三类，即固体固定相、合成固定相以及液体固定相。

① 气-固色谱柱　在气-固色谱法中作为固定相的吸附剂，常用固体吸附剂。固体吸附剂的种类有非极性的活性炭、弱极性的氧化铝、极性的分子筛、氢键型硅胶等。

活性炭有较大的比表面积，吸附性较强；活性氧化铝有较大的极性。适用于常温下$O_2$、$N_2$、CO、$CH_4$、$C_2H_6$、$C_2H_4$等气体的相互分离；硅胶与活性氧化铝有大致相同的分离性能，除能分析上述物质外，还能分析$CO_2$、$N_2O$、NO、$NO_2$等，且能够分离臭氧；分子筛为碱及碱土金属的硅铝酸盐（沸石），多孔性如3A、4A、5A、10X及13X分子筛等。高分子多孔微球是新型的有机合成固定相，是用苯乙烯与二乙烯苯共聚所得到的交联多孔共聚物。既可做固定相，又可做载体。是一种色谱分离性能很好的气-固色谱固定相。型号有GDX-101、GDX-102、GDX-103、GDX-104、GDX-105、GDX-201、GDX-301、GDX-501等。适用于水、气体及低级醇的分析。

固体吸附剂的优点是吸附容量大，热稳定性好，无流失现象，且价格便宜。缺点是吸附等温线不成线性，重现性差，柱效低，吸附活性中心易中毒等。

② 气-液色谱柱　柱中所用填料是液体固定相，它是由惰性的固体载体和其表面上涂渍的高沸点有机物液膜所构成的。这种高沸点有机物常称为固定液。

载体是一种化学惰性、多孔性的颗粒，它的作用是提供一个大的惰性表面，用以承担固定液，使固定液以薄膜状态分布在其表面上。

气-液色谱中所用载体可分为硅藻土型和非硅藻土型两大类。硅藻土类载体由天然硅藻土煅烧而成的，分为红色载体和白色载体两种。红色载体是孔径较小，表面孔穴密集，比表面积较大（$4m^2/g$），机械强度好。适宜分离非极性或弱极性化合物。缺点是表面存有活性吸附中心点。常见的有201、202系列，6201系列等。白色载体是白色载体是在煅烧时加$Na_2CO_3$之类的助熔剂，使氧化铁转化为白色的铁硅酸钠。白色载体颗粒疏松，孔径较大。表面积较小（$1m^2/g$），机械强度较差。但吸附性显著减小，适宜分离极性化合物。常见的有101、102系列。

非硅藻土载体如玻璃微球，是小玻璃珠，颗粒规则、涂渍困难。聚四氟乙烯吸附性小，耐腐蚀，分析$SO_2$、$Cl_2$、HCl等气体。高分子多孔微球GDX既可做GSC固定相，又可做GLC载体，型号有GDX-101、102、103、104、105-201、202-301-401-501（GDX系列产品）。前面的数字表示极性，后面的数字是不同的稀释剂（汽油、甲苯等）用量。

载体使用前应进行酸洗、碱洗（除去酸性基团）、硅烷化、釉化（表面玻璃化、堵微孔）、涂减尾剂、物理钝化等钝化处理。

③ 气-液色谱固定液　对固定液的要求是选择性好、化学稳定性好、热稳定性好、固定液的蒸气压要低、固定液流失要少，对组分要有一定的溶解度，即对组分有一定的滞留性，凝固点低、黏度适当。

一般按固定液的“极性”大小进行分类。固定液极性是表示含有不同官能团的固定液，与分析组分中官能团及亚甲基间相互作用的能力。通常用相对极性（$P$）的大小来表示。规定以强极性的固定液$\beta,\beta'$-氧二丙腈的相对极性为$P=100$；以非极性的固定液角鲨烷的相对极性为$P=0$。其他固定液以此为标准通过实验测出它们的相对极性均在

0～100之间。通常将极性分为五级，每20个相对单位为一级，相对极性在0～+1间的为非极性固定液（亦可用“-1”表示非极性）；+2、+3为中等极性固定液；+4、+5为强极性固定液。

选择固定液应根据不同的分析对象和分析要求进行，一般可以按照“相似相溶”的规律来选择，对于复杂组分选用两种或两种以上的固定液配合使用，以增加分离效果，对于含有异构体的试样（主要是含有芳香性异构部分）选用特殊保留作用的有机皂土或液晶做固定液。

④ 色谱柱的分离度　分离度或分辨率 $R$ 是既能反映柱效能又能反映柱选择性的指标，作为色谱柱的总分离效能指标，用来判断难分离物质对在柱中的实际分离情况。分离度为相邻两组分色谱峰的保留时间之差与两峰底宽之和一半的比值，即

$$R=\frac{t_{R_2}-t_{R_1}}{(W_{b_1}+W_{b_2})/2} \tag{10-23}$$

或

$$R=\frac{2(t_{R_2}-t_{R_1})}{1.699[W_{1/2(1)}+W_{1/2(2)}]} \tag{10-24}$$

分子项中保留时间相差越大，即两峰相距越远，分母越小，即两峰越窄，$R$ 值就越大。$R$ 值越大，两组分分离得就越完全。一般说，当 $R<1$ 时，两峰有部分重叠；$R=1$ 时，分离程度为98.7%；$R=1.5$ 时，分离程度可达99.7%，通常用 $R=1.5$ 作为相邻两组分已完全分离（基线分离）的标志。

色谱柱分离效能的高低，不仅与选择的固定液和载体有关，而且与固定液的涂渍和色谱柱的填充情况有密切的关系。因此，色谱柱的制备是色谱气相法重要操作之一。

⑤ 色谱柱的制备　色谱柱柱形、柱内径、柱长都会影响柱的分离效果，一般直形优于U形、螺旋形，但后者体积小，为一般仪器常用。柱内径一般选用3～4mm。柱子长通常使用1～2m长的不锈钢柱子。在选定色谱柱后，需要对柱子进行试漏清洗。

固定液的涂渍，要求固定液能均匀地涂裹在载体表面，形成一层牢固的液膜。在已清洗烘干的不锈钢柱管一端塞入一小段玻璃棉，管口包扎纱布，经缓冲瓶与真空抽气机连接，柱的另一端接一漏斗，徐徐倒入涂有固定液的载体，边抽真空边轻敲柱管，使固定相填充均匀紧密，直至装满为止。用玻璃棉塞紧柱的另一端口。

柱的老化目的是彻底除去填充物中的残留溶剂和某些挥发性的物质，使固定液均匀牢固地分布在载体的表面上。方法是在常温下使用的柱子，可直接装在色谱仪上，接通载气，冲至基线平稳即可使用。如果新装填好的色谱柱要在高温操作条件下应用，则要将装填好的色谱柱接入色谱仪中，但柱出口不与检测器相连，以防止加热时从柱内挥发出的杂质污染检测器。在操作温度低于最高使用温度下，通入载气，将柱加热几小时至几十小时，这一过程为老化。老化时，升温要缓慢，老化后，将色谱柱与检测器连接上，待基线平直后就可进样分析。

(4) 柱温的选择　柱温合适与否，直接影响分离效能和分析速度测定的结果。柱温低有利于组分的分离，当柱温过低，被测组分可能在柱中冷凝，或者增加传质阻力，使色谱峰扩张，甚至峰拖尾。柱温高不利于分离，柱温过高，色谱峰靠拢，甚至色谱峰重叠。一般通过实验选择最佳柱温。柱温的选择一般为各组分的平均温度或稍低一些。

(5) 汽化室温度的选择　在保证试样不分解的情况下，又能使样品迅速汽化，适当提高

汽化温度对分离及定量有利。一般比柱温高 30～70℃，或比样品组分中最高沸点高 30～50℃，就可以满足分析要求。

温度是否合适，通过实验检测，重复进样若出峰数目变化重现性差，说明汽化室温度过高；若峰形不规则，出现平头峰或峰宽则说明汽化温度太低；若峰形正常峰数不变，峰形重现性好说明汽化温度合适。

(6) 进样量　进样量要适当，进样量过大，所得到的色谱峰形不对称程度增加，峰变宽、分离度变小，保留值发生变化，峰高、峰面积与进样量不成线性关系，无法定量。若进样量太小，可能会因检测器灵敏度不够无法检出。色谱柱最大允许量通过实验获得。对于内径为 3～4mm、柱长 2m，固定液用量为 16%～20% 的色谱柱，液体进样量为 0.1～10μL；检测器为 FID 时进样量应小于 1μL。

(7) 进样时间　进样要求速度快，使样品在汽化室汽化后随载气以浓缩状态进入柱内，而不被载气稀释，峰的原始宽度就窄，有利于分离，一般在 1s 之内完成进样。进样时间过长，会增大峰宽，峰变形，不利于分离。

注射器进样时应先用溶剂抽洗注射器 10 次左右，缓慢抽取略多于需要量的试液，如需要 1μL，抽取 1.5μL。如果针筒内有气泡，应挤出筒内溶液，重新抽取至针筒内没有气泡为止。排去过量的试液，并用滤纸或擦镜纸吸去针杆处所沾的试液。

将取样后的注射器垂直于进样口，左手扶着针头，防止针尖弯曲，右手拿注射器针管，迅速刺穿硅胶垫插入汽化室，针尖在汽化室中央，尽量插深，用食指迅速推入试液后立即拔出注射器。进样时要求操作稳当、连贯、迅速。进针位置及速度、针尖停留和拔出速度都会影响进样的重现性。一般进样相对误差为 2%～5%。

#### 10.4.4.2　定性分析

色谱定性分析就是要确定各色谱峰所代表的化合物。由于各种物质在一定的色谱条件下均有确定的保留值，因此保留值可作为一种定性指标。保留值并非专属，但当样品限定时，如果在了解样品的来源、性质、分析目的的基础上，对样品组成做初步的判断，再结合下列的方法则可确定色谱峰所代表的化合物。

(1) 利用保留时间 $t_R$ 对照定性　色谱分析的基本依据是保留时间。在一定的色谱条件下，一个未知物只有一个确定的保留时间。因此将已知纯物质在相同的色谱条件下的保留时间与未知物的保留时间进行比较，就可以定性鉴定未知物。若二者相同，则未知物可能是已知的纯物质；$t_R$ 不同，则未知物就不是该纯物质。

纯物质对照法定性只适用于组分性质已有所了解，组成比较简单，且有纯物质的未知物。已知纯样的 $t_R$ 直接对照定性方法的依据是色谱条件严格不变时，任一组分都有一定的保留值。此法的可靠性与分离度有关。

(2) 利用加入法定性　将纯物质加入到试样中，观察各组分色谱峰的相对变化。加入纯样后看哪个峰增加。当未知样品中组分较多，所得色谱峰过密，用 $t_R$ 对照定性不易辨认时，可用此法。首先作出未知样品的色谱图，然后在未知样品中加入某已知物，又得到一个色谱图。峰高增加的组分即可能为这种已知物。

(3) 利用保留指数定性　保留指数又称为柯瓦（Kovats）指数，它表示物质在固定液上的保留行为，是目前使用最广泛并被国际上公认的定性指标。保留指数也是一种相对保留值，它是把正构烷烃中某两个组分的调整保留值的对数作为相对的尺度，并假定正构烷烃的保留指数为 $n\times100$。被测物的保留指数值可用内插法计算。

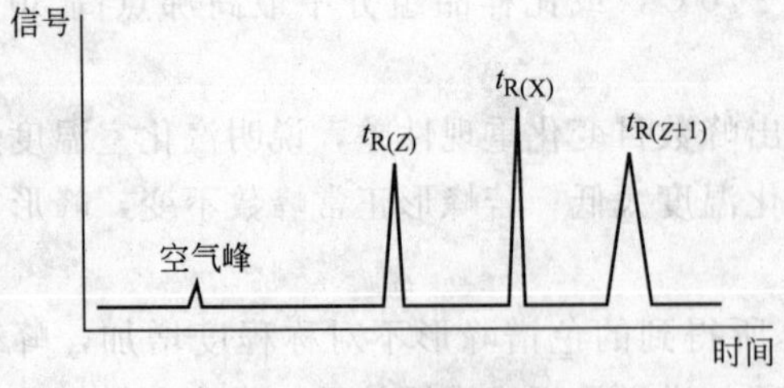


图 10-22 内插法求保留指数 $I_X$ 的示意图

将正构烷烃作为标准，规定其保留指数为分子中碳原子个数乘以 100（如正己烷的保留指数为 600）。其他物质的保留指数是通过选定两个相邻的正构烷烃，其分别具有 $Z$ 和 $Z+1$ 个碳原子。被测物质 $X$ 的调整保留时间应在相邻两个正构烷烃的调整保留值之间，如图 10-22 所示。大量实验数据表明，化合物调整保留时间的对数值与其保留指数间的关系基本上是一条直线关系。

$$t'_{R(Z+1)} > t'_{R(X)} > t'_{R(Z)}$$

$$I_X = 100\left[\frac{\lg t'_{R(X)} - \lg t'_{R(Z)}}{\lg t'_{R(Z+1)} - \lg t'_{R(Z)}} + Z\right] \tag{10-25}$$

测保留指数时，柱子与柱温要与文献规定相同。

（4）利用碳数规律定性　实验证明，在一定温度下，同系物中不同物质的校正保留值的对数与其分子中碳原子数成线性关系，即对于同系物之间

$$\lg t'_R = A_2 n + C_2 \tag{10-26}$$

式中 $n$——碳原子数；

$A_2$，$C_2$——与固定相和被测组分的分析结构有关的常数。

某同系物中的几个组分的保留值如果一致，根据式(10-26) 可通过计算或作图推知同系物中其他组分的保留值，最后与所得色谱图对照进行定性。碳数规律只适用于同系物，不适用于同族化合物。

同样只要测出 $t'_R$ 值，就可以利用式(10-26) 求出碳原子数 $n$，并与标准物对照定性。

（5）利用沸点规律（对同分异构体）定性　许多类型的同系物，在各种固定相上的保留值（$t'_R$、$t_R$、$V'_R$、$V_R$ 等）的对数和它们的沸点成线性关系，例如

$$\lg V_R = A_3 T_b + C_3 \tag{10-27}$$

式中 $T_b$——组分的沸点；

$A_3$，$C_3$——经验常数。

先用几个已知组分作 $\lg V_R$-$T_b$ 曲线，然后由未知组分的沸点在图上求出与之相对应的保留值，最后与色谱图上的未知峰对照进行定性判断。

（6）利用化学反应定性

利用化学反应，使样品中某些化合物与特征试剂反应，生成相应的衍生物。柱前衍生化法，例如酮，加入 2,4-二硝基苯肼，生成沉淀，在谱图上消失；柱上衍生化法，例如装有 5A 分子筛的前置柱，可吸附 $C_3$～$C_{11}$ 的正构烷烃，KOH 处理的石英粉，将羧酸和酚除去等；柱后衍生化法，柱后流出物收集后，加入特征试剂与其反应，可对未知物定性。分析化学中所学的所有方法都可应用。

（7）利用色谱-质谱、色谱-红外光谱等仪器联用定性

气相色谱法分离能力强，分离效率高，对复杂的混合物的鉴定很困难。质谱、红外光谱、核磁共振等方法鉴别能力强，适合单组分的定性分析，对复杂混合物既无分离能力，更无鉴别能力。把气相色谱与质谱、红外联合使用，色谱仪先把混合物分开，然后每个组分按一定顺序进入质谱或红外光谱仪，就可将每个组分鉴别出来。

10.4.4.3　定量分析

气相色谱定量分析是一种相对定量方法，而不是绝对定量分析方法。

(1) 气相色谱的定量依据　在一定操作条件下，分析组分 $i$ 的质量（$m_i$）或其在载气中的浓度是与检测器的响应信号（色谱图上表现为峰面积 $A_i$ 或峰高 $h_i$）成正比。

$$m_i = f_i A_i \tag{10-28}$$

或

$$m_i = f_i h_i \tag{10-29}$$

式中　$m_i$——被测组分的质量；

$f_i$——组分 $i$ 的校正因子。

这就是色谱法定量的依据。对浓度敏感型检测器，常用峰高定量；对质量敏感型检测器，常用峰面积定量。

① 峰高和峰面积的测量　当用记录仪记录色谱峰时，需要用手工测量的方法对色谱峰或峰面积进行测量。

峰高的测量是当各种实验条件严格保持不变时，一定进样范围内色谱峰的半峰宽不变，即可用峰高来定量，特别对于狭窄的峰，较面积定量法更为准确。

峰面积的测量是当测量对称高斯峰的峰面积时采用峰高（$h$）乘半峰宽（$W_{1/2}$）法，近似将色谱峰当作等腰三角形，此法算出的面积是实际峰面积的 0.94 倍，即

$$A = 1.064 h W_{1/2} \tag{10-30}$$

当测量不对称形峰面积时采用峰高乘平均峰宽法，对于不对称峰的测量如仍用峰高乘以半峰宽，误差就较大，因此采用峰高乘平均峰宽法，即

$$A = \frac{1}{2}(W_{0.15} + W_{0.85})h \tag{10-31}$$

式中　$W_{0.15}$，$W_{0.85}$——峰高 0.15 倍和 0.85 倍处的峰宽。

采用峰高×保留时间法，在一定操作条件下，同系物的半峰宽与保留时间成正比，对于难于测量半峰宽的窄峰、重叠峰（未完全重叠），可用此法测定峰面积，即

$$W_{1/2} \propto t_R \qquad W_{1/2} = b t_R$$

$$A = h b t_R \tag{10-32}$$

作相对计算时，$b$ 可以约去。

采用剪纸称量法，将记录仪所绘制出的色谱图，用剪刀剪下，在分析天平上称重，含量越高，面积越大，纸越重，与标准图谱得出的色谱图纸重比较，求出被测组分含量。

在使用积分仪和色谱工作站测量峰高和峰面积时，仪器可根据人为设定的积分参数（半峰宽、峰高和最小峰面积等）和基线来计算每个色谱峰的峰高和峰面积。然后直接打印峰高和峰面积的结果，以供定量计算用。

② 定量校正因子　当两个质量相同的不同组分在相同条件下使用同一检测器进行测定时，所得的峰面积却不相同。因此，混合物中某一组分的质量分数并不等于该组分的峰面积在各组分峰面积总和中所占的百分率。为了使峰面积能真实反映出物质的质量，就要对峰面积进行校正，即在定量计算中引入校正因子。

绝对校正因子是指单位面积或单位峰高对应的物质量，即

$$f_i = \frac{m_i}{A_i} \tag{10-33}$$

或

$$f_{i(h)} = \frac{m_i}{h_i} \tag{10-34}$$

绝对校正因子 $f_i$ 的大小主要由操作条件和仪器的灵敏度所决定，既不容易准确测量，也无统一标准；当操作条件波动时，$f_i$ 也发生变化。故 $f_i$ 无法直接应用，定量分析时，一般采用相对校正因子。

相对校正因子（$f'_i$）是指组分 $i$ 与另一标准物 s 的绝对校正因子之比，即

$$f'_i=\frac{f_i}{f_s}=\frac{m_i/A_i}{m_s/A_s}=\frac{m_iA_s}{m_sA_i} \tag{10-35}$$

当 $m_i$、$m_s$ 用物质的量单位时，所得相对校正因子称为相对摩尔校正因子，用 $f'_M$表示；当 $m_i$、$m_s$ 用质量单位时，以 $f'_m$表示。

对于气体样品，以体积计量时，对应的相对校正因子称为相对体积校正因子，以 $f'_V$表示。

当温度和压力一定时，相对体积校正因子等于相对摩尔校正因子，即

$$f'_M=f'_V \tag{10-36}$$

**【例 10-3】** 准确称取一定质量的色谱纯对二甲苯、甲苯、苯及仲丁醇，混合后稀释，采用氢焰检测器，定量进样并测量各物质所对应的峰面积，数据如下：

| 物质 | 苯 | 仲丁醇 | 甲苯 | 对二甲苯 |
|---|---|---|---|---|
| $m/\mu g$ | 0.4720 | 0.6325 | 0.8149 | 0.4547 |
| $A/cm^2$ | 2.60 | 3.40 | 4.10 | 2.20 |

以仲丁醇为标准，计算各物质的相对质量校正因子。

**解**

$$f_m(\text{仲丁醇})=\frac{0.6325\mu g}{3.40cm^2}$$

$$f_m(\text{甲苯})=\frac{0.8149\mu g}{4.10cm^2}$$

$$f'_m(\text{甲苯})=\frac{f_m(\text{甲苯})}{f_m(\text{仲丁醇})}=\frac{A(\text{仲丁醇})}{A(\text{甲苯})}\times\frac{m(\text{甲苯})}{m(\text{仲丁醇})}=\frac{3.40\times0.8149}{4.10\times0.6325}=1.06$$

同理 $f'_m$(苯)＝0.98　　$f'_m$(对二甲苯)＝1.10

相对校正因子的测定方法。相对校正因子值只与被测物和标准物以及检测器的类型有关，而与操作条件无关。因此，$f'_i$值可自文献中查出引用。若文献中查不到所需的 $f'_i$值，也可以自己测定。常用的标准物质，对热导检测器（TCD）是苯，对氢焰检测器（FID）是正庚烷。测定时首先准确称量标准物质和待测物，然后将它们混合均匀进样，分别测出其峰面积，再进行计算。

（2）定量方法

① 归一化法　要求试样中所有 $n$ 个组分全部流出色谱柱，并在检测器上产生信号时，可用归一化法计算组分含量。归一化法就是以样品中被测组分经校正过的峰面积（或峰高）占样品中各组分经过校正的峰面积（或峰高）的总和的比例来表示样品中被测组分含量的定量方法。

假设试样中有 $n$ 个组分，每个组分的质量分别为 $m_1$，$m_2$，…，$m_n$，各组分含量的总和 $m$ 为 100%，其中组分 $i$ 的质量分数 $w_i$ 可按下式计算：

$$w_i=\frac{m_i}{m}\times100\%=\frac{m_i}{m_1+m_2+\cdots+m_n}\times100\%=\frac{A_if'_i}{A_1f'_1+A_2f'_2+\cdots+A_nf'_n} \tag{10-37}$$

式中　$f'_i$——$i$ 组分的相对质量校正因子；

$A_i$——组分 $i$ 的峰面积。

为质量校正因子得质量分数；如为摩尔校正因子，则得摩尔分数或体积分数（气体）。

若各组分的 $f'_i$ 值相近或相同，例如同系物中沸点接近的各组分，则上式可简化为

$$w_i=\frac{A_i}{A_1+A_2+\cdots+A_i+\cdots+A_n}\times 100\% \tag{10-38}$$

对于狭窄的色谱峰，也有用峰高代替峰面积来进行定量测定。当各种条件保持不变时，在一定的进样量范围内，峰的半宽度是不变的，因为峰高就直接代表某一组分的量。

$$w_i=\frac{h_i f'_{i(h)}}{h_1 f'_{1(h)}+h_2 f'_{2(h)}+\cdots+h_i f'_{i(h)}+\cdots+h_n f'_{n(h)}}\times 100\% \tag{10-39}$$

式中　$f'_{n(h)}$——峰高相对校正因子。

② 内标法　当只需测定试样中某几个组分，或试样中所有组分不可能全部出峰时，可采用内标法。内标法是将一定质量的纯物质（非被测组分的纯物质）作为内标物，加入到准确称取的试样中，根据被测物质和内标物的质量及其在色谱图上相应峰面积之比，求出被测组分的质量分数。内标物要满足试样中不含有该物质，与被测组分性质比较接近，不与试样发生化学反应，出峰位置应位于被测组分附近，且无组分峰影响等的要求。

试样配制方法是准确称取一定量的试样 $m$，加入一定量内标物 $m_s$，计算式如下

$$m_i=f_iA_i \qquad m_s=f_sA_s$$

$$\frac{m_i}{m_s}=\frac{f_iA_i}{f_sA_s}=f'_i\frac{A_i}{A_s}$$

$$m_i=f'_i\frac{A_i}{A_s}m_s \tag{10-40}$$

设样品的质量为 $m_{试样}$，则待测组分 $i$ 的质量分数为

$$w_i=\frac{m_i}{m_{试样}}\times 100\%=\frac{m_s\dfrac{f'_iA_i}{f'_sA_s}}{m_{试样}}\times 100\%=\frac{m_sA_if'_i}{m_{试样}A_sf'_s}\times 100\% \tag{10-41}$$

式中　$f'_i$、$f'_s$——组分 $i$ 和内标物 s 的质量校正因子；

$A_i$、$A_s$——组分 $i$ 和内标物 s 的峰面积。也可用峰高代替面积，则

$$w_i=\frac{m_sh_if'_{i(h)}}{m_{试样}h_sf'_{s(h)}}\times 100\% \tag{10-42}$$

式中　$f'_{i(h)}$、$f'_{s(h)}$——组分 $i$ 和内标物 s 的峰高校正因子。也可改写为式(10-44)

$$w_i=f'_i\frac{m_sA_i}{m_{试样}A_s}\times 100\% \tag{10-43}$$

$$w_i=f'_{i(h)}\frac{m_sh_i}{m_{试样}h_s}\times 100\% \tag{10-44}$$

**【例 10-4】**　取二甲苯生产母液 1500mg，母液中含有乙苯、对二甲苯、邻二甲苯、间二甲苯及溶剂和少量苯甲酸，其中苯甲酸不能出峰。以 150mg 壬烷作内标物，测得有关数据如下

| 物质 | 壬烷 | 乙苯 | 对二甲苯 | 间二甲苯 | 邻二甲苯 |
|---|---|---|---|---|---|
| $A_i/cm^2$ | 98 | 70 | 95 | 120 | 80 |
| $f_m$ | 1.02 | 0.97 | 1.00 | 0.96 | 0.98 |

求各组分的含量。

**解** 母液中苯甲酸不能出峰，所以只能用内标法计算。由各组分的绝对校正因子计算得壬烷、乙苯、对二甲苯、间二甲苯、邻二甲苯的相对校正因子分别为1.00，0.95，0.98，0.94，0.96。

根据内标法计算公式，对于乙苯有：

$$w(\text{乙苯})=\frac{m_i}{m}\times 100\%=0.95\times\frac{70\times 150}{98\times 1500}\times 100\%=6.79\%$$

同样可以计算出对二甲苯、间二甲苯、邻二甲苯的质量分数分别为9.5%，11.5%，7.84%。

内标法主要优点是不要求各组分全部出峰，无归一化法的限制，即只要被测组分能出峰，不和其他峰重叠，不管其他组分是否出峰或是否重叠，都可以用内标法进行定量分析；同时由于操作条件变化而引起的误差，都将同时反映在内标物及预测组分上而得到抵消，所以可以得到校准确的结果。

选用合适的内标物较为困难，每次都要准确称量样品和内标物的量，不宜作快速分析。

③ 内标标准曲线法　内标标准曲线法是配制一定质量比的被测组分和内标样品的混合物做色谱分析，测量峰面积，做质量比和面积比的关系曲线，此曲线即为标准曲线。

④ 外标标准曲线法　外标法也称为标准曲线法。外标法不是把标准物质加入到被测样品中，而是在与被测样品相同的色谱条件下单独测定，把得到的色谱峰面积与被测组分的色谱峰面积进行比较求得被测组分的含量。

## 练习题

1. 物质的颜色是由于选择吸收了白光中的某些波长的光所致。$CuSO_4$ 溶液呈现蓝色是由于它吸收白光中的（　　）。

A. 蓝色光波　B. 绿色光波　C. 黄色光波　D. 青色光波

2. 摩尔吸光系数 $\varepsilon$ 愈大，表示该物质对某波长光的吸收能力（　　）。

A. 愈弱　B. 愈强　C. 或强或弱　D. 两者无明显关系

3. 分光光度法的吸光度与（　　）无光。

A. 入射光的波长　B. 液层的高度　C. 液层的厚度　D. 溶液的浓度

4. 目视比色法中，常用的标准系列法是比较（　　）。

A. 入射光的强度　B. 吸收光的强度　C. 透过光的强度　D. 溶液颜色的深浅

5. 如果显色剂或其他试剂在测定波长有吸收，此时的参比溶液应采用（　　）。

A. 溶剂参比　B. 试剂参比　C. 试液参比　D. 褪色参比

6. 下列含有杂质原子的饱和有机化合物均有 $n\rightarrow\sigma^*$ 电子跃迁，试指出哪种化合物出现此吸收带的波长较长（　　）。

A. 甲醇　B. 氯仿　C. 一氟甲烷　D. 碘仿

7. 启动气相色谱仪时，若使用热导池检测器，有如下操作步骤：1—开载气；2—汽化室升温；3—检测室升温；4—色谱柱升温；5—开桥电流；6—开记录仪，下面哪个操作次序是绝对不允许的（　　）。

A. 2-3-4-5-6-1　B. 1-2-3-4-5-6

C. 1-2-3-4-6-5　D. 1-3-2-4-6-5

8. 气相色谱分析中，一般以分离度（　　）为相邻两峰完全分离的标志。

A. 1　　B. 0　　C. 1.2　　D. 1.5

9. 氢火焰离子化检测器中，使用（　　）作载气将得到较好的灵敏度。

A. $H_2$　　B. $N_2$　　C. He　　D. Ar

10. 下列试剂中，一般不用于气体管路清洗的是（　　）。

A. 甲醇　　B. 丙酮　　C. 5%的氢氧化钠　　D. 乙醚

11. 不被固定相吸附或溶解的气体，进入色谱柱时，从进样到柱后出现极大值的时间称为（　　）。

A. 死时间　　B. 保留时间　　C. 固定保留时间　　D. 调整保留时间

12. 对于试样中各组分不能完全出峰的色谱分析，不能使用（　　）进行定量计算。

A. 内标法　　B. 外标法　　C. 内加法　　D. 归一化法

13. 符合朗伯-比耳定律的某一吸光物质溶液，其最大吸收波长和吸光度随吸光物质浓度的增加如何变化？

14. 吸光物质的摩尔吸收系数与哪些因素有关？

15. 在分光光度法中，影响显色反应的因素有哪些？

16. 测量吸光度时，应如何选择参比溶液？

17. 分光光度计由哪几个主要部件组成？各部件的作用是什么？

18. 光度分析法误差的主要来源有哪些？如何减免这些误差？试根据误差分类分别加以讨论。

19. 气相色谱仪的基本设备包括哪几部分？各有什么作用？

20. 为什么可用分离度 $R$ 作为色谱柱的总分离效能指标？

21. 试述热导池检测器的工作原理。有哪些因素影响热导池检测器的灵敏度？

22. 试述氢焰电离检测器的工作原理。如何考虑其操作条件？

23. 色谱定量分析中，为什么要用定量校正因子？在什么条件下可以不用校正因子？

24. 试说明气路检漏的两种常用的方法。

25. 柱温是最重要的色谱分离操作条件之一，柱温对分析有何影响？实际分析中应如何选择柱温？

26. 某一溶液，每升含 47.0mg Fe。吸取此溶液 5.0mL 于 100mL 容量瓶中，以邻菲啰啉光度法测定铁，用 1.0cm 吸收池于 508nm 处测得吸光度为 0.467。计算质量吸光系数 $a$ 和摩尔吸光系数 $\varepsilon$。已知 $M(\mathrm{Fe})=55.85\mathrm{g/mol}$。

27. 称取 0.4994g $CuSO_4\cdot 5H_2O$ 溶于 1L 水中，取此标准溶液 1mL、2mL、3mL、4mL、5mL、6mL 于 6 支比色管中，加浓氨水 5mL，用水稀至 25mL 刻度，制成标准色阶。称取含铜试样 0.5g，溶于 250mL 水中，吸取 5mL 试液放入比色管中，加浓氨水，用水稀至 25mL，其颜色深度与第四个比色管的标准溶液相同。求试样中铜的质量分数。

28. 在一定条件下分析只含有二氯乙烷、二溴乙烷和四乙基铅的样品。得到如下数据：试计算各组分的质量分数。

| 组　分 | 二氯乙烷 | 二溴乙烷 | 四乙基铅 |
|---|---|---|---|
| 峰面积 $A$ | 1.50 | 1.01 | 2.82 |
| $f'_i$ | 1.00 | 1.65 | 1.75 |

29. 在一个苯系混合液中，用气相色谱法分析，测得如下数据。计算各组分的含量。

| 组　分 | 苯 | 甲苯 | 邻二甲苯 | 对二甲苯 | 间二甲苯 |
|---|---|---|---|---|---|
| $f_i$ | 0.780 | 0.794 | 0.840 | 0.812 | 0.801 |
| $h$/cm | 4.20 | 3.06 | 7.50 | 2.98 | 1.67 |
| $b$/cm | 0.30 | 0.32 | 0.34 | 0.35 | 0.38 |

30. 某试样中含有甲酸、乙酸、丙酸、水及苯等物质。称取试样 1.055g，以环己酮作内标物，称取 0.1907g 环己酮加到试样中，混匀后，吸取此试液 3$\mu$L 进样，从色谱图上测量出各组分的峰面积如下表所

示，求试样中甲酸、乙酸、丙酸的质量分数。

| 组　分 | 甲　酸 | 乙　酸 | 环己酮 | 丙　酸 |
|---|---|---|---|---|
| 峰面积 $A_i$ | 14.8 | 72.6 | 133 | 42.4 |
| 相对响应值 $S'$ | 0.261 | 0.562 | 1.00 | 0.938 |

# 附　录

## 附录1　相对原子质量表

| 原子序数 | 元素名称 | 符号 | 相对原子质量 | 原子序数 | 元素名称 | 符号 | 相对原子质量 |
|---|---|---|---|---|---|---|---|
| 1 | 氢 | H | 1.00794 | 38 | 锶 | Sr | 87.62 |
| 2 | 氦 | He | 4.002602 | 39 | 钇 | Y | 88.90585 |
| 3 | 锂 | Li | 6.941 | 40 | 锆 | Zr | 91.224 |
| 4 | 铍 | Be | 9.012182 | 41 | 铌 | Nb | 92.90638 |
| 5 | 硼 | B | 10.811 | 42 | 钼 | Mo | 95.94 |
| 6 | 碳 | C | 12.011 | 43 | 锝 | Tc | 98.9062 |
| 7 | 氮 | N | 14.00674 | 44 | 钌 | Ru | 101.07 |
| 8 | 氧 | O | 15.9994 | 45 | 铑 | Rh | 102.90550 |
| 9 | 氟 | F | 18.9984032 | 46 | 钯 | Pd | 106.41 |
| 10 | 氖 | Ne | 20.1797 | 47 | 银 | Ag | 107.8682 |
| 11 | 钠 | Na | 22.989768 | 48 | 镉 | Cd | 112.411 |
| 12 | 镁 | Mg | 24.3050 | 49 | 铟 | In | 114.82 |
| 13 | 铝 | Al | 26.981539 | 50 | 锡 | Sn | 118.710 |
| 14 | 硅 | Si | 28.0855 | 51 | 锑 | Sb | 121.75 |
| 15 | 磷 | P | 30.973762 | 52 | 碲 | Te | 127.60 |
| 16 | 硫 | S | 32.066 | 53 | 碘 | I | 126.90447 |
| 17 | 氯 | Cl | 35.4527 | 54 | 氙 | Xe | 131.29 |
| 18 | 氩 | Ar | 39.948 | 55 | 铯 | Cs | 132.90543 |
| 19 | 钾 | K | 39.0983 | 56 | 钡 | Ba | 137.327 |
| 20 | 钙 | Ca | 40.078 | 57 | 镧 | La | 138.9055 |
| 21 | 钪 | Sc | 44.955910 | 58 | 铈 | Ce | 140.115 |
| 22 | 钛 | Ti | 47.88 | 59 | 镨 | Pr | 140.90765 |
| 23 | 钒 | V | 50.9415 | 60 | 钕 | Nd | 144.24 |
| 24 | 铬 | Cr | 51.9961 | 61 | 钷 | Pm | (145) |
| 25 | 锰 | Mn | 54.93805 | 62 | 钐 | Sm | 150.36 |
| 26 | 铁 | Fe | 55.847 | 63 | 铕 | Eu | 151.965 |
| 27 | 钴 | Co | 58.93320 | 64 | 钆 | Gd | 157.25 |
| 28 | 镍 | Ni | 58.69 | 65 | 铽 | Tb | 158.92534 |
| 29 | 铜 | Cu | 63.546 | 66 | 镝 | Dy | 162.50 |
| 30 | 锌 | Zn | 65.39 | 67 | 钬 | Ho | 164.93032 |
| 31 | 镓 | Ga | 69.723 | 68 | 铒 | Er | 167.26 |
| 32 | 锗 | Ge | 72.61 | 69 | 铥 | Tm | 168.93421 |
| 33 | 砷 | As | 74.92159 | 70 | 镱 | Yb | 173.40 |
| 34 | 硒 | Se | 78.96 | 71 | 镥 | Lu | 174.967 |
| 35 | 溴 | Br | 79.904 | 72 | 铪 | Hf | 178.49 |
| 36 | 氪 | Kr | 83.80 | 73 | 钽 | Ta | 180.9479 |
| 37 | 铷 | Rb | 85.4678 | 74 | 钨 | W | 183.85 |

续表

| 原子序数 | 元素名称 | 符号 | 相对原子质量 | 原子序数 | 元素名称 | 符号 | 相对原子质量 |
|---|---|---|---|---|---|---|---|
| 75 | 铼 | Re | 186.207 | 84 | 钋 | Po | (210) |
| 76 | 锇 | Os | 190.2 | 85 | 砹 | At | (210) |
| 77 | 铱 | Ir | 192.22 | 86 | 氡 | Rn | (222) |
| 78 | 铂 | Pt | 195.08 | 87 | 钫 | Fr | (223) |
| 79 | 金 | Au | 196.96654 | 88 | 镭 | Ra | 226.0254 |
| 80 | 汞 | Hg | 200.59 | 89 | 锕 | Ac | 227.0278 |
| 81 | 铊 | Tl | 204.3833 | 90 | 钍 | Th | 232.0381 |
| 82 | 铅 | Pb | 207.2 | 91 | 镤 | Pa | 231.03588 |
| 83 | 铋 | Bi | 208.98037 | 92 | 铀 | U | 238.0289 |

# 附录 2 常见弱酸弱碱的解离常数（298.15K）

（1）弱酸在水中的解离常数

| 物 质 | 化 学 式 | $K^{\ominus}_{a_1}$ | $K^{\ominus}_{a_2}$ | $K^{\ominus}_{a_3}$ |
|---|---|---|---|---|
| 铝酸 | $H_3AlO_3$ | $6.3\times10^{-12}$ | | |
| 砷酸 | $H_3AsO_4$ | $6.3\times10^{-3}$ | $1.0\times10^{-7}$ | $3.2\times10^{-12}$ |
| 亚砷酸 | $HAsO_2$ | $6.0\times10^{-10}$ | | |
| 硼酸 | $H_3BO_3$ | $5.8\times10^{-10}$ | | |
| 碳酸 | $H_2CO_3(CO_2+H_2O)$ | $4.2\times10^{-7}$ | $5.6\times10^{-11}$ | |
| 氢氰酸 | $HCN$ | $6.2\times10^{-10}$ | | |
| 铬酸 | $H_2CrO_4$ | 4.1 | $1.3\times10^{-6}$ | |
| 次氯酸 | $HClO$ | $2.8\times10^{-8}$ | | |
| 硫氰酸 | $HCNS$ | $1.4\times10^{-1}$ | | |
| 过氧化氢 | $H_2O_2$ | $2.2\times10^{-12}$ | | |
| 氢氟酸 | $HF$ | $6.6\times10^{-4}$ | | |
| 次碘酸 | $HIO$ | $2.3\times10^{-11}$ | | |
| 碘酸 | $HIO_3$ | 0.16 | | |
| 亚硝酸 | $HNO_2$ | $5.1\times10^{-4}$ | | |
| 磷酸 | $H_3PO_4$ | $6.9\times10^{-3}$ | $6.2\times10^{-8}$ | $4.8\times10^{-13}$ |
| 亚磷酸 | $H_3PO_3$ | $6.3\times10^{-2}$ | $2.0\times10^{-7}$ | |
| 氢硫酸 | $H_2S$ | $1.3\times10^{-7}$ | $7.1\times10^{-15}$ | |
| 硫酸 | $H_2SO_4$ | | $1.2\times10^{-2}$ | |
| 亚硫酸 | $H_2SO_3(SO_2+H_2O)$ | $1.3\times10^{-2}$ | $6.3\times10^{-8}$ | |
| 偏硅酸 | $H_2SiO_3$ | $1.7\times10^{-10}$ | $1.6\times10^{-12}$ | |
| 铵离子 | $NH_4^+$ | $5.6\times10^{-10}$ | | |
| 甲酸 | $HCOOH$ | $1.77\times10^{-4}$ | | |
| 乙酸 | $CH_3COOH$ | $1.75\times10^{-5}$ | | |
| 乙二酸(草酸) | $H_2C_2O_4$ | $5.4\times10^{-2}$ | $5.4\times10^{-5}$ | |
| 一氯乙酸 | $CH_2ClCOOH$ | $1.4\times10^{-3}$ | | |
| 二氯乙酸 | $CHCl_2COOH$ | $5.0\times10^{-2}$ | | |
| 三氯乙酸 | $CCl_3COOH$ | 0.23 | | |
| 丙烯酸 | $CH_2{=}CHCOOH$ | $1.4\times10^{-3}$ | | |
| 苯甲酸 | $C_6H_5COOH$ | $6.2\times10^{-5}$ | | |
| 邻苯二甲酸 | 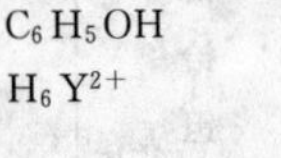 | $1.1\times10^{-3}$ | $3.9\times10^{-6}$ | |
| 苯酚 | $C_6H_5OH$ | $1.1\times10^{-10}$ | | |
| 乙二胺四乙酸 | $H_6Y^{2+}$ | 0.13 | $3.0\times10^{-2}$ | $1.0\times10^{-2}$ |
| | | $2.1\times10^{-3}(K^{\ominus}_{a4})$ | $6.9\times10^{-7}(K^{\ominus}_{a5})$ | $5.9\times10^{-11}(K^{\ominus}_{a6})$ |

（2）弱碱在水中的解离常数

| 物　质 | 化学式 | $K_b^\ominus$ | 物　质 | 化学式 | $K_b^\ominus$ |
|---|---|---|---|---|---|
| 氨 | $NH_3$ | $1.8\times10^{-5}$ | 二乙胺 | $(C_2H_5)_2NH$ | $1.3\times10^{-3}$ |
| 联氨 | $H_2NNH_2$ | $3.0\times10^{-6}(K_{b1}^\ominus)$ | 乙二胺 | $NH_2CH_2CH_3 2NH_2$ | $8.3\times10^{-5}(K_{b1}^\ominus)$ |
| | | $7.6\times10^{-15}(K_{b2}^\ominus)$ | | | $7.1\times10^{-8}(K_{b2}^\ominus)$ |
| 羟氨 | $NH_2OH$ | $9.1\times10^{-9}$ | 乙醇胺 | $HOCH_2CH_2NH_2$ | $3.2\times10^{-5}$ |
| 甲胺 | $CH_3NH_2$ | $4.2\times10^{-4}$ | 三乙醇胺 | $(HOCH_2CH_2)_3N$ | $5.8\times10^{-7}$ |
| 乙胺 | $C_2H_5NH_2$ | $5.6\times10^{-4}$ | 苯胺 | $C_6H_5NH_2$ | $4.3\times10^{-10}$ |
| 二甲胺 | $(CH_3)_2NH$ | $1.2\times10^{-4}$ | 吡啶 | $C_5H_5N$ | $1.7\times10^{-9}$ |

# 附录3　一些难溶化合物的溶度积（298.15K）

| 化　合　物 | $K_{sp}^\ominus$ | 化　合　物 | $K_{sp}^\ominus$ |
|---|---|---|---|
| AgAc | $1.9\times10^{-3}$ | $Cd(IO_3)_2$ | $2.5\times10^{-8}$ |
| AgBr | $5.4\times10^{-13}$ | $Cd(OH)_2$ | $7.2\times10^{-15}$ |
| AgCl | $1.8\times10^{-10}$ | CdS | $8.0\times10^{-27}$ |
| $Ag_2CO_3$ | $8.5\times10^{-12}$ | $Cd_3(PO_4)_2$ | $2.5\times10^{-33}$ |
| $Ag_2CrO_4$ | $1.1\times10^{-12}$ | $Co(IO_3)_2$ | $1.2\times10^{-2}$ |
| $Ag_2Cr_2O_7$ | $2.0\times10^{-7}$ | $Co(OH)_2$ | $1.1\times10^{-15}$ |
| AgCN | $5.9\times10^{-17}$ | $Mg_3(PO_4)_2$ | $9.9\times10^{-25}$ |
| $Ag_2C_2O_4$ | $5.4\times10^{-12}$ | $MnCO_3$ | $2.24\times10^{-11}$ |
| $AgIO_3$ | $3.2\times10^{-8}$ | $Mn(IO_3)_2$ | $4.4\times10^{-7}$ |
| AgI | $8.5\times10^{-17}$ | $Mn(OH)_2$ | $2.1\times10^{-13}$ |
| AgOH | $2.0\times10^{-8}$ | MnS | $4.7\times10^{-14}$ |
| $Ag_3PO_4$ | $8.9\times10^{-17}$ | $NiCO_3$ | $1.4\times10^{-7}$ |
| $Ag_2S$ | $6.3\times10^{-50}$ | $Ni(IO_3)_2$ | $4.7\times10^{-5}$ |
| AgSCN | $1.0\times10^{-12}$ | $Ni(OH)_2$ | $5.5\times10^{-16}$ |
| $Ag_2SO_4$ | $1.2\times10^{-5}$ | NiS | $1.1\times10^{-21}$ |
| $Ag_2SO_3$ | $1.5\times10^{-14}$ | $Ni_3(PO_4)_2$ | $4.7\times10^{-32}$ |
| $Al(OH)_3$ | $1.1\times10^{-33}$ | $PbCO_3$ | $1.5\times10^{-13}$ |
| $As_2S_3$ | $2.1\times10^{-22}$ | $PbCrO_4$ | $2.8\times10^{-13}$ |
| $BaCO_3$ | $2.6\times10^{-9}$ | $PbC_2O_4$ | $8.5\times10^{-10}$ |
| $BaCrO_4$ | $1.2\times10^{-10}$ | $PbCl_2$ | $1.2\times10^{-5}$ |
| $BaF_2$ | $1.8\times10^{-7}$ | $PbBr_2$ | $6.6\times10^{-6}$ |
| $Ba_3(PO_4)_2$ | $3.4\times10^{-23}$ | $PbF_3$ | $7.2\times10^{-7}$ |
| $BaSO_4$ | $1.1\times10^{-10}$ | $PbI_2$ | $8.5\times10^{-9}$ |
| $BaC_2O_4$ | $1.6\times10^{-7}$ | $Pb(IO_3)_2$ | $3.7\times10^{-13}$ |
| $Bi_2S_3$ | $1.8\times10^{-99}$ | $Pb(OH)_2$ | $1.4\times10^{-20}$ |
| $CaCO_3$ | $5.0\times10^{-9}$ | $Pb(OH)_4$ | $3.2\times10^{-44}$ |
| $CaF_2$ | $1.5\times10^{-10}$ | PbS | $9.1\times10^{-29}$ |
| $CaSO_4$ | $7.1\times10^{-5}$ | $PbSO_4$ | $1.8\times10^{-8}$ |
| $Ca(OH)_2$ | $4.7\times10^{-6}$ | $Co_3(PO_4)_2$ | $2.1\times10^{-35}$ |
| $CaC_2O_4$ | $2.3\times10^{-5}$ | $Cr(OH)_3$ | $6.3\times10^{-31}$ |
| $Ca(IO_3)_2$ | $6.5\times10^{-6}$ | CuBr | $6.3\times10^{-9}$ |
| $Ca_3(PO_4)_2$ | $2.1\times10^{-33}$ | CuCl | $1.7\times10^{-7}$ |
| $CdF_2$ | $6.4\times10^{-3}$ | $CuC_2O_4$ | $4.4\times10^{-10}$ |

续表

| 化合物 | $K_{sp}^{\ominus}$ | 化合物 | $K_{sp}^{\ominus}$ |
|---|---|---|---|
| CuI | $1.3\times10^{-12}$ | $KClO_4$ | $1.1\times10^{-2}$ |
| CuOH | $1\times10^{-14}$ | $K_2[PtCl_6]$ | $7.5\times10^{-6}$ |
| $Cu(OH)_2$ | $2.2\times10^{-20}$ | $Li_2CO_3$ | $8.2\times10^{-4}$ |
| CuSCN | $1.8\times10^{-13}$ | $MgCO_3$ | $6.8\times10^{-6}$ |
| $Cu(IO_3)_2$ | $6.9\times10^{-8}$ | $MgF_2$ | $7.4\times10^{-11}$ |
| CuS | $1.3\times10^{-36}$ | $Mg(OH)_2$ | $5.6\times10^{-12}$ |
| $Cu_2S$ | $2.3\times10^{-48}$ | $Pb(SCN)_2$ | $2.1\times10^{-5}$ |
| $Cu_3(PO_4)_2$ | $1.4\times10^{-37}$ | PdS | $2.0\times10^{-58}$ |
| $FeCO_3$ | $3.1\times10^{-11}$ | $Pd(SCN)_2$ | $4.4\times10^{-23}$ |
| $FeF_2$ | $2.4\times10^{-6}$ | PtS | $2.0\times10^{-58}$ |
| $Fe(OH)_2$ | $4.9\times10^{-11}$ | $Sn(OH)_2$ | $5.5\times10^{-27}$ |
| $Fe(OH)_3$ | $2.6\times10^{-39}$ | $Sn(OH)_4$ | $1.0\times10^{-56}$ |
| FeS | $1.6\times10^{-19}$ | SnS | $3.3\times10^{-28}$ |
| $FePO_4\cdot2H_2O$ | $9.9\times10^{-29}$ | $SrCO_3$ | $5.6\times10^{-10}$ |
| $HgBr_2$ | $6.2\times10^{-12}$ | $SrF_2$ | $4.3\times10^{-9}$ |
| $HgI_2$ | $2.8\times10^{-29}$ | $Sr(IO_3)_2$ | $1.1\times10^{-7}$ |
| HgS(黑) | $6.4\times10^{-53}$ | $Sr(IO_3)_2\cdot H_2O$ | $3.6\times10^{-7}$ |
| HgS(红) | $2.0\times10^{-53}$ | $Sr(IO_3)_2\cdot6H_2O$ | $4.6\times10^{-7}$ |
| $Hg(OH)_2$ | $3.2\times10^{-26}$ | $SrSO_4$ | $3.4\times10^{-7}$ |
| $Hg_2Br_2$ | $6.4\times10^{-23}$ | $ZnCO_3$ | $1.2\times10^{-10}$ |
| $Hg_2CO_3$ | $3.7\times10^{-17}$ | $ZnCO_3\cdot H_2O$ | $5.4\times10^{-10}$ |
| $Hg_2C_2O_4$ | $1.8\times10^{-13}$ | $ZnC_2O_4\cdot2H_2O$ | $1.4\times10^{-9}$ |
| $Hg_2Cl_2$ | $1.5\times10^{-18}$ | $ZnF_2$ | $3.0\times10^{-2}$ |
| $Hg_2F_2$ | $3.1\times10^{-6}$ | $Zn(IO_3)_2$ | $4.3\times10^{-6}$ |
| $Hg_2I_2$ | $5.3\times10^{-29}$ | $\gamma$-$Zn(OH)_2$ | $6.9\times10^{-17}$ |
| $Hg_2S$ | $1.0\times10^{-47}$ | $\beta$-$Zn(OH)_2$ | $7.7\times10^{-17}$ |
| $Hg_2SO_4$ | $8.0\times10^{-7}$ | $\alpha$-ZnS | $1.6\times10^{-24}$ |
| $Hg_2(SCN)_2$ | $3.12\times10^{-20}$ | $\beta$-ZnS | $2.5\times10^{-22}$ |

# 附录 4　一些电极的标准电极电势（298.15K）

（1）在酸性溶液中

| 电对 | 电极反应 | $\varphi_A^{\ominus}$/V |
|---|---|---|
| $Li^+/Li$ | $Li^+ + e \rightleftharpoons Li$ | −3.045 |
| $Rb^+/Rb$ | $Rb^+ + e \rightleftharpoons Rb$ | −2.98 |
| $K^+/K$ | $K^+ + e \rightleftharpoons K$ | −2.931 |
| $Ba^{2+}/Ba$ | $Ba^{2+} + 2e \rightleftharpoons Ba$ | −2.912 |
| $Sr^{2+}/Sr$ | $Sr^{2+} + 2e \rightleftharpoons Sr$ | −2.89 |
| $Ca^{2+}/Ca$ | $Ca^{2+} + 2e \rightleftharpoons Ca$ | −2.868 |
| $Na^+/Na$ | $Na^+ + e \rightleftharpoons Na$ | −2.71 |
| $Mg^{2+}/Mg$ | $Mg^{2+} + 2e \rightleftharpoons Mg$ | −2.372 |
| $Be^{2+}/Be$ | $Be^{2+} + 2e \rightleftharpoons Be$ | −1.85 |
| $Al^{3+}/Al$ | $Al^{3+} + 3e \rightleftharpoons Al$ | −1.662 |
| $Ti^{2+}/Ti$ | $Ti^{2+} + 2e \rightleftharpoons Ti$ | −1.630 |

续表

| 电　对 | 电极反应 | $\varphi_A^\ominus$/V |
|---|---|---|
| $Mn^{2+}/Mn$ | $Mn^{2+}+2e \rightleftharpoons Mn$ | −1.17 |
| $TiO_2/Ti$ | $TiO_2+4H^++4e \rightleftharpoons Ti+2H_2O$ | −0.86 |
| $Zn^{2+}/Zn$ | $Zn^{2+}+2e \rightleftharpoons Zn$ | −0.7618 |
| $Cr^{3+}/Cr$ | $Cr^{3+}+3e \rightleftharpoons Cr$ | −0.744 |
| $Ag_2S/Ag$ | $Ag_2S+2e \rightleftharpoons 2Ag+S^{2-}$ | −0.691 |
| $CO_2/H_2C_2O_4$ | $2CO_2+2H^++e \rightleftharpoons H_2C_2O_4$ | −0.49 |
| $Fe^{2+}/Fe$ | $Fe^{2+}+2e \rightleftharpoons Fe$ | −0.447 |
| $Cd^{2+}/Cd$ | $Cd^{2+}+2e \rightleftharpoons Cd$ | −0.403 |
| $PbSO_4/Pb$ | $PbSO_4+2e \rightleftharpoons Pb+SO_4^{2-}$ | −3.588 |
| $Co^{2+}/Co$ | $Co^{2+}+2e \rightleftharpoons Co$ | −0.28 |
| $PbCl_2/Pb$ | $PbCl_2+2e \rightleftharpoons Pb+Cl^{2-}$ | −0.2675 |
| $Ni^{2+}/Ni$ | $Ni^{2+}+2e \rightleftharpoons Ni$ | −0.257 |
| $V^{3+}/V^{2+}$ | $V^{3+}+e \rightleftharpoons V^{2+}$ | −0.255 |
| $AgI/Ag$ | $AgI+e \rightleftharpoons Ag+I^-$ | −0.1522 |
| $Sn^{2+}/Sn$ | $Sn^{2+}+2e \rightleftharpoons Sn$ | −0.1375 |
| $Pb^{2+}/Pb$ | $Pb^{2+}+2e \rightleftharpoons Pb$ | −0.1262 |
| $Fe^3/Fe$ | $Fe^3+3e \rightleftharpoons Fe$ | −0.037 |
| $Ag_2S/Ag$ | $Ag_2S+2H^++2e \rightleftharpoons 2Ag+H_2S$ | −0.0366 |
| $AgCN/Ag$ | $AgCN+e \rightleftharpoons Ag+CN^-$ | −0.017 |
| $H^+/H_2$ | $H^++e \rightleftharpoons H_2$ | 0000 |
| $AgBr/Ag$ | $AgBr+e \rightleftharpoons Ag+Br^-$ | 0.07133 |
| $S_4O_6/S_2O_3^{2-}$ | $S_4O_6+2e \rightleftharpoons S_2O_3^{2-}$ | 0.08 |
| $S/H_2S$ | $S+2H^++2e \rightleftharpoons H_2S(aq)$ | 0.142 |
| $Sn^{4+}/Sn^{2+}$ | $Sn^{4+}+2e \rightleftharpoons 2Sn^{2+}$ | 0.151 |
| $AgCl/Ag$ | $AgCl+e \rightleftharpoons Ag+Cl^-$ | 0.2223 |
| $Hg_2Cl_2/Hg$ | $Hg_2Cl_2+2e \rightleftharpoons 2Hg+2Cl^-$ | 0.2681 |
| $Cu^{2+}/Cu$ | $Cu^{2+}+2e \rightleftharpoons Cu$ | 0.3419 |
| $[Fe(CN)_6]^{3-}/[Fe(CN)_6]^{4-}$ | $[Fe(CN)_6]^{3-}+e \rightleftharpoons [Fe(CN)_6]^{4-}$ | 0.358 |
| $Ag_2CrO_4/Ag$ | $Ag_2CrO_4+2e \rightleftharpoons 2Ag+CrO_4^{2-}$ | 0.4470 |
| $Cu^+/Cu$ | $Cu^++e \rightleftharpoons Cu$ | 0.521 |
| $I_2/I^-$ | $I_2+2e \rightleftharpoons 2I^-$ | 0.5355 |
| $I_3^-/I^-$ | $I_3^-+2e \rightleftharpoons 3I^-$ | 0.536 |
| $H_3AsO_4/H_3AsO_3$ | $H_3AsO_4+2H^++2e \rightleftharpoons H_3AsO_3+2H_2O$ | 0.560 |
| $S_2O_6^{2-}/H_2SO_3$ | $S_2O_6^{2-}+4H^++2e \rightleftharpoons H_2SO_3$ | 0.564 |
| $HgCl_2/Hg_2Cl_2$ | $2HgCl_2+2e \rightleftharpoons Hg_2Cl_2+2Cl^-$ | 0.63 |
| $Ag_2SO_4/Ag$ | $Ag_2SO_4+2e \rightleftharpoons 2Ag+SO_4^{2-}$ | 0.654 |
| $O_2/H_2O_2$ | $O_2+2H^++2e \rightleftharpoons H_2O_2$ | 0.695 |
| $Fe^{3+}/Fe^{2+}$ | $Fe^{3+}+e \rightleftharpoons Fe^{2+}$ | 0.771 |
| $AgF/Ag$ | $AgF+e \rightleftharpoons Ag+F^-$ | 0.779 |
| $Hg_2^{2+}/Hg$ | $Hg_2^{2+}+2e \rightleftharpoons 2Hg$ | 0.7973 |
| $Ag^+/Ag$ | $Ag^++e \rightleftharpoons Ag$ | 0.7996 |
| $NO_3^-/NO_2$ | $NO_3^-+2H^++e \rightleftharpoons NO_2+H_2O$ | 0.803 |
| $Hg^{2+}/Hg$ | $Hg^{2+}+2e \rightleftharpoons Hg$ | 0.851 |
| $Cu^{2-}/CuI$ | $Cu^{2-}+I^-+e \rightleftharpoons CuI$ | 0.86 |
| $Hg^{2+}/Hg_2^{2+}$ | $2Hg^{2+}+2e \rightleftharpoons Hg_2^{2+}$ | 0.920 |
| $NO_3^-/HNO_2$ | $NO_3^-+3H^++2e \rightleftharpoons HNO_2+H_2O$ | 0.934 |
| $Pd^{2+}/Pd$ | $Pd^{2+}+2e \rightleftharpoons Pd$ | 0.951 |
| $NO_3^-/NO$ | $NO_3^-+4H^++3e \rightleftharpoons NO+2H_2O$ | 0.957 |
| $HNO_2/NO$ | $HNO_2+H^++e \rightleftharpoons NO+H_2O$ | 0.983 |

续表

| 电　对 | 电 极 反 应 | $\varphi_A^{\ominus}$/V |
|---|---|---|
| $HIO/I^-$ | $HIO+H^++e \rightleftharpoons I^-+H_2O$ | 0.987 |
| $N_2O_4/NO$ | $N_2O_4+4H^++4e \rightleftharpoons 2NO+2H_2O$ | 1.035 |
| $N_2O_4/HNO_2$ | $N_2O_4+2H^++2e \rightleftharpoons 2HNO_2$ | 1.065 |
| $Br_2/Br^-$ | $Br_2(l)+2e \rightleftharpoons 2Br^-$ | 1.066 |
| $Br_2/Br^-$ | $Br_2(aq)+2e \rightleftharpoons 2Br^-$ | 1.087 |
| $Cu^{2+}/[Cu(CN)_2]^-$ | $Cu^{2+}+2CN^-+e \rightleftharpoons [Cu(CN)_2]^-$ | 1.103 |
| $ClO_3^-/ClO_2$ | $ClO_3^-+2H^++e \rightleftharpoons ClO_2+H_2O$ | 1.152 |
| $ClO_4^-/ClO_3^-$ | $ClO_4^-+2H^++2e \rightleftharpoons ClO_3^-+H_2O$ | 1.189 |
| $IO_3^-/I_2$ | $2IO_3^-+12H^++10e \rightleftharpoons I_2+6H_2O$ | 1.195 |
| $ClO_3^-/HClO_2$ | $ClO_3^-+3H^++2e \rightleftharpoons HClO_2+2H_2O$ | 1.214 |
| $MnO_2/Mn^{2+}$ | $MnO_2+4H^++2e \rightleftharpoons Mn^{2+}+2H_2O$ | 1.224 |
| $O_2/H_2O$ | $O_2+4H^++4e \rightleftharpoons 2H_2O$ | 1.229 |
| $Cr_2O_7^{2-}/Cr^{3+}$ | $Cr_2O_7^{2-}+14H^++6e \rightleftharpoons 2Cr^{3+}+7H_2O$ | 1.33 |
| $ClO_2/HClO_2$ | $ClO_2+H^++e \rightleftharpoons HClO_2$ | 1.277 |
| $HBrO/Br^-$ | $HBrO+H^++2e \rightleftharpoons Br^-+H_2O$ | 1.331 |
| $HCrO_4^-/Cr^{3+}$ | $HCrO_4^-+7H^++3e \rightleftharpoons Cr^{3+}+4H_2O$ | 1.350 |
| $Cl_2/Cl^-$ | $Cl_2+2e \rightleftharpoons 2Cl^-$ | 1.3583 |
| $ClO_4^-/Cl_2$ | $2ClO_4^-+16H^++14e \rightleftharpoons Cl_2+8H_2O$ | 1.39 |
| $Au^{3+}/Au^+$ | $Au^{3+}+2e \rightleftharpoons Au^+$ | 1.401 |
| $BrO_3^-/Br^-$ | $BrO_3^-+6H^++6e \rightleftharpoons Br^-+3H_2O$ | 1.423 |
| $PbO_2/Pb^{2+}$ | $PbO_2+4H^++2e \rightleftharpoons Pb^{2+}+H_2O$ | 1.455 |
| $ClO_3^-/Cl_2$ | $2ClO_3^-+12H^++10e \rightleftharpoons Cl_2+6H_2O$ | 1.47 |
| $BrO_3^-/Br_2$ | $2BrO_3^-+12H^++10e \rightleftharpoons Br_2+6H_2O$ | 1.482 |
| $HClO/Cl^-$ | $HClO+H^++2e \rightleftharpoons Cl^-+H_2O$ | 1.482 |
| $Mn_2O_3/Mn^{2+}$ | $Mn_2O_3+6H^++e \rightleftharpoons Mn^{2+}+3H_2O$ | 1.485 |
| $Au^{3+}/Au$ | $Au^{3+}+3e \rightleftharpoons Au$ | 1.498 |
| $MnO_4^-/Mn^{2+}$ | $MnO_4^-+8H^++5e \rightleftharpoons Mn^{2+}+4H_2O$ | 1.507 |
| $Mn^{3+}/Mn^{2+}$ | $Mn^{3+}+e \rightleftharpoons Mn^{2+}$ | 1.541 |
| $HClO_2/Cl^-$ | $HClO_2+3H^++4e \rightleftharpoons Cl^-+2H_2O$ | 1.570 |
| $HBrO/Br_2$ | $2HBrO+2H^++2e \rightleftharpoons Br_2(aq)+2H_2O$ | 1.574 |
| $HBrO/Br_2$ | $2HBrO+2H^++2e \rightleftharpoons Br_2(l)+2H_2O$ | 1.596 |
| $HClO/Cl_2$ | $2HClO+2H^++2e \rightleftharpoons Cl_2+2H_2O$ | 1.611 |
| $HClO_2/Cl_2$ | $2HClO_2+6H^++6e \rightleftharpoons Cl_2+4H_2O$ | 1.628 |
| $HClO_2/HClO$ | $HClO_2+2H^++2e \rightleftharpoons HClO+H_2O$ | 1.645 |
| $MnO_4^-/MnO_2$ | $MnO_4^-+4H^++3e \rightleftharpoons MnO_2+2H_2O$ | 1.679 |
| $PbO_2/PbSO_4$ | $PbO_2+SO_4^{2-}+4H^++2e \rightleftharpoons PbSO_4+2H_2O$ | 1.6913 |
| $H_2O_2/H_2O$ | $H_2O_2+2H^++2e \rightleftharpoons 2H_2O$ | 1.776 |
| $S_2O_8^{2-}/SO_4^{2-}$ | $S_2O_8^{2-}+2e \rightleftharpoons 2SO_4^{2-}$ | 2.010 |
| $O_3/H_2O$ | $O_3+2H^++2e \rightleftharpoons O_2+H_2O$ | 2.076 |
| $S_2O_8^{2-}/HSO_4^-$ | $S_2O_8^{2-}+2H^++2e \rightleftharpoons 2HSO_4^-$ | 2.123 |
| $H_4XeO_6/XeO_3$ | $H_4XeO_6+2H^++2e \rightleftharpoons XeO_3+3H_2O$ | 2.42 |
| $F_2/F^-$ | $F_2+2e \rightleftharpoons 2F^-$ | 2.866 |
| $F_2/HF$ | $F_2+2H^++2e \rightleftharpoons 2HF$ | 3.053 |
| $XeF/Xe$ | $XeF+e \rightleftharpoons Xe+F^-$ | 3.4 |

（2）在碱性溶液中

| 电　对 | 电 极 反 应 | $\varphi_B^{\ominus}$/V |
|---|---|---|
| $Ca(OH)_2/Ca$ | $Ca(OH)_2+2e \rightleftharpoons Ca+2OH^-$ | −3.02 |
| $Ba(OH)_2/Ba$ | $Ba(OH)_2+2e \rightleftharpoons Ba+2OH^-$ | −2.99 |

续表

| 电　　对 | 电 极 反 应 | $\varphi_B^{\ominus}$/V |
|---|---|---|
| $Sr(OH)_2/Sr$ | $Sr(OH)_2+2e \rightleftharpoons Sr+2OH^-$ | −2.88 |
| $Mg(OH)_2/Mg$ | $Mg(OH)_2+2e \rightleftharpoons Mg+2OH^-$ | −2.690 |
| $H_2AlO_3^-/Al$ | $H_2AlO_3^-+H_2O+3e \rightleftharpoons Al+4OH^-$ | −2.33 |
| $Al(OH)_3/Al$ | $Al(OH)_3+3e \rightleftharpoons Al+3OH^-$ | −2.31 |
| $SiO_3^{2-}/Si$ | $SiO_3^{2-}+3H_2O+4e \rightleftharpoons Si+6OH^-$ | −1.697 |
| $HPO_3^{2-}/H_2PO_2^-$ | $HPO_3^{2-}+2H_2O+2e \rightleftharpoons H_2PO_2^-+3OH^-$ | −1.65 |
| $Mn(OH)_2/Mn$ | $Mn(OH)_2+2e \rightleftharpoons Mn+2OH^-$ | −1.56 |
| $Cr(OH)_3/Cr$ | $Cr(OH)_3+3e \rightleftharpoons Cr+3OH^-$ | −1.3 |
| $Zn(OH)_2/Zn$ | $Zn(OH)_2+2e \rightleftharpoons Zn+2OH^-$ | −1.249 |
| $ZnO_2^-/Zn$ | $ZnO_2^-+2H_2O+2e \rightleftharpoons Zn+4OH^-$ | −1.215 |
| $[Zn(OH)_4]^{2-}/Zn$ | $[Zn(OH)_4]^{2-}+2e \rightleftharpoons Zn+4OH^-$ | −1.199 |
| $SO_3^{2-}/S_2O_4^{2-}$ | $2SO_3^{2-}+2H_2O+2e \rightleftharpoons S_2O_4^{2-}+2OH^-$ | −1.12 |
| $PO_4^{3-}/HPO_3^{2-}$ | $PO_4^{3-}+2H_2O+2e \rightleftharpoons HPO_3^{2-}+3OH^-$ | −1.05 |
| $SO_4^{2-}/SO_3^{2-}$ | $SO_4^{2-}+H_2O+2e \rightleftharpoons SO_3^{2-}+2OH^-$ | −0.93 |
| $P/PH_3$ | $P+3H_2O+3e \rightleftharpoons PH_3(g)+3OH^-$ | −0.87 |
| $NO_3^-/N_2O_4$ | $2NO_3^-+2H_2O+2e \rightleftharpoons N_2O_4+4OH^-$ | −0.85 |
| $H_2O/H_2$ | $2H_2O+2e \rightleftharpoons H_2+2OH^-$ | −0.8277 |
| $Co(OH)_2/Co$ | $Co(OH)_2+2e \rightleftharpoons Co+2OH^-$ | −0.73 |
| $Ni(OH)_2/Ni$ | $Ni(OH)_2+2e \rightleftharpoons Ni+2OH^-$ | −0.72 |
| $AsO_4^{3-}/AsO_2^-$ | $AsO_4^{3-}+2H_2O+2e \rightleftharpoons AsO_2^-+4OH^-$ | −0.71 |
| $PbO/Pb$ | $PbO+H_2O+2e \rightleftharpoons Pb+2OH^-$ | −0.580 |
| $SO_3^{2-}/S_2O_3^{2-}$ | $SO_3^{2-}+3H_2O+4e \rightleftharpoons S_2O_3^{2-}+6OH^-$ | −0.571 |
| $Fe(OH)_3/Fe(OH)_2$ | $Fe(OH)_3+e \rightleftharpoons Fe(OH)_2+OH^-$ | −0.56 |
| $S/HS^-$ | $S+H_2O+2e \rightleftharpoons HS^-+OH^-$ | −0.478 |
| $NO_2/NO$ | $NO_2+H_2O+e \rightleftharpoons NO+2OH^-$ | −0.46 |
| $Cu_2O/Cu$ | $Cu_2O+H_2O+2e \rightleftharpoons 2Cu+2OH^-$ | −0.360 |
| $Cu(OH)_2/Cu$ | $Cu(OH)_2+2e \rightleftharpoons Cu+2OH^-$ | −0.222 |
| $O_2/H_2O_2$ | $O_2+2H_2O+2e \rightleftharpoons H_2O_2+2OH^-$ | −0.146 |
| $CrO_4^{2-}/Cr(OH)_3$ | $CrO_4^{2-}+4H_2O+3e \rightleftharpoons Cr(OH)_3+5OH^-$ | −0.13 |
| $Cu(OH)_2/Cu_2O$ | $2Cu(OH)_2+2e \rightleftharpoons Cu_2O+2OH^-+H_2O$ | −0.080 |
| $O_2/HO_2^-$ | $O_2+H_2O+2e \rightleftharpoons HO_2^-+OH^-$ | −0.076 |
| $IO_3^-/IO^-$ | $IO_3^-+2H_2O+4e \rightleftharpoons IO^-+4OH^-$ | 0.15 |
| $IO_3^-/I^-$ | $IO_3^-+3H_2O+6e \rightleftharpoons I^-+6OH^-$ | 0.26 |
| $ClO_3^-/ClO_2^-$ | $ClO_3^-+H_2O+2e \rightleftharpoons ClO_2^-+2OH^-$ | 0.33 |
| $ClO_4^-/ClO_3^-$ | $ClO_4^-+H_2O+2c \rightleftharpoons ClO_3^-+2OH^-$ | 0.36 |
| $O_2/OH^-$ | $O_2+2H_2O+4e \rightleftharpoons 4OH^-$ | 0.401 |
| $MnO_4^-/MnO_4^{2-}$ | $MnO_4^-+e \rightleftharpoons MnO_4^{2-}$ | 0.558 |
| $MnO_4^-/MnO_2$ | $MnO_4^-+2H_2O+3e \rightleftharpoons MnO_2+4OH^-$ | 0.595 |
| $MnO_4^{2-}/MnO_2$ | $MnO_4^{2-}+2H_2O+2e \rightleftharpoons MnO_2+4OH^-$ | 0.60 |
| $BrO_3^-/Br^-$ | $BrO_3^-+3H_2O+6e \rightleftharpoons Br^-+6OH^-$ | 0.61 |
| $ClO_3^-/Cl^-$ | $ClO_3^-+3H_2O+6e \rightleftharpoons Cl^-+6OH^-$ | 0.62 |
| $ClO_2^-/ClO^-$ | $ClO_2^-+H_2O+2e \rightleftharpoons ClO^-+2OH^-$ | 0.66 |
| $BrO^-/Br^-$ | $BrO^-+H_2O+2e \rightleftharpoons Br^-+2OH^-$ | 0.761 |
| $ClO^-/Cl^-$ | $ClO^-+H_2O+2e \rightleftharpoons Cl^-+2OH^-$ | 0.841 |
| $O_3/OH^-$ | $O_3+H_2O+2e \rightleftharpoons O_2+2OH^-$ | 1.24 |

# 附录5　常见配离子的稳定常数（298.15K）

| 配离子 | $K^{\ominus}_{稳}$ | 配离子 | $K^{\ominus}_{稳}$ |
|---|---|---|---|
| $[AuCl_2]^+$ | $6.3\times10^{9}$ | $[CuEDTA]^{2-}$ | $5.0\times10^{18}$ |
| $[CdCl_4]^{2-}$ | $6.33\times10^{2}$ | $[FeEDTA]^{2-}$ | $2.14\times10^{14}$ |
| $[CuCl_3]^{2-}$ | $5.0\times10^{5}$ | $[FeEDTA]^{-}$ | $1.70\times10^{24}$ |
| $[CuCl_4]^{2-}$ | $3.1\times10^{5}$ | $[HgEDTA]^{2-}$ | $6.33\times10^{21}$ |
| $[FeCl]^+$ | 2.99 | $[MgEDTA]^{2-}$ | $4.37\times10^{8}$ |
| $[FeCl_4]^-$ | 1.02 | $[MnEDTA]^{2-}$ | $6.3\times10^{13}$ |
| $[HgCl_4]^{2-}$ | $1.17\times10^{15}$ | $[NiEDTA]^{2-}$ | $3.64\times10^{18}$ |
| $[PbCl_4]^{2-}$ | 39.8 | $[ZnEDTA]^{2-}$ | $2.5\times10^{16}$ |
| $[PtCl_4]^{2-}$ | $1.0\times10^{16}$ | $[Ag(en)_2]^+$ | $5.00\times10^{7}$ |
| $[SnCl_4]^{2-}$ | 30.2 | $[Cd(en)_3]^{2+}$ | $1.20\times10^{12}$ |
| $[ZnCl_4]^{2-}$ | 1.58 | $[Co(en)_3]^{2+}$ | $8.69\times10^{13}$ |
| $[Ag(CN)_2]^-$ | $1.3\times10^{21}$ | $[Co(en)_3]^{3+}$ | $4.90\times10^{48}$ |
| $[Ag(CN)_4]^{3-}$ | $4.0\times10^{20}$ | $[Cr(en)_2]^{2+}$ | $1.55\times10^{9}$ |
| $[Au(CN)_2]^-$ | $2.0\times10^{38}$ | $[Cu(en)_2]^+$ | $6.33\times10^{10}$ |
| $[Cd(CN)_4]^{2-}$ | $6.02\times10^{18}$ | $[Cu(en)_3]^{2+}$ | $1.0\times10^{21}$ |
| $[Cu(CN)_2]^-$ | $1.0\times10^{16}$ | $[Fe(en)_3]^{2+}$ | $5.00\times10^{9}$ |
| $[Cu(CN)_4]^{3-}$ | $2.00\times10^{30}$ | $[Hg(en)_2]^{2+}$ | $2.00\times10^{23}$ |
| $[Fe(CN)_6]^{4-}$ | $1.0\times10^{35}$ | $[Mn(en)_3]^{2+}$ | $4.67\times10^{5}$ |
| $[Fe(CN)_6]^{3-}$ | $1.0\times10^{42}$ | $[Ni(en)_3]^{2+}$ | $2.14\times10^{18}$ |
| $[Hg(CN)_4]^{2-}$ | $2.5\times10^{41}$ | $[Zn(en)_3]^{2+}$ | $1.29\times10^{14}$ |
| $[Ni(CN)_4]^{2-}$ | $2.0\times10^{31}$ | $[AlF_6]^{3-}$ | $6.94\times10^{19}$ |
| $[Zn(CN)_4]^{2-}$ | $5.0\times10^{16}$ | $[FeF_6]^{3-}$ | $1.0\times10^{16}$ |
| $[Ag(SCN)_4]^{3-}$ | $1.20\times10^{10}$ | $[AgI_3]^{2-}$ | $4.78\times10^{13}$ |
| $[Ag(SCN)_2]^-$ | $3.72\times10^{7}$ | $[AgI_2]^-$ | $5.49\times10^{11}$ |
| $[Au(SCN)_4]^{3-}$ | $1.0\times10^{42}$ | $[CdI_4]^{2-}$ | $2.57\times10^{5}$ |
| $[Au(SCN)_2]^-$ | $1.0\times10^{23}$ | $[CuI_2]^-$ | $7.09\times10^{8}$ |
| $[Cd(SCN)_4]^{2-}$ | $3.98\times10^{3}$ | $[PbI_4]^{2-}$ | $2.95\times10^{4}$ |
| $[Co(SCN)_4]^{2-}$ | $1.00\times10^{5}$ | $[HgI_4]^{2-}$ | $6.76\times10^{29}$ |
| $[Cr(SCN)_2]^+$ | $9.52\times10^{2}$ | $[Ag(NH_3)_2]^+$ | $1.12\times10^{7}$ |
| $[Cu(SCN)_2]^-$ | $1.51\times10^{5}$ | $[Cd(NH_3)_6]^{2+}$ | $1.38\times10^{5}$ |
| $[Fe(SCN)_6]^{3-}$ | $1.48\times10^{3}$ | $[Cd(NH_3)_4]^{2+}$ | $1.32\times10^{7}$ |
| $[Hg(SCN)_4]^{2-}$ | $1.7\times10^{21}$ | $[Co(NH_3)_6]^{2+}$ | $1.29\times10^{5}$ |
| $[Ni(SCN)_3]^-$ | 64.5 | $[Co(NH_3)_6]^{3+}$ | $1.58\times10^{35}$ |
| $[AgEDTA]^{3-}$ | $2.09\times10^{5}$ | $[Cu(NH_3)_2]^+$ | $7.25\times10^{10}$ |
| $[AlEDTA]^-$ | $1.29\times10^{16}$ | $[Cu(NH_3)_4]^{2+}$ | $2.09\times10^{13}$ |
| $[CaEDTA]^{2-}$ | $1.0\times10^{11}$ | $[Fe(NH_3)_2]^{2+}$ | $1.6\times10^{2}$ |
| $[CdEDTA]^{2-}$ | $2.5\times10^{7}$ | $[Hg(NH_3)_4]^{2+}$ | $1.90\times10^{19}$ |
| $[CoEDTA]^{2-}$ | $2.04\times10^{16}$ | $[Mg(NH_3)_2]^{2+}$ | 20 |
| $[CoEDTA]^-$ | $1.0\times10^{36}$ | $[Ni(NH_3)_6]^{2+}$ | $5.49\times10^{8}$ |
| $[Ni(NH_3)_4]^{2+}$ | $9.09\times10^{7}$ | $[Cu(P_2O_7)]^{2-}$ | $1.0\times10^{8}$ |
| $[Pt(NH_3)_6]^{2+}$ | $2.00\times10^{35}$ | $[Pb(P_2O_7)]^{2-}$ | $2.0\times10^{5}$ |
| $[Zn(NH_3)_4]^{2+}$ | $2.88\times10^{9}$ | $[Ni(P_2O_7)_2]^{6-}$ | $2.5\times10^{2}$ |
| $[Al(OH)_4]^-$ | $1.07\times10^{33}$ | $[Ag(S_2O_3)]^-$ | $6.62\times10^{8}$ |
| $[Bi(OH)_4]^-$ | $1.59\times10^{35}$ | $[Ag(S_2O_3)_2]^{3-}$ | $2.88\times10^{13}$ |
| $[Cd(OH)_4]^{2-}$ | $4.17\times10^{8}$ | $[Cd(S_2O_3)_2]^{2-}$ | $2.75\times10^{6}$ |
| $[Cr(OH)_4]^-$ | $7.94\times10^{29}$ | $[Cd(S_2O_3)_3]^{4-}$ | $5.89\times10^{6}$ |
| $[Cu(OH)_4]^{2-}$ | $3.16\times10^{18}$ | $[Cu(S_2O_3)_2]^{2-}$ | $1.66\times10^{12}$ |
| $[Fe(OH)_4]^{2-}$ | $3.80\times10^{8}$ | $[Pb(S_2O_3)_2]^{2-}$ | $1.35\times10^{5}$ |
| $[Ca(P_2O_7)]^{2-}$ | $4.0\times10^{4}$ | $[Hg(S_2O_3)_2]^{2-}$ | $2.75\times10^{29}$ |
| $[Cd(P_2O_7)]^{2-}$ | $4.0\times10^{5}$ | $[Hg(S_2O_3)_4]^{6-}$ | $1.74\times10^{33}$ |

# 参 考 文 献


[1] 倪静安．无机及分析化学．北京：化学工业出版社，2002.
[2] 王志林，黄孟键．无机化学学习指导．北京：科学出版社，2002.
[3] 孙毓庆．分析化学．北京：科学出版社，2003.
[4] 叶芬霞．无机及分析化学．北京：高等教育出版社，2004.
[5] 古国榜，李朴．无机化学．第 2 版．北京：化学工业出版社，2005.
[6] 朱裕贞，顾达，黑恩成．现代基础化学．第 2 版．北京：化学工业出版社，2005.
[7] 高琳．基础化学．北京：高等教育出版社，2006.
[8] 吴英绵．基础化学．北京：高等教育出版社，2006.
[9] 张正兢．基础化学．北京：化学工业出版社，2007.
[10] 李淑华．基础化学．北京：化学工业出版社，2007.
[11] 朱权．化学基础．北京：化学工业出版社，2008.
[12] 符明淳，王霞主编．分析化学．北京：化学工业出版社，2008.
[13] 方绍燕．油田基础化学．北京：石油工业出版社，2008.
[14] 黄一石，乔子荣．定量化学分析．第 2 版．北京：化学工业出版社，2009.
[15] 蔡明招．分析化学．北京：化学工业出版社，2009.
[16] 陈建华，马春玉．无机化学．北京：科学出版社，2009.
[17] 刘冬莲，高申．无机与分析化学．北京：化学工业出版社，2009.
[18] 司文会．无机与分析化学．北京：科学出版社，2009.